雪 氷 学

亀田貴雄・高橋修平 著

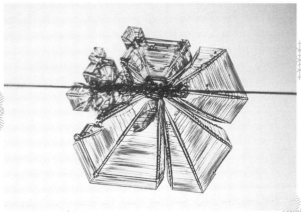
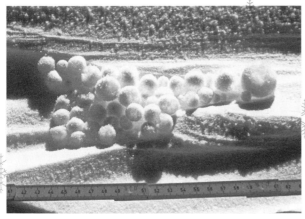

古今書院

Glaciology

by Takao Kameda and Shuhei Takahashi
ISBN978-4-7722-4194-6
Copyright © 2017 Takao Kameda and Shuhei Takahashi
Kokon Shoin Ltd., Tokyo, 2017

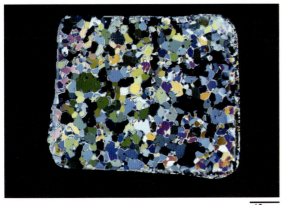

口絵1　多結晶氷の薄片．2枚の偏光板にはさんだので，結晶主軸の向きにより氷に異なる色が付く（南極G15コアの鉛直断面）．

口絵2　チンダル像（作成および撮影：神田健三）．（図1.10，p.7参照）

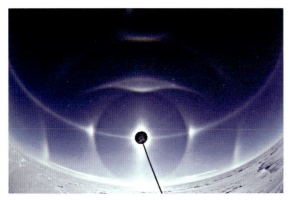

口絵3　太陽の周りに現れた種々のハロ（1990年1月2日南極点にてWalter Tape撮影；Tape, 1994）．（図2.45，p.69参照）．

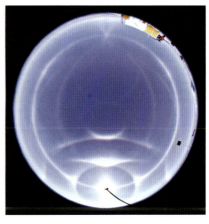

口絵4　太陽の周りの種々のハロ（1999年1月11日南極点にて円周魚眼レンズでMarko Riikonen撮影）．地平線に平行な幻日環（parhelic circle）がここでは円として写っている．向日点から離れた幻日環上で少し明るい部分は120度の幻日（Tape and Moilanen, 2006）．（図2.47，p.70参照）．

口絵5　22度ハロと太陽の下部タンジェントアーク．下部タンジェントアークにはパリーアーク（凸の下部パリーアーク）が含まれている可能性がある（2012年12月25日仙台市上空で航空機内から撮影）．（図2.48，p.70参照）．

口絵6　主虹と副虹（米国アラスカ州，ランゲル・セントアライアス国立公園・自然保護区においてEric Rolph撮影，Wikipediaより）．（図2.53，p.73参照）．

口絵7 太陽の光環（2009年11月30日石川県金沢市にて村井昭夫撮影）．この写真では街灯の傘で太陽を隠し，写真でのコントラスト低下やゴーストを避けている．（図2.48, p.73 参照）．

口絵8 太陽の彩雲（2012年8月22日石川県金沢市にて村井昭夫撮影）．色づいている雲が確認できる．（図2.55, p.73 参照）．

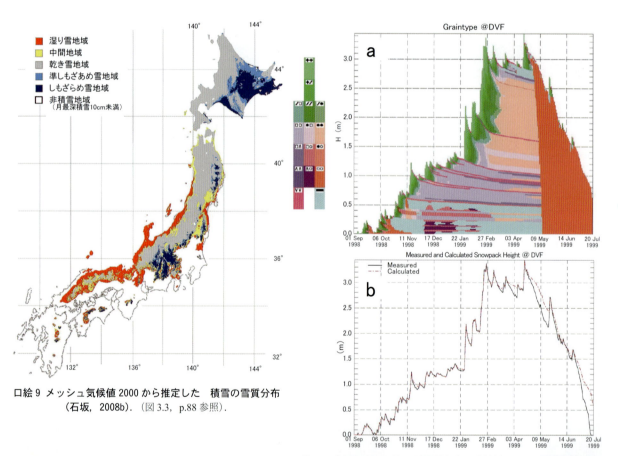

口絵9 メッシュ気候値2000から推定した 積雪の雪質分布（石坂，2008b）．（図3.3, p.88 参照）．

口絵10 (a)SNOWPACKによる雪質変化の計算結果，(b) 積雪の実測値とSNOWPACKによる計算値との比較（Bartelt and Lehning, 2002）．bでは黒い線で実測値，赤い点線で計算結果を示す．（図3.33, p.107 参照）．

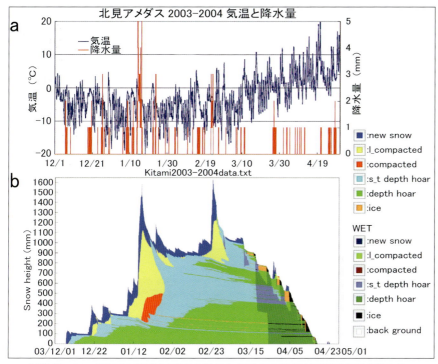

口絵11 (a) 北見での2003年12月1日から2004年4月30日までの気温と降水量，(b) 計算で求めた積雪深と雪質変化（齋藤，2005）．（図3.34，p.108参照）．

口絵12 斑点ぬれ雪（2009年11月1日朝，北海道常呂郡置戸町において山口久雄撮影）．（図A11，p.115参照）．

口絵13 アルプス山脈西部（フランス）のメール・ド・グラース（1989年7月撮影）．オージャイブと呼ばれる縞模様がはっきりと見える．（図4.2，p.116参照）．

口絵14 ロシア連邦アルタイ共和国のソフィスキー氷河．（ロシア・アルタイ氷河調査隊提供，2000年7月撮影）．（図4.3，p.116参照）．

口絵 15 大雪山系の雪壁雪渓（2012 年 9 月 14 日撮影）．
（図 4.6, p.117 参照）．

口絵 16 北アルプスの剱沢圏谷のはまぐり雪
（2006 年 10 月 3 日, 飯田 肇撮影）．（図 4.7, p.117 参照）．

口絵 17 北アルプスの内蔵助雪渓
（1986 年 9 月 26 日, 飯田 肇撮影）．（図 4.8, p.118 参照）．

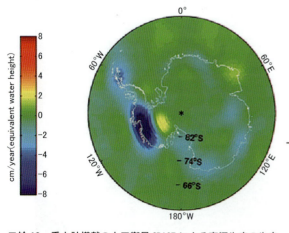

口絵 18 三ノ窓雪渓のラントクルフト
（2012 年 10 月 3 日飯田 肇撮影）（図 4.10, p.119 参照）．

口絵 19 重力計搭載の人工衛星 GRACE による南極氷床の氷床高度変化の計測結果(Chen et al., 2009)．（図 4.21, p.127 参照）．

口絵 20 南極氷床の各流域での質量収支．正の値は青, 負の値は赤で示す（Rignot et al., 2008）．西南極氷床での負の質量収支が顕著である．衛星搭載の SAR インターフェロメトリと気候モデルから推定．（図 4.22, p.128 参照）．

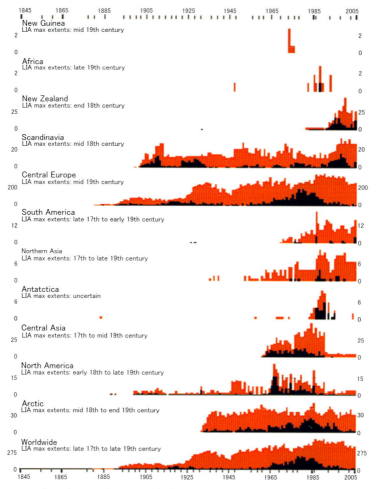

口絵 21　1880 年以降の世界中の氷河の末端変動（WGMS, 2008）．赤は後退している氷河の数，黒は前進している氷河の数．縦軸は地域ごとに異なる点に注意．（図 4.17, p.123 参照）．

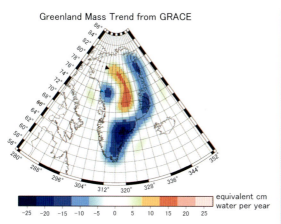

口絵 22　重力計搭載の人工衛星 GRACE による グリーンランド氷床の計測結果（NASA の HP より）（2003 年と 2006 年との質量の差を示す）．（図 4.28, p.133 参照）．

口絵 23　衛星観測によるグリーンランド氷床の表面融解状況（濃いピンクは 2 つ以上の衛星で融解が確認された部分，薄いピンクは 1 つの衛星でのみ融解が確認された部分．白は融解していない部分）．(a) 2012 年 7 月 8 日，(b) 2012 年 7 月 12 日．(Nghen et al., 2012；NASA の HP). （図 4.29, p.134 参照）．

口絵24 建設直後のドームふじ基地（第36次南極地域観測隊提供，1995年1月撮影，当時の名称はドームふじ観測拠点）．（図4.33, p.137参照）．

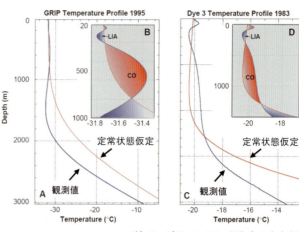

口絵25 グリーンランド氷床の中央部のGRIP (A) と南部のDye3 (C) の氷床内部の温度分布（青）と定常状態を仮定した時の温度分布（赤）．BとDに拡大した温度分布を示す (Dahl-Jensen et al., 1998)．LIA (Little Ice Age) は小氷期，CO (Climatic Optimum) は気候最良期の略称で，それぞれ寒冷および温暖な時代であったことが知られている．（図4.46, p.146参照）．

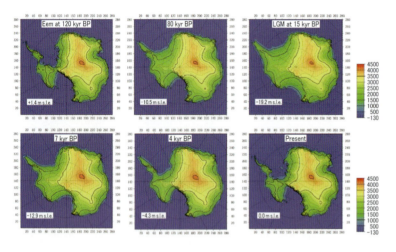

口絵26 12万年前から現在までの南極氷床の標高変動の計算結果 (Huybrechts, 2002)．（図4.75, p.166参照）．

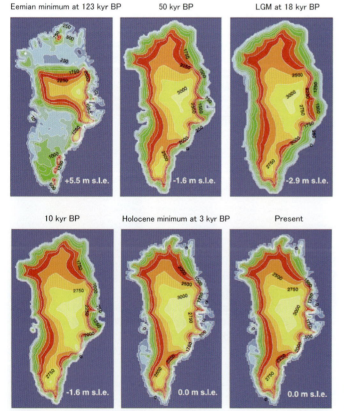

口絵28 皆既日食中の黒い太陽（2003年11月24日にドームふじ基地にて 藤田耕史撮影）．(Kameda et al., 2009)．（図A14.2, p.178参照）．

口絵27 12万年前から現在までのグリーンランド氷床の標高変動の計算結果 (Huybrechts, 2002)．（図4.76, p.166参照）．

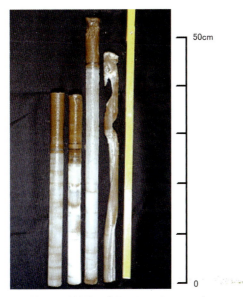

口絵29 連続的に成長したアイスレンズ（武田, 1987）.（図5.19, p.198参照）

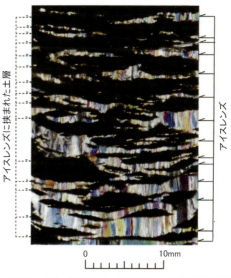

口絵30 凍土の薄片によるアイスレンズの結晶構造（赤川, 2013）.（図5.20, p.198参照）.

口絵31 シモバシラの茎にできた析出氷（斎藤義範撮影；武田, 2005）.（図5.22, p.198参照）.

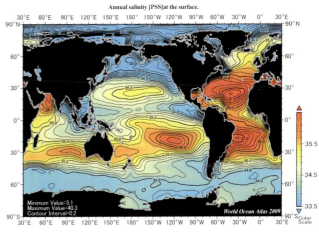

口絵32 2009年の表面海水の年間平均塩分（NODC, NOAA）.（図6.2, p.222参照）.

口絵33 海氷の結晶構造.（a）粒状氷（上部）と短冊状氷（下部）（鉛直薄片），（b）短冊状氷（水平薄片），（c）水平薄片の顕微鏡写真.（c）ではブラインの形状がわかる（青田, 1993）.（図6.8, p.227参照）.

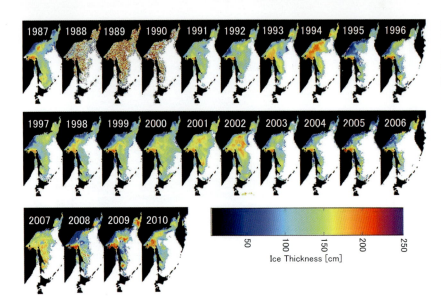

口絵34　1987年から2010年のオホーツク海の海氷厚分布．各年の海氷最大体積を示した日の氷厚分布を示す．なお，1988～1990は衛星センサー不調のため，正常な氷厚分布になっていない（舘山・榎本，2011）．（図6.18, p.231参照）．

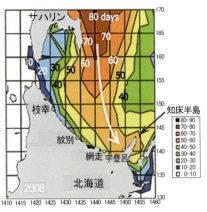

口絵35　オホーツク海沿岸の流氷勢力図（流氷存在日数）(2008年)．(Takahashi et al., 2011). （図6.20, p.232参照）．

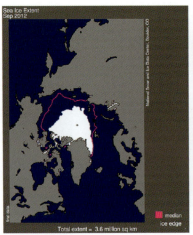

口絵36　1979年から2012年の観測で最小を記録した2012年9月の平均的な北極海の海氷域分布（白い部分）．赤線でこの期間の平均的な海氷縁を示す（米国NSIDCのHPより）．（図6.30, p.237参照）．

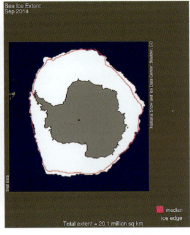

口絵37　1979年から2012年の観測で最大を記録した2012年9月の平均的な南極海の海氷域分布（白い部分）．赤線でこの期間の平均的な海氷縁を示す（米国NSIDCのHPより）．（図6.31, p.237参照）．

口絵38　(a) 樹霜と(b) aの一部の拡大写真．bからは樹霜が板状結晶であることがわかる．（北海道北見市の常呂川の河畔において2013年1月24日撮影）．（図7.48, p.279参照）．

口絵39　木の枝についた雨氷（南・亀田，2000）．（図7.53, p.282参照）．

まえがき

　本書は大学の学部教育における雪氷学の教科書として準備した本である．雪氷学は基礎を物理学におき，応用面を地球科学，防災科学に広げる雪と氷に関する学問であるため，内容が広範囲に渡る特徴がある．このため，本書では基礎的な事項を中心としたが，筆者が重要だと考えることや読者諸氏が関心を持ちそうな話題は取り入れるようにした．

　これまでに大学レベルでの雪氷学の教科書としては東 晃著『寒地工学基礎論』，前野紀一・福田正己編の基礎雪氷学講座，若濱五郎著『雪は天からの恵み　雪と氷の世界』が1981年から2000年にかけて出版されている．雪氷学の個別の話題に関連する本としては，加納一郎著『氷と雪』，中谷宇吉郎著『雪』，『雪の研究』および Snow crystals, natural and artificial など，昭和初期から終戦直後に出版されたもの，吉田順五著『雪の科学』，黒岩大助著『スキーヤーのための雪の科学』，田畑忠司著『海洋物理Ⅳ 第Ⅱ編・海氷』，若浜五郎著『氷河の科学』，木下誠一編著『凍土の物理学』，小林禎作著『六花の美』，前野紀一著『氷の科学』，高橋 博・中村 勉編著『雪氷防災－明るい雪国を創るために－』，黒田登志雄著『結晶は生きている』など1970年代から80年代に出版されたものがある．

　それ以降，極地に関する本としては，国立極地研究所編『南極の科学4　氷と雪』，福田正己・香内 晃・高橋修平編著『極地の科学』，雪結晶を扱った本としては，菊地勝弘著『雪と雷の世界』があり，海氷関連では青田昌秋著『流氷の世界』がある．工学分野の本としては（社）日本建設機械化協会編『新編防雪工学ハンドブック』，（社）土質工学会編『土の凍結 －その理論と実際－』，（社）地盤工学会北海道支部編『寒冷地地盤工学－凍上被害とその対策－』などが出版された．また，雪氷学に関する事典類としては,（社）日本雪氷学会監修『雪と氷の事典』,（公社）日本雪氷学会編『新版雪氷辞典』が刊行されている．

　本書の特徴はこれらの本や諸外国で出版された雪氷学関連の本，科学論文などを参考にしながら，これまでの北見工業大学での雪氷学教育をもとにして，雪氷学の基礎から応用までを1冊にまとめたことである．雪氷学を勉強する学部学生から雪氷学に関心のある一般の方々，高校生などにも読んでいただけることを期待している．また，原典に当たることができるように引用文献も付けたので，この分野に関心のある大学院生や研究者などにも利用可能である．本書に掲載した多くの図表は，上記の書籍や論文に掲載されているものを利用させていただいた．記して，著者の方々に御礼申し上げます．

2017年5月3日　桜が満開になった北見にて

亀田貴雄

目　　次

まえがき ……………………………………………………………………………………………… i

第 1 章　氷 ……………………………………………………………………………………………… 1

 1.1　氷の構造 ……………………………………………………………………………………… 1
  1.1.1　水分子 …………………………………………………………………………………… 1
  1.1.2　氷の結晶構造 …………………………………………………………………………… 2
  1.1.3　単結晶と多結晶 ………………………………………………………………………… 5
  1.1.4　格子欠陥 ………………………………………………………………………………… 8
   1）点欠陥　8　　2）線欠陥　9　　3）面欠陥　10
 1.2　氷の物性 ……………………………………………………………………………………… 10
  1.2.1　密度 ……………………………………………………………………………………… 10
  1.2.2　力学的性質 ……………………………………………………………………………… 11
  1.2.3　電気的性質 ……………………………………………………………………………… 14
   1）直流電気伝導度　14　　2）誘電率　15
  1.2.4　熱的性質 ………………………………………………………………………………… 17
   1）比熱　17　　2）潜熱　17　　3）熱伝導率　18　　4）膨張率　18
   5）飽和水蒸気圧　19
  1.2.5　光学的性質 ……………………………………………………………………………… 21
  1.2.6　疑似液体層 ……………………………………………………………………………… 24
  1.2.7　焼結 ……………………………………………………………………………………… 25
 1.3　多形な氷およびクラスレート・ハイドレート …………………………………………… 26
   1）多形な氷　26　　2）クラスレート・ハイドレート　29
 確認問題 …………………………………………………………………………………………… 32
 コラム 1　ミラー指数 …………………………………………………………………………… 34
 コラム 2　氷の摩擦 ……………………………………………………………………………… 36
 コラム 3　つらら ………………………………………………………………………………… 38
 コラム 4　復氷 …………………………………………………………………………………… 39

第 2 章　雪結晶 ……………………………………………………………………………………… 41

 2.1　雪結晶観察および研究の歴史 ……………………………………………………………… 41
  2.1.1　諸外国の状況 …………………………………………………………………………… 41
  2.1.2　日本の状況 ……………………………………………………………………………… 49
 2.2　上空での雪結晶の生成 ……………………………………………………………………… 57

2.3　雪結晶の分類 ··· 58
　2.4　雪結晶が多様な形態になる理由 ··· 61
　2.5　氷晶による大気光学現象 ··· 68
　確認問題 ·· 74
　　コラム5　ウィルソン・ベントレー ··· 75
　　コラム6　寺田寅彦と中谷宇吉郎 ··· 76
　　コラム7　津軽には七つの雪が降る！？ ·· 79
　　コラム8　雪結晶の新しい分類表を作る会 ······································ 81
　　コラム9　雪の文様 ··· 83

第3章　積雪 ··· 85
　3.1　積雪の分類 ··· 85
　3.2　積雪の物理的性質 ··· 88
　　3.2.1　積雪の組織と構造 ··· 88
　　3.2.2　積雪の粒径，比表面積 ··· 91
　　3.2.3　積雪の圧密 ··· 92
　　3.2.4　積雪の密度，含水率，空隙率 ··· 93
　　3.2.5　積雪の硬度 ··· 94
　　3.2.6　積雪の固有透過度（通気度）··· 95
　　3.2.7　積雪の熱的性質 ··· 96
　3.3　積雪断面観測 ··· 97
　3.4　積雪深観測および積雪分布 ··· 99
　3.5　融雪観測 ·· 101
　3.6　積雪のモデル計算 ·· 107
　3.7　人工衛星による広域積雪観測 ·· 109
　　3.7.1　可視光による観測 ·· 109
　　3.7.2　マイクロ波による観測および公開データ ································ 109
　確認問題 ··· 112
　　コラム10　積雪の造形美 ·· 113
　　コラム11　斑点ぬれ雪 ·· 115
　　コラム12　雪は溶けるのか，融けるのか，解けるのか？ ······················· 116

第4章　氷河，氷床 ·· 117
　4.1　氷河，雪渓，岩石氷河 ·· 117
　　4.1.1　特徴 ·· 117
　　　　1) 氷河　117　　2) 雪渓　119　　3) 岩石氷河　122
　　4.1.2　氷河の領域区分 ·· 122
　　4.1.3　氷河の流動 ·· 123

		4.1.4 氷河の末端変動	125
4.2	氷床		126
	4.2.1	南極氷床	128
		1）概要　128　　2）質量収支　129	
		3）日本南極地域観測隊による雪氷分野での主要な観測計画および成果　131	
		4）雪尺観測　132　　5）10m 雪温　133	
	4.2.2	グリーンランド氷床	134
4.3	氷床コア解析による過去の気候・環境変動の推定		135
	4.3.1	氷床掘削	135
		1）グリーンランド氷床および北極域の氷河　136　　2）南極氷床　137	
	4.3.2	酸素同位体比および掘削孔の温度計測による過去の気温推定	139
		1）同位体温度計の基本原理　139　　2）氷床コアの同位体比の研究　141	
		3）現在のドームふじの降雪　146　　4）氷床内部の温度分布　148	
	4.3.3	再凍結氷による過去の夏の気温の推定	149
	4.3.4	固体電気伝導度（ECM）による火山灰層の検知	150
	4.3.5	氷の結晶構造	150
	4.3.6	フィルンの密度分布，圧密氷化，エアハイドレート	153
	4.3.7	気泡の成分分析による過去の大気成分の復元および含有空気量	156
	4.3.8	化学主成分	158
		1）表面積雪　158　　2）氷床コア　160	
	4.3.9	化学微量成分	161
	4.3.10	放射性同位体	162
	4.3.11	固体微粒子およびブラックカーボン	164
4.4	アイスレーダーによる氷床，氷河の内部構造観測		165
4.5	氷床のモデル計算		167
4.6	氷河湖決壊洪水		169
確認問題			172
	コラム 13　南極での吹雪研究		173
	コラム 14　ドームふじ氷床深層掘削計画		178
	コラム 15　南極での皆既日食		180
	コラム 16　雪まりも		182
	コラム 17　氷穴		183
	コラム 18　南極物語，南極大陸，南極料理人		184
	コラム 19　IPY と IGY		185
	コラム 20　SIPRE と CRREL		187

第 5 章　凍土，凍上 …………………………………………………… 189

5.1	土の凍結	189
5.2	凍上	194

5.2.1　凍上害 ·· 194
　　5.2.2　凍上に対する土質，気温，水分，荷重の影響 ·· 195
　　　　1) 土質　195　　2) 水分　196　　3) 気温　196　　4) 荷重　196
　　5.2.3　氷晶析出 ·· 197
　　　　1) 霜柱　197　　2) アイスレンズ　198　　3) 多孔質物質による析出氷　199
5.3　凍上力 ··· 201
　　5.3.1　上限凍上力 ·· 201
　　5.3.2　最大凍上力 ·· 202
　　5.3.3　地表面の構造物に及ぼす凍上力 ··· 203
5.4　凍土の物性 ·· 203
　　5.4.1　不凍水 ··· 204
　　5.4.2　一軸圧縮強さ ··· 205
　　5.4.3　熱伝導率 ··· 206
　　5.4.4　透水係数 ··· 207
5.5　凍上対策 ·· 207
5.6　永久凍土 ·· 208
　　5.6.1　永久凍土の分布 ·· 208
　　5.6.2　アイスウェッジ，ピンゴ，パルサ，ハンモック ·· 209
　　　　1) アイスウェッジ　209　　2) ピンゴ　209　　3) パルサ　213
　　　　4) ハンモック　213
　　5.6.3　構造土，アラス，エドマ，集塊氷 ··· 213
　　　　1) 構造土　213　　2) アラス　214　　3) エドマ　215　　4) 集塊氷　216
確認問題 ··· 216
　コラム21　地盤凍結工法 ·· 217
　コラム22　霜柱の研究 ·· 219
　コラム23　アラスカの石油パイプラインでの永久凍土の保全対策 ······························· 220

第6章　海氷 ··· 221

6.1　海氷と流氷 ·· 221
6.2　海氷の形成と構造 ·· 222
6.3　オホーツク海 ··· 228
　　6.3.1　海氷の分布 ·· 228
　　6.3.2　流氷はどこから来るか？ ·· 232
　　6.3.3　流氷が育む豊かな海 ·· 234
6.4　北極域および南極域 ··· 235
6.5　海氷分布の長期変動 ··· 238
確認問題 ··· 239
　コラム24　湖氷，河氷，雪泥流 ··· 241
　コラム25　湖氷の造形美 ··· 243

コラム 26　満州の凍結河川での氷上軌道列車実験 …………………………………… 245
　　　コラム 27　流氷勢力と温暖化 …………………………………………………………… 247

第 7 章　雪氷災害 …………………………………………………………………………… 249

　7.1　豪雪 ……………………………………………………………………………………… 249
　7.2　雪崩 ……………………………………………………………………………………… 252
　　7.2.1　雪崩の分類 …………………………………………………………………………… 252
　　7.2.2　雪崩の発生条件 ……………………………………………………………………… 255
　　7.2.3　雪崩対策 ……………………………………………………………………………… 256
　7.3　吹雪 ……………………………………………………………………………………… 258
　　7.3.1　吹雪粒子の運動 ……………………………………………………………………… 258
　　7.3.2　吹雪の発生条件および吹雪量 ……………………………………………………… 260
　　7.3.3　視程障害 ……………………………………………………………………………… 262
　　7.3.4　吹きだまりの発生機構と形 ………………………………………………………… 267
　　7.3.5　南極の観測基地での吹きだまり対策 ……………………………………………… 268
　　7.3.6　道路の吹雪対策 ……………………………………………………………………… 270
　　　（1）路線計画 ……………………………………………………………………………… 270
　　　（2）道路構造 ……………………………………………………………………………… 270
　　　（3）大型構造物 …………………………………………………………………………… 271
　　　（4）付帯施設 ……………………………………………………………………………… 271
　　　　（a）道路防雪林 ………………………………………………………………………… 272
　　　　（b）防雪柵 ……………………………………………………………………………… 272
　　　　　1）吹きだめ柵　272　　2）吹き止め柵　274　　3）吹き上げ防止柵　275
　　　　　4）吹き払い柵　275　　5）新型の防雪柵　276
　　　　（c）視線誘導施設 ……………………………………………………………………… 277
　　　　　1）視線誘導標　277　　2）スノーポール　277　　3）固定式視線誘導柱　277
　　　　　4）視線誘導樹　277　　5）道路照明　277
　　　（5）維持管理 ……………………………………………………………………………… 278
　　　（6）情報管理 ……………………………………………………………………………… 278
　7.4　着氷と着雪 ……………………………………………………………………………… 278
　　7.4.1　着氷 …………………………………………………………………………………… 278
　　　（1）霧氷 …………………………………………………………………………………… 278
　　　　（a）樹霜 ………………………………………………………………………………… 279
　　　　（b）樹氷 ………………………………………………………………………………… 280
　　　　（c）粗氷 ………………………………………………………………………………… 280
　　　（2）雨氷 …………………………………………………………………………………… 280
　　7.4.2　着雪 …………………………………………………………………………………… 281
　　7.4.3　着氷雪災害 …………………………………………………………………………… 283
　　　（1）物体表面の性質 ……………………………………………………………………… 283
　　　（2）電線着雪 ……………………………………………………………………………… 284

　　　　　　(a) 状況および筒雪の成長メカニズム·· 284
　　　　　　(b) 電線着雪の対策·· 286
　　　　(3) 道路標識，信号機への着雪·· 286
　　　　(4) 橋梁への冠雪および着氷雪·· 288
　　　　(5) 鉄道，船舶，航空機への着氷雪·· 289
　　　　　　(a) 鉄道··· 289
　　　　　　(b) 船舶··· 290
　　　　　　(c) 航空機·· 290
　7.5　雪氷路面··· 291
　7.6　積雪の沈降力··· 293
　確認問題·· 294
　　コラム 28　2000 トンの雨··· 295
　　コラム 29　吹雪はどこへ行く？·· 296
　　コラム 30　雪まつり·· 297
　　コラム 31　しばれフェスティバル·· 298

第 8 章　宇宙雪氷 ··· 299

　8.1　暗黒星雲−太陽系誕生のもと−·· 299
　8.2　太陽系の誕生··· 300
　8.3　地球型惑星と木星型惑星··· 301
　8.4　氷天体··· 303
　　8.4.1　ガリレオ衛星·· 303
　　8.4.2　タイタン，エンケラドゥス·· 304
　　8.4.3　トリトン·· 305
　　8.4.4　彗星·· 306
　8.5　地球の水は貴重！··· 307
　　　(1) コンドライト隕石·· 307
　　　(2) 彗星·· 308
　　　(3) 原始太陽系円盤ガス·· 308
　確認問題·· 309

謝辞·· 311

引用文献·· 317

※撮影者名のない写真は亀田貴雄撮影．

第1章 氷

　氷は水に浮く．雪の結晶は六角形である．これら2つの現象は関係がないように思われるが，これらは氷を形成している水分子の空間的な配置に原因がある現象である．また，物質は電気の流れやすさで，導体，半導体，絶縁体に分類できる．半導体としてはトランジスタで使用されるシリコンが良く知られているが，氷も半導体である．ただし，通常の半導体は電子により電流が流れるのに対して，氷は H^+ イオン（プロトン）により電気が流れるプロトン半導体である．水や氷は透明な物質であるが，厚くなると色が付いて見える．例えば，氷河の氷は青く見え，海の水も青く見える．これも氷や水の性質に原因がある現象である．また，冬になるとスキーやスケートを楽しむことができる．これも雪や氷の性質に原因がある．このような氷について，まずは分子レベルからその構造を見ていく．

1.1　氷の構造

1.1.1　水分子

　古代ギリシャの哲学者タレス（Thales，BC625-547）は万物の根源を水であると考えた．古代ギリシャの自然哲学者エンペドクレス（Empedocles，BC490-430）や古代ギリシャ最大の哲学者といわれるアリストテレスは（Aristotle，BC384-322）は四大元素説[1]で水を元素の1つとして考えた．水が元素ではなく，水素と酸素からできた化合物であることは1780年代に行われたイギリスの化学者・物理学者のキャベンディッシュ（Henry Cavendish, 1731-1810）とフランスの化学者ラボアジェ（Antoine-Laurent de Lavoisier, 1743-1794）によるそれぞれの実験で明らかにされた．

　図1.1に水分子（H_2O 分子）を示す．水分子は，1つの酸素原子とその両側に2つの水素原子が共有結合（covalent bond）[2]により形成されている．図1.1では酸素原子と水素原子の位置を点で示した．酸素原子と水素原子間の距離は 0.9579 Å[3]，2つの水素原子間の角度は $104.50°$ である．それぞれの原子の周りには電子が存在しており，その確率的な範囲（ファンデルワールス半径）は酸素原子で 1.4 Å，水素原子で 1.2 Å である（Pauling, 1960）．両者の距離は 0.9579Å なので，図1.1に示すように，水分子は2つの球状のコブをもった形をしている．おおまかには，水分子は酸素を中心として水素のところが少し膨らんだ半径 1.5Å の球と思ってよい．また，水素原子上の電子は酸素原子に引き寄せられているため，酸素原子はマイナス，水素原子はプラスの電荷の偏りが生じている．このために，水分子は有極性分子となっている．

　図1.2に液体の水を構成している2つの水分子を模式的に示した．液体の水分子は互いに動くことができるが，マイナスに帯電している酸素原子とプラスに帯電している水素原子の間で静電的作用がはたらくため，図1.2のような配列になる場合が多い．2つの酸素原子間の距離（水素結合距離）は

---

[1] すべての物質は，火，空気，水，土の4つ元素から構成されるとする考え．
[2] 共有結合とは原子同士が互いの電子を共有することで生じる化学結合．
[3] 長さの単位であり，1Å $=10^{-10}$ m $= 0.1$ nm（ナノメートル）．分光法の先駆者であるスウェーデンの物理学者アンデルス・オングストローム（Anders Jonas Ångström）が，1868年に 10^{-10} m を単位として使ったことに由来し，可視光波長によく用いられた．国際度量衡委員会ではこの単位を用いず，一般に nm が用いられるが，現在でも原子や分子，結晶格子の長さ，電磁波の波長を表すのに Å が用いられることがある．

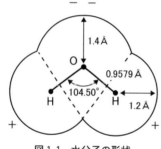

図1.1 水分子の形状

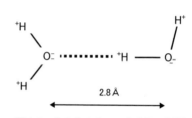

図1.2 水の中の2つの水分子の配置
実線は共有結合,点線は水素結合を示す.

平均的には2.8Å程度であることがわかっている(荒川,1991).図1.2で点線で示した結合には水素原子が関わるので,水素結合(hydrogen bond)という.なお,本書では,氷(ice)は固体のH_2Oを意味し,とくに記述がない場合には,氷Ih(1.1.2項参照)を意味する.水(water)は液体のH_2Oを意味し,水蒸気(vapor)は気体のH_2Oを意味する.

1.1.2 氷の結晶構造

氷の結晶構造の研究は,1912年にドイツの物理学者ラウエ(Max Theodor F. von Laue)が報告したX線回折法を用いて,1917年頃から開始された(St. John, 1918; Dennison, 1921など).1922年には英国のブラッグ卿(Sir W.H. Bragg)がこれらの実験データを用いて氷の中の酸素原子の位置を提案し(Bragg, 1922),その後,Barnes(1929),Megaw[4](1934),Lonsdale(1958)らがさらに研究を進めた.これらの研究の結果,氷のなかの酸素原子は六方晶系に配置され,その結晶構造は国際記号で$P6_3/mmc$,シェンフリースの記号でD_{6h}^4という空間群に属することがわかった.その後の研究により,氷の結晶構造は21種類あることがわかってきた(1.3節参照).一般に存在する氷は六方晶系なので,

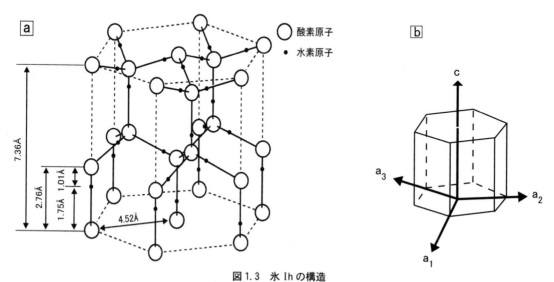

図1.3 氷Ihの構造
(a) 酸素原子と水素原子の位置(福田・本堂,1984 一部改変),(b) 結晶主軸(c軸)および副軸(a_1軸,a_2軸,a_3軸)の位置.原子間距離は-20℃での値.

---

[4] 南極のベネット島(Bennett Island)のハナッセ湾(Hanusse Bay)の東側にメゴー島(Megaw Island; 66°55′S, 67°36′W)があるが,1934年に出版されたこの論文での氷結晶の正確な格子定数の決定による功績で,英国南極地名委員会が名づけた.

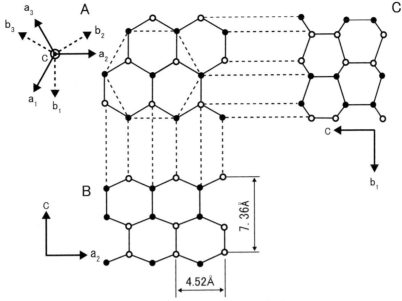

図1.4 氷Ihでの酸素原子の位置
(A) 基底面 (0001), (B) 柱面 (10$\bar{1}$0), (C) 柱面 (11$\bar{2}$0). 黒丸と白丸は酸素原子の位置の違いを表す.

氷Ihと記載される. ここでIはローマ数字の1を意味し, hは六方晶系 (hexagonal) を意味する. 図1.3aは氷Ihの酸素原子と水素原子の位置を模式的に示す. 白丸は酸素原子, 黒丸は水素原子である. ここで原子間の距離を書いたがこれは -20°Cの値である. 点線で六角柱を示したが, この六角柱の底面を基底面 (basal plane) という. 基底面で図1.3bで示した向きをa軸 (a_1軸, a_2軸, a_3軸), 基底面と垂直な向きをc軸という. c軸は結晶主軸とも呼ばれる. 六角柱の側面は柱面またはプリズム面 (prismatic plane) と呼ばれる.

図1.3aに示したすべての酸素原子は2.76Å離れた4つの酸素原子に四面体的に囲まれている. この最近隣距離の原子数を配位数 (coordination number) という. 氷の配位数は4である. 一方, 水の配位数は4.4であることが知られている (Narten *et al.*, 1967; 荒川, 1991). 水よりも氷の平均酸素原子間距離が短いので, 水よりも氷の密度が高くなりそうであるが, 水の配位数が氷の配位数よりも大きいため, 結果的に水は氷よりも約9%密度が高くなる. 0°C, 1気圧の水の密度は0.99984g/cm^3, 同じ条件の氷の密度は0.91765g/cm^{3}である (詳しくは1.2.1項参照).

結晶学では, 結晶面はミラー指数を使って表す (詳細はコラム1を参照). この場合, 図1.3に示した基底面は (0001), 柱面は (10$\bar{1}$0)[5]と表示される. a_1軸は [2$\bar{1}\bar{1}$0], a_2軸は [$\bar{1}$2$\bar{1}$0], a_3軸は [$\bar{1}\bar{1}$20] となり, これらをすべて表す場合には〈11$\bar{2}$0〉と記す. 同様にb軸の向きは〈10$\bar{1}$0〉と記す.

図1.4は氷Ihの酸素原子の位置を平面図 (A), 正面図 (B), 側面図 (C) で示した. 平面図 (A) は基底面 (0001) での酸素原子の位置を示すが, 酸素原子は正六角形に配列していることがわかる. ただし, これらの酸素原子は同一平面にはなく, 1個おきに高さが違う. この高さの違いを図1.4では黒丸と白丸で示した. 同一平面に位置する酸素原子を結ぶと, 図1.4Aに点線で示した六角形となる. この時の六角形の中心から角の方向がa軸の向きであり, 3方向ある. a軸から30°回転した方向がb軸であり, やはり3方向ある. 図1.4Bはa_2軸とc軸を含む柱面 (10$\bar{1}$0), 図1.4Cはb_1軸とc軸を含む柱

---

[5] イチゼロイチバーゼロと読む.

表 1.1　氷の格子定数
(Röttger et al., 1994, 2012; 下記の表は Petrenko and Whitworth, 1999 より)

Temperature (K)	H$_2$O		D$_2$O	
	a (Å)	c (Å)	a (Å)	c (Å)
10	4.4969	7.3211	4.4982	7.3235
25	4.4967	7.3205	4.4980	7.3229
40	4.4967	7.3205	4.4977	7.3226
55	4.4964	7.3200	4.4973	7.3216
70	4.4959	7.3198	4.4969	7.3226
85	4.4961	7.3198	4.4972	7.3220
100	4.4966	7.3204	4.4977	7.3228
115	4.4975	7.3219	4.4986	7.3250
130	4.4988	7.3240	4.5001	7.3267
145	4.5002	7.3268	4.5014	7.3303
160	4.5021	7.3296	4.5035	7.3334
175	4.5042	7.3332	4.5057	7.3369
190	4.5063	7.3372	4.5083	7.3412
205	4.5088	7.3411	4.5114	7.3460
220	4.5117	7.3447	4.5146	7.3508
235	4.5148	7.3503	4.5180	7.3558
250	4.5181	7.3560	4.5216	7.3627
265	4.5214	7.3616	4.5266	7.3688

面（11$\bar{2}$0）での酸素原子の位置をそれぞれ示す．

　第2章では雪結晶を説明するが，樹枝六花などの板状結晶では板状の面が基底面であり，主枝の向きがa軸，基底面に垂直な向きがc軸である．図1.3aには酸素原子間と酸素原子と水素原子間の距離（−20℃での値）を書いた．ここでa軸方向の距離 4.52Å（a），c軸方向の距離 7.36Å（c）は格子定数（lattice constants）と呼ばれ，表1.1に温度が変化した時の値のa, cの値をまとめた．ここで，2方向の格子定数の比 c/a は氷結晶の場合 1.628 程度である．各酸素原子が正確に四面体の頂点に位置している場合，その値は $\sqrt{8/3}=1.633$ になるはずである．したがって，酸素原子は，正確な四面体の頂点に存在していないが，四面体に極めて近い配置をしている．なお，表1.1には重水 D$_2$O [6] の格子定数も示した．測定精度はa軸の長さで 0.0002Å，c軸で 0.0006Å である．

　氷結晶中の水素原子の位置は重水（D$_2$O）を凍結させた氷に中性子線を回折させることで，Peterson and Levy (1957) が初めて決定した．図1.5にその結果を示す．酸素原子間の2カ所に水素原子（陽子，プロトンともいう）の存在確率が高い場所がみつかった．この測定は測定精度を上げるために重水からできた氷が使われた．図1.5より1個の酸素原子の周りには4カ所の水素原子の存在確率が高い場所があることがわかる．ただし，1個の酸素原子の周りには2個の水素原子が存在するので（化学式はH$_2$O），図1.5では水素原子を半円で示してある．つまり，瞬間的には1個の酸素原子の近くには2個の水素原子が存在し，2個の酸素原子の間には1個の水素原子しか存在しない．1.2節で述べる力学緩和や誘電緩和の計測により，0℃の氷で毎秒5万回の頻度で水素原子の位置が移り変わっていることがわかっている．このような水素原子の位置が毎秒何万回も変化していることを水素原子（プロトン）の無秩序分布（disordered configuration of protons）という．

　このような氷の中での水素原子の位置は，1935年にポーリングが予想した氷の統計モデル（statistical model of ice; Pauling, 1935）と整合的であった．また，氷結晶は氷の規則（ice rule）またはバナール・ファウラー則（Bernal–Fowler rule）と呼ばれる以下の2つの条件を満たすことが Bernal and Fowler (1933) により指摘されていたが，これらの結果とも整合的であった．

---
[6] D は deuterium の頭文字であり，陽子1つと中性子1つで構成される重水素を意味する．

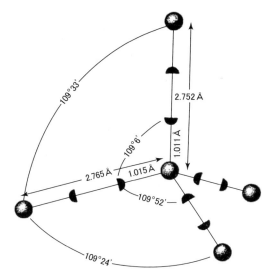

図 1.5　氷結晶中の水素原子の位置（Peterson and Levy, 1957）

(1) 1つの酸素原子の近くには，2つの水素原子が存在する．
(2) 酸素原子と酸素原子の間の水素結合上には，1つの水素原子が存在する．

　氷 Ih の水素原子の位置は，Peterson and Levy（1957）以来，中性子線回折で求められてきた（例えば，Kuhs and Lehmann, 1983 など）．X 線回折では水素原子の電子雲の分布を求めることができるが，水素原子の電子雲からの回折が弱いので，X 線回折では水素原子の位置を決めることが難しいとされてきたためであった．このように従来不可能とされてきた X 線回折を用いて，水素原子の電子雲の位置を決定したのは Goto et al.（1990）である．Goto et al.（1990）によると，Kuhs and Lehmann（1983）で 1.004～1.008Å とされてきた酸素原子と水素原子との距離が 0.82～0.85 Å あることを示した．後藤　明（当時，北海道大学工学部応用物理学科）による工夫を凝らした実験とそのデータ解析の成果であった．

　氷 Ih の構造研究は，このような実験的な手法に加えて，近年ではコンピュータシミュレーションでも実施されるようになり，さまざまなことが理解されてきている（例えば，Ikeda-Fukuzawa et al., 2002 など）．北海道大学低温科学研究所が刊行した『H_2O が拓く科学フロンティア　氷と水とクラスレートハイドレート』（北海道大学低温科学研究所，2005），『氷の物理と化学の新展開』（北海道大学低温科学研究所，2013）は，このような研究も含めた成果を網羅的に紹介している．

1.1.3　単結晶と多結晶

　結晶性の物質は通常，単結晶と多結晶に分類することができる．氷も同様に単結晶氷（single crystal of ice）と多結晶氷（polycrystal of ice）に分類することができる．氷 Ih の単結晶氷は六方晶系に属するため，1本の結晶主軸（c 軸）とそれに垂直な3本の a 軸からなる（図 1.3b）．このような単結晶氷がいくつか集まってできているのが多結晶氷である（図 1.6）．多結晶における個々の単結晶同士の境界は粒界または結晶粒界（grain boundary, GB と略記される）と呼ばれる．通常の多結晶氷には気泡と微少量の不純物（NaCl などの塩や H_2SO_4 などの酸）が含まれている．不純物は結晶粒界に偏在する場合が多い（Mulvaney et al., 1988）．3つの結晶が接合した点を三叉粒界（trigeminal grain boundary）と呼ぶ．

　図 1.7 は南極 G15 地点で掘削された氷床コア（G15 コア）の 94.50m 深付近の氷を厚さ 0.6mm 程度

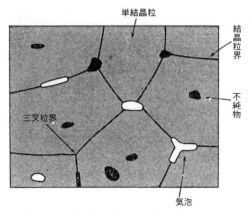

図 1.6　多結晶氷の構造（前野・黒田，1986）

図 1.7　多結晶氷の薄片（南極 G15 コアの鉛直断面）
2 枚の偏光板にはさんだので，結晶主軸の向きにより氷に異なる色が付く（カラー図は口絵 1 を参照）．

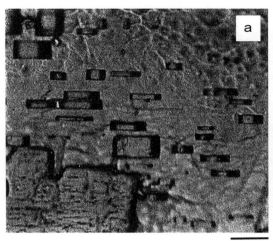

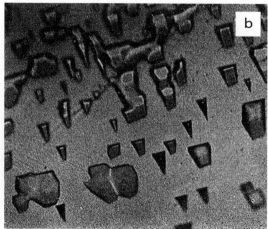

図 1.8　氷表面に形成されるエッチピットの例（Higuchi and Muguruma, 1958）
(a) は $-25 \sim -30$℃で 19 時間，(b) は -25℃で 15 時間 10 分間放置して作成．

に薄くして，偏光板にはさんで透過光で観察した写真であるが，氷結晶の c 軸の向きの違いにより異なる色がついて見える．これは氷結晶中を透過する光は光の振動面の方向によって氷の屈折率が異なるため，光の速度と波長が変化する．つまり，光の偏光状態が単結晶氷の結晶主軸方位に依存することが原因である．氷の薄片を偏光で見た時に，色がつくメカニズムの詳細は島田（2002），高橋（1986）に詳しいので，関心のある読者は参照するとよい．氷結晶の c 軸方位は，このように氷薄片を偏光下で観察してリグスビーステージで測定することができる（Langway, 1958）．この方法と結果の詳細は 4.3.5 項を参照のこと．

　氷結晶の c 軸方位は氷結晶表面に形成されるエッチピット（etch pits，熱腐食孔，熱腐食像または蒸発ピットともいう）[7]の形状，チンダル像（Tyndall figures ; Tyndall, 1858, 1877）の向きからも推定することができる．図 1.8 は実際のエッチピットの写真である．これはフォルムバールなどのレプリカ溶液を塗った氷表面に生成したものである．レプリカ溶液は時間が経つと薄いレプリカ膜になる

---

[7] エッチング（etching）とはゆっくりとしたプロセスで起こる結晶の微弱な溶解作用のことで，エッチピットとはエッチングによりできる結晶表面での窪みをさす．

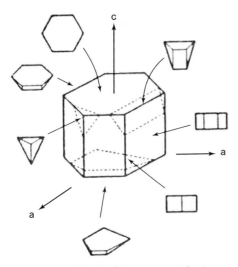

図 1.9　氷表面に形成されるエッチピットの
形状と結晶方位面，結晶軸との関係
(Higuchi, 1957)

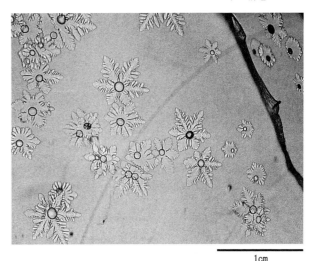

図 1.10　チンダル像（作成および撮影：神田健三）
（カラー図は口絵 2 を参照）

が，これには 10nm 程度の小さな孔が空いている．このため，この孔から氷が選択的に昇華蒸発をして，氷表面にエッチピットが生成される．エッチピットの形状は氷結晶の方位により決まっているので，その形状から氷結晶の方位を調べることができる（Schaefer, 1950 ; Higuchi, 1957 ; Higuchi and Muguruma, 1958）．図 1.9 は氷結晶の方位とエッチピットの形状との関係を示すが，この図よりエッチピットの形状から結晶方位を求めることができる．エッチピットから氷結晶の a 軸を決める方法も報告されている（Matsuda, 1979）．

　図 1.10 にチンダル像（一般的にはアイスフラワーとも呼ばれる）を示す．直径が 5mm〜1cm 程度の雪結晶のような模様が写っているが，これがチンダル像である．形状は樹枝状六花のような場合と円盤形の場合がある．両者ともに厚さは非常に薄い．成長速度が速い場合，図 1.10 のように，樹枝状になることが知られている．チンダル像は氷に日射など，強い光が当たり，氷内部が融解して形成される．つまり，チンダル像の内部には水が存在し，外部が通常の氷である．なお，図 1.10 ではチンダル像の中心付近に黒い円形模様が写っているが，これは氷と水の密度差により形成された空像(隙間）であり，水蒸気が存在している．

　図 1.10 は，大きめの発泡スチロールケースに水道水を 7 分目ほど入れ，−20℃の冷凍庫の中で約半日冷やし，表面が 1〜2cm の厚さになった氷を取り出し，4cm 角に切り出してシャーレに入れ，これに 200W の電球（レフランプ）の光を当ててできたチンダル像を OHP でスクリーンに投影したものを撮影した．

　このような氷の内部融解像に初めて気がついたのはアイルランド生まれのイギリスの物理学者 John Tyndall（1820−1893）であるので，チンダル像と呼ばれる．チンダルはチンダル現象（Tyndal phenomenon）[8]などで知られる著名な科学者であり，日射が当たっている湖の氷でこの内部融解像を発見した．チンダル像は氷の基底面（0001）に平行にできること，物理的性質（Nakaya, 1956 など），結晶粒界と粒内にできる形態の違い（Mae, 1975 ; 前, 1975），消滅過程（Mae, 1976）などが報告さ

---

8) 空気中の浮遊微粒子や懸濁液中の固体粒子によって光が散乱する現象をいう．太陽が雲に隠れている時に雲の切れ間から太陽光が下に降りて見える時や森林の中で太陽光が斜めに差して見える時があるが，これはチンダル現象によって光の道筋が見えていることになる．なお，懸濁液とは固体の微粒子が溶液の中に浮遊して分散しているものであり，牛乳やインク，墨汁などのコロイド溶液が該当する．

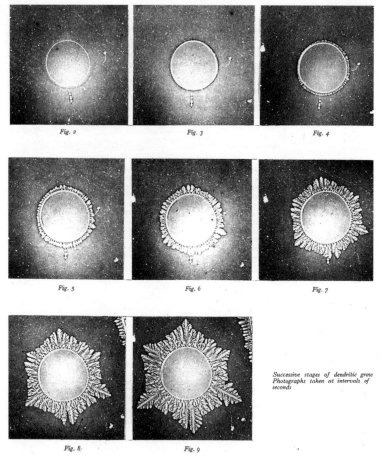

図 1.11　円盤氷の成長過程（Arakawa, 1955）

れている．

一方，水が静かに凍結する際に非常に薄い円盤状の氷（円盤氷，disk ice）が水面に生成されることが報告されている（Arakawa and Higuchi, 1952；Arakawa, 1955）．図 1.11 は Arakawa（1955）により報告された 30 秒ごとの円盤氷の成長過程であるが，初め円形であった円盤の縁が樹枝状になって，成長することが示されている．縁が樹枝状に成長した円盤結晶の直径は 1 〜 2cm 程度であった．これは結晶成長界面での形態不安定化の例であり，現在では Mullins-Sekerka 不安定性（Mullins-Sekerka instability）として知られている現象である（Mullins and Sekerka, 1964）．Arakawa（1955）は Mullins and Sekerka（1964）より 10 年以上前の報告であり，古川ほか（2012）によると「結晶成長におけるパターン変化をその場観察した最初の例」とのことである．円盤氷についてはその後，多くの研究者が興味深い点を明らかにしてきたが，それらは古川ほか（2012）や横山・古川（2013）にまとめられている．

1.1.4　格子欠陥

現実の結晶の中には種々の大きさの結晶性が不完全な部分が含まれている．これを格子欠陥（lattice defect）と呼ぶ．点欠陥（point defect），線欠陥（line defect, dislocation），面欠陥（plane defect）が存在する．

1）点欠陥

最も単純な格子欠陥とは，本来存在すべき格子点に原子や分子が存在しない場合と余分に存在する

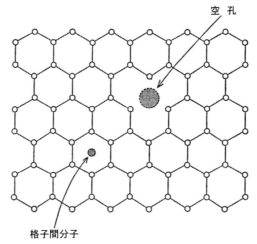

図1.12 空孔と格子間分子（前野・黒田，1986）

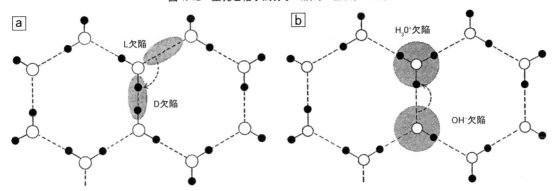

図1.13 （a）配向欠陥（ビェルム欠陥）の生成，（b）イオン欠陥の生成（前野・黒田，1986）

場合であり，これを点欠陥という（図1.12）．存在しない場合を空孔（vacancy），余分に存在する分子を格子間分子（interstitial molecule）と呼ぶ．氷では2種類の点欠陥のどちらが優勢かということは長らく議論されてきたが，X線を用いた実験の結果，格子間分子が卓越することがわかった（Goto et al., 1986 ; Hondoh et al., 1987）．

氷に特有な点欠陥として配向欠陥（orientational defect）とイオン欠陥（ionic defect）がある（図1.13）．配向欠陥とはバナール・ファウラー則の（2）（酸素原子と酸素原子の間の水素結合上には，1つの水素原子が存在している）を破る場合に発生する．図1.13aのD欠陥とはプロトンが2個存在する場合の配向欠陥で，ドイツ語のdoppelt（2つの）の頭文字からきている．L欠陥とはプロトンが1個も存在しない場合で，ドイツ語のleer（空いている）の頭文字からきている．これらはBjerrum（1951）が氷の誘電的性質を説明するための導入したものなので，ビェルム欠陥とも呼ばれる．

一方，イオン欠陥とはバナール・ファウラー則の（1）（1つの酸素原子には，2つの水素原子が結合している）を破る場合に発生する．1.1節で述べた酸素原子間でプロトンが存在できる位置が2つあるが，この2つの位置を水素が移動する際に，一対のイオンH_3O^+とOH^-ができる（図1.13b）．1.2.3節で述べるように，氷は微小な電流が流れる半導体であるが，微小電流が流れるときにイオン欠陥が生じている．

2）線欠陥

点欠陥が直線状に配列したものおよび転位（dislocation）が該当する．図1.14は転位を模式的に示す．

10　第1章　氷

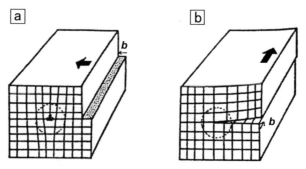

図1.14　転位の生成（前野・黒田，1986）
(a) は刃状転位，(b) はらせん転位．図中の b はバーガースベクトル．

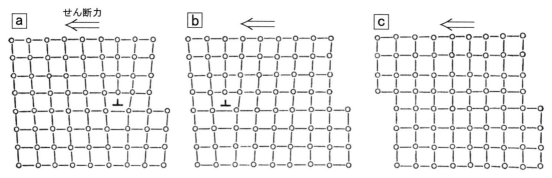

図1.15　転位の移動による物体の変形（前野・黒田，1986）

ここでは結晶に水平に切れ目を入れて，上半分を1原子間距離だけずらして示した．図1.14aの太い矢印の方向にずらせば，刃状転位（edge dislocation），図1.14bの太い矢印の方向にずらせば，らせん転位（screw dislocation）となる．図1.14では，ずれている原子間距離を b で示すが，これはバーガースベクトル（Burgers vector）と呼ぶ．

　物質が塑性変形する場合，転位を含まない完全結晶を想定すると，実際に必要な力の数十倍から数百倍の力が必要なことが計算からわかる．このため，実在の物質には転位が存在しており，これらが伝搬することで塑性変形が起こっていると考えられている．図1.15ではそれを模式的に示した図である．ここでは氷単結晶に剪断力がはたらいた時に刃状転位（⊥の印）が1原子の距離だけ移動し（図1.15b），結果的に結晶全体が1原子の距離だけ移動する（図1.15c）ことを示している．

3）面欠陥

　結晶表面，結晶粒界，積層欠陥（stacking fault）が該当する．積層欠陥とは結晶面の積層順序が乱れた領域をいう．例えば，A，B，Cの3種の原子配列からできている場合，通常，ABCABCABCとなるが，これがABC<u>AC</u>BABCやABC<u>B</u>CABCになる部分が該当する．図1.6に示した結晶粒界および物体の表面も面状の欠陥であるが，積層欠陥に比べるとはるかに巨視的な面欠陥である．

1.2　氷の物性

1.2.1　密度

　気泡を含まない氷Ih（純氷）の常圧での密度 ρ_i [g/cm^3] は，1.1式で計算できる．この式はアラスカのメンデンホール氷河の末端で集めた単結晶氷を用いて，浮力法で氷の密度を測定した結果

表 1.2 氷 Ih の 1 気圧下での密度 [g/cm³]

温度（℃）	Bader (1964)	E&K (1969)	温度（℃）	E&K (1969)	Hobbs (1974)
0	0.9165	-	-80	0.9274	0.9245
-10	0.9179	0.9187	-100	0.9242	0.9273
-20	0.9193	0.9203	-120	0.9305	0.9296
-30	0.9207	-	-140	0.9314	0.9311
-40	-	0.9228	-160	0.9331	0.9319
-60	-	0.9252	-180	0.9340	0.9325

E&K (1969)：Eisenberg and Kauzmann (1969).

表 1.3 水の 1 気圧下での密度 [g/cm³]

温度（℃）	0	1	2	3	4	5	6	7	8	9
0	0.99984	0.99990	0.99994	0.99960	0.99997	0.99996	0.99994	0.99990	0.99985	0.99978
10	0.99970	0.99961	0.99949	0.99938	0.99924	0.99910	0.99894	0.99651	0.99860	0.99841
20	0.99820	0.99799	0.99777	0.99754	0.99730	0.99704	0.99678	0.99651	0.99623	0.99594

※表の見方：0 の行（1 番上の行）と 0 の列（1 番左の列）の交点は 0℃の密度（0.99984）．10 の行と 5 の列との交点（0.99910）は 15℃の密度．理科年表より引用．

(Butkovich, 1957) をまとめたものであり，温度 t の範囲は 0℃から -30℃である（Bader, 1964）．

$$\rho_i(t) = 0.91650\{1 - 10^{-6}(157.556t + 0.2779t^2 + 0.008854t^3 + 0.0001778t^4)\} \tag{1.1}$$

浮力法とは物体の重さを空中と液中で測定することにより，物体にはたらく浮力の差から物体の密度を求める方法であるが，浮力法を用いた氷の密度計測の詳細は Nakawo（1980）が報告している．

一方，X 線回折による氷の膨張率の測定により，氷 Ih の密度が計算されている（Eisenberg and Kauzmann, 1969；Hobbs, 1974）．これらの結果も表 1.2 に示すが，同じ温度でも測定法が異なると小数点 3 桁目以降は一致していない．参考までに表 1.3 に大気圧下での水（淡水）の密度を示す．

1.2.2 力学的性質

氷は粘弾性物質（viscoelastic substance）であるので，粘性と弾性の両方の性質を兼ね備えている．氷を床に落とすと跳ね返るがこれは氷の弾性的な性質が現れたものである．一方，氷河や氷床などで氷が水飴のように低い所へ向かって流れるのは氷の粘性的な性質の現れである．

Jellinek and Brill（1956）は多結晶氷と単結晶氷（大きさはすべて 2.5×2.5×10cm）の上端を金属枠に固定し，下端に一定加重をかける引張り実験を行い，図 1.16 に示すひずみ曲線を得た．加重をかけた瞬間に氷は伸びて，ある一定の歪み値となり，その後，時間とともに氷は伸びていった．すなわち，歪みが徐々に大きくなった．80 分後に加重を外すと，氷は瞬間的に縮み，その後，時間とともにさらに縮んだ．しかしながら，氷は加重をかける前よりは長さが長くなり，永久歪みが残った．つまり，氷に加重をある時間加えると，氷は弾性的な変形とともに粘性的な性質（正確には塑性的な性質）を示して，最終的には永久変形を残すことがわかった．

この粘弾性的な性質を Jellinek and Brill（1956）はレオロジーで使われるマックスウェル模型（Maxwell model）とフォークト模型（Voigt model）を組み合わせた 4 要素モデルで説明した（図 1.17）．ここで，σ は応力（stress）[9]，ε は歪み（strain）[10]，t は時間を表し，E は弾性定数であるヤング率

---

9) 応力とは単位面積当たりの物体内部の力を意味する．
10) ひずみとは応力による変位を Δl，物体の変形前の長さを l とすると，$\Delta l/l$ で定義される．

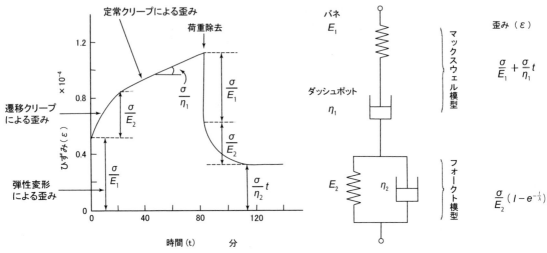

図 1.16　多結晶氷の歪み曲線
(前野・黒田，1986；データは Jellinek and Brill, 1956，一部改変)

図 1.17　粘弾性の 4 要素模型
(前野・黒田，1986)

バネのヤング率を E，ダッシュポット（ダンパー）粘性係数を η で示す．両者を直列でつないだマックスウェル模型と並列でつないだフォークト模型のそれぞれの歪みも示す．λ は遅延時間（retardation time）である．

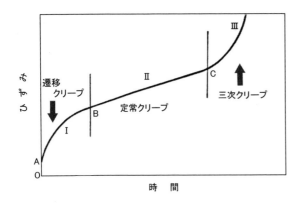

図 1.18　多結晶氷の歪み曲線 (前野・黒田，1986，一部改変)

(Young's modulas)，η は粘性係数（viscosity）である．氷のヤング率 E は 9〜10GPa 程度（山地・黒岩，1956；Gold, 1958），粘性係数 η は 1.2×10^{11}Pa·s 程度の値である．これらの値が変化するのは氷の結晶粒径や温度が影響を与えるからである．ヤング率は歪みの周波数に依存することが知られている（Gold, 1977）．

次に，氷に一定の歪みを与え，この状態を維持する場合，はじめに与えた応力 σ_0 が徐々に小さくなり，以下の式で応力が表せることがわかった．

$$\sigma = \sigma_0 \exp\left(-\frac{t}{\tau}\right) \tag{1.2}$$

ここで，t は歪みを与えてからの時間，τ は緩和時間（relaxation time）で $\dfrac{\eta}{E}$ で定義される．この現象は応力緩和（stress relaxation）と呼ばれる現象である．このような力学緩和現象は物体内部での力学的エネルギーの損失を伴うため，内部摩擦（internal friction）とも呼ばれる．

多結晶氷に一定の力を加えた時の氷の変形は，多くの研究者により調べられてきた（例えば，Glen,

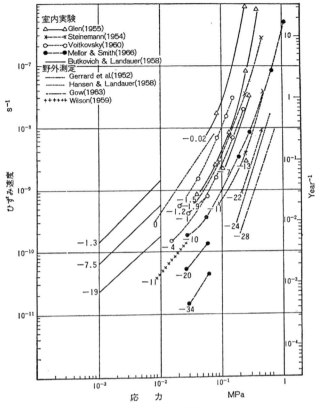

図 1.19　多結晶氷の定常クリープ歪み速度の応力依存性（Budd and Radok, 1971, 和訳を追加）
グラフ中の数字（−34 など）は実験実施温度（−34℃）を示す.

表 1.4　多結晶氷の定常クリープ定数（Barnes *et al.*, 1971, 和訳を追加）

全応力範囲　（$\dot{\varepsilon}_s = A'(\sinh \alpha\sigma)^n \exp(-Q/RT)$）

温度領域 [℃]	A' [s^{-1}]	α [MN^{-1}m^2]	n	Q [kJmol^{-1}]
−2 ～ −8	4.60×10^{18}	0.279	3.14	120.0
−8 ～ −14	3.14×10^{19}	0.254	3.08	78.1
−14 ～ −22	1.88×10^{19}	0.282	2.92	78.1
−8 ～ −45	2.72×10^{19}	0.262	3.05	78.1

低応力範囲　（$\dot{\varepsilon}_s = A\sigma^n \exp(-Q/RT)$）

温度領域 [℃]	A [s^{-1}]	n	Q [kJmol^{-1}]
−2 ～ −8	1.65×10^{17}	3.16	121.4
−8 ～ −14	6.50×10^{8}	3.01	78.6
−14 ～ −22	7.56×10^{8}	2.98	78.8
−22 ～ −34	2.25×10^{8}	3.11	76.4
−34 ～ −45	2.23×10^{8}	3.18	67.3
−8 ～ −45	9.72×10^{7}	3.08	74.5
−8 ～ −45*	2.32×10^{18}	3.08	72.8

＊：補正を含む結果.

1955；Gold, 1977).　その結果は一般的には図 1.18 に示す形になることがわかった．氷に力をかけた瞬間,　氷は弾性変形をして（OA），その後，遷移クリープ（AB：Ⅰ），定常クリープ（BC：Ⅱ），三次クリープ（C 以降：Ⅲ）となる．遷移クリープとは歪み速度（図 1.18 での曲線の傾き）が徐々に減少する領域，定常クリープとは歪み速度が一定の領域，三次クリープとは歪み速度が増加する領域である．これらの領域は氷の力学変形試験でいつも現れるわけではなく，加える力が小さい時にはⅠ

とIIのみが現れ，加える力が大きいときにはIとIIIのみが現れる．

一般に氷河や氷床の流動で重要なのはIIの定常クリープなので，定常クリープの挙動が詳しく調べられてきた．図 1.19 は 1952 年から 1966 年までに発表された定常クリープの実験結果を Budd and Radok（1971）がまとめたものである．応力 σ と歪み速度 $\dot{\varepsilon}$ は以下の式で示せることがわかった．

$$\dot{\varepsilon} = A\sigma^n \exp\left(-\frac{Q}{RT}\right) \tag{1.3}$$

ここで，A と n は定数，Q は定常クリープの活性化エネルギー，R は気体定数，T は絶対温度である．ここで，n は図 1.19 での直線の傾きを表すのでとくに重要であるが，実験では 1〜5 の値となり，平均では 3 程度であることがわかった．

一方，Barnes et al.（1971）は広い応力範囲（0.1〜10MPa），歪み速度（10^9〜$10^2 s^{-1}$），温度（0〜

$$\dot{\varepsilon} = A'(\sinh\alpha\sigma)^n \exp\left(-\frac{Q}{RT}\right) \tag{1.4}$$

−48℃）範囲で多結晶氷の変形実験を行い，氷の歪み速度は以下の式で表せることを示した．ここで，A' と $α$ は定数であり，sinh は双曲線正弦関数である．表 1.4 に Barnes et al.（1971）が得た定数をまとめておく．ここで，指数 n の値はほぼ 3 であることが確認できる．

1.2.3　電気的性質

1）直流電気伝導度

氷の直流電気伝導度（$σ$, electrical conductivity）と温度との関係を図 1.20 に示す．−10℃でおおよそ 10^{-9} $Ω^{-1}$/cm（単位換算すると，10^{-3} μS/cm となる）程度であり，温度上昇ともに指数関数的に増加することがわかる（図 1.20 の縦軸は対数目盛であることに注意）．金属では温度上昇とともに直流電気伝導度が小さくなり，半導体では温度上昇とともに大きくなる．この点から氷は半導体と同じ性質であることがわかる．

金属では固体内を自由に移動できる自由電子が存在しており，それが電荷を移動させている．金属の温度が上昇すると，金属結晶を構成している陽イオンの振動が大きくなり，自由電子が通りづらくなり，結果として電気伝導度が小さくなると定性的には理解できる．

一方，半導体の場合，もともと固体内に自由電子が存在しない．しかしながら，半導体の温度が上昇すると電子のエネルギーが上昇して，電子が存在していた価電子帯から上の伝導帯に電子が移ることができるので，結果的に電気伝導度が大きくなると理解できる．これは金属に比べて，半導体では価電子帯と伝導帯との間の禁止帯の幅が狭いという電子構造の違いが反映

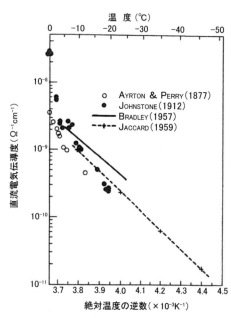

図 1.20　氷の直流電気伝導度と温度との関係
（前野，2004）

ここで縦軸は［S］ではなく，同じ意味の［$Ω^{-1}$］で表記しており，μ も使われていない点に注意．

表 1.5 代表的な物質と氷および水の電気伝導度の比較

物質名	電気伝導度（μS/cm）
銅	5.9×10^{11}
鉄	1.0×10^{11}
ゲルマニウム	1.0×10^{4}
ケイ素（シリコン）	1.0×10
水道水	100 程度
イオン交換水	$0.1 \sim 1$ 程度
純水	0.055 程度
氷（−10℃）	10^{-3}
ガラス	$10^{-5} \sim 10^{-12}$
ゴム	$10^{-7} \sim 10^{-11}$

されている[11].

表 1.5 に金属，半導体，絶縁体の代表的な物質の電気伝導度と氷および水の電気伝導度を比べた．氷の直流電気伝導度は，ゲルマニウムやシリコンなどの半導体とガラス，ゴムなどの絶縁体との中間に位置することがわかる．氷に微弱な直流電流が流れるのは 1.1.4 項に記したように氷の中にイオン欠陥があり，H^{+} イオン（プロトン）が関わっているからである．このため，氷はプロトン半導体（protonic semiconductor）とも呼ばれる．

一方，水の電気伝導度は水道水でおおよそ 100 μS/cm で，水に含まれている不純物の量を反映している．化学実験などでは不純物を濾過したイオン交換水や純水が使われるが，電気伝導度はそれぞれ $0.1 \sim 1$ μS/cm，0.055 μS/cm 以下である．したがって，水道水，イオン交換水，純水の電気伝導度は氷に比べると $50 \sim 10^{5}$ 程度大きい．これは水には不純物がイオンとして存在していることとともに，水分子の中にも $H_{3}O^{+}$ と OH^{-} としてイオン化している分子があり，水の電気伝導度に影響を与えているからである．

2) 誘電率

金属に電場をかけると電流が流れるが，絶縁体に電場をかけると分極が生ずる．誘電率（ε, dielectric constant または permittivity）とは，この時の分極（誘電分極, dielectric polarization）の大きさを示す．分極の原因は（1）配向分極，（2）イオン分極，（3）電子分極であるので，横軸に周波数，縦軸に誘電率をとると，誘電率が急に変化する場所が 3 つ現れることが知られている．このように，誘電率が周波数によって変化することを誘電分散（dielectic dispersion）という．

実際の氷の誘電率は複素誘電率（ε_{c}）で表すことできる．実数部（ε'）は誘電率（permittivity）であり，分極の大きさを現す．虚数部（ε''）は位相の遅れによる電気エネルギーの損失を表すため，誘電損失（ε'', dielectric loss）と呼ばれる．

$$\varepsilon_{c} = \varepsilon' - i\varepsilon'' \tag{1.5}$$

ただし，一般には誘電率 ε_{c} ではなく，真空の誘電率 ε_{0}（$= 8.854 \times 10^{-12}$ C/(Vm)）との比（比誘電率, ε_{cr}）が用いられる．

$$\varepsilon_{cr} = \frac{\varepsilon_{c}}{\varepsilon_{0}} = \varepsilon'_{r} - i\varepsilon''_{r} \tag{1.6}$$

図 1.21 は 1Hz から 10^{20}Hz までの −10℃の氷の比誘電率（ε'_{r}）を模式的に示す．氷の誘電率にも 3 つの誘電分散が存在する．A で示す周波数が約 20kHz 付近での誘電分散は，配向分極により起こっている．つまり，氷の中での配向欠陥（D 欠陥, L 欠陥）が 20kHz の電場の変化に追いつけなくなるためである．B で示す 10^{14}Hz 付近の誘電分散はイオン分極であり，イオン欠陥が 10^{14}Hz の電場の変化に追いつけなくなるためである．C で示す 10^{16}Hz 付近の誘電分散は電子分極が原因である．つまり，水素原子の移動が電場の変化に追いつけなくなるためである．

$$\sigma = \varepsilon_{0}\varepsilon''_{r}\omega = \varepsilon''\omega \tag{1.7}$$

---

[11] 詳細はキッテル（2005）などの固体物理学の本を参照のこと．

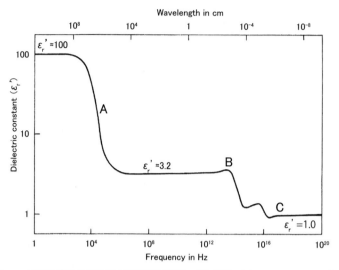

図1.21 −10℃の氷の比誘電率の周波数依存性（模式図）（Fletcher, 1970, 一部改変）

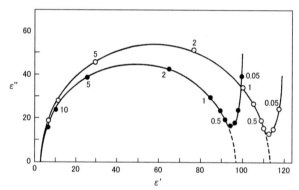

図1.22 −10.9℃の単結晶氷のコール・コール図形（Fletcher, 1970）
図中の数字は周波数（kHz）．白丸と黒丸はそれぞれ結晶主軸（c軸）に平行および垂直のデータ．

ここで，誘電体の電気伝導度（σ）と誘電損失との間には以下の1.7式が成り立つ．
ここでωは角振動数である．以下の1.8式で定義されるδは損失角（loss angle）と呼ばれる．

$$\tan \delta = \frac{\varepsilon_r''}{\varepsilon_r'} \tag{1.8}$$

誘電損失が極大のときの角周波数をω_Cとすると，その逆数τ_dを誘電分極による緩和時間（relaxation time）という．

$$\tau_d = \frac{1}{\omega_C} \tag{1.9}$$

ω_Cは分散周波数とも呼ばれる．

図1.22は氷の誘電率（ε'）と誘電損失（ε''）との関係を表したものであるが，ここに示すように半円状になることが知られている．この半円の図形をコール・コール図形（Cole-Cole plot; Cole and Cole, 1941），半円になることをコール・コールの円弧則（Cole-Cole's circular law）と呼ぶ．

なお，アンモニア（NH_3）やフッ化水素（HF）などを添加して生成した氷では一部の酸素原子がアンモニア分子やフッ化水素分子に置換されている．これらの置換型不純物は配向欠陥とイオン欠陥を生成するので，氷の電気伝導度や誘電率に大きな影響を与えることが知られている（Hobbs, 1974など）．

表 1.6 各種物質の熱に関する定数
(金属の測定温度は0℃または室温)(対馬・高橋, 2005)

物　質	比　熱 (kJ/(kg·K))	熱伝導率 (W/(m·K))	線膨張率 ($10^{-5}K^{-1}$)	体膨張率 ($10^{-4}K^{-1}$)
氷	2.0391 (-10℃)	2.32 (-10℃)	5.4 (-10℃)	1.5 (-20℃)
水	4.2174 (0℃)	0.6 (20℃)	—	21 (20℃)
金	0.127	310	1.4	0.42
銀	0.234	418	1.9	0.57
銅	0.382	305	1.7	0.50
鉄	0.439	76	1.2	0.36
鉛	0.127	35	2.9	0.87
アルミニウム	0.880	238	2.3	0.69

表 1.7 氷の物性値の温度変化（日本雪氷学会, 2014）

物性（単位）	温度（℃）						
	0	-10	-20	-30	-40	-50	-60
密度（kg/m³）	916.4	917.4	918.3	919.3	920.4	921.6	922.7
線膨張率（×10^{-5} K^{-1}）	5.65	5.40	5.15	4.90	4.65	4.40	4.15
圧縮率（×10^{-10} Pa^{-1}）	1.194	1.175	1.156	1.138	1.121	1.105	1.089
音速（km/s）							
縦波	3.86	3.88	3.91	3.93	3.95	3.98	—
横波	2.03	2.04	2.05	2.06	2.07	2.08	—
比熱（kJ/(kg·K)）	2.117	2.039	1.961	1.883	1.805	1.727	1.649
熱伝導率（W/(m·K)）	2.256	2.324	2.397	2.476	2.562	2.656	2.759

＊出典は日本雪氷学会（2014）の付録Ⅰaを参照．なお，密度のデータはLonsdale（1958）によるデータで，表1.2に示した値と異なるので注意が必要．

1.2.4 熱的性質

物質の熱的性質には，比熱，熱伝導率，線膨張率，体膨張率などがある．表1.6に氷，水と他の物質の値を示す．また，表1.7に氷の温度を変化させた時のこれらの値を示す．

1) 比熱

比熱（c, specific heat capacity）とは単位質量の物質の温度を1℃上げるのに必要な熱量である．0℃の氷の比熱（2.117kJ/(kg·K) ≈ 0.5cal/(g·K)）は0℃の水の比熱（4.2174kJ/(kg·K) ≈ 1.0cal/(g·K)）のほぼ半分である．

氷の定圧比熱 c_p は温度 t（℃）の関数として，以下の式で表せることが知られている（Dorsey, 1940）．

$$\begin{aligned}c_p &= 0.5057 + 0.001863t \quad &\text{(単位は cal/(g·K))} \\ &= 2.117 + 0.0078t \quad &\text{(単位は kJ/(kg·K))}\end{aligned} \tag{1.10}$$

2) 潜熱

潜熱（L, latent heat）とは物質の状態（固体，液体，気体）が相変化する際に現れる熱量である．氷から水に相変化する際の潜熱（氷の潜熱）は，定性的には六方晶系に配列した酸素原子を無秩序な状態に配置するためのエネルギーと理解することができる．水から水蒸気への潜熱は，限られた3次元空間で自由に移動している水分子を境界がない3次元空間で，自由に移動させるためのエネルギーと理解することができる．

氷の潜熱は約80cal/g（正確には79.7cal/g）であり，333.6kJ/kg（= 6.01kJ/mol）である．これは0℃の氷を0℃に水にするためのエネルギーである．一方，水の潜熱は538cal/gであり，2248kJ/kg（=

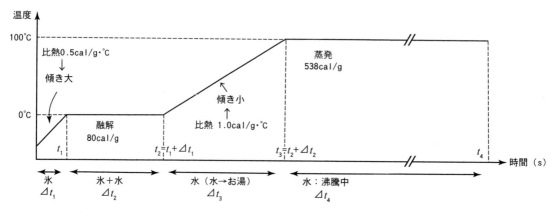

図1.23 氷を融解させて水になり，その後，水蒸気になる時の温度変化（仮想実験）（髙橋，2013a）

40.66 kJ/mol）である．

図1.23は氷に熱を加えて融解させ，その後も同じ熱量（エネルギー）で暖めた場合の仮想実験の結果であるが，氷では直線の傾きが水の時の傾きの2倍になる．これは氷の比熱が水の比熱の約半分であることを反映している．また，氷と水の潜熱のために，加えたエネルギーが相変化のために消費され，Δt_2 と Δt_4 では温度が一定となる．

3）熱伝導率

熱伝導率（k, thermal conductivity）とは，物体に温度勾配がある時，単位長さの温度勾配に沿って，$1m^2$ で1秒間に流れる熱量の大きさ（エネルギー）を表す．物質の両端の温度を T_1 と T_2，その間に流れる熱量を Q，物質の長さを l，断面積を S とすると，以下の1.11式が成り立つ．熱伝導率 k は1.11式で定義される．

$$Q = k\frac{(T_2 - T_1)S}{l} \tag{1.11}$$

0℃の氷の熱伝導率（2.256 W/(m·K)）は0℃の水の熱伝導率（0.561 W/(m·K)）の約4倍である．

一方，氷の熱伝導率は金属に比べると著しく小さく，鉄の約1/30，アルミニウムの約1/100である．これは金属では自由電子が熱を伝えているが，氷は自由電子をもたないからである．

氷の熱伝導率は温度上昇とともに減少するが，Dillard and Timmerhaus (1966) は0℃から-165℃（108K）で氷の熱伝導率 k の精密な測定を実施し，以下の式を得た．

$$k = \frac{488.19}{T} + 0.4685 \tag{1.12}$$

ここで熱伝導率 k の単位は [W/(m·K)] であり，T の単位は [K] である．

4）膨張率

線膨張率（α, coefficient of linear thermal expansion）とは，温度上昇によって物体の長さが膨張する割合を1℃当たりで示した値である．氷の線膨張率は-10℃で $5.4 \times 10^{-5} K^{-1}$ であり，金属の約2倍である．体膨張率（β, coefficient of volumetric thermal expansion）とは温度上昇によって物体の体積が膨張する割合を1℃当たりで示したものであり，等方的な物質の場合，$\beta = 3\alpha$ が近似的に成り立つ．-20℃の氷の体膨張率は $1.5 \times 10^{-3} K^{-1}$ であり，金属の約3倍である．水の体膨張率は大きく，金属の約40倍である．なお，等方的ではない物質の場合，力をかけた方向のひずみ（ε_x）とそれに直交方向のひずみ（ε_z）の比に-1をかけたものをポアソン比 γ と呼び，-5℃の氷で0.31〜0.36である．

$$\gamma = -\frac{\varepsilon_Z}{\varepsilon_X} \tag{1.13}$$

5) 飽和水蒸気圧

真空の密閉容器に氷を入れると容器内の空間は氷から蒸発した水蒸気で満たされる．この時の容器の内壁におよぼす水蒸気の圧力が氷の飽和水蒸気圧（e, saturation pressure of water vapor）である．表1.8と図1.24に水（e_w）および氷（e_i）の飽和蒸気圧［hPa］および両者の差を示す（0℃以下）．これはSonntag（1990）に基づき計算した[12]．水の飽和水蒸気圧は100℃で1014.19 hPa（1968年国際温度目盛

表1.8 水と氷の飽和水蒸気圧および両者の差（1.14式と1.15式で計算）

温度 (℃)	水の飽和蒸気圧 e_w [hPa]	温度 (℃)	水の飽和蒸気圧 e_w [hPa]	氷の飽和蒸気圧 e_i [hPa]	水と氷の 飽和蒸気圧差 $e_w - e_i$ [hPa]
100	1014.2	0	6.112	6.112	0.001
90	701.8	-1	5.682	5.627	0.055
80	474.2	-2	5.279	5.177	0.102
70	312.0	-3	4.902	4.761	0.141
60	199.5	-4	4.548	4.375	0.174
50	123.5	-5	4.218	4.018	0.200
40	73.9	-6	3.909	3.687	0.222
30	42.5	-7	3.621	3.382	0.239
29	40.1	-8	3.351	3.100	0.251
28	37.8	-9	3.100	2.839	0.260
27	35.7	-10	2.865	2.599	0.266
26	33.6	-11	2.647	2.377	0.269
25	31.7	-12	2.443	2.173	0.270
24	29.9	-13	2.254	1.985	0.269
23	28.1	-14	2.078	1.812	0.266
22	26.5	-15	1.914	1.653	0.261
21	24.9	-16	1.762	1.507	0.255
20	23.4	-17	1.621	1.372	0.248
19	22.0	-18	1.490	1.249	0.241
18	20.6	-19	1.368	1.136	0.232
17	19.4	-20	1.256	1.032	0.223
16	18.2	-21	1.152	0.938	0.214
15	17.1	-22	1.056	0.851	0.205
14	16.0	-23	0.967	0.771	0.195
13	15.0	-24	0.884	0.699	0.186
12	14.0	-25	0.809	0.633	0.176
11	13.1	-26	0.739	0.572	0.166
10	12.3	-27	0.674	0.517	0.157
9	11.5	-28	0.615	0.467	0.148
8	10.7	-29	0.560	0.421	0.139
7	10.0	-30	0.510	0.380	0.130
6	9.4	-40	0.190	0.128	0.062
5	8.7	-50	0.064	0.039	0.025
4	8.1	-60	0.020	0.011	0.009
3	7.6	-70	0.005	0.003	0.003
2	7.1	-80	0.001	0.001	0.001
1	6.6	-90	0.000	0.000	0.000
0	6.112	-100	0.000	0.000	0.000

---

[12] Sonntag（1990）での温度は第18回国際度量衡総会（CGPM：General Conference on Weights and Measures, フランス語で Conférence générale des poids et mesures）で議論され，1990年から導入された1990年国際温度目盛（ITS-90, T_{90}）が使用されている（日本工業規格, 2000）．湿度計測についてのこれまでのレビューはSonntag（1994）が詳しい．

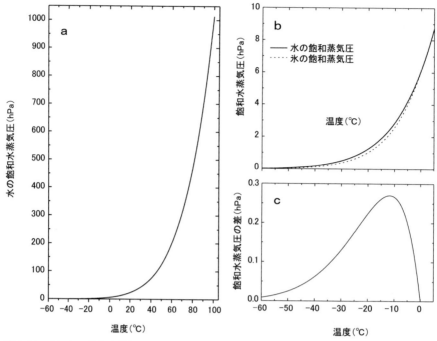

図 1.24 (a) 水の飽和水蒸気圧，(b) 水と氷の飽和水蒸気圧，(c) 水と氷の飽和水蒸気圧の差
Sonntag (1990) の式で計算.

では 1013.25 hPa），0℃で 6.11 hPa，−15℃（過冷却）で 1.91 hPa，−30℃（過冷却）で 0.51 hPa と変化する．氷の飽和水蒸気圧 e_i は 0℃では水と同じ値であるが，−15℃で 1.65 hPa，−30℃で 0.38 hPa と 0℃未満では常に水の飽和水蒸気圧よりも小さく，その差は −11.8℃で最大となる（0.27 hPa, 図 1.24c）．この飽和水蒸気圧の差は雪結晶の成長速度や結晶形に大きな影響を与えている．

Sonntag の式による水の飽和水蒸気圧（e_w）を 1.14 式に示す．

$$e_w \mathrm{[hPa]} = \exp\{-6096.9385 T^{-1} + 16.635794 - 2.711193 \times 10^{-2} T + 1.673952 \times 10^{-5} T^2 + 2.444502 \ln T\} \quad (1.14)$$

ここで T の単位は [K]．$T = t + 273.15$ で t の単位は [℃]．e_w は −100℃ ≦ t ≦ 100℃の温度範囲で適用可能だが，誤差は −100℃ ≦ t ≦ −50℃で 0.5% 未満，−50℃ ≦ t ≦ 0℃で 0.3% 未満，0℃ ≦ t ≦ 100℃で 0.005% 未満と変化する．

氷の飽和水蒸気圧（e_i）を 1.15 式に示す．

$$e_i \mathrm{[hPa]} = \exp\{-6024.5282 T^{-1} + 24.7219 + 1.0613868 \times 10^{-2} T - 1.3198825 \times 10^{-5} T^2 - 0.49382577 \ln T\} \quad (1.15)$$

ここで，e_i は −100℃ ≦ t ≦ 0℃の温度範囲で適用可能で，誤差は 0.5% 未満である．

日本工業規格（JIS 規格）8806 では湿度の測定方法をまとめているが（日本工業規格，2001），ここでは Sonntag の式が使われている．諸外国では水と氷の飽和水蒸気圧の計算に Goff and Gratch (1946) や Hyland and Wexler (1983) で提案されている式が使われる場合もある．Alduchov and Eskridge (1996) はこれらの結果の違いを議論しているので，関心をもつ読者は参照してほしい．

なお，これまでは真空の密閉空間に水や氷を置いた場合の飽和水蒸気圧の説明をしたが，空気中の水蒸気圧は通常は飽和状態ではない．大気中の実際の水蒸気圧 e と水の飽和水蒸気圧 e_w との比を相対湿度 RH（relative humidity）といい，1.16 式で表す．

$$RH(\%) = \frac{e}{e_\mathrm{w}} \times 100 \tag{1.16}$$

例えば，表 1.8 より，気温 20 ℃で相対湿度 60 % の空気は飽和水蒸気圧が 23.4 hPa なので，この大気の蒸気圧は 14.0 hPa （= 23.4×0.6）である．したがって，表 1.8 でわかるようにこの空気が冷えて 12℃になると飽和する．これが結露する温度であり，露点（dew point）という．冷えた日の朝に葉の表面が濡れていることがあるが，これは放射冷却で冷えた葉のためにその周囲の空気が冷やされ，空気中に存在できなくなった水蒸気が葉の表面に結露したためである．0℃以下では霜ができるので，霜点（frost point）という．なお，0℃以下の時でも通常は水の飽和水蒸気圧で相対湿度を計算する（日本機械学会編，1992）．

寒冷地では冬季に住宅の窓の内側や屋外の木に霜が着くことがあり，窓霜および樹霜と呼ばれるが，これらも同じ原理で生成される．樹霜や窓霜などについては 7.4.1 項を参照のこと．

1.2.5 光学的性質

吸収のない誘電体媒質中を進む光の速度 v は，媒質の比誘電率（ε_r, relative dielectric constant），比透磁率（μ_r, relative magnetic permeability）を用いて，1.17 式で表せる．

$$v = \frac{c}{\sqrt{\varepsilon_\mathrm{r} \mu_\mathrm{r}}} \tag{1.17}$$

c は真空中での光の速度である．$\sqrt{\varepsilon_\mathrm{r} \mu_\mathrm{r}}$ は 1 よりも大きくなるので，v は c よりも小さい．

媒質中の光の速度と真空中の光の速度との比は屈折率 n（refractive index）と等しく，1.18 式で表される．−3℃での種々の波長での氷の屈折率を表 1.9 に示す．

$$n = \frac{c}{v} \tag{1.18}$$

1.18 式は吸収のある媒質や導体に対しても拡張して用いることができ，それらを含めて一般化すると屈折率は複素屈折率 n_c で表せる．

$$n_\mathrm{c} = n' + in'' \tag{1.19}$$

複素屈折率の虚数部 n'' は媒質による吸収の強さを表す．したがって，吸収のない媒質（透明な物質という）では n'' の値は 0 となり，$n_\mathrm{c} = n' = n$ が成り立つ．

媒質中を光が進む場合，光の強度は吸収とともに散乱によっても減衰する．媒質への入射光の強度を I_0 とすると，媒質表面から x の距離での光の強度 I は以下の 1.20 式（ランベルト・ベールの法則，英語では Beer-Lambert law）で表すことができる．

$$I = I_0 \exp(-k_\mathrm{e} x) \tag{1.20}$$

k_e は吸収と散乱の強さを表す値で，消散係数（extinction coefficient）と呼ばれ，単位は [1/m] である．消散係数は散乱係数 k_s（scattering coefficient）と吸収係数 k_a（absorption coefficient）の和として表され，$k_\mathrm{e} = k_\mathrm{s} + k_\mathrm{a}$ である．媒質中に散乱体がない均質な媒質では，散乱係数が 0 となるので，$k_\mathrm{e} = k_\mathrm{a}$ となり，この場合は 1.21 式となる．

$$I = I_0 \exp(-k_\mathrm{a} x) \tag{1.21}$$

表 1.9　氷の屈折率（−3℃）
（前野・黒田，1986，一部修正）

波長（μm）	通常光の屈折率 n
0.405	1.318
0.436	1.316
0.486	1.313
0.492	1.313
0.546	1.310
0.578	1.309
0.589	1.309
0.623	1.308
0.656	1.307
0.691	1.306
0.706	1.306

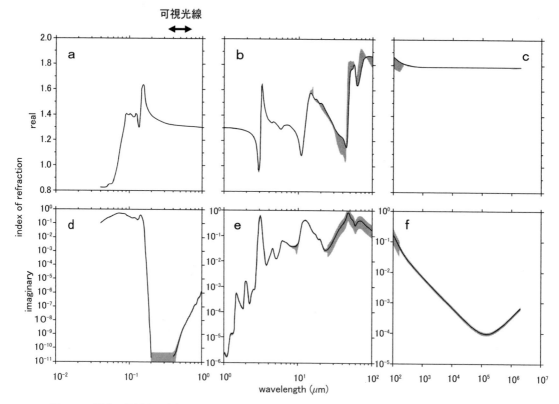

図 1.25 純氷の屈折率の実数部（a〜c）と虚数部（d〜f）の波長依存性（Warren and Brandt, 2008）
可視光線の領域を両矢印で示す．未確定の部分にハッチをつける．虚数部の縦軸の値が d, e, f で異なることに注意．

ここで，吸収係数 k_a は屈折率の虚数部 n'' と以下の関係がある．

$$k_a = 2k_0 n'' = \frac{4\pi n''}{\lambda_0} \tag{1.22}$$

k_0 は波数 $2\pi/\lambda_0$ [rad/m] であり，λ_0 は真空中での光の波長 [m] である．

図 1.25 は紫外線からマイクロ波に相当する波長 0.04 μm 〜 10^6 μm の電磁波に対する純氷の複素屈折率の実数部 n'（a〜c）と虚数部 n''（d〜f）を示す．図 1.25 は従来よく引用されてきた Warren（1984）を改訂した結果であり，現時点で最も信頼性が高い．この図は，南極点で 2305m まで掘削された複数の掘削孔を使い，ミューオン（ミュー粒子）[13] とニュートリノ [14] の検出実験が行われた AMANDA 計画（Antarctic Muon and Neutrino Detector Array）による南極氷床内部の透明に近い氷の消散係数のデータ（Ackermann et al., 2006）などを用いて作成された．

図 1.25a〜c より，純氷の屈折率の実数部 n' は波長により大きく変化することがわかる．通常，0 ℃の氷の屈折率は 1.309 とされているが，これはあくまでも可視光線（波長 0.38 μm 〜 0.75 μm，波長が短い光は人間の目には紫に見え，長い波長は赤に見える）に対しての平均的な値であることもわかる．図 1.25d〜f より，純氷の複素屈折率の虚数部 n'' は 0.20 〜 0.39 μm は未確定であるが，可視域で最も低いことがわかる．虚数部 n'' は波長 0.40 μm（紫に相当）で 2.365×10^{-11}，0.47 μm（青に相当）で 1.956

---

13) ミューオンとは原子を構成する素粒子の 1 つ．電子と同じ電荷をもつが，電子よりも重い．
14) ニュートリノとは原子を構成する素粒子の 1 つ．電荷をもたず，質量は非常に小さい．

表 1.10 種々の厚さの氷を透過後の光の強度（氷を透過前の光の強度を 1 とする）
(Warren and Brandt, 2008 のデータを用いて計算)

氷の厚さ (m)	波長 (μm)			
	0.40 (紫)	0.47 (青)	0.51 (緑)	0.71 (赤)
0.01	0.999993	0.999948	0.999802	0.993930
0.05	0.999963	0.999739	0.999010	0.970016
0.1	0.999926	0.999477	0.998022	0.940931
0.5	0.999629	0.997389	0.990149	0.737548
1	0.999257	0.994784	0.980394	0.543976
2	0.998515	0.989595	0.961173	0.295910
3	0.997774	0.984433	0.942328	0.160968
4	0.997032	0.979298	0.923853	0.087563
5	0.996292	0.974190	0.905740	0.047632
10	0.992598	0.949046	0.820364	0.002269
20	0.985250	0.900689	0.672998	0.000005
30	0.977957	0.854796	0.552104	0.000000
40	0.970718	0.811241	0.452926	0.000000
50	0.963532	0.769906	0.371564	0.000000
100	0.928394	0.592755	0.138060	0.000000

$\times 10^{-10}$, 0.51 μm（緑に相当）で 8.036×10^{-10}, 0.71 μm（赤に相当）で 3.44×10^{-8} であり[15]，これらは 1.22 式を用いると吸収係数で 7.43×10^{-4}, 5.23×10^{-3}, 1.98×10^{-2}, 6.09×10^{-1} 〔1/m〕に相当する．

　純氷の厚さと波長を変数にして，これらの吸収係数で計算した氷の透過率を表 1.10 に示す．1 cm の氷を通過した光の強度は波長 0.40 μm, 0.47 μm, 0.51 μm, 0.71μm ではそれぞれ 0.9999, 0.9999, 0.9998, 0.9939 となり，ほぼ 1 に近くなるので，気泡を含まない純氷は光に対してほぼ透明となる．10cm 厚では，それぞれ 0.9999, 0.9994, 0.9980, 0.9409, 1m 厚ではそれぞれ 0.9993, 0.9948, 0.9804, 0.5440 となり，波長の長い光が選択的に吸収されるため，透過光は青味がかって見える．氷がさらに厚くなると，紫と青の違いが顕著になり，透過光は紫に見える[16]．一方，屈折率の虚数部は赤外領域（0.7 〜 $10^3 \mu$m）では複雑な変化を示すが，可視光線に比べると 10^5 〜 10^{10} 程度大きな値であり，不透明となる．

　極地の氷河などで氷が青や紫に見える場合があるが，これは先に述べたように光が氷の中を通過する時に波長の長い光（赤）が選択的に吸収されたためである．従って，氷の厚さが厚いほど氷は青く見える．冷蔵庫で製氷した厚さ数 cm の小さな氷を太陽に透過しても青く見えないが，氷河の氷などが青や紫色に見えるのはこのためである．海の水が青く見えるのも，水には氷と同様に波長の長い光（赤）の領域に弱い吸収帯があるため，波長の長い光が選択的に吸収されるためである．

　次に，地球の空が青い理由を考えよう．まず，地球の大気には窒素，酸素，アルゴンなどの空気分子が存在しており，これらは太陽光を散乱させている．このように光の波長よりも小さく，ほぼ球形の散乱体による光の散乱強度は波長の 4 乗に逆比例することが知られており，レイリー散乱（Rayleigh scattering）と呼ばれる．したがって，これらの分子による光の散乱では波長の短い光（波長 0.4 μm, 紫色に見える）は波長の長い光（波長 0.7 μm, 赤色に見える）の約 9.4 倍（= $(0.7/0.4)^4$）も強く散乱している．

　この場合，空の色は最も散乱が強い紫色になりそうであるが，太陽からの放射エネルギーの分布の極大値は紫よりも青側にあるため，紫よりも青のほうが地球への入射強度が強い．さらに，地球の大

---

[15] http://www.atmos.washington.edu/ice_optical_constants/ で公開されている表より引用．
[16] 南極のみずほ基地には紫御殿と呼ばれる場所がある．これは雪面下数 m にある空間で，フィルン（雪）を透過した日射は波長の短い紫から青色の光が残る．このため空間全体が青紫色になっている．

気層の厚さが厚いため，我々の目に届くまでに紫の光は散乱されて減衰してしまう．この2つの理由のため，空は青く見える．なお，上空を飛行する航空機から空を見ると紫がかった青に見えるが，これは上空では紫の光がまだ残っているからである．また，プレアデス星団（Pleiades, M45, 和名はすばる）は青白く輝いて見えるが，これも星間に存在している微粒子によるレイリー散乱の結果である．

一方，日の出や日没時に空が赤くなるのは，太陽高度が低くなると光が大気中を通る距離が相対的に長くなり，レイリー散乱による青く見える光も減衰してしまい，波長の長い赤く見える光のみが我々の目に届くからである．

また，雲は白く見えるが，これは雲の中に存在する液滴や氷晶の大きさが光の波長よりも大きく，散乱強度が波長にあまり依存しないためである．この散乱過程をミー散乱（Mie scattering）という．雲が暗く見える場合もあるが，これは雲が厚いために日射が雲に吸収されたためである．小さな気泡が多数含まれている氷や雪は白く見える．これもミー散乱が原因である．

アメリカ航空宇宙局（NASA）により1969年から1972年に実施されたアポロ計画による月面探査の映像などから，月の空が黒く見えることを知っている人も多いであろう．月面は真空に近いため，太陽からの日射を散乱させる気体分子や固体微粒子が存在しない．このために，暗黒の宇宙空間がそのまま見えるためである．地球に大気が存在しなければ月面での状況と同じように，黒い空のなかに太陽が輝いて見えるはずである．

1.2.6 疑似液体層

氷の表面は-10℃よりも高い温度では疑似液体層（quasi-liquid layer）と呼ばれる液相と固相の中間的な性質をもつ薄い膜で覆われていることが知られている．このことを初めて指摘したのはFaraday (1859) である．Nakaya and Matsumoto (1954) は2つの氷球（直径1.4〜2.4mm）を-1℃から-14℃で接触させ，それを離す際に2つの氷球の状況を調べた．この結果，純水から作成した氷球では-7℃まで，食塩を1%混ぜた塩水では-14℃まで，接触した氷球が離れる時に回転する現象を発見した（図1.26）．Nakaya and Matsumoto (1954) は，氷表面に液体の薄い水膜が存在しており，その水膜の粘着的な性質のために，氷球が回転すると解釈した．他の多くの実験でも疑似液体層の存在を示す結果が得られており，おおよそ-10℃よりも高い温度の氷の表面には常に疑似液体層が存在していることがわかった．

最近では氷表面を分子レベルで理解できるようになり，擬似液体層の状況も模式的に示すことができている（図1.27）．図1.27bに示すように，温度上昇とともに表面が分子レベルで凹凸の多い表

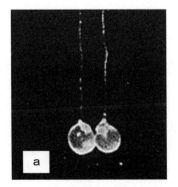
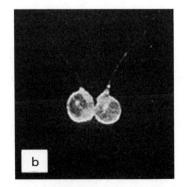
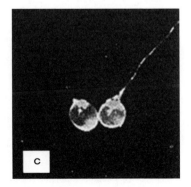

図1.26 接触した氷球が離れる時に回転することを示す写真（Nakaya and Matsumoto, 1954）
氷球の直径は1.45mm，温度-5.5℃．(a) 実験開始（接触），(b) 離し始めたところ，(c) 回転後の状況．

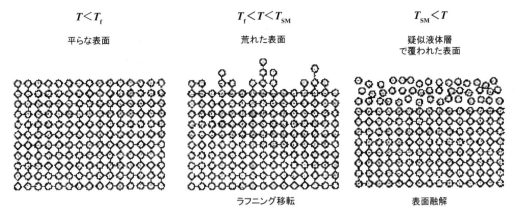

図 1.27　氷の表面構造の温度依存性を示す模式図（古川，2009）
T は物体表面温度，T_f はラフニング転位温度，T_{SM} は表面融解温度.

面に変わり（これをラフニング転位という），さらに温度が上昇すると図1.27cで示すように表面が疑似液体層で覆われることがわかった（古川，2009）．疑似液体層は氷の滑りやすさの1つの原因であり，雪結晶の成長にも大きな役割を果たしていることがわかった（例えば，Furukawa et al., 1987；古川，2009）．また，レーザー共焦点微分干渉顕微鏡（LCM-DIM, laser confocal microscopy combined with differential interference contrast microscopy）の性能を向上させることで，疑似液体層を直接光学観察することが可能になっている（佐﨑ほか，2013）．

1.2.7　焼結

焼結（sintering）とは，固体の粉末を融点より低い温度に保つことで粉末が固結する現象をいい，セラミックスや金属粉体などの分野で工業的に広く利用されている．氷の融点は0℃なので，-20℃の氷でも絶対温度で考えれば融点の92.6%（=253/273×100）に相当するため，接触する氷粒子間では焼結が進行して，氷粒子が固着する．

Kuroiwa（1961）は直径0.1mm程度の小さな氷球を接触させて，氷の焼結過程を調べた．図1.28は-5℃で氷球を接触させた後の変化を示す．30分後には接触面に接合部（ボンドという）ができていることがわかる．この接合部は焼結によって形成された．これが形成されるためには，そこへ氷が移動しなければならない．この移動のメカニズムには図1.29に示す5つのプロセスが関与していることがわかった．

これらのプロセスの中で最も卓越するのは，昇華・凝結過程である（Hobbs and Mason, 1964）．これは氷の蒸気圧が他の物質に比べると比較的高いことに加えて，曲面では平面よりも蒸気圧が高くなることが原因である．つまり，曲率が高い球の表面では昇華蒸発が起こり，接合部で昇華凝結が起こる[17]．表面拡散とは氷表面での水分子（H_2O）の移動であるが，Maeno and Ebinuma（1983）は直径が70μmの氷球の場合，接合部の半径が2μm以下で氷の温度が0〜-6℃の時および接合部の半径が1μm以下で温度が-5℃以下の時には，このプロセスが卓越することを報告している．

また，体積拡散とは氷内部での水分子の移動，結晶粒界拡散とは結晶粒界を経由する水分子の移動を意味する．塑性変形とは氷の塑性変形による物質移動を意味する．

図1.30は接合部の結晶構造を示す．これらの写真は接合部を薄い薄片にして，偏光で観察した結

---

17) 通常，昇華とは固相から気相および気相から固相の両方向への物質の相変化を意味するが，ここでは固相から気相（すなわち氷から水蒸気）への変化を昇華蒸発，気相から固相への変化（すなわち，水蒸気から氷）を昇華凝結と記述する．

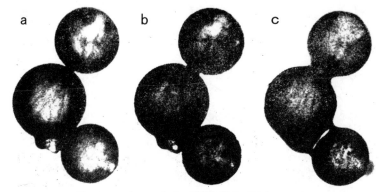

図1.28 −5℃での氷球の焼結の様子（黒岩, 1972）
a：接触の瞬間, b：30分後, c：1時間半後の状況.

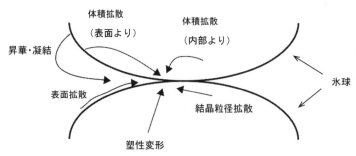

図1.29 焼結に関わる5つのメカニズム（Blackford, 2007, 和訳を追加）

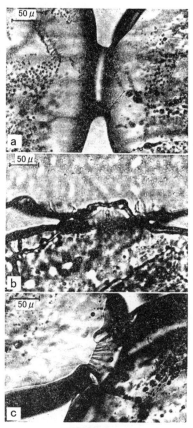

図1.30 氷の焼結部の薄片写真
（黒岩, 1972）

果である．図1.30aではくびれの部分は左側と同じ結晶方位であった．図1.30bは下側の結晶が上側に食い込んでいることがわかる．図1.30cではたくさんの気泡が並んでいた．このように，接合部の結晶構造は千差万別であった．接合部の形成過程も上記の5つのプロセスが複数かかわるなど，複雑な場合も考えられる．なお，黒岩（1960）は焼結による積雪の弾性率，内部摩擦の変化を報告した．

このような氷で焼結が起こるメカニズムの解明には金属粉末の焼結に関する初期の研究成果（Kuczynski, 1949など）を氷に応用して研究が進められてきた経緯がある（Blackford, 2007）．なお，近年開発された3Dプリンターはこのような金属やプラスチックの微粉末の焼結を用いて，物体を形成している．

1.3 多形な氷およびクラスレート・ハイドレート

1）多形な氷

通常の氷は1.1.1項で説明したように六方晶系の氷であり，氷Ihと記述される．高圧下に氷を置くと結晶構造が変わることが知られており，異なる構造の氷が存在する．これを表1.11にまとめる．Tamman（1900）は種々の物質の圧力―体積―温度の関係を調べる中で，氷Ⅱ，氷Ⅲを発見した．Bridgman（1912, 1935, 1937）はこの研究を拡張し，氷Ⅳから氷Ⅶを発見した．その後の研究により，

1.3 多形な氷およびクラスレート・ハイドレート 27

表 1.11 氷の多形データ（Petrenko and Whitoworth, 1999, 一部修正）
（密度と単位格子の大きさを測定した時の温度と圧力を示す）

氷の相	結晶系	空間群	プロトン配置	単位格子中の分子数	密度 [g/cm³]	単位格子の大きさ [Å]	温度 [K]	圧力 [GPa]	参考文献	注
氷 Ih, Hexagonal ice	六方晶系 Hexagonal	P6₃/nmc	無秩序	4	0.92	a = 4.518 c = 7.356	250	0	Röttger et al. (1994)	
氷 Ic, Cubic ice	立方晶系 Cubic	Fd$\bar{3}$m	無秩序	8	0.931	a = 6.358	78	0	Kuhs et al. (1987)	
氷 Isd, Stacking disordered ice	三方晶系 Trigonal	P3m1	無秩序	8	0.933	a = 4.48 b = 4.48 c = 14.62	—	—	Hansen et al. (2007), Kuhs et al. (2012)	
低密度アモルファス氷（LDA） Low-density amorphous ice	非晶質 Non-crystalline	—	無秩序	—	0.925	—	—	—	Loerting et al. (2011)	
高密度アモルファス氷（HDA） High-density amorphous ice	非晶質 Non-crystalline	—	無秩序	--	1.17 1.31	—	—	10⁻⁴ 1	Loerting et al. (2011)	
超高密度アモルファス氷（VHDA） Very-high density amorphous ice	非晶質 Non-crystalline	—	無秩序	—	1.25 1.37	—	—	10⁻⁴ 1.4	Loerting et al. (2001)	
氷 II Ice-two	菱面体晶系 Rhombohedral 1	R$\bar{3}$	秩序	12	1.17	a = 7.78 α = 113.1°	123	0	Kamb (1964)	
氷 III Ice-three	正方晶系 Tetragonal	P4₁2₁2	無秩序	12	1.165	a = 6.666 c = 6.936	250	0.28	Londono et al. (1993)	プロトンが部分的に秩序化されているかもしれない
氷 IV Ice-four	菱面体晶系 Rhombohedral 1	R$\bar{3}$c	無秩序	16	1.272 1.292	a = 7.60 α = 70.1°	110 260	0 0.5	Engelhardt and Kamb (1981) Lobban et al. (1998)	相図で氷 V の中に現れる準安定な氷
氷 V Ice-five	単斜晶系 Monoclinic	C2/c	無秩序	28	1.231 1.283	a = 9.22 b = 7.54 c = 10.35 β = 109.2°	98 223	0 0.53	Kamb et al. (1967) Kamb et al. (1967)	プロトンが部分的に秩序化されているかもしれない
氷 VI Ice-six	正方晶系 Tetragonal	P4₂/nmc	無秩序	10	1.373	a = 6.181 c = 5.698	225	1.1	Kuhs et al. (1984)	2つの正方晶氷による二重構造
氷 VII Ice-seven	立方晶系 Cubic	Pn$\bar{3}$m	無秩序	2	1.599	a = 3.344	295	2.4	Kuhs et al. (1984)	2つの立方晶氷（氷 Ic）による二重構造
氷 VIII Ice-eight	正方晶系 Tetragonal	I4₁/amd	秩序	8	1.628	a = 4.656 c = 6.775	10	2.4	Kuhs et al. (1984)	氷 VII の低温型
氷 IX Ice-nine	正方晶系 Tetragonal	P4₁2₁2	秩序	12	1.194	a = 6.692 c = 6.715	165	0.28	Londono et al. (1993)	氷 III の低温型、準安定な氷
氷 X Ice-ten	立方晶系 Cubic	Pn$\bar{3}$m	対称的	2	2.79	a = 2.78	300	62	Hemley et al. (1987)	氷 VII でプロトンが対称的な配置になったもの
氷 XI Ice-eleven	斜方晶系 Orthorhombic	Cmc2₁	秩序	8	0.934	a = 4.465 b = 7.858 c = 7.292	5	0	Line and Whitworth (1996)	氷 Ih でプロトンが秩序化したもの
氷 XII Ice-twelve	正方晶系 Tetragonal	I$\bar{4}$2d	無秩序	12	1.292	a = 8.304 c = 4.024	260	0.5	Lobban et al. (1998)	相図で氷 V の中に現れる準安定な氷
氷 XIII Ice-thirteen	単斜晶系 Monoclinic	P2₁/a	秩序	28	—	a = 9.24 b = 7.47 c = 10.30	—	—	Salzmann et al. (2006)	氷 V でプロトンが秩序化したもの
氷 XIV Ice-fourteen	斜方晶系 Orthorhmbic	P2₁2₁2₁	ほぼ秩序	12	—	a = 8.350 b = 8.139 c = 4.83	—	—	Salzmann et al. (2006)	氷 XII でプロトンが秩序化したもの
氷 XV Ice-fifteen	疑似斜方晶系 Pseudo-orthorhombic	P$\bar{1}$	秩序	—	—	a = 6.2323 b = 6.2438 c = 5.7903	—	—	Salzmann et al. (2009)	氷 VI でプロトンが秩序化したもの
氷 XVI Ice-sixteen	立方晶系 Cubic	Fd$\bar{3}$m	無秩序	—	0.81	—	—	—	Falenty et al. (2014)	立方晶（II型）のクラスレート・ハイドレートの構造と同じでゲスト分子がないもの

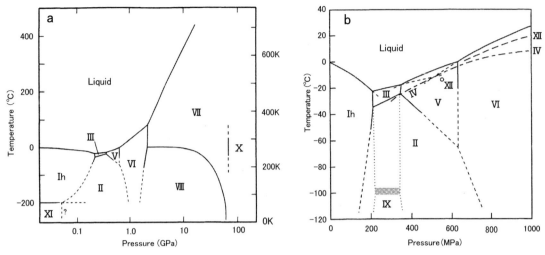

図1.31 氷の相図（Petrenko and Whitworth, 1999, 一部修正）
bはaの一部を拡大した図．aは両対数，bは通常の目盛で表示されている点に注意．

現在では氷XVIまでが知られている．この中で，氷Ic, 氷IV, 氷IX, 氷XIIは準安定な氷である．図1.31a, 1.31bは氷Ihから氷XIIまでの多形の氷が存在する温度と圧力を示す[18]．図1.31bは図1.31aの一部を拡大して示した．ここでは1,000MPa（およそ10,000気圧に相当，これは海面下で100,000mに相当[19]）までの状況が示されている．氷Ic, IV, IXは安定に存在する領域がないので，図1.31には明確な範囲は記載されていない．

ここで，図1.31a, 1.31bで下に向かって伸びている破線は実線を外挿したもので，氷Ih, II, V, VI, VIII, XIの推定される境界を示す．図1.31bで氷IIIと氷Vの領域内での破線は固相と液相との境界を示す実線を外挿したものである．図1.31bの氷IIの領域内での点線内で網掛け部の上の領域は氷IIが安定に存在するが，氷IIIも準安定に存在する領域を示す．網掛け部は準安定な氷IIIが氷IXに変化する領域を示す．氷XIIを示す白丸はLobban *et al.* (1998)が報告した氷XIIが準安定に存在する領域を示す．図1.31bで氷XIIと記した長い破線は準安定な氷XIIと液相との境界を示す．氷IVと記した1点破線は氷IVと液相との境界を示す．

氷Icのcは立方晶（cubic）を意味するが，これはKönig (1943)が約−100℃以下の電子回折線装置の中で蒸気から生成した氷の薄膜で発見した．氷Icは直径が数μmの小さな水滴を−30℃よりも低い温度で凍結させると形成されることも報告されている（Murray and Bertram, 2006）．これは従来よりもかなり高い温度で氷Icが存在することを発見したことになる．氷Icは雲の形成過程（Shilling *et al.*, 2006）や宇宙空間での氷形成（Kouchi *et al.*, 1994）において重要な役割を果たしていることが知られている．Hondoh (2015)は氷Icから氷Ihへの構造変化過程を転位のメカニズムを使って詳細に説明した．

結晶構造をもたない非晶質な氷があることも知られている．アモルファス氷（amorphous ice）[20]である．アモルファス氷は，(1) −140℃以下の物体表面に水蒸気を凝結させる方法（凝着法），(2) 液体

---

[18] この図は一般的には相図（phase diagram）と呼ばれる．また，100GPaは100万気圧に相当する．
[19] 地球で最も深い場所はマリアナ海溝であり，海面下10,911mである．したがって，「海面下100,000mの海底」は地球には存在しない．
[20] アモルファス（非晶質，amorphous state）とは原子または分子の配列が結晶のような規則性をもたず，液体の流動性も示さない固体状態をいう．-morphous（「形を持つ」を意味する形容詞連結形）に否定のa-が付けた用語．19世紀にスウェーデンのイェンス・ベルセリウスが命名．

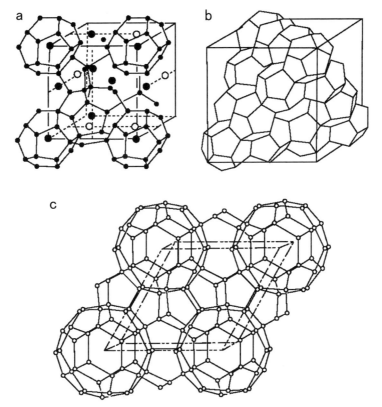

図 1.32　クラスレート・ハイドレートの 3 種の結晶構造（Sloan and Koh, 2007）．
a：立方晶（I 型），b：立方晶（II 型），c：六方晶．

の水を -200 ℃以下に急冷する方法（液滴急冷法），(3) -200 ℃以下の氷 Ih を 1 GPa まで加圧する方法（加圧法），で生成することが知られている（日本雪氷学会，2014）．Kouchi（1987, 1992a, 1992b）は，アモルファス氷の蒸気圧は氷 Ic の蒸気圧よりも 1～2 桁小さく，その熱伝導率は従来考えられていた値よりも 1～4 桁小さいことを報告した．宇宙空間を漂う彗星の表面にはアモルファス氷が存在すると考えられており（香内，1994a），その熱的な履歴（熱史）を考える上で重要な発見であった．また，表 1.11 に示すように，アモルファス氷は密度が異なる 3 種（LDA, HDA, VHDA）が存在し（Loerting et al., 2011），上記の(1)と(2)の方法では LDA，(3)の方法では HDA が形成されることが知られている．また，ガラス質氷（vitreous ice または glassy water）と呼ばれる氷もあるが，これはアモルファス氷とほぼ同義である．

2）クラスレート・ハイドレート

クラスレート・ハイドレート（clathrate hydrate）とは包接化合物（クラスレート化合物，包接水和物ともいう）の一種で，水分子がカゴ状に配列している固体の結晶である．カゴ（ケージという）の中に窒素や酸素などの空気分子，メタン，二酸化炭素などの気体分子を含むことが特徴である．含まれている気体分子の種類により，エアハイドレート，メタンハイドレート，二酸化炭素ハイドレートと呼ばれる．取り込む側をホスト（この場合は水分子），取り込まれる側をゲストという．エアハイドレートの場合，ゲスト分子は主として窒素と酸素である．クラスレートとはラテン語の clathratus（かごに閉じ込める）にちなんで，Powell（1948）が命名した．ハイドレートとは水和物のことであり，水分子を含む物質を意味する．クラスレート・ハイドレートはガスハイドレート（gas hydrate）とも

表1.12 クラスレート・ハイドレートの結晶構造
(Sloan and Koh, 2007)

	立方晶（Ⅰ型）		立方晶（Ⅱ型）		六方晶		
	小ケージ	大ケージ	小ケージ	大ケージ	小ケージ	中ケージ	大ケージ
多面体の形状および数	5^{12}	$5^{12}6^2$	5^{12}	$5^{12}6^4$	5^{12}	$4^65^66^3$	$5^{12}6^8$
単位胞中の多面体の数	2	6	16	8	3	2	1
単位胞の平均半径（Å）	3.95	4.333	3.91	4.73	3.94	4.04	5.79
単位胞中の水分子数	20	24	20	28	20	20	36

※5^{12}は5角形12個による12面体，$5^{12}6^2$は5角形12個と6角形2個の14面体を意味する．

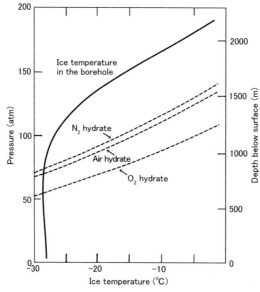

図1.33 窒素ハイドレート，酸素ハイドレートおよびエアハイドレートが存在する温度と圧力（点線），および西南極のバードコアの掘削孔の深度（圧力）と温度分布（実線）(Miller, 1969)

呼ばれ，GHと略称される．

クラスレート・ハイドレートのホスト分子がつくる結晶構造は，立方晶が2種類（Ⅰ型，Ⅱ型），六方晶が1種類，存在することが知られている．結晶構造を図1.32，結晶構造の特徴を表1.12に示す．立方晶（Ⅰ型）の場合，12面体が2個と14面体が6個で単位胞が形成されている．立方晶（Ⅱ型）の場合，12面体が16個と16面体が8個で単位胞が形成されている．六方晶では，12面体が3個，14面体が2個，20面体が1個で単位胞が形成されている．クラスレート・ハイドレートはゲスト分子の組成および温度と圧力条件によって結晶構造が決まる．

クラスレート・ハイドレートは一般的には低温・高圧で安定化する．図1.33にMiller (1969) がまとめた窒素ハイドレート，酸素ハイドレート，エアハイドレートが存在できる温度と圧力（左軸）を点線で示す．ここでは点線よりも上の温度・圧力条件で安定的に存在する．エアハイドレートの場合，−10℃で110気圧，−20℃で85気圧，−30℃で65気圧以上の圧力が必要なことがわかる．図1.33の右軸は西南極バード基地での氷床内部の深さを示すが，これは左軸で示された圧力に到達する深さであり，南極氷床内部でエアハイドレートが存在する深さを示す．実線と点線の交点より，バード基地で

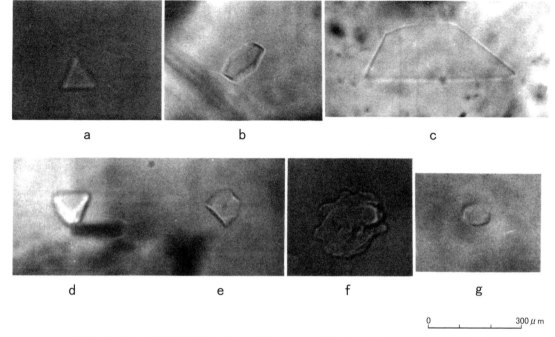

図 1.34 Dye3 コアで発見された種々の形状のエアハイドレート (Shoji and Langway, 1982)
a：3角小板，b：6角小板，c：多角形小板，d：4面体，e：多面体，f：霰状（あられじょう），g：回転楕円体．

掘削された深層コアでは 800 m 深よりも深い領域で，エアハイドレートが安定して存在できることが推定された．

　天然の状態でのエアハイドレートはグリーンランド氷床の Dye3 で掘削された深層コアの 1092 m 以深で，Shoji and Langway (1982) により初めて報告された（図 1.34）．これは直径が 0.1～0.3 mm 程度の透明な物質で，屈折率が周囲の氷と若干異なるために見分けることができた．従来，氷床深部の氷は気泡を含まない透明な氷であるが，それを溶かすと空気が出ることが知られていたが（例えば，Gow, 1971），氷に含まれる気泡中の窒素分子，酸素分子などがエアハイドレートに変化しているためであることがわかった．

　一方，メタンハイドレートは 1930 年代にシベリアの化学工業プラントのパイプライン，油田やガス田からのパイプラインの閉塞事故の原因物質として注目を集めた．1970 年代には海底下にメタンハイドレートが存在していることが発見され，その後，世界各地の大陸縁辺の海底下，石油と天然ガスが存在する凍土地帯で発見されている．日本近海の海底でも発見されている．

　メタンハイドレートは水分子とメタンガス分子から成る多孔質の固体結晶であり，外観は氷に似ている．海底から引き上げると周囲の圧力が低下するため，メタンハイドレートが解離して，メタンが発生する．1 cm^3 のメタンハイドレートには 0 ℃，1 気圧で約 164 cm^3 のメタンガスが含まれている．メタンは可燃性ガスなので，メタンハイドレートは火を付けると燃える（図 1.35）．メタンは石油や石炭に比べ燃焼時の二酸化炭素排出量がおよそ半分であるため，メタンハイドレートは地球温暖化対策としても有効な新エネルギーと考えられており，非在来型天然ガス[21]の一種である．ただし，2016 年現在，メタンハイドレートは商業利用されていない．

---

21) すでに一部では商業生産されているシェールガス，バイオマスガス，および今後商業化が期待されているメタンハイドレートなどのガスの総称．

図 1.35　燃えるメタンハイドレート（北見工業大学提供）

　海底の堆積物中でのメタンの生成起源には，主として生物発酵起源説と熱分解起源説の 2 つの考えがある（松本ほか，1994 ; Max, 2000）．生物発酵起源説では土中の微生物の分解作用でメタンが生成されたと考える．熱分解起源説では堆積物中に埋没した生物の遺骸や木片などが埋没する過程で続成作用[22]を受けて分解して，メタンが形成されたと考える．これまでの研究によると，海底の浅い部分に存在するメタンハイドレートでは生物発酵起源のメタンが多く，深部から得られるものは熱分解起源が多い（松本ほか，1994）．生物発酵起源によると炭素の同位体組成が小さな値となり，熱分解起源では大きな値になるので，炭素の同位体組成の測定によりその起源を推定することができる．地下深くのマントルから断層などを通して供給されるガスを起源とする地球深部起源説（Gold, 1987 ; 中島，2005）もあるが，メタンハイドレートへの生成の寄与は一般的には少ないと考えられている．

確認問題

1. 水分子の特徴を述べよ．
2. 氷の密度は水より小さいため，氷は水に浮く．この理由を説明しなさい．その際に配位数についても説明しなさい．
3. 氷結晶の基底面，柱面，ピラミッド面をミラー指数で示しなさい．
4. 氷の格子定数はいくつか．
5. 「氷の規則」を説明しなさい．
6. エッチピットを説明しなさい．
7. チンダル像を説明しなさい．
8. 3 種類の格子欠陥をそれぞれ説明しなさい．
9. 物質は電気の流れやすさで，導体，半導体，絶縁体の 3 種類に分類できるが，氷はどれに該当するか．
10. 厚い氷が青く見える理由を説明しなさい．
11. 気泡を含まない氷が透明に見え，気泡を多数含む氷は白く見えるのはなぜか．

---

22) 続成作用（diagenesis）とは堆積物が固まって，堆積岩になる作用のこと．

12. 地球では空が青く見え，月では空は黒く見える．その理由を説明しなさい．
13. 日の出と日没に太陽周辺の空が赤く見える．その理由を説明しなさい．
14. 疑似液体層を説明しなさい．
15. 氷で焼結が起こる理由を説明しなさい．
16. クラスレート・ハイドレートとは何か？　また，クラスレートの語源を説明しなさい．
17. エアハイドレートとメタンハイドレートはそれぞれ主としてどこに存在しているか．
18. 海底でのメタンの生成起源に関する主要な2つの説を説明しなさい．
19. 復氷を説明しなさい．

コラム 1

ミラー指数

　鉱物の結晶面を記述する際には，英国の鉱物学者ミラー（W.H.Miller, 1801-1880）により考案された方法（ミラー指数）が使われる．詳細は結晶学や鉱物学の本（例えば，森本ほか，1975）に譲るとして，ここでは六方晶系の氷や雪結晶に現れる結晶面（基底面，柱面，錐面）を記述するのに必要な知識をまとめる．

　図 A1.1a は3つの結晶主軸（a軸，b軸，c軸，ミラー軸という）が直交の立方晶で，a軸の1，b軸の1，c軸の1を通る斜めの平面を示す．このとき，ミラー指数は（111）と記す（イチイチイチと読む．ミラー指数は丸カッコをつけて表す）．a軸が1/2, b軸が1, c軸が1を通る平面の場合は（211）と記す．すなわち，ミラー指数は結晶軸のそれぞれの方向で平面が切る値の逆数で表す．この例だと，$(\frac{1}{\frac{1}{2}} \frac{1}{1} \frac{1}{1})$ となるが，ミラー指数では（211）と表示する．なお，（422）と（211），（001）と（002）などはそれぞれ平行な結晶面であるが，ミラー指数では互いに素な整数の組で結晶面を示すので，（211）や（001）で結晶面を示す．

　図 A1.1b は立方晶で a 軸と b 軸に平行で c 軸の1を通る面を示す．この場合，a 軸と b 軸では無限大で交わると考えると $(\frac{1}{\infty} \frac{1}{\infty} 1)$ となるので，これは（001）と表示する．また，この面と平行で c 軸の -1 を通る面を示す場合には（00$\bar{1}$）と書く（ゼロゼロイチバーと読む）．a 軸に平行な面は（100），b 軸に平行な面は（010）である．ここで，（100），（010），（001），（$\bar{1}$00），（0$\bar{1}$0），（00$\bar{1}$）は結晶学的には同じ面なので，これらの面をすべて表す場合には｛001｝と記す．

　一方，氷 Ih は六方晶系なので，図 A1.2 に示すように互いに 120° の3軸（a_1軸，a_2軸，a_3軸）とそれに直交する c 軸で表す．通常，ミラー指数は（hkl）と3つの数字で表されるが，六方晶系の場合は a_1軸, a_2軸, a_3軸, c 軸に対応して（$hkil$）で表す．ここで h, k, i には $h+k+i=0$ の関係がある．この場合，c 軸に垂直な底面（基底面）は（0001）となる．

　図 A1.2 で黒丸と白丸で示す基底面上の酸素原子は c 軸方向で高さが異なることを示す．したがって，a 軸（a_1軸, a_2軸, a_3軸）は図 A1.2 に示すように，同一平面に存在する酸素原子（図では黒丸同士）を結んだ向きとなる．氷の六角柱と結晶軸との関係を図 A1.3 に示す．

　次に，図 A1.4 に氷結晶での代表的な面のミラー指数を示す．（0001），（10$\bar{1}$0），（1$\bar{1}$00），（01$\bar{1}$0），（10$\bar{1}$2），（10$\bar{1}$1）である．ここで（10$\bar{1}$0），（1$\bar{1}$00），（01$\bar{1}$0）は同じ平面に存在する複数の酸素原子を含み，c 軸に平行な面であり，柱面（プリズム面）と呼ばれる．全部で6つの面〔（10$\bar{1}$0），（01$\bar{1}$0），（1$\bar{1}$00），（$\bar{1}$010），（0$\bar{1}$10），（$\bar{1}$100）〕があるが，これらは結晶学的には同じ面であるので，すべてを示す場合には｛10$\bar{1}$0｝と表す．最後の2つの面（10$\bar{1}$2），（10$\bar{1}$1）は錐面である．この中で，（10$\bar{1}$1）はピラミッド面とも呼ばれる．

　氷結晶内で軸の向きを表す場合，軸に垂直な面のミラー指数と同じ数字を使い，角カッコ〔 〕をつけて表す．この場合，c 軸の向きは〔0001〕となる．a_1軸は〔2$\bar{1}$$\bar{1}$0〕，$a_2$軸は〔$\bar{1}2\bar{1}$0〕，$a_3$軸は〔$\bar{1}$$\bar{1}$20〕となり，これらをすべて表す場合には〈11$\bar{2}$0〉と記す．同様に b 軸の向きは〈10$\bar{1}$0〉と記す．なお，〔2$\bar{1}$$\bar{1}$0〕は a_1 軸方向に 2，a_2 軸方向に -1，a_3 軸方向に -1，c 軸方向に 0 の移動を表す．

コラム1 ミラー指数

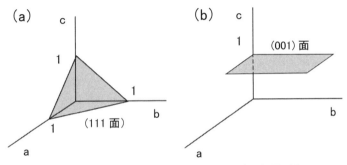

図A1.1 立方晶系での（111）面（a）と（001）面（b）

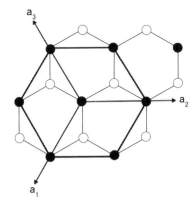

図A1.2 氷結晶の基底面での酸素原子の配列とa軸の方位
ここで、酸素原子は黒丸と白丸で表すが、これはc軸方向で高さが違うことを示す．

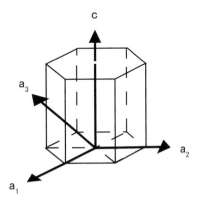

図A1.3 氷単結晶と結晶軸との関係

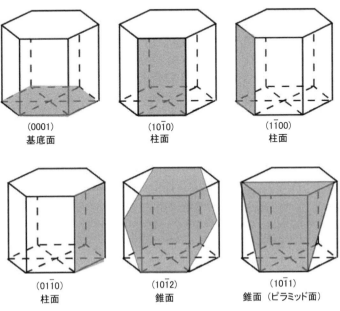

図A1.4 氷結晶面のミラー指数

コラム2

氷の摩擦

氷の表面は滑りやすく、摩擦係数が小さいことは多くの人が知っているだろう。この理由について、これまでにいくつかの説が提案されてきた。Joly (1887) はスケートがよく滑るのはスケートのブレードが押す圧力のため、その部分の氷が融解して氷が発生し、それが潤滑剤の役目を果たすという「圧力融解・水潤滑説」を提案した。Bowden and Hughes (1939) は氷と他の物質が接触することで摩擦熱が発生し、その熱で氷表面に水ができるという「摩擦融解・水潤滑説」を提案した。この説はいくつもの巧妙な実験に基づいていたため支持者が多く、氷上の滑りだけでなく、雪上のスキーの滑りまで説明される場合が多い。

一方、対馬 (1977) は単結晶氷と鋼鉄球による摩擦実験を行い、氷の動摩擦係数が 0.02～0.05 であり、氷の基底面 (0001) は柱面 (01$\bar{1}$0) よりも摩擦係数が系統的に小さいことを明らかにした（図A2.1）。この結果は水潤滑での説明が難しいため、対馬 (1977) は氷表面で水の介在しない「凝着説」を提案した。凝着説とは一般の物質間での摩擦機構とされている考えであり、物体間ではたらく摩擦の真の原因は摩擦が起こる材料間で形成される凝着であって、摩擦抵抗とは凝着接合部を剪断破断する力であると考える。1.3節では氷表面に存在する疑似液体膜を説明したが、これは nm レベルの厚さであり、粘性は水よりも桁違いに高く、-10℃以下では存在しないため、氷の摩擦に対する擬似液体膜の影響は小さいと考えられている（対馬, 2016）。対馬 (1977) の実験は鋼鉄球の移動速度が 7.4×10^{-5} m/s での実験であり、このような低速でも氷の摩擦は小さいことがわかった。

1998年12月に長野県のエムウェーブで開催されたスピードスケートワールドカップ (W杯) では対馬 (1977) により明らかにされた「氷は基底面で摩擦係数が最小になる」を利用するため、基底面でできたスケートリンクが造成された。このために、1万本あまりの単結晶の氷筍（直径10～15cm）が人工的に生成され、それから厚さ7mm程度の氷が60万枚切り出され、それをスケートリンクに貼り付け、その上に散水を繰り返してスケートリンクがつくられた（対馬・木内, 1998; tusima et al., 2000; 対馬, 2000）。このようにしてつくられた氷筍リンクは通常のスケートリンクよりも 26% も動摩擦係数が小さいことがわかった（対馬, 2005）。この時の W 杯男子 500m では清水宏保選手が 1998年2月に開催された長野オリンピックでの金メダルの記録を上回るリンクレコードを記録した。ただし、この氷筍リンクの造成・維持に多額の経費がかかったため、1998/99年冬季の試験運用で姿を消した。

一方、前野 (2006) は氷と氷との間の滑り摩擦のメカニズムは速度が 10^{-2}m/s 以下では凝着剪断変形、10^{-2}m/s 以上では摩擦融解・水潤滑であると説明している（図A2.2）。つまり、氷の相対速度が遅いと氷が剪断変形をして、それが摩擦の原因となるが、相対速度が速いと摩擦により氷表面に水が生じるため、摩擦が小さくなるとの指摘である。また、図A2.2 では -10℃ での実験では相対速度が 1m/s 程度で摩擦係数が極小値となる。こ

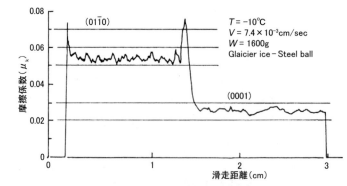

図A2.1 氷と直径 6.4mm の鋼鉄球間の摩擦係数（対馬, 1977）
荷重：1600g、速度 7.4×10^{-5}m/s、温度：-10℃、曲線の左半分は柱面 (01$\bar{1}$0)、右半分は基底面 (0001)。

れは 0.01m/s よりも速度が早くなると摩擦熱による融解が次第に増え，水潤滑によって摩擦係数は小さくなるが，速度が 1m/s を超えるとより多くの摩擦熱で発生した多くの水が潤滑よりも粘性抵抗としてはたらくためと説明している．Oksanen and Keinonen（1982）も同様の指摘をしている．

スケートの速さは 1～15m/s 程度なので，スケート選手が氷の上をすべるように進む理由は前野（2006）に従うと，摩擦融解による水潤滑のためである（図 A2.2）．

カーリングでは平坦な氷面に水滴を垂らし凍結させて半球状のペブル（直径 2～10mm，高さ 0.5～2mm 程度）を生成し，その上面を平らに整形した後にストーンを滑らせる（図 A2.3）．ストーンは質量 20kg 程度の花崗岩からできており，その速さは 1～2m/s 程度である．したがって，ストーンが氷の上を滑る理由も前野（2006）に従うと摩擦融解による水潤滑が主な原因であると考えられる．ただし，氷上を滑らせたストーンの回転数が遅いほど，ストーンがよく曲がる理由は現在でも解明されていない．そのため，現在でもストーンの運動メカニズムについての論文が出版されている（例えば，Shegelski *et al*., 1998；Maeno, 2010；前野，2010；対馬, 2011；Nyberg *et al*., 2013；対馬・森，2016；Shegelski *et al*., 2016）．

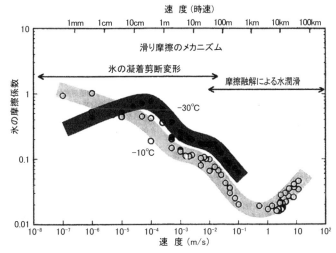

図 A2.2 氷と氷の摩擦係数の測定結果
これまでの測定結果を前野（2006）がまとめた．

図 A2.3 氷上を滑るカーリングのストーン（柳 等撮影）

コラム3

つらら

　北国では冬になると家の軒先からつらら（icicle）が垂れ下がる．つららができるためには屋根に積もった雪が建物内部からの熱で融けて水になり，それが寒気の中で滴り落ちる必要がある．最近の北国の家は断熱性能が高くなり，余分な熱を屋外に出さなくなったので，まったくつららができない家もめずらしくない．一方，多くのつららができる家もある．実は，つららが多い家は屋根の断熱がしっかりとできていないのである．

　つららの結晶構造や形状の特徴は前野・高橋（1984a，1984b），Maeno *et al.*（1994）が報告している．それらによると，つららの結晶構造は中心に近い部分から放射状の構造をしていること（図A3.1），つらら表面で観察される波模様（図A3.2，凹凸構造ともいう）の波長は全体の70%が7〜12mmであること，波模様の形成原因はつらら側面を流れる水膜の波立ちが関係していること，が指摘された．

　2000年代になり，つらら表面の波模様（ripple）をの形成原因を説明する理論がOgawa and Furukawa（2002）により初めて報告された．Ueno（2003）は観察や実験結果と整合するつららの波模様の波長を理論的に導出した．これらの研究ではつららの表面を流れる薄い水膜からの結晶成長過程での固液界面での形態不安定性としてこの問題を扱っている．ただし，これらの研究や上之（2006），Ueno *et al.*（2010）では，Mullins–Sekerka（マリンズ　セカーカ）形態不安定として知られている現象（1.1.2項の円盤氷参照）とは異なるメカニズムでつららの波模様が形成されることを指摘している．

　天然のつららでは水の供給量，気温，不純物の変化，空気の流れの変化などがあっても，波模様の波長は常に1cm程度であることが指摘されているが（前野・高橋，1984b；Chen and Morris，2013），最近のつららの人工形成実験（Chen and Morris，2013）によると，つららの表面に現れる波模様の形成には水に含まれている不純物量が重要であることが指摘されている．このことは，Ogawa and Furukawa（2002）やUeno *et al.*（2010）によって検討された理論とは異なる結果であり，今後さらなる研究が必要である．

　また，Laudise and Barnes（1979）は米国ニュージャージ州で60本のつららの結晶構造を調べた結果，最大20cmの単結晶を含むつららがあったことを報告している．詳細に調べると，図A3.1のような放射状の多結晶からなるつららではなく，単結晶に近いつららも存在することが判明したのである．

図A3.1　天然のつららの水平断面の結晶構造
（前野・高橋，1984a）

図A3.2　天然のつらら表面の波模様
（Chen and Morris，2013）

コラム4　復　氷

融けつつある氷塊に重りを吊したワイヤーをかけると，ワイヤーは氷の中をゆっくりと降下し，ついには氷から下に抜け落ちる．ワイヤーが通過した氷は2つに切断され，分離するはずだが，ワイヤー通過面は癒着して元の氷に復している．この現象を復氷（regelation）という．復氷は周囲がプラスの気温でも起こること，つまり外部に冷熱源がないのにワイヤー下面で発生した融け水が再び氷に戻るところに魅力と不思議さがあり，科学者のみならず多くの人々の関心を集めてきた（対馬，2011）．

図A4.1は復氷実験の模式図，図A4.2は実際の実験の様子を示す．実験は直径0.28mmのステンレス製針金と5kgのおもりを使い，常温（15℃程度）で実施した．針金は，高さ12.5cm，厚さ6.5cmの板氷を約1時間かけて通過した．平均速度は2.1mm/min程度であった．

復氷実験は1858年に初めて報告されて以来（Forbes, 1858；Thomson, 1861），氷の圧力融解と水の再凍結により説明されてきた．現在は，ワイヤーを介して氷に圧力が加わると融点降下が起こり，相対的に温度の高い部分から流入する熱で氷が融解し（圧力融解），ワイヤーが降下する．融け水は圧力で押し出され，ワイヤー背面に流れ込んだところで圧力が開放され，再凍結するという圧力融解・再凍結によって説明されることが多い．

この場合，ワイヤーの熱伝導が大きくなるとワイヤー下面への熱流が増し，ワイヤーの貫入速度が速くなると考えられるため，熱伝導率の異なるワイヤー（熱伝導率が小さなナイロン製から熱伝導率が大きな銅製および銀製）を使った実験が行われた．多くの測定者の結果は，ワイヤーの貫入速度に対するワイヤーの熱伝導率の影響は理論よりも小さなものであった（前野，2004；対馬，2011）．

復氷とは，一般的には「氷が融けた分だけワイヤーが貫入する」という熱流支配，あるいは「ワイヤーの前面から融け水が流出した分だけワイヤーが貫入する」という水流支配，として解釈できる現象である．ワイヤーの熱伝導に関する上記の実験結果は，復氷では水流支配が優勢なためであると指摘されている（対馬，2011，2012）．

復氷は約160年前に報告された現象であるが，そのメカニズム解明のためには氷の中を進行しつつあるワイヤーの貫入速度の精密な測定，ワイヤー前面での水膜の計測，ワイヤー背面での水の再凍結過程を詳細に調べる必要がある．このため，現在でもそのメカニズムには未解明な部分がある．なお，対馬（2012）は太さ0.3mmのナイロン製のワイヤーを使った場合，ワイヤー前面の水膜の厚さは0.6μmであることを明らかにしている．

図A4.1　復氷実験の模式図（Tutton, 1927）

図A4.2　実際の復氷実験の様子
（原田康浩撮影）

第 2 章 雪結晶

美しい六方対称をした雪結晶を見た人は自然の神秘に心を打たれるに違いない．ここでは雪結晶の観察・研究の歴史，上空での雪結晶の生成，雪結晶の分類，雪結晶が多様な形態になる理由，氷晶による大気光学現象を説明する．

2.1 雪結晶観察および研究の歴史

2.1.1 諸外国の状況

中国の唐の時代にまとめられた『藝文類聚(げいもんるいじゅう)』には，前漢時代（紀元前 150 年または 135 年ともいわれる）の中国の学者，韓嬰(かんえい)が雪の結晶が六角形であることを『韓詩外傳(かんしがいでん)』に記したと記載されている．中国語では「韓詩外傳曰凡草木花多五出雪花獨六出雪花曰霙雪雲曰同雲」であるが，訳すと「韓詩外傳によると，草や木の花はたいてい五弁であるが，雪花だけは六弁であり，雪花のことを霙(みぞれ)，雪雲のことは同雲という」[1]となる．

一方，西欧で雪が輝く星状の六角形の結晶であることを初めて指摘したのは，アルベルトゥス・マグヌス（図 2.1，西暦 1193 頃 –1280，ドイツのキリスト教神学者）で 1250 年頃のことであったといわれている．これより以前には雪に関する研究は残されていない．それは，この当時の文明は地中海に面した地域で発展しており，この地方では雪を見ることがまれであったからであろう．スウェーデンのウプサラの大僧正オアウス・マグヌス（1490-1557）は，著書 *Historia de gentibus septentrionalibus*（英語では *History of the Northern Peoples*）というラテン語で書かれた本を 1555 年にローマで出版した．この本は中世北欧の伝承，生活文化，自然などを全 22 巻にわたって広範囲に記述したものであるが，その中の第 1 巻に雪結晶のことを記し，図 2.2a，2.2b を描いた．図 2.2a 右は天から降ってくる種々の物体を示すが，なかには六角形のものも示されている．不思議な形状の絵もあるが，これが雪結晶を描いた雪華図としては世界最初のものである（加納，1929）．図 2.2b はノルウェーの人々が狩猟や

図 2.1　アルベルトゥス・マグヌス（Wikipedia より）

---

1) 現在，霙（みぞれ）とは融けかかった降雪を意味するが，当時は降雪全般を指していたと思われる．同雲とは霙雲の意味であろう．

図2.2 (a) 天から降る雪など（a の右側），(b) スキーを履いて狩猟，戦闘をする人々
（Magnus, 1555；ただし，この図はマグナス，1991 より）．

戦争の際にスキーを使っていたことを示している．

　ドイツの天文学者ヨハネス・ケプラー（Johannes Kepler，1571-1630）は 1611 年に出版した科学エッセー風の論文 *Strena Seu de Nive Sexangula*（『六角の雪の新年の贈り物』）で，雪結晶が正六角形であることを指摘した（Kepler, 1611）．その後，フランスの自然哲学者・数学者のルネ・デカルト（René Descartes，1596-1650）は 1637 年に出版した *Discours de la méthode pour bien conduire sa raison, et chercher la vérité dans les sciences*（原題は『理性を正しく導きもろもろの知識の中に心理を探究するための方法序説』だが，通常この書物は『方法序説』と呼ばれる）で 1635 年 2 月にアムステルダムで観察した雪結晶の描画を出版した（図 2.3a）．1661 年にはデンマークの物理学者エラスムス・バルトリヌス（ErasmusBartholinus，1625-1698）が *De figura nivis dissertation*（『雪の図解論』）を出版した（図 2.3b）．

　その後 16 世紀後半に顕微鏡が発明された[2]．イギリスの自然哲学者ロバート・フック（Robert Hooke，1635-1703 年）は自然界の多くのものを顕微鏡で観察して，1665 年に *Micrographia*（『ミクログラフィア』）にまとめた（Hooke, 1665）．この本には雪結晶のスケッチ（図 2.3c）が記載されている．1675 年にはドイツの旅行家フリードリッヒ・マルテンス（Friedrich Martens，1635-1699）が 1671 年にスバールバル諸島からグリーンランドへ旅行した際の見聞記を刊行した．その中で北極域での雪の結晶と天候の関係について，(1) 寒さが厳しいと雪は細長い槍状，または小粒状になること，(2) 寒さが厳しくないときには雪結晶は板状（星状や羊歯状）になること，を指摘している．気温により雪結晶の形状が変化するという指摘は初めてのものであった．1681 年にはリヴォルノ（イタリア・トスカーナ州の都市）の僧侶で数学者のドナト・ロセッティ（Donato Rossetti）が著書 *La figura della*

[2) 顕微鏡は 1590 年頃にオランダのザハリアス・ヤンセンにより発明された．当初は単なるめずらしい器具でしかなかったが，1660 年代頃より細胞の観察など，生物学の研究で用いられるようになった．

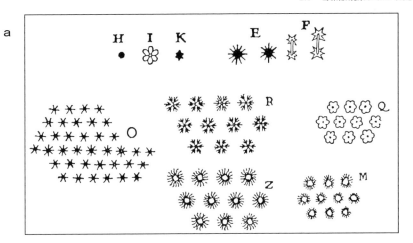

図 2.3 (a) デカルト，(b) バルトリヌス，(c) ロバート・フックが描いた詳細な雪結晶
(Frank, 1974；Bartholinus, 1661, 図は加納（1929）より；Hooke, 1665).

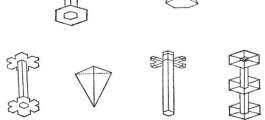

図 2.4 ロセッティによる結晶の図（角板）
（加納，1929）

図 2.5 スコレスビーによる雪結晶の図（加納，1929）

図2.6 ジェームス・グレイシャーが発表した雪結晶の描写図（Glaisher, 1855）

図2.7 チンダルが発表した雪結晶の描写図（Tyndall, 1872）

neve（『雪華図』）で60種の雪結晶を描いた．図2.4にロセッティが描いた角板結晶を示す．角板表面での模様，角板内部の気泡の形状などを正確に描いていることがわかる．

1820年，イギリスの捕鯨業者のウィリアム・スコレスビー（William Scoresby, 1789-1857）は北海における捕鯨の歴史とその状態を著書 *An account of the Arctic Regions*（『北極圏の話』）にまとめたが，この中で96の雪結晶の図を記し，これらを5種類（板状，柱状，板状と柱状の結合したもの，プリズム型，ピラミッド型）に分類した．図2.5にその一例を示す．英国のジェームス・グレイシャー（James Glaisher, 1809-1903）[3] は1855年2月8日から3月10日までに観察した雪結晶について151個の詳細な描写図を発表した（Glaisher, 1855）．その一例を図2.6に示すが，顕微鏡が発達する以前の雪華図としては最も精巧だといわれている．アイルランド出身の物理学者ジョン・チンダル（John Tyndall, 1820-1893）は1872年に著書 *The Forms of Water in Clouds and Rivers, Ice and Glaciers*（『雲，川，氷と氷河における水の形態』，Tyndal, 1872）で雪結晶の描画図を出版した（図2.7）．

1820年代に写真技術が開発されると，顕微鏡写真も撮影されるようになった．ドイツの気象学者グスタフ・ヘルマン（Gustav Hellmann, 1854-1939，図2.8）は1893年に雪結晶の顕微鏡写真集 *Schneekrystalle*（『雪の結晶』）を出版した．ここにはドイツ人医師のノイハウス（R. Neuhauss）が撮影した15枚の雪結晶の顕微鏡写真も掲載されている（図2.9）．また，ロシアの写真家シグソン（A. A. Sigson）は雪結晶の顕微鏡写真を1894年に出版した．シグソンが撮影した写真は斜めの落射照明を用いて雪の結晶の表面の細かな凹凸まで詳しく描写している．スウェーデンのノルデンショルド（A. E. Nordenskiöld, 1832-1901）も雪結晶の顕微鏡写真を発表した．

米国バーモント州ジェリコ（Jericho, Vermont）の農夫ウィルソン・ベントレー（Wilson Alwyn Bentley, 1865年2月9日-1931年12月23日）は幼いころから雪が好きな子どもだった．14歳のときに母が使っていた顕微鏡で雪結晶を見てからその美しさに惹かれ，17歳のときに当時開発された

---

[3] グレイシャーはグリニッジ天文台に勤務した気象学者である．一般的には気球に乗り込んで8800mを越える高さ（一説には10900m）まで到達し，その温度と湿度分布を明らかにしたことで知られている．

図 2.8　グスタフ・ヘルマン（Wikipedia より）

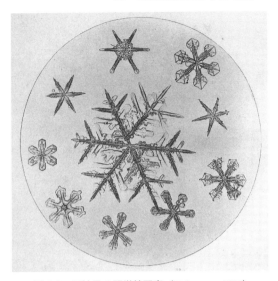

図 2.9　雪結晶の顕微鏡写真（Hellmann, 1893）

図 2.10　ウィルソン・ベントレーと愛用のカメラ（Bentley and Humphreys, 1931）

ばかりの高価なカメラを両親に買ってもらい，雪結晶の顕微鏡写真を撮影するようになった．当初はうまく撮影できなかったが，レンズを絞ってピントを合いやすくする独自の工夫により，雪結晶の写真がうまく撮れるようになった（コラム 5 参照）．

　ベントレーは毎年冬になると雪結晶の写真を撮影した（図 2.10）．その数は 1907 年までには 1300 枚，1923 年までには 4000 枚，晩年までには 6000 枚の写真となった．1931（昭和 6）年には 50 年間に撮影した雪結晶や窓霜の写真から 2453 枚を選び，米国の気象学者ハンフリース博士（当時，米国気象学会長）とともに米国気象学会の援助を受け，著書 Snow crystals を出版した（Bentley and Humphreys, 1931）．図 2.11 に Snow crystals 掲載の写真の一部を示す．黒地の上に白く示された雪結晶が印象的である．このように示すため，ベントレーは太陽光を透過光として撮影した写真乾板（平滑なガラ

図 2.11　雪結晶の写真（Bentley and Humphreys, 1931）

ス面に写真乳剤を塗ったもの）の複製を作成し，その複製に写った雪結晶の輪郭に沿って背景部分を注意深く切り取ってからその写真乾板を使って写真を焼き付けるという作業（縁取り法）を行った（Bentley, 1918；小林, 1975）．これは手間のかかる作業であったが，黒い背景に白い雪結晶を示すために必要な作業であった．このため，ベントレーによる雪結晶写真の外形は自然の状態ではなく，部分的に直線や曲線になっているものがある．この点についてドイツのヘルマンがベントレーの雪結晶写真は，「大きく修正されたり，外形を損なわれたりしている」と当時批判した（中谷, 1949）．確かにこの点について問題はあるが，ベントレーが生涯をかけて行った仕事の価値に比べれば小さな批判である．なお，ベントレーは著書 *Snow crystals* が出版されてから 1 カ月後に病気で亡くなった．これは雪結晶写真を撮ろうとして吹雪の中を自宅から 10km 歩いたため，肺炎にかかったことが原因であった（Martin and Azarian, 1998）．

　なお，ベントレーの著書に掲載されている雪結晶写真の中には同じ写真が別の雪結晶として示されたり，樹枝状六花の中心部を切り取って角板として示すなど，同じ雪結晶写真を複数の箇所で「使い回している」という指摘もある（油川, 2014）．これは重要な指摘なので，今後の全容解明が望まれる．

　英国のメイスン（B. J. Mason, 1923-2015）は 1950 年頃から冷やした金属表面に形成される霜の研究を始め（Shaw and Mason, 1955），その後，1955 年から図 2.12 に示す拡散型の雪結晶生成装置を用いて雪結晶の研究を開始，1958 年にはハレット（John Hallett）と共著で雪結晶ダイヤグラム（図 2.13）を発表した（Hallett and Mason, 1958；Mason, 1971）．また，メイスンは *The Physics of Clouds* という雲物理学の専門書を 1955 年に出版し，1971 年には第 2 版が出版された（Mason, 1957, 1971）．その後，2010 年には第 2 版が再販され，2016 年現在，入手可能である．

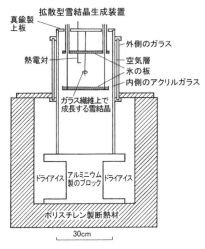

図 2.12 メイソンによる雪結晶生成装置（Hallett and Mason, 1958，和訳を追加）．

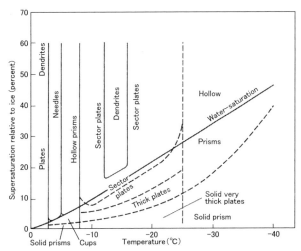

図 2.13 メイソンによる雪結晶ダイヤグラム（Mason, 1971）

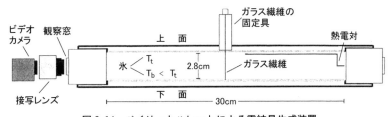

図 2.14 ベイリーとハレットによる雪結晶生成装置
（Bailey and Hallett, 2002）

　米国のベイリー（Matthew P. Bailey）はハレット（J. Hallett）とともに，図 2.14 に示す拡散型の雪結晶生成装置を使い，0℃から -70℃までの雪結晶ダイヤグラムを発表した（図 2.15）．図 2.14 に示す装置は高さ（内寸）が 2.8cm で，直径が 30cm と横に広い形状をしている．これは装置内の温度勾配から空気に含まれる水蒸気の飽和度を精度よく計算するためである．図 2.15 では上図で成長する雪結晶を名称で表し，下図では写真で示した．

　リブレクト（Kenneth G. Libbrecht, 1958- ）は実験物理学が専門の米国の研究者であるが，雪結

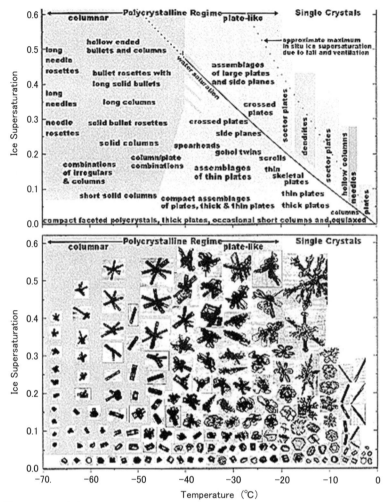

図 2.15　ベイリーとハレットによる雪結晶ダイヤグラム（Bailey and Hallett, 2009）
上の図は文字による記載で，下の図は生成される雪結晶を示した図である．

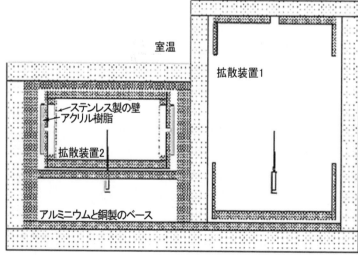

図 2.16　リブレクトによる人工雪生成装置（Libbrecht, 2014）

図 2.17　リブレクトによる雪結晶の撮影系（Dr. Libbrecht の HP より）

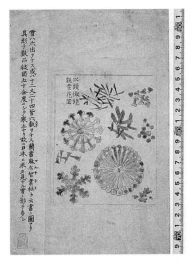

図 2.18 司馬江漢が銅板に描いた雪結晶
(『天球全図』より,京都大学付属図書館でのweb公開資料より).

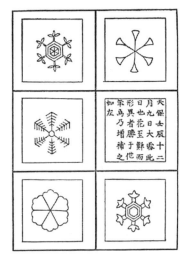

図 2.19 『雪華図説』の図版10面
(小林,1982)

晶生成実験を実施している(例えば,Libbrecht, 2005).図 2.16 に Libbrecht が使っている2つの生成領域をもつ雪結晶生成装置を示す(Libbrecht, 2014).右側の DC1 では過飽和度が高く,-6℃程度で雪結晶を生成する場合に使われる.左側の DC2 では幅広い温度領域で雪結晶を生成するのに用いられている.また,Libbrecht は図 2.17 の撮影システムを用いて天然の雪結晶の写真を多数撮影し,多くの美しい雪結晶写真を紹介する本を出版した(Libbrecht, 2003, 2006 など).

2.1.2 日本の状況

日本では 1796 年,江戸時代の絵師で蘭学者の司馬江漢[4](1747-1818)が顕微鏡で覗いた雪結晶のスケッチを『天球全図』に銅版画で描いた(図 2.18).この中には六花,12 花,24 花の樹枝状結晶に加えて,砲弾状結晶のように見える雪結晶を描いている(図 2.18 での六花と 12 花の間).これは日本人による初めての雪結晶の観察記録である.また,天保 3 年 12 月末(1833 年 2 月)には下総古河の城主土井大炊頭利位(通常,土井利位と呼ばれる)が『雪華図説』を出版した.この本はわずか 17 頁の小冊子であるが,86 の雪結晶の図が掲載されている.その一部を図 2.19 に示すが,それぞれの雪結晶の特徴がよく現れている.土井利位は 1840(天保 11)年に『続雪華図説』も出版した.『雪華図説新考』(小林,1982)はこれらの書物で記載されている図と実際の雪結晶写真との比較をはじめとして,土井利位の生涯,これらの書物の成立に古河藩家老の鷹見泉石が関わったこと,雪結晶観察方法の記述はないが,オランダから輸入した顕微鏡を用いて雪結晶を観察したと推定できることなどが詳細にまとめられている.なお,泉石による雪華図説の後書きには,オランダの J. F. Martinet が刊行した「自然についての問答書」(Martinet, 1782 〜 89)に関する記述もあり,泉石が蘭学に関心が高かったことが伺える(小林,1984, 2013).また,雪華図説に記載された雪結晶の図は 1837(天保 8)年に刊行された『北越雪譜』[5]に転載され,雪華模様として庶民に広く親しまれた(コラム 9 参照).

1925(大正 14)年に東京帝国大学理学部物理学科を卒業した中谷宇吉郎(図 2.20,1900(明治 33)

---
[4] 本名は安藤 峻.浮世絵師の鈴木春重は同一人物.
[5] 『北越雪譜』は江戸期における越後魚沼の雪国の暮らし,風俗,産業など,雪国の生活の諸相を挿絵を交えて記述した本であり,当時のベストセラーとなった雪国百科全書.筆者は鈴木牧之.この本は鈴木(1936)として現在でも入手可能である.

 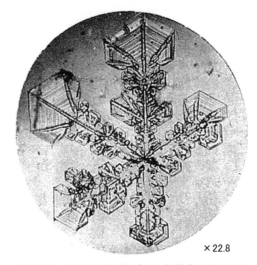

図2.20 中谷宇吉郎（1960年北海道大学低温科学研究所旧本館前，撮影：田沼武能；東，1997）

図2.21 中谷宇吉郎が指導した佐藤磯之助により世界で初めて生成された人工雪結晶（中谷ほか，1937）．

年7月4日－1962（昭和37）年4月11日，コラム6参照）は，寺田寅彦教授のもとで火花放電の研究に従事していたが，1930（昭和5）年に北海道帝国大学理学部ができると，助教授として赴任した．当初は軟X線の発生など原子物理学の研究をすすめたが，1932（昭和7）年から雪結晶の物理学的研究を開始した．初期には北海道大学理学部の渡り廊下に顕微鏡を置いて雪結晶の写真を撮影し，気象条件との関係を報告した（Nakaya and Iizima, 1934）．その後，より低温で清浄な環境を求めて十勝岳温泉の白銀荘に行き，そこで雪結晶を撮影した．

中谷は観察された千差万別な形態をした雪結晶の形状がどのような仕組みで変化するのかを明らかにするため，人工雪結晶生成実験を行った．当初は木箱の底に薄い水槽を置き，装置内の電球で加熱し，水蒸気を装置内の上部に設置した銅板で凝結させる仕組みで，銅板はアルコールを蒸発させて冷却し，霜結晶を生成させた（Nakaya and Sato, 1935）．当時は低温室がなかったので，理学部北側の空き地につくった仮設のトタン板張りの実験室で冬季に実験が行われた．1936（昭和11）年春に常時低温室が完成したので，ここで人工雪結晶生成実験が行われるようになった．低温室内に置いた装置上部の銅板に楔（くさび）型の金属片をつけて，ここで発生した雪結晶を観察できるようにした．初めはなかなかうまくいかなかったが，卒業後に逓信省嘱託として中谷教室に残った佐藤磯之助（いそのすけ）が装置上部に羅紗（らしゃ）[6]を付けたところ，その先端に角板付六花の結晶が成長した．図2.21が世界で初めての人工雪結晶である（中谷ほか，1937）．1936（昭和11）年3月12日のことであり，気温-16℃，水温+9℃で生成した．

1935（昭和10）年3月に物理学科を卒業した関戸弥太郎も1936年2月から人工雪結晶生成実験を担当していたが，着ていた防寒服のそで口の中のウサギの毛を装置内に垂らしたところ，そこからもきれいな雪結晶を生成することができた（3月14日）．1936年度の卒業研究では戸田と丸山が人工雪結晶生成実験を担当したが，この年から二重のガラス管でできた雪結晶生成装置（図2.22）が使われ出した．これは佐藤や関戸が用いた一重の仕切り壁からなる装置では水蒸気の対流が不安定であったので，これを改善するためであった．装置下部にはガラスビーカーがあり，ヒーターで加熱することで水蒸気を上部に送り，上部で水蒸気を凝結させて雪結晶を生成させる仕組みである．なお，関戸

---

[6] 羅紗とは毛織物の一種で，起毛させた厚手の生地．南蛮貿易（16世紀半ばから17世紀初期）の頃に日本に入ってきた．ポルトガル語のraxaを語源とする外来語．

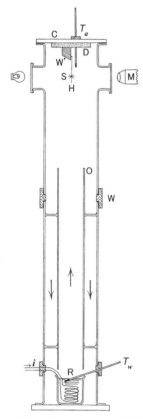

図 2.22 中谷宇吉郎が使った
雪結晶生成装置 (Nakaya, 1954)

T_a は気温用温度計, C は金属プレート, D はコルクまたは木製のプレート, W' は木製の楔 (金属の場合もある), H はウサギの毛, S は雪結晶, M は顕微鏡の対物レンズ, O は内筒 (ガラス製), W は接続用木製リング, R は水が入ったガラスビーカー, T_w は水温用温度計, i はガラスビーカー内の水の加熱用電流.

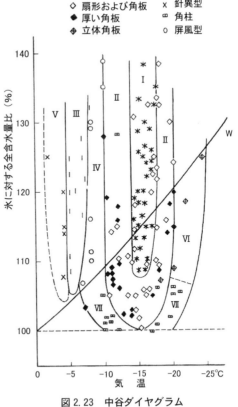

図 2.23 中谷ダイヤグラム
(Nakaya, 1954, 和訳を追加)

(1980, 1981a, 1981b), 東 (1997) にはここに書いた「初めて出来た人工雪結晶の経緯」を詳しく記述しているので, 興味ある読者は参照してほしい.

中谷と同僚の花島政人, 中谷研究室の大学院生らは雪結晶を生成させる温度と加える水蒸気量を変えることで多くの形状の雪結晶をつくりだした. 図 2.23 はそれらの結果をまとめたもので, 横軸は雪結晶の生成温度, 縦軸は単位体積当たりの全含水量と氷飽和水蒸気密度の比 (氷に対する全含水量比)[7] であり, この図は中谷ダイヤグラムと呼ばれる. ここで氷に対する全含水量比とは, 気相と液相 (装置内を浮遊する微小水滴) を合わせた水分量と氷の飽和水蒸気量との比であり, 実験装置内の空気を吸引し, 五酸化二リン (P_2O_5) で水分を吸着させて測定した. ただし, このダイヤグラムの水分量の測定精度については疑問を示す指摘もある (Kobayashi, 1960 ; 小林, 1970 ; 前野, 2004 など).

中谷ダイヤグラムを用いると, ある形状の雪結晶を観察するとそれが形成された上空の温度と湿度を推定することができる. このことを中谷は「雪は天から送られた手紙である」と述べた. 英語では "Snow crystals are the hieroglyphs sent from the sky" である (神田, 2005a, 2005b ; 中尾, 2001). 中谷は 1949 年に『雪の研究—結晶の形態とその形成—』を, 1954 年に *Snow Crystals : Natural and Artificial* を出版した. 後者は中谷による雪結晶研究の集大成である.

---

[7] 図 2.23 の縦軸の意味および用語は対馬 (2004) に従う.

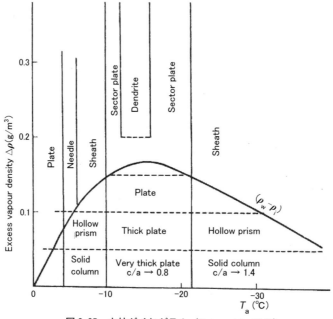

図 2.24 小林による雪結晶生成装置 (Kobayashi, 1957)

A：アクリル製二重壁
B：冷却液
C：銅製の壁
D：黒のベルベット
E：水溜め
F：冷却用パイプ
G：濡れたゲージ
H：ヒーター
I：断熱材
J：熱電対
K：接写レンズ付きカメラ
L：光源
M：マニュピレーター
N：ガイドチューブ
O：ガラス製の窓
P：極細のガラス製支持具
Q：ウサギの毛
R：極細の熱電対
S：雪結晶

図 2.25 小林ダイヤグラム (Kobayashi, 1961)

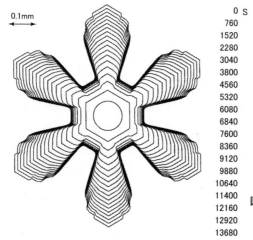

図 2.26 雪結晶の成長シミュレーションの成果 (Yokoyama and Kuroda, 1990).

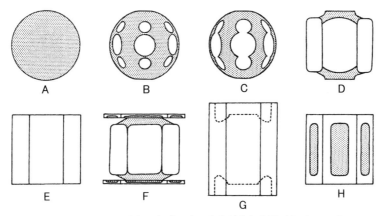

図2.27 凍結した氷粒から成長するさまざまな氷晶 (山下, 1979)

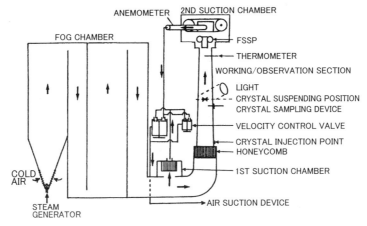

図2.28 垂直風洞型の雪結晶生成装置 (Takahashi and Fukuta, 1988)

　北海道大学低温科学研究所の小林禎作（1925-1980）は，1950年代中頃から図2.24に示す拡散型雪結晶生成装置を使って雪結晶生成実験を開始し，その成果を図2.25に示す雪結晶ダイヤグラム（小林ダイヤグラム）にまとめた（Kobayashi, 1961）．横軸は雪結晶の生成温度であり，縦軸は過飽和水蒸気密度である．縦軸は氷飽和以上に存在する水蒸気の過飽和量を表しており，空間の飽和水蒸気密度に対する実際の水蒸気密度の比である．この結果，それぞれの形態の雪結晶がどのような生成温度，湿度で生成されるのかがわかった．小林の研究室（低温科学研究所物理学部門）では多結晶雪の生成原因として立方晶氷 Ic が関与しているという研究（Kobayashi et al., 1976 など），多結晶雪の研究（Furukawa, 1982 など）などを進めた．小林の研究室を引き継いだ黒田登志雄は雪結晶生成過程の理論的な研究をすすめ，「なぜ雪の結晶は六角形になるのか」ということに対する答えを導いた（Yokoyama and Kuroda, 1990；黒田・横山，1990 など）．図2.26に雪結晶のシミュレーション研究の成果を示す．

　1957年に開始された IGY（コラム16参照）を契機として，日本は南極観測を開始した．1967年から1969年に北海道大学理学部（当時）の菊地勝弘は南極昭和基地で初めて雪結晶観察を主目的した越冬観測を実施した．昭和基地での観測で，菊地は後に御幣状結晶，矛先状結晶，骸晶状結晶と名づけられる多くの雪結晶を発見した（Kikuchi, 1969；菊地, 1974, 2001 など）．これらの結晶は当時，畸形と呼ばれたが，それは形状がこれまでに知られていた雪結晶と異なるという観点で名づけられた（現在では低温型雪結晶と総称されている）．その後，菊地は北極域での雪結晶の観測を精力的に行い，

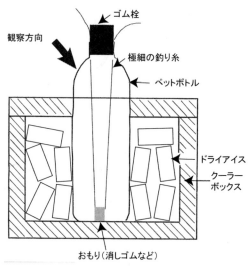

図 2.29 ペットボトルを用いた雪結晶生成装置
(Hiramatsu and Strum, 2005, 和訳を追加)

鴎状結晶も発見した．人工雪結晶生成実験では御幣状結晶や矛先状結晶などの低温型雪結晶の生成にも成功した（Sato and Kikuchi, 1985）．

東京大学理学部（当時）の山下晃は高橋忠司らとともに1969年から1973年にかけて東京大学理学部建物横に併設した高さ15.2mの大型低温箱などを使って，−2℃から−33℃までの状態での雲粒から雪結晶への成長過程を調べた．その結果，図2.27に示すように球形の雲粒から球形の氷の粒（図2.27A）ができ，その表面に円形の平面が形成され（図2.27BおよびC），それがさらに図2.27Dや2.27F，2.27G，2.27Hなどの形状をした氷晶に成長することがわかった．山下は御幣状結晶の人工生成を実施した（浅野ほか, 1989；中田ほか, 1991）．山下はさらに中谷宇吉郎らが制作した樹枝状六花の成長過程を記録した映画「雪の結晶」（1951年製作）も解析し，樹枝状六花での枝分かれ（branching）のプロセスを明らかにした（山下, 2011など）．

高橋庸哉（北海道教育大学）は札幌青少年科学館の高さ18mの垂直風洞を使った雪結晶生成実験を実施した．ここでは上昇気流を使い，15分間浮遊させた状態で直径2mmの樹枝状六花の雪結晶を生成することに成功した（Takahashi et al., 1986）．高橋はユタ大学の福田矩彦とともに，高さ1mの垂直風洞を用いて，雪結晶の成長条件を詳しく調べた（Takahashi and Fukuta, 1988；Fukuta and Takahashi, 1999）．図2.28にユタ大学での実験装置の概要を示す．装置右側の"Crystal suspending position"で雪結晶が浮遊状態で成長することが観察できた．また，雪結晶を浮遊させた状態で温度と水分量を微妙に変化させ，樹枝状結晶（菊地ほか, 2013の分類でP3）での各枝がどのように形態変化するかを明らかにした（Takahashi, 2014）．

北海道旭川西高校の教諭だった平松和彦（現在の所属は福山市立大学）は透明なペットボトルを利用した人工雪結晶生成装置（平松式）を1996年に考案した（Hiramatsu and Strum, 2005）．図2.29にこの装置の概要を示すが，ペットボトルの他にはナイロンテグス，発泡スチロール箱，ドライアイスなどだけでできているので，廉価に装置を組み立てることができることが特徴であり，小学校や中学校などの教育現場で使われている．この装置ではゴム栓を閉める前に吐く息を入れて，水蒸気を供給する．

石川県教育センターに勤務していた村井昭夫（当時は北見工業大学大学院に在学，現在は金沢市立緑中学校教諭）はペルチェ素子を使った人工雪結晶生成装置（村井式）を考案した（図2.30）．村井

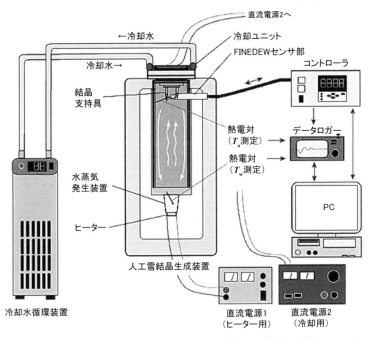

図 2.30　ペルチェ素子を用いた対流型雪結晶生成装置の構成図（村井，2012）

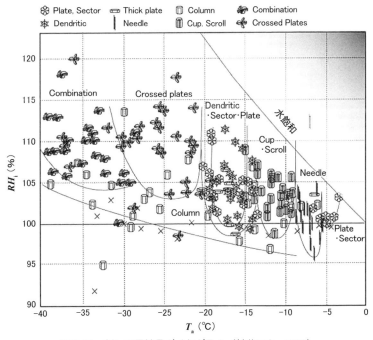

図 2.31　新しい雪結晶ダイヤグラム（村井ほか，2012）

はアズビル（株）（旧社名：（株）山武）が開発した鏡面冷却式露点計 FINEDEW を使い，雪結晶生成時の空気中の露点および霜点を世界で初めて計測し，0℃から −40℃までの新たな雪結晶ダイヤグラムを発表した（図 2.31）．

（株）東洋製作所は「結晶雪の観察装置」を 1998 年から販売を開始した（遠藤ほか，1998）．図 2.32 にこの装置の構造を示すが，装置下部にペルチェ素子が組み込まれており，これで装置内を冷やす仕

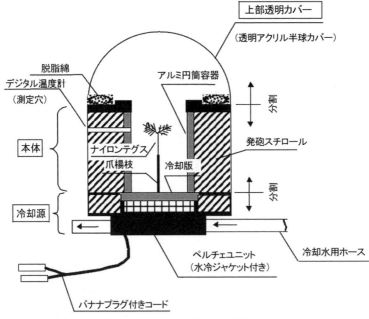

図 2.32 ㈱東洋製作所が販売している「結晶雪の観察装置」(遠藤ほか，1998)

図 2.33 「結晶雪の観察装置」で生成した雪結晶
(a) 放射樹枝，(b) 樹枝状六花．(亀田ほか，2009)

図 2.34 北見工業大学での物理学実験での雪結晶生成実験の様子 (亀田ほか，2009)

組みになっている．濡らした脱脂綿を装置内に入れ，水蒸気を供給して装置中央部のテグス先端に雪結晶を成長させる．図 2.33a に生成した雪結晶を示す．通常は放射樹枝の雪結晶が生成するが，時には図 2.33b に示すように対称性のよい樹枝状結晶が生成する場合もある．この装置は北見工業大学で開講されている物理学実験（全 1 年生対象の必修科目）の中の 1 つの実験テーマとしても使われており（図 2.34），北見工業大学では毎年約 400 名の学生が人工雪結晶生成実験を実施している（亀田ほか，

表 2.1 雲内が水滴および雪・氷晶（カッコ内）の湿潤断熱減率〔-℃/100m〕

気圧 〔hPa〕	気　温〔℃〕						
	-30	-20	-10	0	10	20	30
1,000	0.92 (0.92)	0.86 (0.85)	0.76 (0.74)	0.65 (0.59)	0.53	0.43	0.35
900	0.91	0.84	0.75	0.62	0.51	0.41	0.34
800	0.90	0.83	0.73	0.60	0.48	0.39	0.32
700	0.89 (0.90)	0.81 (0.81)	0.70 (0.67)	0.57 (0.51)	0.46	0.37	0.31
600	0.88	0.79	0.67	0.54	0.43	0.35	0.29
500	0.87 (0.87)	0.77 (0.76)	0.64 (0.60)	0.51 (0.45)	0.40	0.32	
400	0.84	0.73	0.59	0.46	0.36		
300	0.81 (0.82)	0.68 (0.67)	0.53 (0.50)	0.41 (0.35)			

(Smithsonian Institution, 1951)

2009）．

　また，光硬化性樹脂や紫外線硬化性樹脂で作成した雪結晶レプリカを用いて，雪結晶の3次元構造が柳 敏（北海道網走南ヶ丘高校教諭）らにより調べられている（柳ほか，2012；Tamaki et al., 2012；柳ほか，2015）．

2.2　上空での雪結晶の生成

　地面や海水面が太陽放射で暖められると地面にある水や海水が蒸発し，大気中に水蒸気が供給される．暖められた空気（気塊）は気体分子の運動エネルギーが高くなり，このために膨張するので密度が小さくなり，浮力を得て上昇する．上昇するにつれて気圧が低くなるので，断熱膨張により気塊の温度が下がる．乾燥した（雲のない）空気の塊が断熱的に上昇するときに気温が高さとともに下がる率を乾燥断熱減率（$\varGamma_d$: dry adiabatic lapse rate）といい，その値は熱力学第1法則と静水圧方程式から求められ，-0.977℃/100m である（一般的には 100m で 1.0℃下がると覚えるとよい）．

　空気塊が上昇して温度が下がり，空気塊の水蒸気がその温度で決まる飽和水蒸気圧に達すると，微小な固体微粒子（大気中に浮遊する小さなエアロゾル粒子など）などを核として水蒸気が凝結し，小さな水滴（雲粒）が現れて雲ができる．この時には潜熱（latent heat）が発生する．このため，高度に対する気温低下量は乾燥断熱減率に比べると小さくなる．これを湿潤断熱減率（$\varGamma_m$; moist adiabatic lapse rate）という．湿潤断熱減率は，一般的には -0.65℃/100m が使われるが，これは気温，気圧および降水の状態（液体および固体）によって変化する．これを表 2.1 に示す．1000 hPa で雲内が水滴の場合，0℃で -0.65℃/100m，10℃では -0.53℃/100m となって，気温が高いほど気温減率の大きさが小さくなる．これは，飽和蒸気圧の 1℃当たり変化率が温度が高いほど大きいため，気温が高いほど水蒸気凝結による潜熱放出が大きくなって気温減率の大きさが小さくなるためである．また，湿潤断熱減率は気圧にも依存し，0℃の場合，800 hPa で -0.60℃/100m，500 hPa で -0.51℃/100m となる．雲内に雪や氷晶がある場合は，表 2.1 でのカッコ内の値となる．これは氷の飽和水蒸気圧が水の飽和水蒸気圧よりも低いために潜熱放出が小さくなるためである．

　一般大気の気温減率は，安定な大気が混合したりして，気温減率 -0.65℃/100m 程度である．この減率だと，平地が 30℃でも富士山頂の気温は 5℃となる．ただし，強風が吹いて大気が強制的に上昇するとき，減率は乾燥断熱減率 -0.977℃/100m に近づいて，平地が 30℃でも富士山頂の気温は -7℃

となる可能性がある．ただし雲が出れば温度低下はもっと緩和される．

雲粒の大きさは直径数 μm から数 10μm 程度と大変小さい．微小な物体の落下速度（終端落下速度）V_s は以下の 2.1 式（ストークスの式）で近似できるが，直径 10μm の場合には落下速度は約 3mm/s となり大変遅いので，雲は落下せずに浮かんでいるように見える．

$$V_s = \frac{D_p(\rho_p - \rho_f)g}{18\eta} \tag{2.1}$$

ここで，D_p は粒子径，ρ_p は雲粒の密度，ρ_f は空気の密度，g は重力加速度，η は空気の粘度である．

上空で雲粒がさらに冷やされると，固体の小さな氷粒（氷晶）になり，それが雪結晶に成長する．2.1 節に述べたように，山下（1974，1979）は雲粒から氷晶を経て，雪結晶へ成長する過程を実験的に調べた．

なお，日本では直径 0.2mm（200μm）までの小さな氷粒を氷晶（ice crystal）といい，それよりも大きく結晶面が現れているものを雪結晶（snow crystal）という．また，結晶面が現れていないものは単に降雪または雪という．諸外国で出版される論文では ice crystal と snow crystal の区別をつけずに両者ともに ice crystal と記述される場合が多い．とくに英語圏では日常的には降ってくる雪を snowflake という．一方，日本の科学英語では snowflake は雪結晶が重なって降ってくる雪片を意味している．

2.3 雪結晶の分類

2.1 節でドナト・ロセッティが 1681 年に出版した著書 *La figura della neve*（『雪華図』）で 60 種の雪結晶を描いたことを説明したが，彼は雪結晶を 5 種（藁茎状，毛状，点状，薔薇飾状，粒状）に分類した．これが世界で初の雪結晶の分類であると考えられている（加納，1929）．スコレスビーは 1820 年に出版した著作で雪結晶を 5 種類（薄板状，異なる平板が付いた薄板または球状，六花状，六角錐状，平板付き角柱状）に，ヘルマンは 1893 年に出版した著作で 8 種類（角板状，羊歯状，平板状，結合状，柱状，角柱状，三角錐状，角板と角柱の結合状）に分類した．ノルデンショルドは 1893 年の著作で雪結晶を 3 大分類でその中を 7 種類（六角柱，ビン状の角柱，針状，角板状，星状，樹枝状，角板と角柱の両方向に発達した結晶）に分類した．

ベントレーは米国バーモント州ジェリコでの 50 年間の雪結晶の観察結果から，雪結晶を六角柱，先端が尖った六角柱（現在の砲弾状結晶に相当），六角板，三角板，12 花の 5 種類に大きく分類し，さらにそれらをそれぞれ 1～5 の小分類に分け，全部で 17 種類に分類した（Bentley and Humphreys, 1931）．同書には「あくまでも雪結晶を記述する際の便宜上の分類であり，科学的や結晶学的な分類ではない」と記述されているが，数多くの雪結晶写真を用いた初めての雪結晶分類と考えられる．

中谷宇吉郎は札幌や十勝岳温泉での雪結晶の観察結果から，雪結晶をその形状により分類し，一般分類（General classification of snow crystals）を発表した（Nakaya and Sekido, 1936；中谷，1949；Nakaya, 1954）．Nakaya and Sekido（1936）では雪結晶を 7 大分類と 18 小分類に分け，Nakaya（1954）では雪結晶を 7 大分類，20 中分類，42 小分類に分類した（ここで中分類しか存在しない種類も小分類数に加えた）．これらの分類では雪結晶は針状，角柱状，角板状，角柱と角板の集合状，側面結晶状，雲粒付結晶，不規則結晶の 7 種類の大分類は共通しているが，後に出版された論文や著作では雪結晶の観測数の増加に伴い，小分類数が増えていった．

一方，南極科学委員会（SCAR）に属する国際雪氷委員会（ICSI：International Commission on Snow and Ice）は 1949 年に固体降水の実用分類（Classification of solid precipitation）を発表した（Schaefer, 1951；Mason, 1957, 1971）．ここでは，雪結晶を 7 種に分類し，霰，霙，雹を加えて，10 種に分類した．さらに結晶の状態（破片 m，雲粒付き r，破片 f，濡れ w），粒径（極小 a，小 b，中庸 c，大 d，極大 e）を追加記号で分類した．例えば，F1rD1.5 は，分類（F）は角板結晶（1）で雲粒が付いており（r），粒径（D）が 1.5mm であることを示す．粒径が大（d, 2.0～3.99mm）であれば，F1rDd となる．樹枝状結晶で部分的に融解して破片で比較的大きければ，F2fwDd となる．ただし，この国際分類は現在ではほとんど使われていない．なお，この国際分類は 2009 年に改訂され，新しい国際分類が公表されている（Fierz *et al.*, 2009）．

　中谷の雪結晶の研究を引き継いだ孫野長治（1916-1985）は，中谷による一般分類の改訂を行い，雪結晶の気象学分類（Meteorological classification of natural snow crystals）を発表した（Magono and Lee, 1966）．雪結晶は 8 大分類，31 中分類，80 小分類に分類された．ここには南極バード基地で清水 弘（当時，北海道大学低温科学研究所）が撮影した長い角柱結晶（Shimizu, 1963, 英名は long prism）が針状角柱（英名は long solid column）として入っているが，それ以外に極域で撮影された雪結晶は入っておらず，日本などの中緯度帯で撮影された雪結晶写真を主に使用している．これは当時，南極や北極域での観測が一般的ではなかった事情を反映している．また，小林禎作（1925-1985）は針状角柱を人工的に生成することに成功した（Kobayashi, 1965）．

　2.1 節に記したように，菊地勝弘は日本国内や極域（南極，グリーンランド，北欧，北極圏カナダ）で雪結晶や氷晶の観察を精力的に行い，後に御幣状結晶，矛先状結晶，晶骸状結晶，鴎状結晶と名づけられる多くの雪結晶を発見し（Kikuchi, 1969），これらの低温型雪結晶を含む分類も提案した（菊地，1974）．しかしながら，この分類は定着しなかった．

　2007 年に樋口敬二が Magono and Lee（1966）により発表された雪結晶分類で「側面結晶」と名づけられた結晶名が「交差角板」となっている分類表があることに気がつき（樋口，2007），これを契機として 2009 年に札幌で開催された雪氷研究大会で「雪結晶の新しい分類表を作る」と題する企画セッションが開催され，雪結晶の気象学分類（Magono and Lee, 1966）の問題点が公開討議された（コラム 8 参照）．その後，雪結晶の新しい分類に関心のある有志が議論を重ね，雪結晶のグローバル分類がつくられた（菊地ほか，2012；Kikuchi *et al.*, 2013）．ここでは，雪結晶の気象学分類（Magono and Lee, 1966）で分類されていない低温型雪結晶（主として -25℃ 以下で生成する結晶）を加え，これまでに天然で観測された雪結晶すべてが網羅された．これを表 2.1 に示すが，天然の雪結晶と霰，霙，雹を加えて，8 大分類，39 中分類，121 小分類に分類された（雪結晶としては 105 種類）．それぞれの写真を図 2.35，121 種の雪結晶の特徴を示した絵を図 2.36 に示す．今後，雪結晶を観察し記録する際には，表 2.2，図 2.35，図 2.36 を参照して分類し，適切な名称を使用してほしい．多くの雪結晶写真を使ったグローバル分類の解説は菊地・梶川（2011）として出版されているので参考になる．なお，これまでの雪結晶分類の経緯は菊地・亀田（2012）に詳しい．

　図 2.37 に示すように，雪の結晶は同じ形状の雪結晶が多数降る．ただし，実際に降ってくる雪は必ずしも対称性のよい形状の雪結晶だけではなく，破片になった雪結晶も多い．時にはふんわりと塊（雪片）になった雪結晶も降る．図 2.38 はこのような雪結晶の塊をガラス板で受け，そのまま接写撮影した．直径 1～2mm 程度の樹枝六花が多数絡まっていることがわかる．このような雪片は形が牡丹の花に似ているため，ぼたん雪ともいう．

　図 2.35 で紹介した雪結晶は幾千という写真の中でも特徴的な形状が保存されている写真を選んだことに注意していただきたい．また，短い角柱と厚い角板の境界について樋口（1959）は軸比（ここ

表 2.2a 雪結晶のグローバル分類 (1)（菊地ほか，2012）

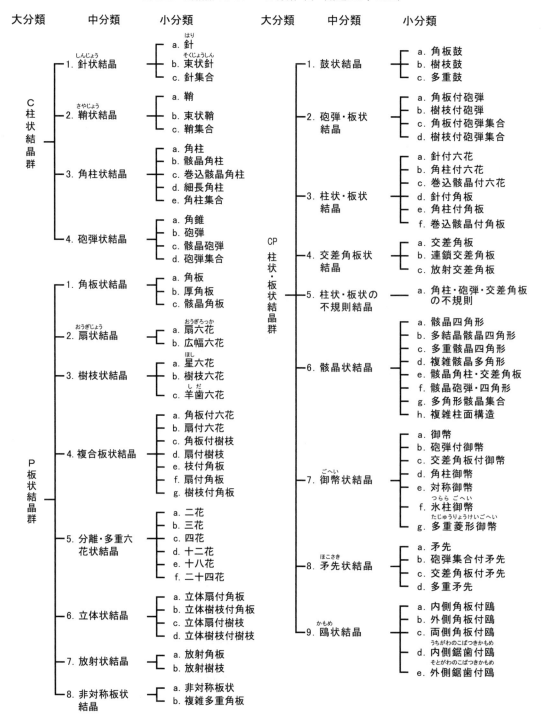

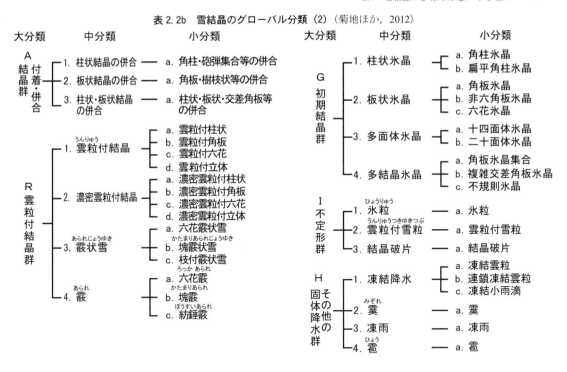

表 2.2b 雪結晶のグローバル分類 (2)（菊地ほか, 2012）

では，雪結晶の c 軸方向と a 軸方向の長さの比として定義[8]と雪結晶の表面積との関係より，表面積が最も小さくなる軸比 0.55（長さが直径の 0.55 倍）を両者の境界とすることを提案しているが，一般的には軸比 1 を両者の境界にする場合が多い．

人工雪結晶の生成実験では，天然で観察されていない雪結晶が生成する場合がある．例えば，原田ほか（2011）は先端が放射状に枝分かれした針状結晶（放射状針状結晶，図 2.39）を報告した．生成温度は $-52.3 \sim -51.5$ ℃で水蒸気を供給する氷と水の表面温度は $-25.5 \sim 10$ ℃であった．表 2.2 および図 2.35 で示したグローバル分類では人工雪は含まずに，あくまで自然界で見られたものを分類したので，人工雪生成実験では今後も新しい雪結晶が見つかる可能性がある．

2.4 雪結晶が多様な形態になる理由

2.3 節では多様な雪結晶の形状を説明したが，ここではなぜこのような多様な雪結晶が生成されるのかを説明する．

グローバル分類では雪結晶を大きく 7 つに分けたが，この中で最も大きな違いは縦長に成長する角柱と平面的に成長する角板である．図 2.40 に示すように，これらは同じ微小な角柱（図 2.35c の G1a, 角柱氷晶）から成長すると考えられているが，角柱は基底面（ミラーの面指数では (0001)）の法線方向に成長して c 軸方向に伸びたものであり，角板は柱面 (1010) の法線方向に成長して a 軸方向に伸びたものである（ミラーの面指数はコラム 1 参照）．このように同じ結晶面からできていても，成長の条件等によって結晶の外形が異なって成長することがある．これを晶相（crystal habit）という．

多様な形状の雪結晶が生成する理由はそれぞれの結晶面の成長速度に温度依存性があり，それらの大小関係が変るためである．また，樹枝状や針状結晶が出現するのは過飽和度が増大するにつれて結

---

[8] 本書第 1 章 1.1 節で説明した「格子定数の縦横比」で定義される軸比とは定義が異なるので，注意が必要である．

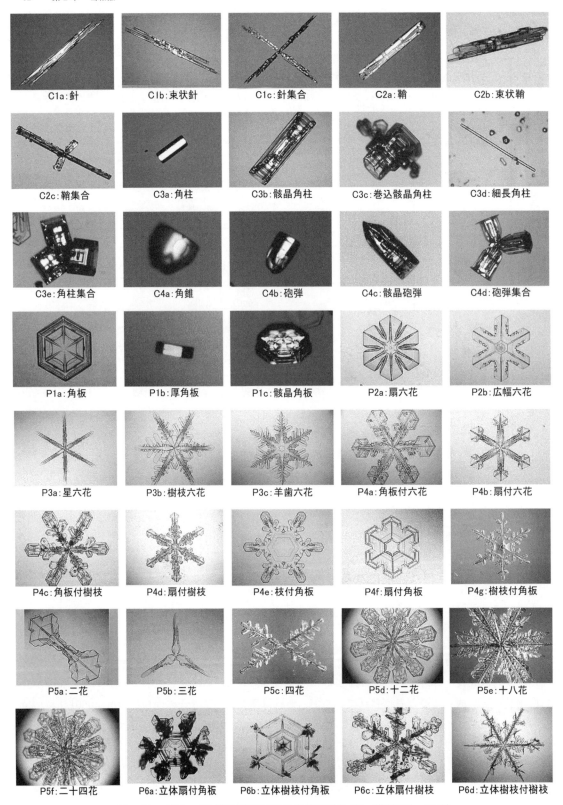

図 2.35a　グローバル分類での代表的な雪結晶写真 (1)（菊地ほか，2012）

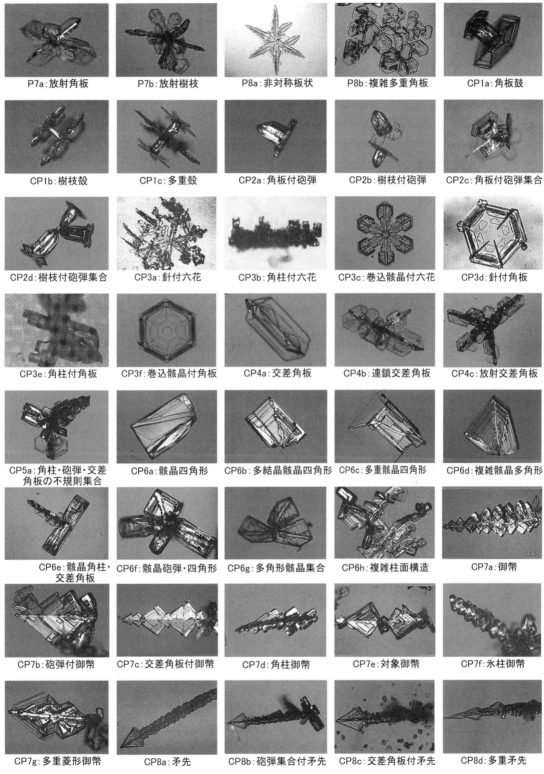

図 2.35b　グローバル分類での代表的な雪結晶写真（2）（菊地ほか，2012）

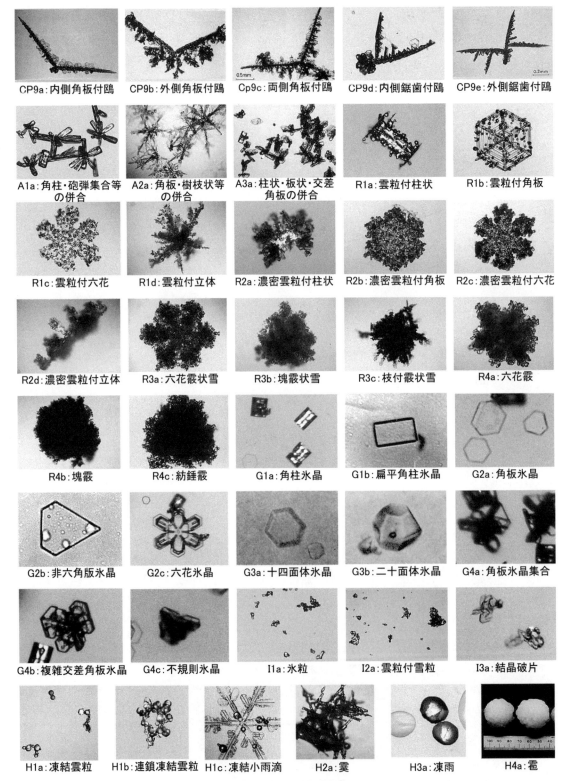

図 2.35c　グローバル分類での代表的な雪結晶写真（3）（菊地ほか，2012）

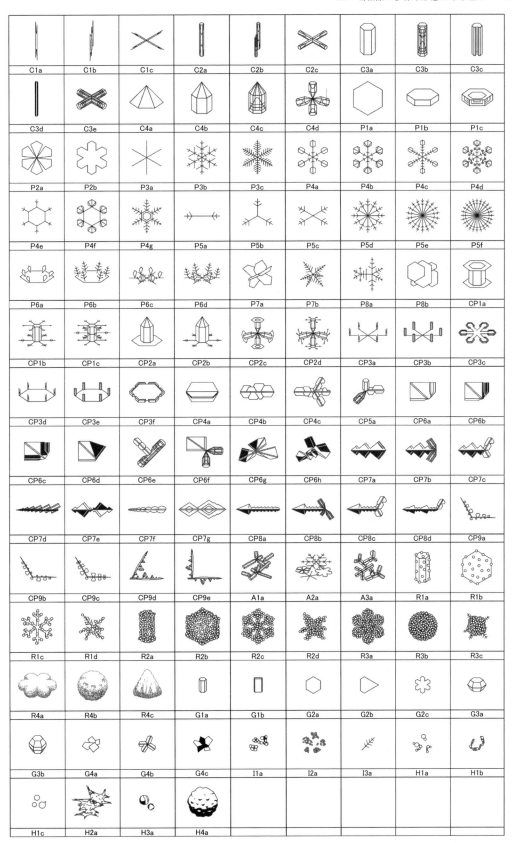

図 2.36 グローバル分類の描画図 (Kikuchi *et al.*, 2013)

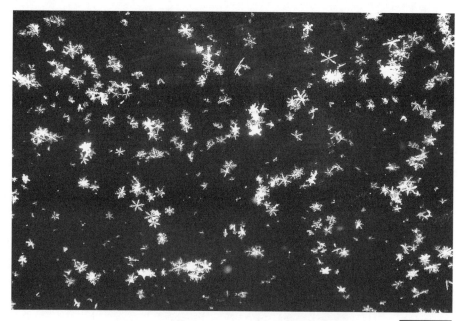

図 2.37 車のフロントガラスに積もった樹枝状結晶
（2013 年 2 月 13 日に北見にて撮影）

図 2.38 樹枝状六花からできた雪片
（2015 年 2 月 9 日，北見にて撮影）

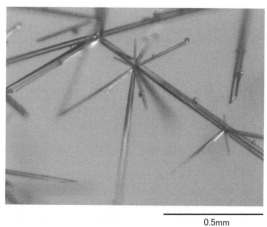

図 2.39 放射状針状結晶
（原田ほか，2011）

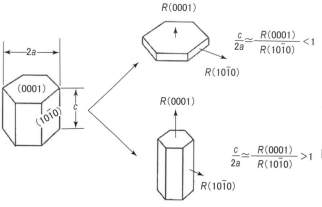

図 2.40 氷晶から板状結晶，柱状結晶への成長
（黒田，1984，一部修正）
$R(0001)$，$R(10\bar{1}0)$ はそれぞれ基底面，柱面から法面方向への成長速度を表す．

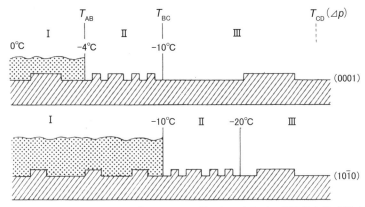

図 2.41 基底面（0001）と柱面（10$\bar{1}$0）の成長機構の組み合わせの温度依存性（黒田, 1984）

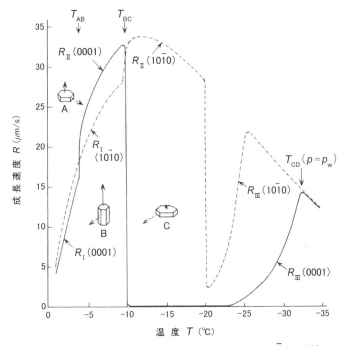

図 2.42 水飽和における基底面（0001）（実線）と柱面（10$\bar{1}$0）（点線）の
それぞれの法線方向への成長速度の温度依存性（黒田, 1984）

晶の稜や角が優先的に伸び始めることによる．このプロセスをミクロに見ると，「空間に存在している水蒸気が氷表面に到達して，結晶に選択的に組み込まれる過程」と理解することができる．

1.2.6 項に記した疑似液体層の存在から出発して，雪結晶の晶相の理論が構築された（Kuroda and Lacmann, 1982）．図 2.41 はこの研究で解明された理論を模式的に示したものであるが，0℃から-4℃までは基底面と柱面ともに表面が疑似液体層で覆われている．この温度帯では図 2.42 に示すように柱面の法線方向が基底面の法線方向よりも成長速度が大きいため，成長して六角板となる．-4℃から-10℃では柱面には疑似液体層が存在するが，基底面には存在せずに，付着成長によって成長する．この結果，基底面の法線方向への成長速度が大きくなり，六角柱となる．-10℃から-20℃では 2つの面ともに疑似液体層は存在しなくなる．この温度帯では柱面で付着成長が始まり，柱面の法線方

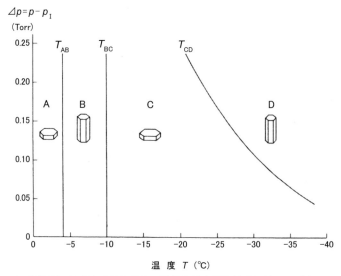

図 2.43 雪結晶の晶癖と成長条件との関係を示す理論ダイヤグラム（黒田，1984）
縦軸は氷に対する水蒸気の過飽和量 Δp. p は実際の水蒸気の分圧, p_I は氷の平衡蒸気圧である.

向への成長速度が速くなるため，再び六角板として成長する．-20℃から -25℃までも柱面の法線方向への成長速度が速いので六角板となる．-25℃付近から基底面の法線方向への成長が再び速くなるので，形成される板状結晶は徐々に軸比（図 2.40 の $c/2a$, axis ratio）が 1 に近づくことが想定される（厚角板 P1b になる）．以上の議論を図 2.43 に示す．ここでは雪結晶の形態が温度と過飽和度でどのように変るのか，ミクロの立場で検討した結果が反映されている．

2.5 氷晶による大気光学現象

太陽や月に薄い雲（主として巻層雲 Cs）がかかった時，その周囲に光の輪や円弧状の輝き，光の点が現れることがある．この現象をハロ（英名は halos）[9]という．とくに太陽の周りに現れる光の輪を日暈(ひがさ)，月の周りに現れるものを月暈(つきがさ)という．図 2.44 は太陽高度が 25 度の時に現れる可能性のあるすべてのハロを透視投影（perspective projection）で描いた．このような種々の形状のハロは浮遊する氷晶の形状や姿勢，氷晶で光が屈折および反射する結晶面の違いにより形成される（Greenler, 1980；Lynch and Livingstone, 1995）．図 2.45 は太陽の周囲に実際に現れたハロを魚眼レンズで撮影した例，図 2.46 はコンピュータによるハロの再現例を示す．

図 2.45 のような，多くの種類のハロが同時に現れることは極めてまれにしか起こらないが，太陽の周りに円形に現れる 22 度ハロ（22° halo）[10]は比較的多く観察できる．太陽の上下，またはどちらかに伸びて光る太陽柱（sun pillar）も比較的多く観察される．これは街灯でも現れるが，地上から天に向かって伸びるように見え，その場合は光柱（artificial light pillars）という．次に多く観察されるのは，太陽の左右に現れる幻日（22 度幻日ともいう．英名は parhelion であるが，一般的には false suns や sundogs）と環天頂アーク（環天頂弧ともいう．circumzenith arc）である．

---

9) 英単語 halos は halo の複数形である．halo の原義は聖人像などの背後の光輪や後光を意味するので，halos は円形の 22 度ハロや円弧状の環天頂アークなどの種々の大気光学現象を意味する．本書では halos をハロと訳すが，単にハロ（halo）という場合，22 度ハロのみを表す場合がある．英語では halo はハロと発音せず，ヘイロウ [héilou] と発音する．
10) 22 度とは太陽からの視半径を意味するが，手を伸ばして指を広げた時の親指の先と小指の先の角度におおよそ相当する．

2.5 氷晶による大気光学現象　69

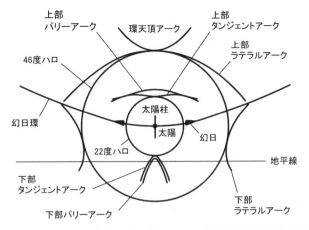

図2.44　太陽高度が25度の時に現れる可能性のある種々のハロ（透視投影による作図：藤野丈志・村井昭夫）

図2.45　太陽の周りに現れた種々のハロ
(1990年1月2日南極点にて Walter Tape 撮影；Tape, 1994)
（カラー図は口絵3を参照）

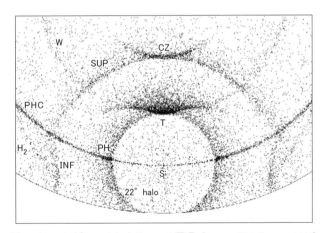

図2.46　コンピュータによるハロの再現（Tape and Moilanen, 2006）
Sは太陽，他の記号はハロの種類を意味する．PH：幻日（parhelion），CZ：環天頂アーク（環天頂弧ともいう circumzenith arc），T：（上部）タンジェントアーク（上端接弧ともいう tangent arc），INF：下部ラテラルアーク infralateral arc，SUP：上部ラテラルアーク（supralateral arc），W：ウェーゲナーアーク（Wegener arc），PHC：幻日環（parhelic circle），H2：映日アーク（subhelic arc）．

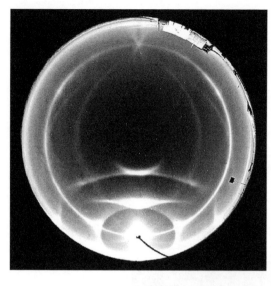

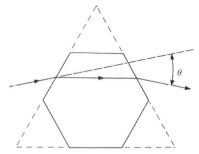

図 2.49　六角形の氷晶の側面での光の屈折（Greenler, 1980）
この図は入射光と射出光が対称の場合で，偏角（θ）は 22° となり最小となる．

図 2.47　太陽の周りの種々のハロ（1999 年 1 月 11 日南極点にて円周魚眼レンズで Marko Riikonen 撮影）．地平線に平行な幻日環（parhelic circle）が，ここでは円として写っている．向日点から離れた幻日環上で少し明るい部分は 120 度の幻日（Tape and Moilanen, 2006）．

図 2.48　22 度ハロと太陽の下方の下部タンジェントアーク（2012 年 12 月 25 日仙台市上空で航空機内から撮影）
下部タンジェントアークにはパリーアーク(凸の下部パリーアーク)が含まれている可能性がある(カラー図は口絵 5 を参照)

　観察頻度はあまり多くないが，印象に残るものとしては幻日環（parhelic circle）がある．これは図 2.44 や図 2.45 では下に凸の 2 次曲線のように見えるが，実際は太陽と同じ高度で全天を一周する．図 2.47 は全天を円周魚眼レンズで撮影したものであり，この写真には幻日環が地平線に平行な円として写っている．図 2.47 には太陽と天頂をはさんで反対側で同じ高度の位置（向日点 anthelic point）付近に現れるハロも写っている（明るく輝く向日 anthelion，x 字形に見える向日アーク anthelic arcs，120 度幻日 120° parhelion）．図 2.48 は航空機から撮影した写真だが，22 度ハロと太陽の下方，22 度ハロに接して逆V字型に輝く下部タンジェントアークである．ただし，この下部タンジェントアークにはパリーアーク（凸の下部パリーアーク）が含まれている可能性がある．
　こうしたハロなどの光学現象は極地で見られることが多いが，夏の中緯度地帯でも上空に薄い雲があると見ることができる．とくに 22 度ハロが出ているようなときには幻日が見られることも多く，

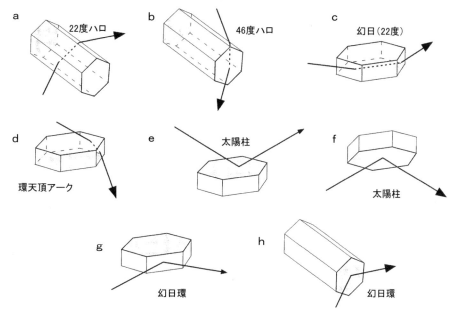

図 2.50　氷晶による各種ハロの生成過程（Naylor, 2002，和訳を追加）

いつも空を見上げる習慣をもつとよい．

　次にハロの形成原因を説明する．六角形の氷晶の2辺を光が対称的に通過する時の光の屈折を図2.49に示す．この場合，光の偏角 θ（光が曲がる角度）は22度である．次に，氷晶を時計周りに少し回転させると偏角は増える．今度は氷晶を反時計周りに少し回転させても偏角はやはり増える．つまり，図2.49に示す入射角の時に偏角が最小となる（最小偏角という）．この最小偏角付近では氷晶を多少回転させても偏角はあまり変りないので，太陽からの光は偏角22度付近に集中することになる．このため，22度ハロは形成される．

　22度ハロと46度ハロはランダムな姿勢で浮遊する角柱氷晶（図2.35c での G1a）によって，光が図2.50a, b に示す屈折を起こすことで形成される．幻日，環天頂アーク，太陽柱はそれぞれ図2.50c, d, e に示すように角板氷晶（G2）がほぼ水平に氷晶が浮遊している時に光が屈折して，それぞれ形成される．幻日環は図2.50g, h に示すように角柱氷晶と角板氷晶がほぼ水平に浮遊している時に，光が反射して形成される．

　氷晶で日射が屈折してできる22度ハロでは内側の縁がやや赤色に見える．これは赤い色（可視光線の中で波長が最も長い）の最小偏角が青や緑よりも若干小さいためである．幻日を詳しく見ると，赤，オレンジ，黄色，緑，青に分光して見えることもわかる．太陽柱や幻日環は氷晶で日射が反射されて形成されるので，色はつかない．最近は氷晶の形と大きさを入力することで形成されるハロをコンピュータ上で示すフリーソフト（HaloSim3 など）もあるので，図2.46に示す計算を比較的手軽に行うことができる．

　なお，ダイヤモンドダスト（diamond dust）という現象がある．これは冬季の大気中に浮遊する氷晶が太陽光を反射，屈折させてキラキラと光る現象であるが，ダイヤモンドダストとはこの状況を表す用語であり，キラキラしている粒子は氷晶である．

　一方，虹は氷晶ではなく大気中で浮遊している水滴表面での光の屈折と水滴内面での光の反射で形成される．水滴が球形の時の光の屈折と反射を図2.51に示す．この場合，最小偏角は入射方向と反

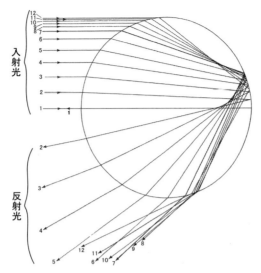

図 2.51 球形の水滴での主虹をつくる日射の屈折と反射（Greenler, 1980, 和訳を追加）
原図は Descartes が 1637 年に出版．

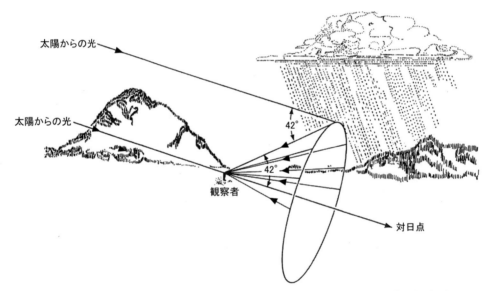

図 2.52 太陽の反対側の対日点（antisolar point）を中心として，視半径 42 度で虹が現れる
（Greenler, 1980, 和訳を追加）

対側の 42 度なので，この方向に光が集中する．虹はこのメカニズムで生成されているので，図 2.52 に示すように観察者を中心に太陽と正対する位置（対日点 antisolar point；小口・渡邉，1992）を中心に視半径 42 度で現れる．日射は色により曲がりの最小角が異なるので，虹の外側から内側に向けて赤，橙，黄，緑，青，藍，紫に分光する[11]．この時の虹を主虹という．なお，図 2.51 では光は水滴内で 1 回反射しているが，2 回反射する場合でも虹は形成される．この虹は副虹と呼ばれる．図 2.53 は主虹と副虹を示す．副虹は視半径 51 度で現れ，色の順序が主虹と逆になる．副虹は水滴内で 2 回反射しているので，主虹よりも暗くなる．

図 2.54 に太陽の光環（corona）を示す．これは微小な水滴や氷晶が空中に浮遊して，薄い雲となっ

[11) 日本では虹の色は 7 色と考えるが，西欧では 5 色や 6 色とする場合が多い．

図 2.53　主虹と副虹
（米国アラスカ州，ランゲル・セントアライアス国立公園・自然保護区にて Eric Rolph 撮影，Wikipedia より）
（カラー図は口絵 6 を参照）

図 2.54　太陽の光環
（2009年11月30日，石川県金沢市にて村井昭夫撮影）
この写真では街灯の傘で太陽を隠し，写真での
コントラスト低下やゴーストを避けている．
（カラー図は口絵 7 を参照）

図 2.55　太陽の彩雲
（2012年8月22日，石川県金沢市にて村井昭夫撮影）
色づいている雲が確認できる．
（カラー図は口絵 8 を参照）

ている時に，日射や月の明かりがこれらによって回折して起こる現象であり，22度ハロよりも狭い領域（視半径で数度程度）が明るくなる．太陽と月の両方に対して形成されるが，太陽に対してでき

た時には太陽が明るいため，注意しないとこの現象は見のがしてしまう．水たまりに写る太陽は明るさが減少するため，水たまりでこの光環が観察できる場合がある．濃いサングラスを通しても観察することもできる．なお，この現象の英名 corona は太陽の周囲に存在し，地球上からは皆既日食の時だけ見ることができるコロナ（corona）と同じ名称であるが，現象としては関係がない．

図 2.55 に彩雲（cloud iridescence）を示す．これは太陽や月の明かりの回折像が光環のように輪になっておらず，雲が存在する部分だけ輝いている現象である．こちらも太陽と月の両方で観察される．

確認問題

1. 雪結晶が六角形であることを世界で初めて指摘した人は誰だといわれているか．
2. 江戸時代に雪結晶を観察し，それを本にまとめた日本の殿様は誰か．
3. 生涯に 6000 枚以上の雪結晶の写真を撮影し，1931 年（昭和 6）年に *Snow crystals* という本を出版した米国の農夫は誰か．
4. 世界で初めて人工雪を生成する研究を主導した研究者は誰か．
5. 「雪は天から送られた手紙」の意味を説明せよ．また，その英訳は何か？
6. 平松が開発した雪結晶生成法を説明しなさい．
7. 村井が開発した雪結晶生成法を説明しなさい．
8. 最も新しい分類（グローバル分類）では雪結晶は何種類に分類されているか．
9. 御幣状結晶とは御幣に形が似ていることから命名された．御幣とは何か？
10. 雪結晶が多様な形態をとる理由を「基底面」，「柱面」，「成長速度」という用語を用いて説明しなさい．
11. ハロとは何か？ また，ハロの形成メカニズムを説明しなさい．その際に最小偏角についても説明しなさい．
12. ダイヤモンドダストとは何か．また，ダイヤモンドダストで輝いている粒子は何か．
13. 虹の形成メカニズムを説明しなさい．また，副虹とは何か？
14. 光環と彩雲の違いを説明しなさい．
15. 2 種類に分類される雪の文様の特徴をそれぞれ説明しなさい．

コラム 5

ウィルソン・ベントレー *

　アメリカのバーモント州ジェリコという農村にウィリーという男の子がいました．ウィリーは雪が大好きでした．14歳の時にかあさんからもらった古い顕微鏡をつかって，花や雨つぶ，植物の観察をはじめました．でもやっぱり一番のお気に入りは雪の結晶でした．雪のふる日はいつも雪を観察していました．16歳になったウィリーは，本を読んでいて，顕微鏡付きのカメラがあることを知りました．

　「このカメラがあれば雪の写真が撮れるんだけどな」．ウィリーはかあさんに話しました．ウィリーが17歳のとき，とうさんとかあさんは貯めていたお金でカメラを買うことに決めました．10頭の乳牛よりも高いりっぱなカメラでした．

　せっかく買ってもらったカメラですが初めのうちはなかなかうまくいきません．暗いかげが写るばかり．でもウィリーはあきらめません．何度も何度も失敗しました．やがて冬が終わり，雪がとけてしまいました．うまく撮れた写真は1枚もありませんでした．2度目の冬のある日[12]，ウィリーはひとつの工夫をしました．それは，レンズの絞りを小さくして，ピントを合いやすくすることでした．とうとう雪の結晶を写す方法を見つけ出したのです．「やったー！これでみんなにも雪がどんなに美しいかみてもらえるぞ」ウィリーは思わずそうさけびました．

＊この文章は，Martin and Azarian（1998）を日本語に訳した『雪の写真家 ベントレー』（千葉茂樹訳）から転載した．記して感謝します．

図A5　ウィルソン・ベントレーと愛用のカメラ（Bentley and Humphreys, 1931）

---

12) ベントレーが19歳の時で，1885年1月15日といわれている（Blanchard, 1970）．

コラム 6

寺田寅彦と中谷宇吉郎 *

　寺田寅彦は 1878（明治 11）年に東京で生まれた．その後，寺田家の郷里である高知で暮らし，18 歳で第五高等学校（現在の熊本大学の前身）に入学し，夏目漱石に英語，田丸卓郎に数学を習った．在学中，夏目漱石に俳句の手ほどきを受け，俳句雑誌ホトトギスにも句が掲載された．21 歳で東京帝国大学理科大学物理学科に入学．25 歳で大学院に進学し，物理学を専攻した．26 歳で東京帝国大学理科大学講師，30 歳で理学博士の学位を取得．学位論文は "Acoustical investigation of the Japanese bamboo pipe, Syakuhati"（日本の竹製管楽器，尺八の音響学的研究）であった．その後，31 歳で助教授，39 歳で教授となり，46 歳で理化学研究所の主任研究員を兼任した（図 A6.1, A6.2）．

　寅彦は，藤の実の飛び散るメカニズム，落花するつばきの花の運動など，日常身辺の物理学の研究をはじめとして，X 線結晶学，統計学，不安定性現象の物理，海洋潮汐などの地球物理学的研究，飛行船爆発や地震などの災害科学的研究など幅広い研究を行った．「ねえ君，不思議だと思いませんか」と若い学生にいい，「理科教育，科学教育は科学する情熱（パッション）を吹き込むのが第一だ」と述べ，「流行を追ってはいけない．外国人の真似をして糟粕（そうはく）ばかり嘗めていては駄目だ[13]．珍しい所を見抜け」と弟子たちを戒めたと宇田道隆は書いている（宇田，1975；小宮，2012）．寺田が行った日常身辺の物理学は「寺田物理学」といわれている．

　寅彦は物理学や地球物理学の研究とともに，多くの随筆を書いたことでも知られている．小宮豊隆編集による随筆集（小宮編，1963）は現在でも岩波文庫で入手可能なので，寅彦の眼を通して見た世界観，自然観などに関心のある読者には一読をお勧めする．夏目漱石の「我が輩は猫である」に登場する水島寒月という理学士[14]は寺田寅彦がモデルだといわれている．寅彦は 1935 年に 58 歳で亡くなったが，1952 年には文化人切手のモデルにもなった（図 A6.3）．

図 A6.1　寺田寅彦（39 歳）（提供：高知県立文学館）

図 A6.2　札幌市月寒を訪れた寺田寅彦（55 歳）
（1932 年 10 月中谷宇吉郎撮影，提供：中谷宇吉郎記念財団）

---

13) 糟粕とは酒のしぼりかすのことで，「よいところを取り去った残りかす」を意味する．したがって，「糟粕を嘗める」とは「先人のまねをするだけで，独創性のないこと」を意味する．
14) 理学士とは大学の理学部を卒業した人．

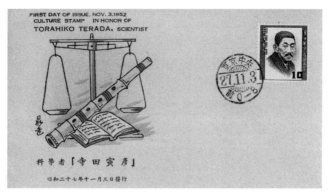

図 A 6.3 寺田寅彦の記念切手の初日カバー
(1952〈昭和 27〉年 11 月 3 日発行)

　中谷宇吉郎は 1900（明治 33）年 7 月 4 日に石川県江沼郡片山津町（現在の加賀市）に生まれた．幼少から本が好きな子どもであった．県立小松中学校を卒業し，1 年浪人をしてから第四高等学校（現在の金沢大学の前身）に入学した．1922 年に 22 歳で東京帝国大学理学部物理学科入学．学科のニュートン祭で会計係をした時に寺田寅彦の自宅を伺い会計報告をしたが，それが寅彦と個人的な知己を得るきっかけとなった．

　大学 2 年の時に関東大震災に遭い，3 カ月近くも大学が休みになった．この時には「卒業後は理科系統の会社にでも入って，実際に物をつくりそして金をうんと儲けようと決心を一時的にした」とのことだが，物理学科の友人の親戚に通信や真空管関連の会社に勤務している人がいたので，その人に卒業後のアドバイスを求めたところ，「偉い先生に個人的に接触する機会があるならそれを逃すのは損だ，卒業してからのことはまたその時になったら考えたらよかろう」といわれ，それをきっかけとして 3 年の時に物理学科の寺田研究室に所属し，寺田先生の指導を受けるようになった．寺田研究室では火花放電の研究を進め，卒業後は理研の寺田研究室の助手となった．1928（昭和 3）年にイギリスのロンドン大学キングス・カレッジに留学し，軟 X 線の研究を進めた．1930（昭和 5）年に北海道帝国大学理学部ができると，助教授として赴任した．一緒に赴任した仲間には後に東京帝国大学総長となる茅　誠司がいる．

　北海道帝国大学に赴任した当初，中谷はこれまで行ってきた原子物理学の研究を続けようとしたが，新設学部のために実験設備がなく，原子物理学の研究ができないという理由とともに，1931（昭和 6）年に出版されたベントレーの *Snow Crystals* で雪結晶の美しさに魅せられたことから雪結晶の研究を始めたようである（東，1997）．1949（昭和 24）年に『雪の研究−結晶の形態とその生成−』を岩波書店から，1954（昭和 29）年に *Snow Crystals: Natural and Artificial* をハーバード大学出版局から出版した．後者は中谷による雪結晶研究の集大成である．当時の中谷を図 A6.4 に示す．

　中谷は寺田と同様に数多くの随筆や科学啓蒙書を書いたことでも知られている．中谷門下の樋口敬二が選定した中谷宇吉郎随筆集（樋口編，1988）は中谷が書いた随筆を文庫で気軽に読むことができる．渡辺興亜が編集した中谷宇吉郎紀行集（渡辺編，2002a）では雪結晶の研究が一段落した 1940（昭和 15）年以降に中谷が滞在した満州，アラスカ，ハワイ，グリーンランド，氷島 T3 への紀行文がまとめられている．『科学の方法』（中谷，1958）は科学の方法論を説いた名著である．

　樋口敬二は 1.1.3 項に記したように氷表面にできるエッチピット（熱腐食孔）から氷の結晶方位が求められることを発見したが，この時には真っ先に中谷先生に低温室まできてもらったという．その理由は，「大人の打算よりも子どもがつかまえたとんぼを親に見せるためのような気持ちだった」とのことであった．顕微鏡から目を離した中谷に「これは面白いねえ」といわれたが，「この言葉を聞くことに仕事の張り合いを感じていた」と述べている．中谷宇吉郎の人となりを感じさせるエピソードのように思える．

　なお，中谷宇吉郎が人工雪を初めて生成した北海道大学構内の常時低温室の跡には，図 A6.5 に示す「人工雪誕生の地」の記念碑が建っている．また，石川県加賀市には中谷宇吉郎　雪の科学館が開設されており，

図 A6.4　中谷宇吉郎（52 歳）
（1953 年 2 月撮影，提供：中谷宇吉郎記念財団）

図 A6.5　人工雪誕生の地の碑
（北海道大学構内にて，2012 年 11 月 8 日撮影）

中谷による直筆の掛け軸や絵画とともに，雪結晶生成実験，チンダル像の生成実験などを見学することができる．

＊この文章は，中谷（1947），樋口（1975, 1988），小山（2012），大森（2000）を参考に執筆した．記して感謝します．

コラム7
津軽には七つの雪が降る！？*

太宰 治（1909-1948，青森県北津軽郡金木町（現在の五所川原市）出身）は1944（昭和19）年に小説『津軽』を出版したが，その冒頭に「津軽の雪　こな雪　つぶ雪　わた雪　みず雪　かた雪　ざらめ雪　こほり雪（東奥年鑑より）」と書いた．1987年に新沼謙治が歌った「津軽恋女」（作詞：久仁京介，作曲：大倉百人）には

　♪降りつもる雪　雪　雪　また雪よ
　津軽には七つの　雪が降るとか
　　こな雪　つぶ雪　わた雪　ざらめ雪
　みず雪　かた雪　春待つ氷雪

日本音楽著作権協会（出）許諾第1608558-601号

という雪に関わる印象的な歌詞がある．つまり，「津軽の七つの雪」とは太宰が書いて，津軽恋女に歌われた「こな雪　つぶ雪　わた雪　みず雪　かた雪　ざらめ雪　こほり雪」のことになる．

「ざらめ雪」は現在でも積雪の名称として，「こな雪」は粒径の小さな乾いた降雪の一般名称として使われているが，他はあまり一般的ではない．「津軽恋女」の歌詞では「津軽には七つの雪が降るとか」と書き，伝聞調にして若干ぼかしてあるようにも思えるが，降る雪の名前としてざらめ雪やこほり雪が出てくると混乱する．

太宰が書いた引用元の『東奥年鑑』(1941)の「気象の常識」には以下の記述がある（表A7）.

表A7　雪の種類（東奥年鑑，1941）

「積雪ノ種類ノ名称」
こなゆき　湿気ノ少ナイ軽イ雪デ息ヲ吹キカケルト粒子ガ容易ニ飛散スル
つぶゆき　粒状ノ雪（霰ヲ含ム）ノ積モツタモノ
わたゆき　根雪初頭及ビ盛期ノ表層ニモ普通ニ見ラレル綿状ノ積雪デ余リ硬クナイモノ
みづゆき　水分ノ多イ雪ガ積ツタモノ又ハ日射暖気ノ為積雪ガ水分ヲ多ク含ム様ニナツタモノ
かたゆき　積雪ガ種々ノ原因ノ下ニ硬クナツタモノデ根雪盛期以後下層ニ普通ニ見ラレルモノ
ざらめゆき　雪粒子ガ再結晶ヲ繰返シ肉眼デ認メラレル程度ニナツタモノ
こほりゆき　みずゆき，ざらめゆきガ氷結シテ硬クナリ氷ニ近イ状態ニナツタモノ
「降雪ノ種類ノ名称」
こなゆき　つぶゆき　わたゆき　みづゆき

つまり，1941（昭和16）年に刊行された東奥年鑑では積雪の名称として7つの名前が示されており，それを見た太宰は1944（昭和19）年に『津軽』を書き，1980年代に作詞家の久仁京介氏が「津軽には七つの雪が降るとか」と書いたようである．実際，この「津軽の七つの雪」を最初に扱った菊地（2004）によると，久仁京介氏は「七つの雪の出典は太宰の『津軽』がヒントであり，雪そのものを，積雪，降雪の区別などということではなく，総じて「雪」の名称として，降る雪とした」と回答したと記載している．また，雪の種類の順番が「津軽」と「津軽恋女」では一部異なるが，それは「メロディとの構成上の兼ね合いから」とのことであった．

それでは，東奥年鑑は何を参考にして，雪の種類（表A7）を書いたのであろうか？　安藤（2011, 2013）によると以下が経緯である．1940（昭和15）年3月18〜21日に仙台地方気象台（現在の仙台管区気象台）で開催された第8回樺太北海道東北六県気象協議会に「雪に関する特別委員会」が設置され，(1) 積雪の測器による観測項目は密度，圧縮率，雪温，(2) 積雪の目視による観測項目は粘性，乾湿の程度（現在は含水

率という），断面調査（10日ごとに調査のこと），測器は札幌管区気象台にて製作配布のこと，を決めた（昭和15年測候時報11巻5号）．ここには積雪の名称を決めたとの報告はないが，昭和16年刊の測候時報12巻9号には択捉島紗那測候所での「積雪の断面調査」の結果が報告され，ここでは積雪の種類として「東北六県の気象協議で定められたものを採用した」とあり，コナユキ，ツブユキ，ワタユキ，ミヅユキ，カタユキ，ザラメユキ，コホリユキとあり，それぞれの特徴が記載されており，1940（昭和15）年に決められた名称である可能性が高い．

一方，菊地（2004）によると，東奥年鑑とは青森県の日刊紙「東奥日報」創刊40周年を記念して，1929（昭和4）年から年に1回刊行された冊子であるが，1941（昭和16）年版には1938（昭和13）年版以来，3年ぶりに「気象の常識」が記載されている．つまり，1940（昭和15）年3月での会議の結果決まった7種の積雪の名称が，1941（昭和16）年の東奥年鑑に転載されたと考えられる．

以上をまとめると，「津軽の七つの雪」とは1940（昭和15）年3月に開催された第8回樺太北海道東北六県気象協議会にて定められた積雪の名称であり，それが東奥年鑑（1941）に転載され，それを太宰が小説『津軽』に記述し，それを経由して，久仁京介氏が創作したものであることがわかった．本来は津軽に降る雪を対象にした言葉ではなかったのである．

なお，青森県弘前市出身の詩人の伊奈かっぺいはCD「雪は天から人は地から－20年目の冬－」で，この年まで津軽で生きてきて，ざらめ雪，かた雪が降るのは見たことがなく，「氷雪が空から降ってきたら津軽には人は生きていけない」と朗読している．

＊このコラムは，菊地（2004），安藤（2009, 2010, 2011, 2013）を参照して記述した．また，「津軽恋女」は筆者が大学院生の時に「雪氷学者の歌」として河島克久氏（現在，新潟大学）に紹介していただいた．伊奈かっぺい氏のCDは原田珠実氏（北見工業大学）に紹介していただいた．記して感謝します．

コラム 8

雪結晶の新しい分類表を作る会

　2009年5月の地球惑星科学連合大会の時に樋口敬二先生（名古屋大学名誉教授）から「孫野さんによる雪結晶分類が2種類あるのでそれを検討したい．協力してほしい」といわれたことがすべての始まりであった．樋口先生は2005年頃にこのことに気がつき，雪氷学会が刊行する『雪氷』に「「側面結晶」と「交差角板」－雪の結晶の分類表が二種類ある不思議－」と題した文章をすでに発表していた（樋口，2007）．

　その後，樋口先生，高橋修平先生と相談をして，2009年の雪氷学会全国大会で企画セッション「雪結晶の新しい分類表を作る」を開催し，それを契機として雪結晶分類に関心のある方々とともに，「雪結晶の新しい分類表を作る会」（略称「作る会」）を結成し，新しい分類表の検討を開始した．とはいっても全国各地に「作る会会員」がいるので，顔を合わせて議論することはできない．そこで，電子メールを主体とした討論を始めた．具体的には，Magono and Lee（1966）の気象学分類の順番に従い，「針状結晶をどのように分類することが妥当か」から始めた．具体的には，「意見のある方が作る会のメーリングリストに投稿し，さらにそれに他の方が意見を加える」という方法で議論を続けた．議論の初期の段階で，山下 晃氏より「針状結晶と柱状結晶を同じ大分類にしよう」との提案があり，これが現在の雪結晶のグローバル分類でも踏襲されている．

　また，年に2回，国立極地研究所で顔を合わせた議論も行った（図A8.1）．最終的には議論を行った期間は2年間，その間のメールは418通になった．議論の成果は2010年と2011年の雪氷学会で報告し（菊地ほか，2010；菊地ほか，2011），雪氷学会での企画セッション（樋口・亀田，2010，2011）で公開討論し，「作る会」以外の方々の意見を取り入れるようにした．

　最終的には「雪結晶の新しい分類」（現在では「雪結晶のグローバル分類」と命名されている）は雪結晶を8大分類，31中分類，121小分類に分類した（表2.1，図2.35，2.36）．図A8.2は最終的なグローバル分類を雪氷学会で報告し，さらに企画セッションで議論した当日夜に開催された懇親会での一コマである．2年間にわたる議論の成果は菊地先生が代表して発表されたが，それが終わったことによるメンバーの晴れやかな表情が印象的である．

図A8.1　国立極地研究所での2回目の議論（2010年12月9日）の後の記念写真
前列左から菊地勝弘，樋口敬二，山下晃，後列左から小西啓之，高橋忠司，神田健三，権田武彦，亀田貴雄，平沢尚彦（敬称略）．

図 A8.2　雪氷学会での企画セッション後の「作る会」の記念写真（2012 年 9 月 22 日，長岡市の魚仙にて）
左から村井昭夫，武田康男，山下　晃，神田健三，亀田貴雄，樋口敬二，菊地勝弘，権田武彦．

　その後，雪結晶のグローバル分類は菊地ほか（2012）および Kikuchi *et al*.（2013）で論文として発表したが，これは孫野先生が 1966 年に出版された「雪結晶の気象学的分類」を 46 年ぶりに改訂したことになる．気象学分類では 8 大分類，39 中分類，80 小分類だったので，グローバル分類では中分類が 8 種類，小分類が 41 種増えたことになる．これは 1966 年以降に南極や北極域で新たに報告された雪結晶（御幣，矛先，鴎）とともに，気象学分類では含まれていなかった雪結晶以外の固体降水（雹や霰など）を加えたためである．121 種類の雪結晶は図 2.36 でその特徴が示されているので，雪結晶を観察した際にはこれに基づき名前をつけていただきたい．また，Kikuchi *et al*.（2013）は英文で発表したので，この分類が海外でも広く使用されることを期待している．

コラム9　雪の文様

　雪の文様には円を基本として，数カ所に窪みをつけた「ゆきわ模様」と六花の雪結晶をかたどった「雪華模様」である．室町時代から桃山時代（おおよそ西暦1500～1600年）以降，衣服や陶器の文様として「ゆきわ模様」が使われるようになった．図A9.1は1600年代後半から1700年代前半の肥前[15]の鍋島藩窯でつくられた皿だが，「ゆきわ模様」が描かれている．ゆきわ模様は降雪結晶が集まったぼたん雪を文様化したという考え（小林，1982, 1984）と，葉などの上に積もった雪（冠雪）を文様化したとの考えがある（高橋，1989）．窪みの数は図A9.1に示すように8個や10個など一定ではないが，江戸時代後期の1833年に下総古河の城主，土井利位が『雪華図説』を刊行後，6個になっていく（高橋，1989）．

　『雪華図説』の刊行後，雪結晶をかたどった雪華模様が広く使われるようになった．図A9.2は雪華模様をちりばめた印籠である．これは江戸時代の蒔絵師・原羊遊斎（1770-1745）が製作したもので，古河藩の贈答品として利用された．金蒔絵で雪華模様を仕上げた漆器製品で大変美しい．図A9.3は江戸時代の浮世絵師・渓斎英泉（1789-1846）が描いた雪華模様の着物をまとった女性である．この浮世絵は，雪華美人図として知られている（高橋，1979）．これは，鈴木牧之による『北越雪譜』が1837年に刊行され，その冒頭近くに『雪華図説』の雪結晶図が転載されたため，雪華模様が広く知られるようになり，庶民の間で流行したためだと考えられている（小林，1982；高橋，1989）．

　図A9.4, A9.5は現代の雪の文様である．図A9.4は雪印メグミルク（株）のコーポレートシンボルマーク（社章）である．ミルククラウンを模した輪郭を背景とし，雪結晶の中に北海道を象徴する北極星が組み合わされている．図A9.5は現代の陶磁器に見られる雪華模様の例であり，墨はじきという技法で雪結晶が描かれている．

　中谷宇吉郎 雪の科学館では，雪のデザイン賞を2000年から実施しており，雪と氷をテーマにしたデザイン作品を公募しているが，ここでは雪の文様をデザインした多くの作品が出品されている．

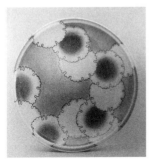

図 A9.1　青磁染付雪輪文皿
（直径 20.2cm，公益財団法人 今右衛門古陶磁美術館蔵）

図 A9.2　雪華文蒔絵印籠（長さ 9.0 × 6.5cm，厚さ 2.3cm，国重要文化財・古河歴史博物館蔵）

図 A9.4　雪印メグミルク（株）のコーポレートシンボルマーク

図 A9.5　色絵吹墨墨はじき雪文額皿
（直径 38.0cm，十四代今泉今右衛門作）

図 A9.3　雪華美人図
（盛岡美術・高橋雪人蔵）

15）現在の佐賀県と壱岐・対馬を除く長崎県．

第3章 積雪

　北国では冬になると雪が降り，それが積もって積雪となる．積雪はすべて同じように見えるが，堆積してからの時間，温度，温度勾配，水との接触などによって粒子の大きさ，形状が変化する．このため，積雪は積雪粒子の形状に従い，6種類に分類されている．また，雪が融けることを融雪というが，そのメカニズムも調べられている．ここではこのような積雪の種類，物理的性質，観測方法，融雪，積雪シミュレーション，人工衛星による広域積雪観測を紹介する．

3.1 積雪の分類

　日本雪氷学会は1970年に積雪分類を定め（日本雪氷学会，1970），これ以降この積雪分類を用いて積雪の研究を進めてきた．一方，1985年にIAHS（International Association of Hydrological Sciences）の下部組織である国際雪氷委員会ICSI（International Commission on Snow and Ice）内の積雪ワーキンググループが新たに積雪分類の検討を行い，1990年に積雪の国際分類（The International Classification for Seasonal Snow on the Ground）を発表した（Colbeck et al., 1990）．これはこれまで国内で使っていた積雪分類と種々の点で異なるものであったため，日本雪氷学会では新たに積雪の分類を検討し，1998年に国際分類と整合した「日本雪氷学会積雪分類」（表3.1）をまとめた．これは積雪を6種に分類し，さらに氷板，表面霜，クラストの3つを付け加え，日本語名，英語名，記号とその説明を加えたものである．ここではそれぞれの雪質のおおよその密度（日本雪氷学会，2014）も記載した．したがって，積雪観測を実施した際には，表3.1に従って記載する．図3.1に代表的な積雪粒子の形状，図3.2にこれらの積雪粒子の変態過程を示す．

　図3.1aの「新雪」は降雪から間もない積雪で，降雪粒子の結晶形が残っているものをいう．時間がたつと，降雪粒子の複雑な形状は徐々に失われ，積雪粒子は焼結作用により網目状につながり，圧密のために密度が増加する．これが図3.1bに示す「こしまり雪」である．さらに時間が経つと焼結作用のため，積雪粒子は丸みのある氷の粒となり，互いのつながりも強固になり，密度も増加する．これが図3.1cに示す「しまり雪」である．図3.2ではこの焼結・圧密過程による積雪の変態過程を図の左側に示す．

　積雪中に温度勾配が存在すると，積雪内で昇華凝結が起こり，平らな面を持った積雪粒子となる．これが図3.1dに示す「こしもざらめ雪」である．さらに積雪内部で大きな温度勾配の影響を受けると，図3.1eに示すように，骸晶からなる「しもざらめ雪」となる．しもざらめ雪の特徴は図3.1eのように複数の縞が見えることである．これは階段状のステップ構造を横から見ていることに相当し，中身が抜けている（これを骸晶という）．しもざらめ雪は雪粒子同士のつながりが弱いため，力学的に強度が弱い積雪層となり，雪崩の発生原因となる（7.2節雪崩を参照）．図3.2ではこの昇華凝結過程による積雪の変態過程を図の右側に示す．

　さらに0℃以上の気温や日射のため積雪が融解すると，融解水の影響で積雪粒子が粗大化する．これが図3.1fに示す「ざらめ雪」である．ざらめ雪は，融解水の再凍結により粒子間の結合部が太くなっていることが特徴である．

表3.1　積雪の分類（日本雪氷学会，1998a；2014，一部修正）

雪質 grain shape			説　　明	密度 density [kg/m³]
日本語名	英語名	記号		
新雪	new snow	＋	降雪の結晶形が残っているもの．みぞれやあられを含む．結晶形が明瞭ならその形（樹枝等）や雲粒の有無の付記が望ましい．大粒のあられも保存され指標となるので，付記が望ましい．	30～150
こしまり雪	lightly compacted snow	／	新雪としまり雪の中間．降雪結晶の形はほとんど残っていないがしまり雪にはなっていないもの．	100～250
しまり雪	compacted snow	●	こしまり雪がさらに圧密と焼結によってできた丸みのある氷の粒．粒は互いに網目状につながり，丈夫である．	150～500
こしもざらめ雪	solid-type depth hoar	□	小さな温度勾配の作用でできた平らな面を持った粒．板状，柱状がある．もとの雪質により大きさはさまざま．	100～400
しもざらめ雪	depth hoar	∧	骸晶（コップ）状の粒からなる．大きな温度勾配の作用により，もとの雪粒が霜に置き換わったもの．著しく硬いものもある．	200～400
ざらめ雪	granular snow	○	水を含んで粗大化した丸い氷の粒や，水を含んだ雪が再凍結して大きな丸い粒が連なったもの．	200～500
特記事項	氷板	ice layer	―	板状の氷．地表面や積雪層の間にできる．厚さは1mmから数cm程度．	―
	表面霜	surface hoar	∨	空気中の水蒸気が雪面で凝結した霜．大きなものは羊歯状のものが多い．放射冷却で表面が冷えた夜間に発達する．	―
	クラスト	crust	∀	表面近傍にできる薄い硬い層．サンクラスト，レインクラスト，ウインドクラスト等がある．雪面や積雪層内で観察される．	―

注1）ここでは6種の雪質に加えて，積雪中や雪面に形成される氷板，表面霜，クラストの説明を特記事項として含めた．
注2）平仮名のついた名称（○○雪）は雪を省略してもよい．例：ざらめ，こしもざらめ
注3）1つの雪の層が1種類の雪質からできているとは限らない．2種類の雪質が，時には3種類の雪質が混在していることもある．
注4）日本雪氷学会の定める雪質分類記号（symbol）は国際分類とほぼ一致している．英語名は日本の分類名称に対応しているが，国際分類と必ずしも一致しないので注意を要する．国際分類での雪質の名称は表3.2参照．
注5）密度は各雪質のおおよその範囲を示したものである．

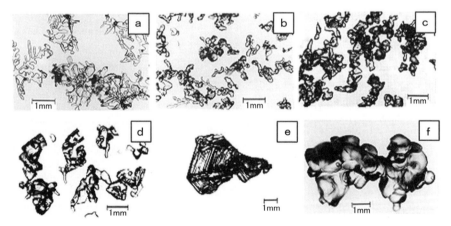

図3.1　(a) 新雪，(b) こしまり雪，(c) しまり雪，(d) こしもざらめ雪，(e) しもざらめ雪，(f) ざらめ雪
（日本雪氷学会，1998a）

　積雪は0℃未満であれば水分を含まないため乾いており，0℃になると濡れてくる．上記の種々の積雪で，濡れたものと乾いたものを区別する場合，ぬれざらめ雪，かわきしまり雪のように，積雪の名称の初めに「ぬれ」または「かわき」を付ける．
　1990年に刊行された国際分類は2009年に改訂され，公表されている（Fierz et al., 2009）[1]．これを

---
1) 2009年に刊行された積雪の国際分類は以下で公表されている．http://www.cryosphericsciences.org/snowClassification.html

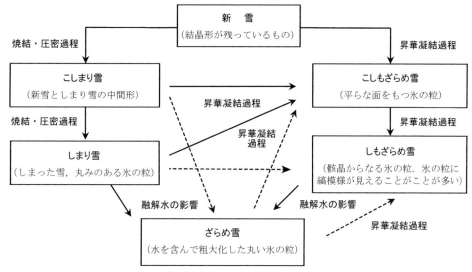

図 3.2 積雪の変態過程
実線は通常の変態過程．破線はあまり起こらない変態過程．

表 3.2 雪質の新国際分類 (Fierz *et al.*, 2009, 一部追加)

class	symbol	code	Web colour name	RGB (HEX)	CMYK (%)	Grayscale (%, HEX)
precipitation particles	+	PP	Lime	#00FF00	100/0/100/0	41, #969696
machine made snow	◎	MM	Gold	#FFD700	0/16/100/0	20, #CBCBCB
decomposing and fragmented precipitation particles	/	DF	Forest green	#228B22	76/0/176/45	76, #3C3C3C
rounded grains	●	RG	Light pink	#FFB6C1	0/29/24/0	20, #CDCDCD
faceted crystals	□	FC	Light blue	#ADD8E6	25/6/0/10	21, #CACACA
depth hoar	∧	DH	Blue	#0000FF	100/100/0/0	89, #1C1C1C
surface hoar	∨	SH	Fuchsia	#FF00FF	0/100//0	59, #696969
melt forms	○	MF	Red	#FF0000	0/100/100/0	70, #4D4D
ice formations	―	IF	Cyan/Aqua	#00FFFF	100/0/0/0	30, #B3B3B3

注 1) 大分類の下に 37 の小分類が配置される．クラストは小分類へ移行．
注 2) 新たに人工雪（machine made snow）が加わった．

表 3.2 に示す．この分類では積雪の形成過程を重視しており，新たに降雪機による人工雪（machine made snow）が加わった．一方，表 3.1 での積雪分類はどのような形状の雪粒子が積雪中に存在しているかという，観測時の情報が重視されている．一方，表 3.2 の新国際分類では，新たに人工雪（machine made snow）が加わったように，積雪の形成過程を重視している．例えば，人工雪は履歴がわかっているから分類できるのであって，そこに存在している積雪はざらめ雪としまり雪であったりする．なお，積雪について英語で論文を執筆する場合には，表 3.2 に基づいた名称を使うことが望ましい．

気象庁は国内の気象データを用いて，全国の 1km メッシュの気候データを作成している．石坂（2008a, 2008b）は気象庁が作成したメッシュ気候値 2000（統計期間：1971 ～ 2000 年）と積雪深を用いて，日本の雪質分布を推定した．ここでは，厳冬期でも積雪のほぼ全層が水を含む湿った状態で経過する地域を「湿り雪地域」，厳冬期には雪がほぼ乾いた状態で経過する地域を「乾き雪地域」，冬の気温によって湿り雪になったり，乾き雪になったりする地域を「中間地域」と定義した．また，乾き雪地域の中で，しもざらめ雪が 90% 以上の年で発達する地域を「しもざらめ雪地域」，60 ～ 90% の年でしもざらめ雪が発達する地域を「準しもざらめ雪地域」と定義した．図 3.3 から北海道と沿岸

88　第3章　積雪

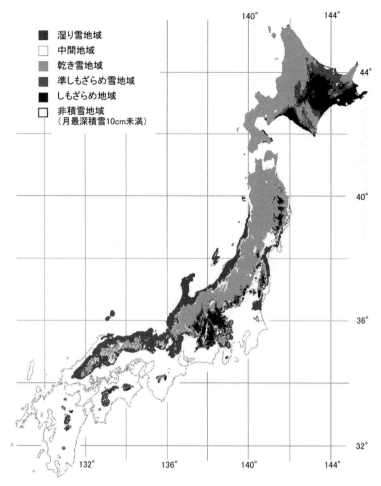

図3.3　メッシュ気候値2000から推定した積雪の雪質分布（石坂，2008b）
（カラー図は口絵9を参照）

域を除く東北，北信越には乾き雪地域が広がることがわかる．また，北海道東部にはしもざらめ雪地域と準しもざらめ雪地域が広がり，新潟，北陸の沿岸域から福井，京都，山陰地方には湿り雪地域が広がることがわかる．

3.2　積雪の物理的性質

積雪の物理的性質は，北海道大学低温科学研究所の吉田順五教授（当時）を中心として，1950年代から1960年代に精力的に研究された．これらの成果は低温科学研究所が毎年刊行した『低温科学』や吉田（1969，1971）にまとめられている．『雪と氷の事典』（日本雪氷学会，2005）の3.2節「積雪の性質」およびMellor（1977）は積雪の諸性質をまとめている．ここでは主要な成果を紹介する．

3.2.1　積雪の組織と構造[2]

積雪の微細な組織を詳細に調べる場合には，積雪の薄片を作成すればよい．しかしながら，積雪は

---
[2] 吉田（1959）や吉田（1971）によると，「積雪の組織」（snow texture）とは積雪粒子の形状や積雪粒子のつながり方など，積雪の細かな成り立ちを意味し，「積雪の構造」（snow structure）とは積雪全体の成り立ちを示す．

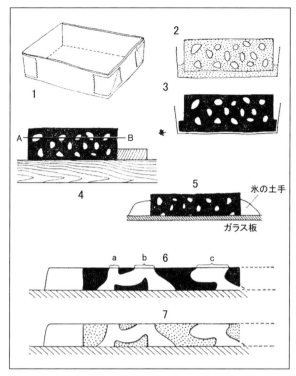

図 3.4　アニリン薄片の作成方法（黒岩，1972）
1 から 7 は作成手順を示す．詳細は本文参照．

壊れやすいため，厚さ 1mm 以下の積雪の薄片を作成することは難しい．初めて積雪の薄片を作成したのは Fucks（1956）である．彼は積雪の空隙に 8% のレプリカ溶液（二塩化メチレンにフォルムバールを入れて作成する）を注入して雪粒子を覆い，次に空隙に 0℃ の水を充填して凍結させて全体を氷にしてから，ミクロトームで薄く削って積雪の薄片をつくるという方法であった．しかし，この方法では雪粒と元の空隙の判別が難しいという欠点があった．

清水（1958）は積雪の空隙にベンガラ入りの樹脂を充填させて作成した試料を紙やすりで擦って 0.01mm までの薄片を作成した．この薄片作成法は作成者の器用さが求められる方法で，誰にでもできる方法ではなかった．そこで，木下・若浜（1959）は，積雪の空隙を化学薬品のアニリンで充填させてから積雪薄片をつくる「アニリン薄片作成法」を開発した．この方法を図 3.4 に示す．

積雪を入れる容器をアルミホイルなどで作成する（図 3.4-1）．積雪の空隙に氷飽和のアニリン[3] を -5℃ の部屋で充填させ（図 3.4-2），その後，-25℃ の部屋に移動してアニリンを冷却して固化させる（図 3.4-3）．この状態でカンナで積雪を薄く削り（図 3.4-3 〜 6），その後に再び -5℃ の部屋に移動させ，アニリンを融解させると積雪の薄片をつくることができる（図 3.4-7）．木下氏と若濱氏によるこの方法の開発には吉田教授も絡んだ悲喜こもごもの逸話があるので，関心のある読者は若濱（2006a，2006b）を参照していただきたい．

アニリン薄片による積雪の微細な組織を図 3.5 に示す．ここでは，雪面（SS）から 3cm 深の積雪であるが，PP まではざらめ雪（含水率 21%），PP から QQ まではざらめ雪と新雪の共存層（含水率 20%），QQ から下はほとんど融けていないしまり雪層であるが，それぞれの積雪粒子のつながり方を詳細に確認することができる．なお，アニリンは毒性があるので，最近はドデカン（$C_{12}H_{26}$）を使っ

---
[3] 低温室内のアニリン液に事前に氷のかけらを入れ，これ以上氷が溶けないようにしたもの．

て積雪薄片を作ることが多い（Ozeki et al., 2003）.

積雪の薄片では積雪粒子の2次元構造しかわからないが，作成した薄片を少しずつ切削しながら，撮影した写真を再構築することで積雪の3次元構造が調べられている．西村ほか（2013）はアニリン薄片の表面にウォーターブルー（water blue）の粉末をつけ，表面粒子を識別した上で，20～46μmの厚さごとに写真を撮影し，その画像を再構築することで積雪の3次元構造を調べた．図3.6はこの方法で再構築した積雪の3次元構造である．新雪では粒子が小さく，しもざらめ雪では粒子が角張っており，ざらめ雪は粒子が大きいことがわかる．

X線マイクロトモグラフィー（Coléou et al., 2001

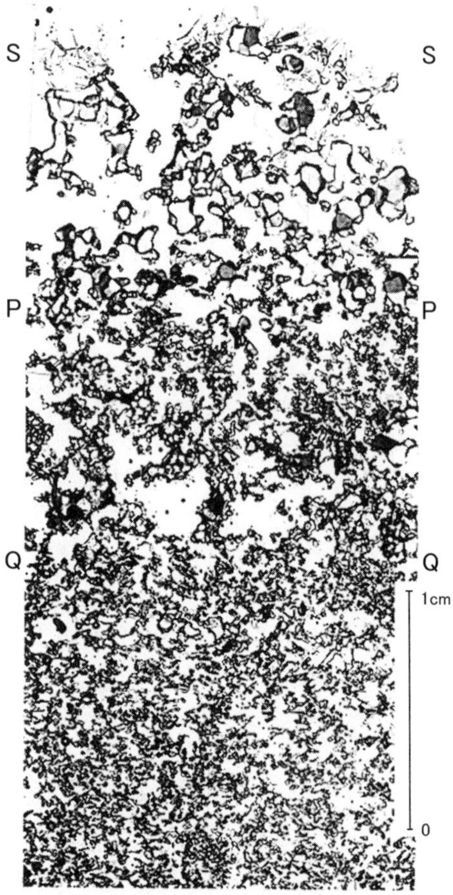

図3.7 X線マイクロトモグラフィーにより再構築した積雪の3次元構造（Coléou et al., 2000）
(a) ぬれ雪, (b) クラスト, (c) しもざらめ雪, (d) こしもざらめ雪. Coléou et al. (2000) に掲載されているカラー図では積雪粒子の曲率によって色分けされている．

図3.5 雪面（S-S）から3cm深までの積雪の微細な組織（若濱，1963）

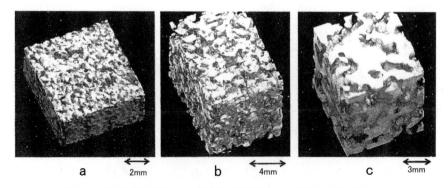

図3.6 連続片薄片写真から再構築した積雪の3次元構造（西村ほか，2013）
a：新雪，b：しもざらめ雪，c：ざらめ雪．

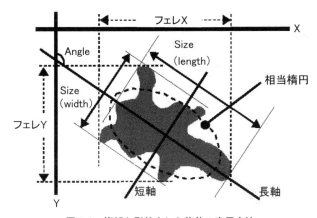

図 3.8 複雑な形状をした物体の表示方法
((株)日本ローパーの Image-ProPlus の HP より)

図 3.9 IceCube (Photonic Sensors の HP より)
専用カップに入れた積雪を装置下部に置いて比表面積 (SSA) を測定する.

など), 核磁気共鳴映像法 (NMRI; Ozeki et al., 2003 など) などの機器を用いて積雪の 3 次元構造も調べられている. 図 3.7 は X 線マイクロトモグラフィーで測定された雪結晶の 3 次元構造である. Heggli et al. (2009) はジエチルフタレート (diethyl phthalate) を使って積雪試料のレプリカを作成し, レプリカで X 線マイクロトモグラフィーを使う方法を提案している. この方法だと, 採取直後の積雪粒子の形状を詳細に調べることができる.

3.2.2 積雪の粒径, 比表面積

積雪の粒径はデジタルカメラで撮影した画像を画像解析ソフトで解析して, 図 3.8 に示すように, 円相当径, 長径, 短径, フェレ径などで示す. 比表面積 (SSA, specific surface area) を使って積雪の粒子形状を表す場合もある. 比表面積とは単位体積または単位質量に含まれる粒子の表面積の積算値で, 積雪の粒子形状を反映したパラメータである[4]. 比表面積は積雪の光学的特性を示す指標として使われる場合もある. 樹枝状結晶の新雪のように粒子形状が複雑な場合や小さい粒子が多数存在する場合には比表面積は大きな値となり, ざらめ雪のように粒子が大きく比較的丸い形状の場合は小さくなる. また, 大気中各種ガスや汚染物質の雪への吸着などで, 比表面積の測定が必要になる場合もある.

最近は積雪の比表面積を赤外域での反射率から測定する装置 (IceCube, 図 3.9) がフランスの Photonic Sensors から販売されており, フィールド観測で使用されている (Gallet et al., 2009). 低温室内では X 線 CT による 3 次元解析 (Kerbrat, 2008 など), ガス吸着による方法 (Legagneux et al., 2002 など) でも積雪の比表面積が測定されている.

これらの方法が開発される以前でも積雪の比表面積は測定されてきた. それはアニリン薄片などによる積雪の薄片写真の上に任意の間隔の平行線を引き, 積雪粒子と線との交点の数 (N) と線の長さの総和 (L) から, 3.1 式により積雪の比表面積を求める方法である. これは Smith and Guttmann (1953) が金属結晶の内部境界を求めるために開発した方法を応用したもので, 積雪に対しては成田 (1969) が初めて報告した. ここで, S は積雪粒子の表面積, V は試料の体積, ρ_{ice} は純氷の密度, M は試料の質量である. なお, 成田 (1969) では平行線の本数が 120 本 (交点の数では 2800 に相当) を超え

---

[4] 単位体積当たりの比表面積は specific surface area per volume の略で SSAV, 単位質量当たりの比表面積は specific surface area per mass の略で SSAM と記載される.

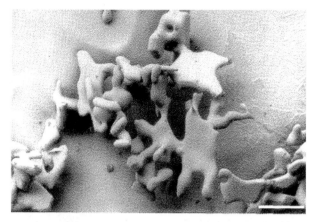

図 3.10 走査型電子顕微鏡（SEM）で観察した新雪からこしまり雪に変質しつつある積雪粒子（Rango *et al.*, 1996b）
右下のバーの長さは 0.2mm.

ると N/L が一定値になることを示されており，この程度の測定数が必要である．

$$\text{SSAV} = \frac{S}{V} = \rho_{\text{ice}} \frac{S}{M} = \frac{2N}{L} \tag{3.1}$$

走査電子顕微鏡（SEM, Scanning Electron Microscope）[5] を用いても積雪粒子の形状が調べられている（図 3.10）．これはコロラド州のロッキー山脈で採取された積雪（−6℃）を −196℃の液体窒素で保存した後，積雪表面に薄くプラチナを蒸着させて測定された．新雪からこしまり雪に変質しつつある積雪粒子の形状がわかる．ここでは電界放射型 SEM（日立製 S-4100 型）に低温チャンバーを用いて測定された．Rango *et al.*（1996a）は雪結晶などの降雪粒子，Rango *et al.*（1996b）は積雪粒子，Rango *et al.*（2000）は米国ワシントン州北部の南カスケード氷河（South Cascade Glacier）で採取したフィルン[6] や氷河氷，植物片の解析結果を報告している．

3.2.3 積雪の圧密

積雪は時間とともに自重で厚さが薄くなり，密度が増加する．これを圧密（densification）という．積雪は図 3.6 に示すように積雪粒子（snow grains）が 3 次元的につながった構造をしているため，空隙を多く含む．そのため，上に積もった雪の圧力を受けると雪粒子結合部が変形し，空隙の体積が小さくなることで圧密が進む．

積雪の圧密は札幌の積雪を用いて小島（1955, 1956, 1957）が詳細に研究した．その結果，積雪の圧縮粘性率（η_c, compactive viscosity）[7] は雪質と積雪密度に依存することがわかった．例えば，同じ密度のしまり雪としもざらめ雪を比較すると，しもざらめ雪の圧縮粘性率はしまり雪の圧縮粘性率の 10 倍であることがわかった．また，札幌と母子里の乾いたしまり雪の場合，圧縮粘性率 η_c は以下の 3.2 式で示される．

$$\eta_c = 10\, e^{0.021 \rho} \tag{3.2}$$

---

[5] SEM は光学顕微鏡と比較して焦点深度が 2 桁以上深く，広範囲に焦点の合った立体的な画像を得ることができる．物体の表面構造の観察に用いられる．

[6] フィルンとは「ひと夏を越えた雪」という意味のドイツ語起源の用語である．氷河や氷床で氷化していない積雪を意味する．英語では firn と書き，発音は [fiən] である．

[7] 圧縮粘性率の用語は小島（2005b）を参照．なお，小島による 1955〜57 年の論文では同じ物理量が圧縮粘性係数（英名は coefficient of viscosity）と記述されているので注意が必要である．

ここで，圧縮粘性率 η_c の単位は [kgf·d·m^{-2}]，密度 ρ の単位は [kg/m^3] である（小島，2004）．kgf は kg 重とも書き，重さの単位である[8]．d は day であり，日数を表す．

遠藤ほか（2002）は新潟県十日町市で，1994/95 冬季から 1996/97 冬季までの 3 年間の積雪観測データを用いて積雪の圧縮粘性率を求めた．ここでは，小南ほか（1998），Kominami *et al.*（1998）が開発した粘性圧縮モデルが用いられた．その結果，圧縮粘性率は以下の 3.3 式で示すことができた．

$$\eta_c = 0.392 \rho^{4.1} \tag{3.3}$$

ここで，圧縮粘性率 η_c の単位は [Pa·s]，密度 ρ の単位は [kg/m^3] である．

3.2.4 積雪の密度，含水率，空隙率

積雪の質量を M，体積を V とおくと，積雪の密度（density）ρ は以下の 3.4 式で定義される．

$$\rho = \frac{M}{V} \tag{3.4}$$

密度は密度サンプラー（通常は高さが 3cm で容積 100cm^3 の角形を使う）で一定の体積を採取し，その後，積雪の質量を電子天秤やレタースケールで測定する．測定結果は MKS 単位系（SI 系）で示す場合，100kg/m^3，200kg/m^3 となるが，cgs 単位系を用いて 0.1g/cm^3，0.2g/cm^3 と示す場合も多い．

ぬれ雪の場合，積雪に含まれている乾雪の質量を M_s，水の質量を M_w，空気の質量を M_a とすると，以下の 3.5 式で積雪のぬれ密度 ρ_{wet} を求めることができる．

$$\rho_{wet} = \frac{M}{V} = \frac{M_s + M_w + M_a}{V} \approx \frac{M_s + M_w}{V} \tag{3.5}$$

ぬれ雪に含まれている水の割合を含水率（w, water content）と呼び，秋田谷式含水率計（秋田谷，1978）で測定することができる．これは 3.6 式に示すように，積雪に含まれている水分の重量パーセントである．

$$w = \frac{M_w}{M} \times 100 \tag{3.6}$$

ここで，積雪のぬれ密度 ρ_{wet} と含水率 w の測定より，3.7 式に示すように，積雪の乾き密度（積雪に含まれている水の質量を除いた積雪の密度）ρ_{dry} を求めることができる．

$$\rho_{dry} = \frac{M_s}{V} = \rho_{wet} - \frac{M_w}{V} \tag{3.7}$$

ぬれ雪の誘電率から含水率を求める含水率計（誘電式含水率計）も開発されており，ヘルシンキ工科大学で開発されたスノーフォーク（Sihvola and Tiuri, 1986），インスブルック大学で開発されたデノース式含水率計（Denoth, 1994）が製品化されている．最近は秋田谷式を小型軽量化して測定を簡略化した遠藤式含水率計（河島ほか，1996 ; Kawashima *et al.*, 1998）も使われている．

物体に含まれている空隙の体積比率を空隙率（p: porosity）と呼ぶ．乾いた積雪の体積を V_{dry}，氷の体積を V_i，氷の密度を ρ_i とおくと，乾雪の空隙率 p_{dry} は以下の 3.8 式で計算できる．

$$p_{dry} = \frac{V_{dry} - V_i}{V_{dry}} \approx \frac{\rho_i - \rho_{dry}}{\rho_i} = 1 - \frac{\rho_{dry}}{\rho_i} \tag{3.8}$$

---

[8] 通常，重さとは物体を地球が引く力を意味し，単位は [N] で表すことが基本．ただし，MKS 単位系では力は質量 [kg] に 9.8 を掛けるので，重さと質量では異なる数字になる．これはわかりずらい点もあるので，単位に 9.8 を掛けて質量と同じ数字で，重さを表すようにする．これが kgf や kg 重と記載される単位である．つまり，1kgf は 9.8N である．また，f や重は MKS 単位系では 9.8 を表す．

94　第3章　積雪

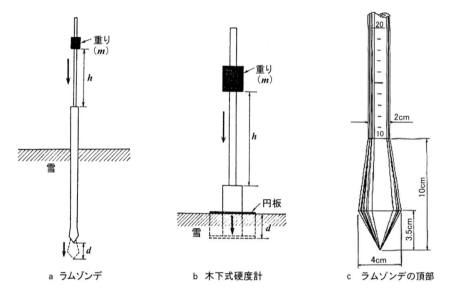

図 3.11 （a）ラムゾンデと（b）木下式硬度計（前野，1986），（c）ラムゾンデの頂部の形状（Abele, 1990）
　　　　（a）と（b）では重りを高さ h から落として，硬度計が d だけ進むことを示す．

ぬれ雪の場合，ぬれ雪中の水の体積を V_w，水の密度を ρ_w，含水率を w，ぬれ雪の密度を ρ_{wet} とすると，ぬれ雪の空隙率 p_{wet} は以下の 3.9 式で計算できる．

$$p_{wet} = \frac{V - V_i - V_w}{V} \approx 1 - \frac{\rho_{dry}}{\rho_i} - \frac{V_w}{V} = 1 - \frac{\rho_{dry}}{\rho_i} - \frac{w\rho_{wet}}{100\rho_w} \tag{3.9}$$

3.2.5　積雪の硬度

積雪の硬度（hardness）は軍手をした拳が積雪に入るか，指 4 本が入るか，指 1 本が入るかなどのハンドテスト（簡易法）で定性的に測定することができる．定量的に測定するには，積雪に剛体を押し込む時の反発力で測定する．このタイプの硬度計としては，スイスのヘイフェリが開発したラムゾンデ（Swiss Ramsonde ; Haefeli, 1954）が世界的に広く使われている．これは先端の頂角が 60 度，最大径が 40mm の円錐形の先端が付いた細長いパイプにおもりを落として衝撃を与え，積雪内に貫入した深さを測定するもので，積雪を掘らずに硬度の鉛直分布が得られるのが特徴である（図 3.11a および c）．日本では木下誠一が開発した木下式硬度計（木下，1960）が広く使われてきた（図 3.11b）．これは雪面に置いた円板に重りを落としてその貫入深さを測るもので，柔らかな雪の測定に適している．

ただし，最近はデジタル目盛がついたデジタルフォースゲージ（例えば，アイコーエンジニアリング社製 RZ-100，最大荷重 1kN，図 3.12）に付属の小円板アダプタ（直径 15mm）を取り付け，積雪硬度を測定することも多い（例えば，竹内，2001）．

図 3.13 にデジタルスノーゾンデ（Advanced digital snow sonde）を示す．これは 4 つのセンサー（反射率，貫入抵抗，交流電気伝導率，深さ計）が組み込まれた複合型観測機で，積雪に貫入させながら，これらの値を測定する．センサーの先端形状はラムゾンデと似ており，頂角 60 度，最大径 30mm の円錐型である．この装置は雪崩予測を目的として山岳域の積雪でも使用され，積雪中の弱層の検出が可能であることがわかった（Abe et al., 1999）．ただし，この装置はこれまで試験的に数台が製作され，販売されただけである．

また，積雪内の硬度を推定する目的で，直径 5mm の先端部をもつ雪ゾンデも開発されている

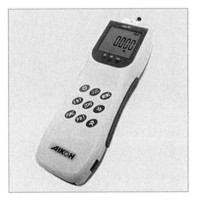

図 3.12 デジタルフォースゲージ
(アイコーエンジニアリング(株)のHPより)

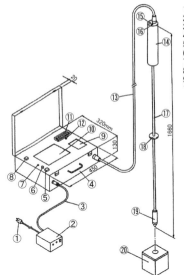

図 3.13 デジタルスノーゾンデ
(Abe *et al.*, 1998)

(Schneebeli and Johnson, 1998).これは先端に貫入抵抗を測定するセンサーを組み込んだ直径18mmのロッドから構成され,ステップモーターを使用して20〜30mm/sの一定速度で積雪内を沈降させる.沈降時の貫入抵抗を連続的に記録することで,積雪内の硬度分布を詳細に記録することができる.この装置はSnowMicoPen(SMP)と命名され,スイスでは詳細な積雪層の識別や雪崩予知を目的とした積雪観測などで使用されている(Satyawali *et al.*, 2009 など).

3.2.6 積雪の固有透過度(通気度)

積雪にはつながった空隙(チャンネルとも呼ばれる,英名は channel)があるため,積雪全体として通気性がある.例えば,しもざらめ雪はしまり雪よりも通気性が高いことが知られている.通気度 B(air permeability,単位は $[m^2Pa^{-1}s^{-1}]$)とは,積雪内の圧力勾配に垂直な単位断面積を単位時間通過する流量 v(m^3/s)と積雪内の圧力勾配 dP/dx との比で定義される値で,積雪中の空隙の直径,本数,屈曲度などの積雪の構造とともに,流体の性質に依存する値である.通気度 B は 3.10 式で定義する(清水,1960).

$$B = \frac{v}{dP/dx} \tag{3.10}$$

ここで測定に用いる流体の性質を除くため,以下の 3.11 式で固有透過度 B_0(intrinsic permeability,単位は $[m^2]$)を定義する.これは積雪の構造,すなわち雪質のみに依存する物理量である.

$$B_0 = B\eta \tag{3.11}$$

η は空気の粘性率(単位は $[Pa\cdot s]$)である.

Shimizu(1970)は自作のポータブルフローメーターによる通気度 $B[m^2Pa^{-1}s^{-1}]$,しまり雪の薄片解析による積雪の平均粒径 d [mm],空気の粘性率 $\eta[Pa\cdot s]$ より,積雪の固有透過度 B_0 $[m^2]$ を以下の 3.12 式で表わした.

$$B_0 = 0.077\times 10^{-6} d^2 \exp(-7.8\rho) \tag{3.12}$$

ρ は積雪の密度 $[g/cm^3]$ である.最近では,しまり雪以外の雪質についても固有透過度が求められている(例えば,荒川ほか,2010 など).

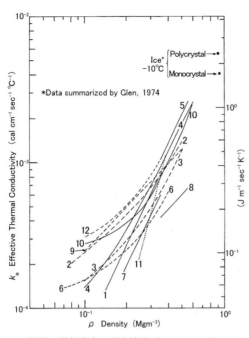

図 3.14 積雪の熱伝導率の測定結果（Mellor, 1977）

表 3.3 氷の潜熱（Mellor, 1977，和訳を追加）

温度 [℃]	融解 [J/g]	[cal/g]	昇華 [J/g]	[cal/g]
0	333.6	79.7	2834	677.0
-10	311.9	74.5	3836	677.5
-20	288.8	69.0	2838	677.9
-30	263.7	63.0	2838	678.0

　雪氷学では通気性がないものを氷，通気性があるものを雪（またはフィルン）と区別するので，固有透過度は雪と氷の定義に関わる重要な物理量である．

3.2.7 積雪の熱的性質

　積雪の比熱（c, specific heat）は，氷の比熱に積雪密度（単位は g/cm³）を掛けたものでおおよその近似値を得ることができる．ここで，純氷の比熱 c_i [J/(g·K)] は，温度 t [℃] の関数として 3.13 式で表されている．

$$c_i = 2.1173 + 0.00780t \tag{3.13}$$

積雪の密度が 0.3g/cm³，積雪の温度が -10℃ の場合，以下の 3.14 式で積雪の比熱 c が計算できる．

$$c = c_i \rho = \{2.1173 + 0.00780 \times (-10)\} \times 0.3 = 0.611 \tag{3.14}$$

　積雪の熱伝導率（k, thermal conductivity）は Mellor（1977）により図 3.14 としてまとめられている．ここで積雪密度は Mg/m³ で示されているが，これは 10^6kg/m³=1g/cm³ であるので，g/cm³ 単位での値と数字を等しくするための「便法」の単位である．すなわち，積雪密度が 0.1Mg/m³（= 0.1g/cm³ = 100kg/m³）の時には，積雪の熱伝導率は 0.06〜0.1 W/(m·K) 程度，積雪密度が 0.2g/cm³ では 0.085〜0.2 W/(m·K) 程度であることがわかる．

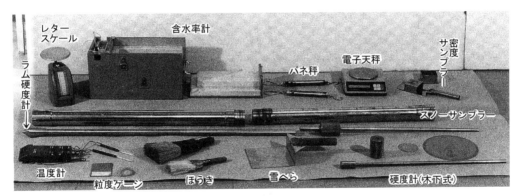

図 3.15a　積雪断面観測用具（秋田谷・山田，1991）

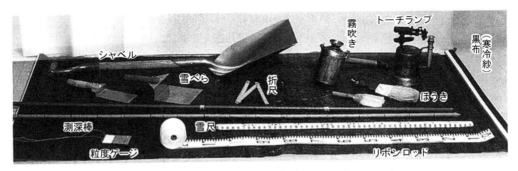

図 3.15b　積雪断面観測で使う小物（秋田谷・山田，1991）

　乾いた積雪の潜熱は，比熱同様，氷の潜熱に積雪密度（単位は g/cm^3）を掛けて推定することができる．例えば，密度が 0.3g/cm^3 で -10℃の積雪の融解潜熱は，96.6 J/g（= 311.9×0.3）となる．氷の潜熱を表 3.3 にまとめる．

3.3　積雪断面観測

　積雪を構成する積雪粒子の形状や積雪の密度，温度，硬度，含水率などを調べることを積雪断面観測（通常は「断面観測」）という．断面観測の方法は清水（1970）により体系的にまとめられ，その後，秋田谷・山田（1991）が改訂した．2010年には『積雪観測ガイドブック』（日本雪氷学会，2010）が刊行されている．ここでは，秋田谷・山田（1991）に従って，断面観測の方法を具体的に述べる．使用する用具と小物を図 3.15a と図 3.15b に示す．

1）観測場所の選定
　周囲に障害物がなく，雪が一様に積もるような広くて平らな場所を選定する．地面の凹凸が少ない場所が望ましい．

2）積雪に穴を掘る
　図 3.16 に示すように，幅 1 ～ 1.5m 程度の観測用の穴を掘る．穴の1つの壁面を観測断面とする．日射がある場合には，太陽の直射を受けない面を選ぶ．観測する壁面は崩さないように丁寧に掘る．

3）観測断面の仕上げおよび積雪深の測定
　シャベル裏側を鉛直に使い，観測する積雪断面を大まかの整形し，雪ベラで鉛直に仕上げる．その

図 3.16 積雪断面観測の様子（羅臼町立羅臼中学校において，2015 年 2 月 7 日撮影）

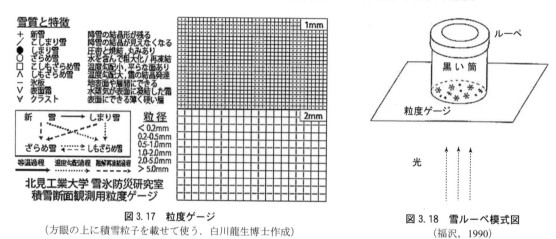

図 3.17 粒度ゲージ
（方眼の上に積雪粒子を載せて使う．白川龍生博士作成）

図 3.18 雪ルーペ模式図
（福沢，1990）

際に観測面を圧縮しないように注意する．積雪深は折尺を当てて cm 単位で測定する[9]．積雪層境界や氷板の位置は 0.5cm 単位でもよい．

4) 雪温，気温の測定

観測断面は外気にさらされると雪温が変化するので，観測断面の整備が終わったら最初に雪温を測定する．測温センサー先端は積雪断面から 10cm ほど，中に入れる．表面雪温は測温センサーの先端が雪面に接するように置き，日射がセンサーに直接当たらないように，雪ベラなどで日陰をつくって測定する．気温はセンサーが観測者の日陰になるようにして，通風するために軽く振りながら測定する．

サーミスタセンサーの温度計など最近の電子温度計では，センサーコードを持ってしばらくの間，ぐるぐると回すとよい．センサーは事前に 0℃検定をしておくこと．観測野帳には測定値をそのまま記録し，補正値を加えて表記する（雪温が -3.5℃で補正値が +0.2℃の場合は，「雪温：-3.5 + 0.2 ℃」と書く）．

5) 層構造・雪質・粒径

少し離れて積雪断面を見ると，積雪粒子の大きさやつながり方，汚れなどの原因のために積雪がいくつかの層から形成されていることがわかる．その際に，図 3.17 に示す粒度ゲージの方眼部に積雪粒子を載せ，図 3.18 のように 10 倍程度のルーペ（フィルム検査用など）で粒子を見るとよい（福沢，1990）．積雪粒子の形状に注意し，表 3.1 に従って雪質と粒径を決める．図 3.1 にそれぞれの積雪

---

[9] 地面の凹凸を考えると，精度はそれほど必要ない．ただし，積雪が少ないときは，測定は mm 単位で行っておくと，後から四捨五入したり，層の厚さを決めたりするのに有効である．

図 3.19 ブルーブラックインクとトーチを用いた積雪層の観察（若濱，1995）

粒子の形状写真があるので，これを参考にして雪質を決める．1 つの層の雪質粒子は 1 種類とは限らないので，2 つ以上存在する場合は併記する．氷板やクラストがある場合はその位置，厚さを記載する．

水で薄めた青インク（ブルーブラックインク）を噴霧器に入れて，それを積雪断面に吹き付けると，融雪期なら積雪境界層がはっきり現れる．寒くて雪が乾いている場合にはトーチで積雪断面をあぶるとよい（図 3.19）これは積雪層境界では積雪粒径が異なるため，保水量が異なるためである．また，手軽に層境界を見つけるためには，折り尺や雪ベラの端で断面をなぞり，固さを調べると層の違いがわかる．その境目には，つまようじや針金を差しておくと記録のために便利である．

6）密度・硬度の測定

密度は図 3.15a に示す密度サンプラー（角型サンプラー），硬度は図 3.15a に示す木下式硬度計で測定する．硬度は手を使って調べてもよい（硬さのハンドテスト）．密度と硬度の測定は一定間隔で測定する場合（例えば，10cm 間隔）と，層ごとに測定する場合があるが，特別な目的がない場合には，一定間隔で計測したほうがよい．また，硬度はデジタルフォースゲージ（図 3.12）を使って測定してもよい．詳しくは 3.2.5 項参照．

7）含水率

積雪がぬれ雪の場合には含水率も測定する．含水率は図 3.15a に示す秋田谷式含水率計（秋田谷，1978）や電気式の誘電式含水率計を用いるとよい．詳しくは 3.2.4 項参照．含水率計がない場合でも，積雪の「ぬれ」，「かわき」は記載しておく必要がある．

8）積雪水量

図 3.15a に示すスノーサンプラーや肉薄のステンレスパイプなどを用いて，積雪全体を採取する．その高さと質量を計ることで全層平均密度（average snow density）を求めると，水の高さ換算した積雪水量（SWE，snow water equivalent，積雪水当量とも呼ばれる）が計算できる．暖房用煙突に用いられる円筒は薄いステンレスでできているので，積雪水量観測で使用可能である．

図 3.20 に断面観測の結果を示す．これは 1989 年 1 月 16 日に北海道浦臼町で実施した観測結果である．中央に積雪層構造，左側に雪温とラム硬度，右側に密度と硬度（木下式硬度計による）をグラフで示す．この時は積雪深が 78cm であり，上部から新雪，こしまり雪，ざらめ雪，こしもざらめ雪，しまり雪が存在していた．積雪水量は 18.8cm であった．図 3.20 のような形式で積雪断面結果をまとめるとよい．

3.4 積雪深観測および積雪分布

図 3.21a は 1956 年 12 月 5 日から 1957 年 4 月 5 日までの札幌での積雪深さ（snow depth）の変化図である．ただし，この図には積雪深とともに，積雪層境界曲線も書き込んである．時間とともに積雪深が増えるのは降雪によるためであるが，その後，点線がゆるやかに下降するのは積雪が自重と上載荷重のために圧密変形したためである．このシーズンは 1957 年 1 月 5 日に最大積雪深 95cm となった．

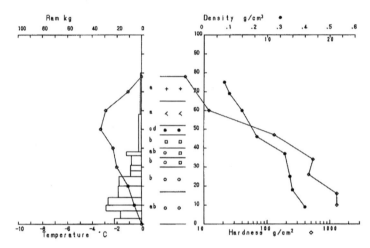

図3.20 積雪断面観測の結果（秋田谷・山田，1991）
積雪柱状図での積雪記号は日本雪氷学会（1970）に基づく．

また，同じデータに各層の積雪密度をかけて，水当換算したものを図3.21bに示す．この図は水当換算した結果なので積雪の圧密沈降の影響は取り除ける．ここでは各層の積雪水量（snow water equivalent）は時間的にほとんど変化しないが，最下層のみ積雪水量が時間とともに減少している．これは地殻熱流量（地熱ともいう，geothermal heat）による積雪下面での融解による．積雪底面融解量は地域により，雪の深さにより異なる．このデータは北海道大学低温科学研究所裏の観測露場での結果であり，平地での観測である．

斜面で積雪深を測定する場合は，図3.22に示すように，鉛直に測定したものが深さ（積雪深；HS, height of snow）であり，斜面に垂直に測定したものは厚さ（積雪厚，MS）と呼ばれる．このような積雪深や積雪厚は，雪氷学では地面から積雪断面を露出させ，そこに折り尺などを当てて計測し，密度や積雪粒径，雪温などと併せて観測する場合が多い（詳細は3.3節の断面観測を参照）．

気象庁では図3.23に示すようにあらかじめ観測露場に設置された雪尺で，積雪の高さを計測してきた．雪尺はセンチメートル目盛をつけた木製の白い柱（1辺が7.5cm）で，地面からの高さは3m，地中に1m埋めてあるのが標準である．積雪の深さはcm単位で読み取る（57cmなど）．また，2004/05年冬期までは1日3回（9時，15時，21時），新たに積もった積雪（降雪の深さ）を雪板（降雪板）（図3.24，高さが50cmで，6cm角の白い柱）を使って測定していた．これは測定ごとに雪板の上の積雪を除いて，新たな積雪深（降雪の深さ）を測定するものであった．しかしながら，2005

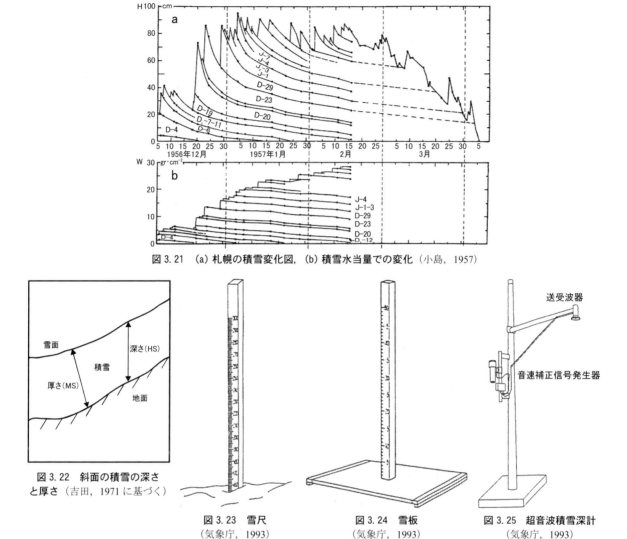

図 3.21 (a) 札幌の積雪変化図，(b) 積雪水当量での変化 (小島，1957)

図 3.22 斜面の積雪の深さと厚さ (吉田，1971に基づく)

図 3.23 雪尺 (気象庁，1993)

図 3.24 雪板 (気象庁，1993)

図 3.25 超音波積雪深計 (気象庁，1993)

年 10 月からは計測方法を変更し，超音波積雪深計（図 3.25）を用いた毎正時の測定結果の差分として「降雪の深さ」を求めている．このため，気象庁観測データで降雪の深さデータを用いる場合はデータの連続性に注意が必要である（金田・遠藤，2008）．なお，超音波の速度は気温と湿度により変化するため，最近ではレーザーを用いた積雪深計（光進電機工業（株）のレーザー積雪深計 SU-201 など）が使われることが多い．これは交流 100V が必要だが，ノースワン社の積雪深計 KADEC21-SNOW はバッテリーで駆動するので，屋外観測では都合がよい．

図 3.26 に最深積雪深の平年値（1971 − 2000 年の平均）を示す．新潟県南部，秋田県と山形県の県境，秋田県北部に 3m を超す地域が存在する．また，北海道では日本海に面した地域で 2m を超える地域があることがわかる．

3.5 融雪観測

積雪は 0℃になると融けて水になる．これを融雪（snow melting）という．融雪のメカニズムを考

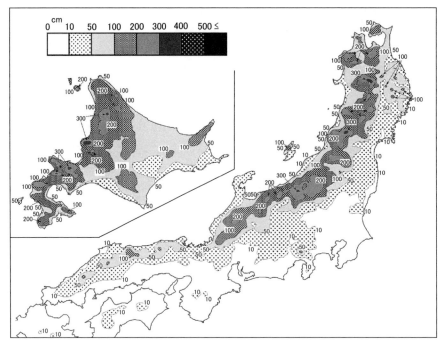

図 3.26 最深積雪深の平年値（1971 − 2000 年の平均）
気象庁（2002）より伊豫部 勉作図．

える場合，積雪の表面（雪面）での大気との熱収支，地面での熱収支をそれぞれ考えるとよい．図 3.27a および 3.27c では融雪に関わる要素の大小を示している．ここでは I（日射量），I_r（雪面で反射される日射量），$R\downarrow$（下向きの長波放射量），$R\uparrow$（上向きの長波放射量），Q_A（顕熱輸送量），Q_E（潜熱輸送量），Q_{Cg}（地面からの地殻熱流量），Q_{C0}（雪面から積雪層内部への熱量），Q_M（積雪の融解による熱量）などの大小関係が矢印の大きさで示されている．これらの値は単位断面積で 1 秒当たりのエネルギーとして表されるので，[W/m^2] の単位が使用される．放射量や熱は上下の向きに関係なく，積雪に入る量をプラス，出る量をマイナスとすることが多い．このような解析は熱収支解析と呼ばれる．

これらの中で最も重要なのは日射量 I（solar radiation）である．これは全天日射量（amount of global solar radiation）もしくは下向き短波放射量（downward shortwave radiation）ともいわれる．地球の大気圏外で日射に垂直な面積が受ける値は太陽活動によっても若干変動するが，平均すると 1371W/m^2 である．地球全体ではおおよそ 30% の全天日射量を宇宙空間に反射している．残りの 70% は，地表温度の昇温，雪氷融解等に使われ，最終的には長波放射として宇宙空間に放射される．

日射に対する物体の反射率をアルベド（a, albedo）というが，アルベドは物体により異なる値となる．積雪のアルベドは積雪の状態，とくに濡れか乾きかで大きく変化し，おおよそ 60 〜 99% 程度である（Warren, 1982）．積雪は日射に対して半透明物質であるので，雪面から積雪内部に入った日射は雪粒によって吸収や散乱を受けて積雪内で指数関数的に減衰する．

大気からは下向き長波放射 $R\downarrow$ が出ており，雪面からは上向き長波放射 $R\uparrow$ が射出されている．長波放射量 R は物体の射出率（emissivity，放射率ともいう）を ε とすると，以下の 3.15 式で表すことができる．

$$R = \varepsilon \sigma T^4 \tag{3.15}$$

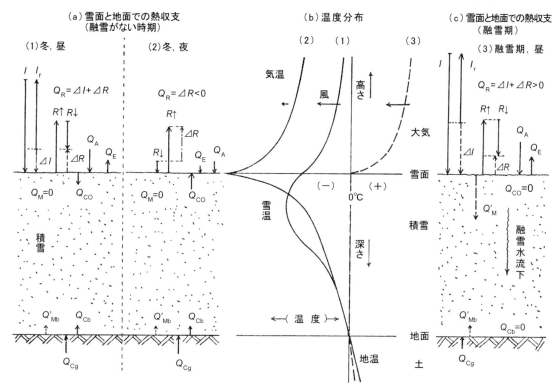

図 3.27 積雪表面と地面での熱収支の模式図（小島，1979）
(a) は融雪がない時期（冬期）での昼間 (1) および夜間 (2) の熱収支．(c) は融雪期の昼間の熱収支 (3)．
(b) は気温および雪中温度を示し，前述の (1)，(2)，(3) に対応するものを示す．融雪期 (3) には雪面気温は 0℃ であり，融雪水の流下する雪中温度も 0℃ である．

ここで，σ はステファン・ボルツマン定数 5.67×10^{-8} J/(m^2 s K^4)，T は物体の表面温度 [K] である．射出率が 1 だと物体からの放射量は最大となる．この時の物体を黒体（black body）と呼ぶ．積雪の射出率は大きく，新雪では 0.96 以上の値を取る．短波長領域では極めてよい反射体である積雪も，長波長領域ではほぼ黒体となり，射出率は 1 と考えてもよい．

顕熱輸送量 Q_A（sensible heat flux）とは 2 つの物体が接触するとき（ここでは大気と積雪）に温度が高い物体から低い物体へ輸送される熱であり，融雪時には 0℃ 以上の大気から積雪に熱が与えられる．これを測定する場合，3.16 式に示すバルク法を用いることが多い（近藤，1994）．

$$Q_A = c_P \rho C_H U \Delta T \tag{3.16}$$

ここで，空気の定圧比熱を c_p，空気の密度を ρ，無次元のバルク輸送係数を C_H，風速を U，大気と雪面との温度差を ΔT とする．

潜熱輸送量 Q_E（latent heat flux）とは積雪の融解や昇華などの相変化によって移動する熱量を意味する．積雪が融解する場合は 333.5 J/g（≒ 80 cal/g）のエネルギー（融解熱）が吸収され，凝結する場合は同量のエネルギーを放出する（凝結熱）．これを測定する場合，一定量の積雪を容器にとり，自然雪面と高さが一致するように，容器内の雪面を置いて，積雪の昇華による容器内の積雪の質量変化を測定すればよい（直接測定法）．小島（1979）では直径 14cm，深さ 5～6cm の容器を使っている．潜熱輸送量は相対湿度や風速などの気象要素からも推定することができる．なお，1.1 節に述べたように雪や氷の中の酸素原子は六方晶系として決められた位置に固定されているのに対して，液体の水

分子や気体の水蒸気は空間的に自由な位置に配置している．このため，雪や氷が融解するためには周囲からエネルギー（熱）を取り入れて，六方晶系に固定された酸素原子を自由に移動できるようにする必要がある．このエネルギーが融解熱と昇華熱である．

雪面直下の雪中伝導熱 Q_{C0} は積雪層の温度勾配により伝えられる熱量で，以下の 3.17 式で求めることができる．

$$Q_{C0} = k\left(\frac{\partial T_s}{\partial Z}\right)_0 \tag{3.17}$$

ここで，k は表面積雪の熱伝導率，$\left(\frac{\partial T_s}{\partial Z}\right)_0$ は雪面直下での積雪内の温度勾配で，Z は深さである．積雪の熱伝導率は積雪の粒径や結合状態に依存するので，一意に決まらないが，密度 0.1g/cm^3 でおおよそ 0.06～1W/(m·K)，密度 0.2g/cm^3 でおおよそ 0.085～0.2 W/(m·K) である（3.3.7 項参照）．また，地面から積雪層には地殻熱流量 Q_{cg} が与えられている．一方，雨が降ると雨からの伝導熱 Q_p が積雪層に与えられる．

これらをまとめると，融雪期の熱収支では雪面に入る熱量が融解熱量になることから次式が成り立つ．

$$(1-a)I + R\downarrow + R\uparrow + Q_A + Q_E + Q_{C0} + Q_p + Q_{cg} = Q_M \tag{3.18}$$

ここで，雪中伝導熱 Q_{C0} は，融雪期の朝夕の凍結層生成・融解時にプラスマイナスが生じるが 1 日では打ち消して無視できる．また地殻熱流量 Q_{cg} は，積雪層全体を考えるときには必要だが，雪面熱収支では考えなくてよい．雨からの熱 Q_p は無視できることが多い．これらの熱量は，それぞれ測定が可能だが，精度よく求められるものとそうでないものがある．日射，アルベド，気温，風速は測定精度がよいが，長波放射，湿度，雪面温度の測定が難しく，$R\downarrow$，Q_E に誤差を生じることがあり，3.18 式の等式が正確には成り立たないこともある．

北海道大学低温科学研究所融雪部門グループは 1970 年代から札幌や北海道幌加内町母子里において融雪観測を精力的に行った．その融雪時期の熱収支観測例を図 3.28 に示す．これは 1971 年 3 月 1 日から 30 日における札幌での毎日 10 時から 17 時までの積雪表面熱収支観測の（a）結果，（b）アルベド，（c）日最高気温と日最低気温，（d）積雪深を示した．熱収支の図（a）では $Q_R (= (1-a)I + R\downarrow + R\uparrow)$ と Q_A，Q_E を実測で求め，$Q_R + Q_A + Q_E + Q_M = 0$ になるように融雪熱量 Q_M を計算で求めている．気温の上昇とともに積雪が融解するがその融解に使うエネルギー量が消費の大部分を占めていることがわかる．このような解析を実施する場合，多くの実測値が必要なことから，観測期間で気温が 0℃ 以上の値だけを積算した積算暖度から融雪量を推定することもよく行われる（バルク法）．

高橋ほか（1981）は大雪山の雪壁雪渓において，長期融雪深計による融雪観測から，熱収支計算を行い，融雪初期の 5 月は日射による熱量が多いが，融雪最盛期の 7 月，8 月には顕熱が卓越することを示した（図 3.29）．また，融解熱量 Q_M と積算暖度 ΣT と間に関係式 3.19 式を立てた．

$$Q_M = K\Sigma T \tag{3.19}$$

ここで，比例係数 K の熱収支考察を行い，日射量以外の熱収支要素が気温に比例もしくは比例に近い関係にあることから，日射吸収量 Q_{RS} をパラメータとして係数 K と気温 T の関係式を求めた（図 3.30）．係数はその後，融雪係数と呼ばれるようになったが，この観測は融雪係数の熱収支考察の最初の研究となった．

融雪期には図 3.31 に示すように，樹木の周りの雪が先に融け，樹木の周りに窪みができることが

3.5 融雪観測　105

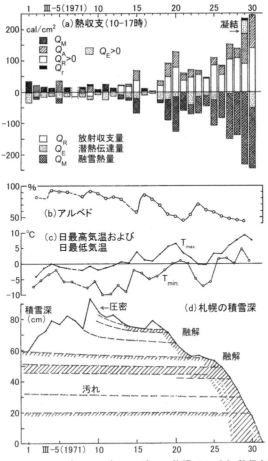

図 3.28　1971 年 3 月 1 日〜 30 日の毎日 10 時〜 17 時での札幌での（a）熱収支観測，（b）アルベド，（c）日最高気温と日最低気温，（d）積雪断面観測の結果（小島，1979）

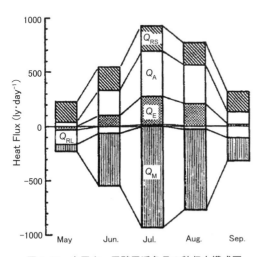

図 3.29　大雪山・雪壁雪渓各月の熱収支構成図（計算結果）（1978 年 5 〜 9 月）（高橋ほか 1981）
単位の ly（ラングレー）は cal/cm^2 を表し，当時よく使われた単位面積当たり熱量単位．

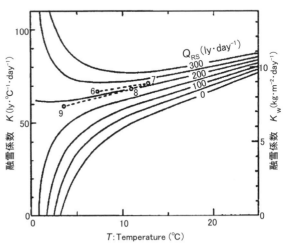

図 3.30　融雪量と気温の比例係数 K と気温 T の関係（高橋ほか，1981）
Q_{RS} は短波放射（日射）吸収量．
6 月〜 9 月の雪壁雪渓における K の推定値を○印で示す．

図 3.31　樹木の周りの融雪窪み
（2013 年 4 月 13 日北海道斜里郡斜里町の海別岳の麓において撮影）

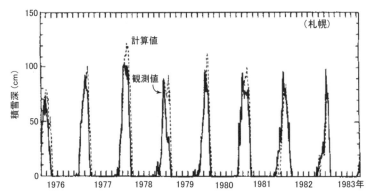

図 3.32　1976 年から 1983 年の札幌での積雪深の観測値と計算値（Motoyama, 1990）

知られている．これを融雪窪みという．小島（1991, 1992）によると，窪みの原因は（1）日射により樹木が暖まるため，その熱（赤外線）により樹木の周囲で融雪が進むこと，（2）樹木が日射を反射するので，その反射された日射で融雪が進むこと，が影響している．

また，大気中不純物が降雪粒子落下中に雪粒子表面に付着したり，積雪表面に汚染物質が沈着したりする等により，融雪の初期には積雪に含まれている種々の不純物が選択的に析出するため，融雪水の化学成分濃度が高くなることが知られている．1980 年 1 月から 4 月上旬に札幌市の北海道大学構内での融雪水の化学成分を調べた Suzuki（1982）によると，融雪初期には pH が 4.2 で主要イオンの合計値が 300mg/L となった．融雪期の最後には融雪水の pH[10] は 6 になったので，初期には H⁺ イオンが 100 倍程度存在していたことがわかる．このような融雪初期の酸性水のため，北欧やカナダでは河川や湖の生物が死ぬ現象が報告されており，アシッドショックもしくは雪融けショックと呼ばれている．鈴木（2012）は季節積雪の化学を主テーマとしている総説であり，この分野を勉強する場合は一読をお勧めする．

---

10) $pH = -\log_{10}[H^+]$ で定義されるので，pH が 1 違うと，H⁺ イオン濃度は 10 倍違う．$[H^+]$ は H⁺ イオンのモル濃度〔mol/ℓ〕を示す．

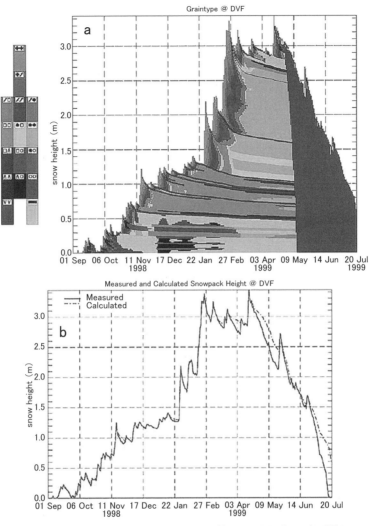

図 3.33 （a）SNOWPACK による雪質変化の計算結果，（b）積雪の観測値と
SNOWPACK による計算値との比較（Bartelt and Lehning, 2002）
b では細い線で計算結果，太い線で実測値を示す（カラー図は口絵 10 を参照）．

3.6 積雪のモデル計算

　積雪深と雪質は降水量，気温，積雪内の温度分布・温度勾配，含水率などにより変化するため，積雪の圧密や変態の過程を式で扱い，積雪深の変化や雪質の変化をコンピュータで推定するモデル計算が行われている．入力値としては，多くのモデルは日射も含めた気象要素を用いるものが多く，簡略化したい場合には気温と降水量だけを用いる．このような積雪シミュレーションは積雪深や融雪量を主として再現する簡便なモデル，雪質変化も再現できる詳細なモデル，に分類することができる．

　簡便なモデルとしては，Kondo and Yamazaki（1990）による積雪表面での熱収支式による融雪量，積雪表面温度，凍結深を計算できるモデル，Motoyama（1990）による積雪の圧密過程と融雪過程を考慮し，日本各地での積雪変化を計算できるモデル，などがある．図 3.32 は Motoyama（1990）による 1976 年から 1983 年までの札幌の積雪深の観測値と計算値の比較である．計算値による最大積雪深

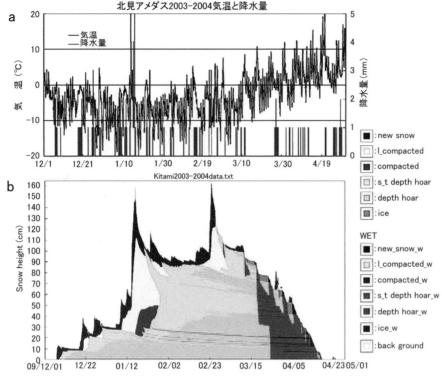

図 3.34 (a) 北見での 2003 年 12 月 1 日から 2004 年 4 月 30 日までの気温と降水量，
(b) 計算で求めた積雪深と雪質変化（齋藤，2005）
（カラー図は口絵 11 を参照）

は観測値よりも大きな値となるが，全体的には計算結果は観測値とよく合っていることがわかる．

　詳細なモデルとしては，雪崩予測を目的として，しもざらめ雪の発達に起因する積雪層内の弱層を再現できるモデルが開発されている．フランスの CROCUS（Brun *et al.*, 1989, 1992）は dendricity（樹枝状度，降雪時の結晶形が残っている割合），sphericity（球形度，丸い形と角をもつ形の積雪粒子の比），grain size（積雪粒径）の 3 つのパラメータにより，気象変化による積雪の雪質変化を表した．このモデル計算により積雪の層構造の変化とともに，積雪表面温度，積雪深，流出量なども再現することができた．

　スイスの SNOWPACK（Bartelt and Lehning, 2002）は，樹枝状度，球形度，積雪粒径に加えて，積雪粒子の結合サイズ（bond size）を導入した．このモデル計算でも詳細な積雪層構造が表現され，雪崩発生の原因となる弱層の生成過程が再現できるようになった．図 3.33a は雪質の変化，図 3.33b は積雪深の変化を観測値と計算値で示した．計算値による融雪は観測値に比べて遅くなる特徴があるが，それ以外はよく一致していることがわかる．

　国内では，山崎（1998）が積雪面の熱・水収支を正確に計算することを目的とした積雪モデルを報告した．このモデルでは厳寒地に広く分布するしもざらめ雪を考慮できる点が大きな特徴である．齋藤・榎本（2005）は気象庁が国内で展開するアメダスの気象データを利用して，詳細な積雪層構造を表現できる実用的なモデルを提案した．図 3.34a は北見での 2003 年 12 月 1 日から 2004 年 4 月 30 日までのアメダスによる気温と降水量，図 3.34b はこれらのデータを用いて計算した積雪深と雪質の変化図である．計算で得られた積雪深は実際の積雪深とほぼ一致した．また，雪質と実際の雪質を比較したところ，計算で得られた雪質はおおよそ実際の状況を反映していることがわかったが，計算のほ

うがしもざらめ雪（depth hoar, 図 3.34b の地面近くのグレーの領域）が早く発生していることがわかった．これらの違いを解消することは今後の課題である．

3.7 人工衛星による広域積雪観測

積雪の広域分布は人工衛星に搭載された可視光による光学センサー（波長域 0.4～0.7μm）とマイクロ波センサー（波長域 1mm～1m）で観測することができる．雪氷面は他の地表面よりも反射率（アルベド，albedo）が高いため，日中で雲がなければ可視光による光学センサーで積雪を見分けることができる．ただし，積雪深や積雪水量は評価できない．一方，受動型マイクロ波センサー（passive microwave sensor）を使うと，夜間や雲があっても積雪の観測が可能となり，さらに積雪深 SD（snow depth）と積雪水量 SWE（snow water equivalent）を推定することができる．ただし，マイクロ波では積雪を直接「見る」ことができないため，マイクロ波から積雪情報を抽出する必要がある．

人工衛星に搭載された受動型マイクロ波センサーでは，地表面から放射されたマイクロ波がその上に堆積する積雪で散乱や吸収を受けて減衰し，さらに大気中の水蒸気などで減衰したマイクロ波を観測する．積雪中のマイクロ波の散乱や吸収は積雪深，積雪粒径，含水率などの積雪の状態とともにマイクロ波の周波数に依存するため，ある条件下では周波数の異なる 2 つのチャンネルの輝度温度[11]の差から積雪深と積雪水量が推定できる．

3.7.1 可視光による観測

米国の NOAA weekly snow charts（NOAA のウィークリー積雪チャート）は北半球の広域積雪分布を明らかにすることを目的として，若干の欠測はあるが 1966 年 11 月から 1996 年 5 月まで作成され，多くの研究で利用されてきた．これは数値予報モデルに積雪分布を取り入れる目的で作成されていた．当初は米国の気象衛星 NOAA の可視画像のみが用いられたが，1975 年からは米国の静止実用環境衛星 GOES，1988 年からはヨーロッパの静止気象衛星 METEOSAT，1989 年からは日本の静止気象衛星ひまわり（国外では GMS と呼ばれる）の可視画像も使用されている．これらの可視画像を用いて解析担当者が積雪分布域を判定して作成されてきた．積雪分布の空間分解能は 190km，時間分解能は 7 日間であった．

3.7.2 マイクロ波による観測および公開データ

米国の Nimbus は実験用の衛星で，1964 年から 1978 年まで 7 号が打ち上げられ，新たに開発されたセンサーによる観測実験が実施された．この中で 1978 年に打ち上げられた Nimbus-7 は走査型多周波マイクロ波放射計 SMMR（Scanning Multichannel Microwave Radiometer）が搭載され，5 つの観測周波数で鉛直・水平偏波の観測を実施した．Chang et al.（1987）はこの SMMR データを用いて，北半球の広域積雪分布と積雪水量を推定した．ここでは平均密度を 0.3g/cm^3，積雪粒径を 0.3mm と仮定して，3.18 式で積雪深 SD を評価した．

$$SD = 1.59(T_{18H} - T_{37H}) \tag{3.18}$$

ここで，T_{18H} と T_{37H} はそれぞれ 18GHz と 37GHz の水平偏波の輝度温度を示す．実際には積雪密度

---

[11] 輝度温度（brightness temperature, T_b）とは物体の射出率を 1 と仮定した時，物体からの放射エネルギー（E）とステファン・ボルツマンの法則（$E = \sigma T_b^4$）で計算できる温度．この時の物体を黒体（black body）という．

や積雪粒径は一様でないため，3.18式による計算では場所と季節により実際と異なる積雪深を示すので，注意が必要である．

米国の国立雪氷データセンター（NSIDC, National Snow and Ice Data Center, USA）では以下の3.19式を用いて毎日の積雪水量 SWE を報告している（Barry and Gan, 2011）．

$$SWE(\text{mm}) = \frac{4.77(T_{18H} - T_{37H} - 5)}{(1 - A_F)} \tag{3.19}$$

ここで，A_F は観測エリアでの森林面積の割合（％）を示す．

Ramage and Isacks（2002）は，人工衛星のマイクロ波データから融雪を検知する方法を報告した．彼らはアラスカ南部の St. Elias Mountains と Juneau Icefield での人工衛星データと地上観測データを用いて，37GHz の垂直偏波の昼と夜の値の差で定義される DAV（Diurnal Amplitude Variation）が±10K 以上であり，さらにその輝度温度自体が246Kを上回った時はぬれ雪と判定できることを示した．氷河や雪原の下流域では融雪は河川流量に大きな影響を与えるので，このDAVの観測を続けることで河川流量が急激に増える時期を推定できることになる．

一方，NOAAは細かな空間解像度をもつ日別積雪分布図を作成するIMS（The Interactive Multisensor Snow and Ice Mapping System）を開発した．これは気象衛星NOAAに搭載されたAVHRR（Advanced Very High Resolution Radiometer）の可視画像，静止気象衛星（GOES，METEOSAT，GMS）の可視画像を使用し，さらにNOAAに搭載された改良型マイクロ波大気垂直分布観測センサー，米国国防総省の気象衛星DMSPに搭載されたマイクロ波センサーSSM/I（Special Sensor Microwave/Imager），気象官署による地上観測データも利用するシステムである．1997年2月からのIMS積雪分布図は米国のNSIDCで公開されている．積雪分布の空間分解能は1997年から2004年までは24km，2004年以降は4kmとなっており，NOAAのウィークリー積雪チャートよりも分解能が細かくなっている．

米国Rutgers大学のRobinsonは1972年以前のNOAAのウィークリー積雪チャートを再解析し（Robinson, 2000），IMS積雪分布図と合わせて1969年から現在までの北半球の広域積雪分布図を作成し，公開している．これは可視光データを基本として，マイクロ波による観測結果や地上観測結果を合わせて使っている．図3.35はこの公開データを用いて作成した北半球の積雪分布の長期変動である．この図からは長期的な傾向ははっきりしない．図3.36は（a）北半球，（b）ユーラシア，（c）北アメリカ大陸（グリーンランドを含む）の年最小面積を示す．1966年の観測開始以降，北半球の積雪の年最小面積は小さくなる傾向にあったが，2013年に最小面積が大きくなったことが特徴である．図3.36c より，その原因が北アメリカ大陸（グリーンランドを含む）にあることもわかる．

日本のJAXA/EORC（宇宙航空研究開発機構・地球観測研究センター）は地球観測衛星Terraと Aqua搭載の可視域から熱赤外域の放射輝度を計測するセンサーMODIS（MODerate resolution Imaging Spectroradiometer）で観測した全球の地表面温度，植生分布，積雪分布，海面温度，クロロフィルa濃度およびAqua搭載の高性能マイクロ波放射計（AMSR-E）と水循環変動観測衛星GCOM-W搭載の高性能マイクロ波放射計（AMSR2）で観測した土壌水分量，積雪深分布，海氷密接度をJASMES（JAXA Satellite Monitoring for Environmental Studies）としてデータを公開している[12]．

しかしながら，これらの公開データには制約や問題点が存在する．例えば，身近な場所での積雪情報と衛星による積雪情報を比べると，その地域独特のエラーを見つけることもある．したがって，マ

---

[12] http://kuroshio.eorc.jaxa.jp/JASMES/index_j.html （2014年9月30日現在）

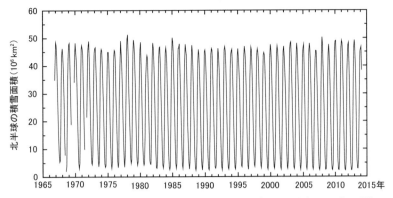

図 3.35 北半球の広域積雪分布の毎月の変動（1966 年 11 月から 2014 年 3 月）
米国 Rutgars 大学の Global Snow Laboratory のデータを使用して作成.

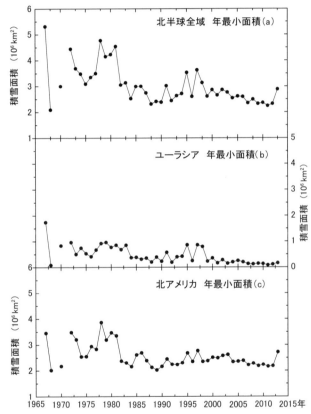

図 3.36 （a）北半球，（b）ユーラシア大陸，（c）北米大陸（グリーンランドを含む）の積雪の年最小面積の変動
1967 年から 2013 年，米国 Rutgars 大学の Global Snow Laboratory のデータを使用して作成.

イクロ波から積雪深，積雪水量に換算するための式は 1 つではなく，いくつかの式が報告され，その適用範囲や時期が議論されている．

確認問題

1. 積雪粒子は何種類に分類できるか．それぞれの形状の特徴を簡単に述べよ．
2. 雪と氷の違いを説明しなさい．
3. 積雪の断面観測での主要な観測項目を説明しなさい．
4. アニリン薄片作成法で積雪の薄片を作成する基本原理を説明せよ．
5. 積雪の密度と硬度を測定する方法とその基本原理を説明しなさい．
6. 斜面で積雪深を測定する場合はどのように測定したらよいか．
7. 融雪に寄与する熱収支の項目は何か．
8. ステファン・ボルツマンの法則とは何か．
9. 射出率とは何か．
10. 融解熱とは何か．また，これは何に使われるのか．氷をミクロに見た場合について融解熱を説明せよ．
11. 人工衛星はどのような方法で地表面の積雪を観測しているか？ 主要な2つの方法とそれぞれの方法で観測できる物理量，その基本原理を説明しなさい．

コラム 10

積雪の造形美

　積雪が自然につくりだす造形美がある．斜面から雪が落ちるときにはロール状に巻き込みながら落ちると雪まくり（雪俵とも呼ばれる）ができる．図 A10.1 は雪を 40 年以上見てきた高橋喜平氏が「最も見事だった雪まくり」と評したものである．積雪の巻き込み状態がくっきりとわかる．巻いた雪面での水平方向の平行線が特徴である．

　コラム 16 で紹介している「雪まりも」も積雪の造形美の一種といってよいであろう．これは南極ドームふじ基地で観察したものであるが，冬季の札幌市でも似た形状の雪玉が観察されている（直井・樋口，2011）．2011 年 1 月に東海林明雄氏が札幌市内の別の場所で，似た形状の雪玉（直径 1〜2cm 程度の球形）を観察したことから，樋口敬二氏の発案により，2012 年 12 月 3 日付北海道新聞夕刊で読者からの情報提供を呼びかけた（橘井，2014）．その結果，読者から 42 枚の写真が集まった．

　図 A9-2 は種々の形態の積雪の造形美で，直井ほか（2014）が紹介した写真である．図 A10.2a，b は札幌市内で観察された雪まりも（乾雪からできており，柔らかいことが特徴），図 A10.2c は札幌市近郊の石狩浜でできた雪だま（ぬれ雪からできており，硬いことが特徴），図 A10.2d は平地（学校の校庭）でできた雪まくり，図 A10.2e は小樽潮見台シャンツェで撮影された斜面でできた雪まくりである．この雪まくりはジャンプ台の上にいた子どもが降りてくる時に蹴飛ばした雪がごろごろと転がってできたもので，みるみるうちに大きくなったとのことであり，人為起源の雪まくりである．図 A10.2f は自動車のフロントガラスで観察された雪まくり，図 A10.2g は橋の欄干にできた雪ひも（直線状をしているもの），図 A10.2h は玄関にできた渦巻き雪ひもである．積雪寒冷地ではこのような積雪の造形美が人知れずひっそりと形づくられているのである．

図 A10.1 山形県の釜淵の山林部で撮影された雪まくり（高橋，1980a）

図 A10.2　種々の積雪の造形美（直井ほか，2014）

コラム 11

斑点ぬれ雪

　斑点ぬれ雪（white spotted wet snow）とは直径 20 ～ 100mm 程度の円形の白い斑点が表面に現れているぬれ雪のことである（図 A11）．斑点ぬれ雪はアスファルト路面やコンクリート路面など，透水性のない路面上に薄く堆積した積雪に出現する場合が多い．出現時の積雪深は 10 ～ 20mm が多く，大部分の積雪は水で飽和しており，ぬれ雪となっている．表面には直径 1mm 程度の氷粒があり，ぬれ雪内部の気泡を保持していた．この気泡に日射が当たり，日射が拡散反射することで，白い斑点は形成されていた．

　2010 年に村井昭夫と藤野丈志が白い斑点部下の気泡から注射器で空気を捕捉し，その厚さを推定したところ，79 回の測定結果の平均は約 1mm であった．斑点の直径は 20 ～ 100mm 程度なので，ぬれ雪内部の気泡は扁平した形状であることがことがわかった．また，斑点の平面分布を最近隣距離法（nearest-neighbour method），ボロノイ図（Voronoi diagram），2 次元相関関数（two-dimensional correlation function）で調べたところ，白い斑点の位置はランダムでなく，1 つの白い斑点の周りに 6 個の斑点が存在する確率が高いことがわかった．これは積雪が融解しぬれ雪となり，ぬれ雪内に小さな気泡が捕捉された時に，周囲の気泡と互いに競合しながら小さな気泡が集積した結果であると考えられている．斑点ぬれ雪の特徴の詳細は Kameda *et al*.（2014）を参照のこと．

　なお，図 A11 が撮影された時には，北見市内と置戸町の多くの地点で斑点ぬれ雪が観察された．実際に観察した人からは，「押すと白い部分が動くので，子どもと一緒に押して遊んだ」，「長年北見に住んでいるが初めて見た」などの感想があった．

図 A11　斑点ぬれ雪（2009 年 11 月 1 日朝，北海道常呂郡置戸町において山口久雄撮影）
（カラー図は口絵 12 を参照）

コラム 12
雪は溶けるのか，融けるのか，解けるのか？

「去年の雨」より

 ♪去年の春の雨がまだ降り止まない　　いったいどうしたことだっち
 　去年の冬の雪がまだちょっと溶けない　いったいどうしたことだっち
 　去年の夏と秋の雨がまだ降り止まない　いったいどうしたことだっち

日本音楽著作権協会（出）許諾第 1608558-601 号

　「去年の雨」は日本のロックグループ Pink Cloud が 1984 年に発表した歌で，作詞はギタリストの Char（チャー，本名：竹中尚人（ひさと））．2 行目の歌詞では「去年の冬の雪がまだちょっと溶けない」と歌っている．ところで，雪は「溶けない」，「融けない」，「解けない」の中で，どの漢字を使うのが正しいのであろうか？

　実はこの点は日本雪氷学会誌『雪氷』で議論された経緯がある（小島，2006；成瀬，2007）．小島（2006）によると，『(私は) 雪は「融ける」を好むけれど，常用漢字表では「融」はユウとしか示されていないので，極力「解ける」を使うように心掛けている』とのことであった．また，小島（2006）は「常用漢字表の前書き」に「常用漢字表はあくまでも漢字使用の目安を示すものであり，科学，技術，芸術その他の各種専門分野や個々人の表記にまで（影響を）及ぼそうとするものではない」と記載されていることを説明しているが，結論として小島（2006）は「解ける」または「とける」を推奨している．一方，成瀬（2007）は「融ける」を推奨している．

　それでは「雪がまだちょっと溶けない」はどのように書くべきだったのであろうか？　成瀬（2007）も指摘しているが，広辞苑や大辞林などの辞書では「解ける」は「結び目が解ける」や「問題が解ける」と使う．「溶ける」は「塩は水に溶ける」の例が示されている．したがって，この場合，小中学生も親しむ歌という観点に立つと，「溶けない」が正しいことになる．

　それでは雪氷学としてはどの漢字を使うのが正しいのであろうか？　筆者としては雪氷学では「融雪」という言葉があるので，成瀬（2007）と同じく，「雪がまだちょっと融けない」と書くことが雪氷学的には正しいと主張したい．

　（公社）日本雪氷学会が編集した『新版　雪氷辞典』（日本雪氷学会，2014）では「融雪」，「融雪遅延」の説明文中に，「雪融け」という記述（執筆者はそれぞれ小林大二氏と松村謙生氏），「融雪漕」の説明文中に，「雪を融かす装置」という記述がある（執筆者は金田安弘氏）．小島（2006）はこの問題は雪氷学会の用語委員会（仮称）での議論を提案したが，最新の日本雪氷学会による辞典で「雪が融ける」が使われており，「解ける」，「溶ける」，「とける」は使われていない．したがって，日本雪氷学会としても雪が「融ける」の用法を推奨していると理解したい．

　ところで，鉄が「とける」，チョコレートが「とける」はどうであろうか？　こちらは「融鉄」，「融チョコレート」という言葉はないので，素直に「溶ける」と記述したい．「塩を水にとかす」も「溶かす」であろう．固体がとけて他の液体に入り込むのは，溶液というので「溶かす」となるのであろう．なお，氷がとけることは，融氷もしくは解氷というが，氷が「とける」は，「溶ける」と書く場合が多い．

第 4 章　氷河，氷床

　高山や極域に存在する氷河（glacier）や氷床（ice sheet）は地球に存在する淡水の約 75％を占める．現在から 2 万年前の氷期には，カナダからアメリカ北部，北欧を中心としたイギリスからロシア北西部がそれぞれ氷床で覆われたため，海水準は現在よりも 120〜135m 程度低くなっていた．このため，北海道はシベリア北部と陸続きになり，獲物を追って多くの人々が北から日本列島へやってきた．一方，九州は朝鮮半島，琉球列島と陸続きではなかったが，草を編んだ船などで日本列島へ人々がやってきたと考えられている[1]．日本人の祖先とはこのような北方系および南方系の人々なのである．現在の日本には巨大な氷河や氷床は存在していないが，氷河や氷床は日本人の成り立ちに影響を与えてきた．

4.1　氷河，雪渓，岩石氷河

4.1.1　特徴
1）氷河
　氷河とは高山や極域に存在する雪と氷の塊で，重力により流動することが特徴である．形状により，主として溢流氷河（outlet glacier），谷氷河（valley glacier），山腹氷河（mountain glacier）に分類できる．溢流氷河とは，氷床や氷帽などから流れ出ている氷河で，上部の流域境界が不明瞭なものである（氷床および氷帽の説明は 4.2 節参照）．図 4.1 に溢流氷河の例を示す．これはグリーンランド氷床から流れ出ている溢流氷河である．谷氷河は谷を流下する氷河である．アルプスのメール・ド・グラス（Mer de Glace, 図 4.2），アラスカのメンデンホール氷河（Mendenhall Glacier），ネパールヒマラヤのクンブ氷河（Khumbu Glacier），ロシア連邦アルタイ共和国のソフィスキー氷河（Sofiyskiy Glacier, 図 4.3）

図 4.1　グリーンランド氷床からの無名の氷河（北極圏氷河学術調査隊提供，1989 年 5 月撮影）

---

[1] Kaifu *et al.*（2015），海部（2016）によると，朝鮮半島，対馬を経由して，3 万 8 千年前には熊本県，静岡県東部，長野県北部に人が住んでいたと推定されている（熊本市の石の本遺跡群，沼津市の位出丸山遺跡，長野県信濃町の野尻湖遺跡群（貫ノ木遺跡・日向林 B 遺跡））．また，2016 年 7 月 17 日には沖縄県与那国島から西表島を目指して，草船での実験航海が実施された．

図 4.2 アルプス山脈西部（フランス）の
メール・ド・グラース（1989 年 7 月撮影）
オージャイブと呼ばれる縞模様がはっきりと見える.
（カラー図は口絵 13 を参照）

図 4.3 ロシア連邦アルタイ共和国のソフィスキー氷河
（ロシア・アルタイ氷河調査隊提供，2000 年 7 月撮影）
（カラー図は口絵 14 を参照）

図 4.4 ロシア連邦アルタイ共和国の圏谷氷河
（ロシア・アルタイ氷河調査隊提供，2000 年 7 月撮影）

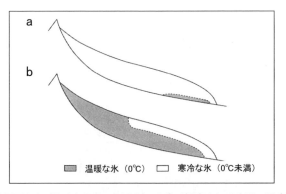

図 4.5 (a) 北極圏カナダと (b) スカンジナビアで多く観察される氷河の温度構造の模式図
（Aschwanden *et al.*, 2012，和訳を追加）

などが谷氷河の代表例である．山腹氷河とは山の斜面や圏谷（カール）[2]，火口内などに存在する比較的小型の氷河である．圏谷内に存在する氷河は圏谷氷河（カール氷河）とも呼ばれる（図 4.4）．火口

[2) 圏谷（カール）とは氷河の侵食によってつくられた窪地を意味する．氷河圏谷とも呼ぶ．カールはドイツ語で，英語では cirque（発音は〔səːrk〕（サーク））である．

図 4.6 大雪山系の雪壁雪渓
（2012 年 9 月 14 日撮影）
（カラー図は口絵 15 を参照）

図 4.7 北アルプスの剱沢圏谷のはまぐり雪
（2006 年 10 月 3 日，飯田 肇撮影）
（カラー図は口絵 16 を参照）

内に存在する氷河はクレータ氷河（crater glacier）とも呼ばれる．

氷河は内部の温度分布によっても 3 種類に分類される．極地氷河（polar glacier）は年間を通して氷河内部が 0℃未満の氷河，亜極地氷河（sub-polar glacier）は夏季に氷河表面が融解する部分を含む氷河，温暖氷河（temperate glacier）は夏季に氷河全体が融点（0℃）になる氷河である（Ahlmann, 1935；Benson, 1962；Müller, 1962）．アラスカ沿岸域，パタゴニア，アイスランドの氷河は主として温暖氷河である．1 つの氷河の中で異なる温度分布をもつ氷河もある．例えば，上流域は極地氷河，消耗域は温暖氷河になる場合もある．図 4.5a は消耗域の底部が温暖になる場合で，北極圏カナダの氷河で多く観察される．また，図 4.5b は全体が温暖であるが，消耗域の表層部が寒冷になる場合で，スバールバル諸島の氷河やスカンジナビアの氷河で多く観察される[3]．なお，氷河のドイツ語名は Gletscher であるが，この単語は 1538 年に刊行されたヨーロッパアルプスの地図で最初に使われた（Klebelsberg, 1949）．

2）雪渓

山岳域で流動せずに存在する雪と氷の塊は，雪渓（snow patch）と呼ばれる．図 4.6 は北海道大雪山系の雪壁雪渓，図 4.7 は北アルプスのはまぐり雪雪渓（以降，はまぐり雪と記す），図 4.8 は北アルプスの内蔵助雪渓，図 4.9a は北アルプスの剱岳にある小窓雪渓および三ノ窓雪渓，図 4.9b は北

---

[3] 消耗域については図 4.13 を参照．前者は北極圏カナダ型，後者はスカンジナビア型と呼ばれる．

120　第4章　氷河，氷床

図4.8　北アルプスの内蔵助雪渓
（1986年9月26日，飯田 肇撮影，カラー図は口絵17を参照）

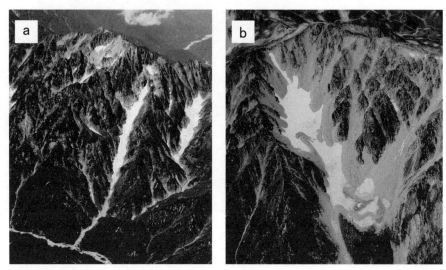

図4.9　(a) 劒岳北東面（中央が三ノ窓雪渓，右が小窓雪渓．左上に劒岳；2002年10月5日，飯田 肇撮影）
　　　 (b) 立山東面の御前沢雪渓（2009年9月14日，飯田 肇撮影）

アルプスの立山東面の御前沢雪渓である．これらの雪渓は毎年，夏が過ぎても存在する多年性雪渓（perennial snow patch）である（多年性雪渓は越年性雪渓とも呼ばれる）．多年性雪渓は雪が降り始める直前に最小面積になるが，この時の雪渓面積は冬季の積雪涵養量と夏季の融雪量を反映しており，ある種の気候データとなる．

　高橋ほか（2013）は1964年から2013年までの大雪山系の雪壁雪渓の融雪期末期（9月中〜下旬）の規模変動を報告した．その結果，雪壁雪渓の規模変動は最も近い気象官署の旭川での夏季気温や冬季降水量との対応はあるが，それ以上に十勝岳の火山噴火による火山灰の堆積の影響を受ける傾向を示していることを報告した．雪壁雪渓では掘削調査も行われている．1968年8月29日の掘削調査では雪壁雪渓を8.6m掘削し，全層の積雪試料を採取した．その結果，雪渓内部には4年分の積雪が存在していることがわかった（若浜ほか，1969）．成瀬ほか（1972）は大雪山系での多年性雪渓の広域分布を報告した．

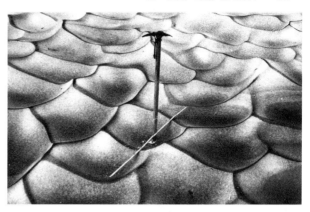

図 4.11 大雪山系のヒサゴ雪渓の表面にできた融雪面での窪み模様（高橋，1978）

図 4.10 三ノ窓雪渓のラントクルフト
（2012 年 10 月 3 日飯田 肇撮影）

　はまぐり雪は北アルプスの劔岳と立山の間にある劔沢の源頭部に位置するが，1967 年から毎年の融雪期末期の規模変動が測定されており，その結果も報告されている（樋口ほか，1979a；樋山・飯田，2007）．

　内蔵助雪渓は北アルプス北部，立山連峰の富士ノ折立（標高 2999m）と真砂岳（標高 2860m）とを結ぶ南北山稜の東側の内蔵助圏谷に位置する．内蔵助雪渓では雪面から 5m 深より深い部分に，厚さ約 30m の氷体があることが報告された（山本ほか，1986；Yamamoto and Yoshida, 1987）．1983 年の調査ではこの氷体内から植物片が発見され，その ^{14}C 分析によりこの氷は現在から 1000 ～ 1700 年前に堆積し，その化石氷体の厚さは約 24m であることがわかった（Yoshida et al., 1990）．2005 年 9 月に実施された調査でも同様の化石氷体が雪渓内部に存在したが，その厚さは最大で約 16m であり，1983 ～ 2005 年の 22 年間で約 8m が消滅した（中埜ほか，2010）．

　福井・飯田（2012）は北アルプスの劔岳北東面に位置する小窓雪渓と三ノ窓雪渓で高精度 GPS 観測を実施し，1 カ月間に最大 30cm を超える流動を明らかにした．福井・飯田（2012）は北アルプスの立山に位置する御前沢雪渓でも 1 カ月に 10cm 以下ではあるが有意な流動を観測し，これらが氷河である可能性を指摘した．図 4.9a からは小窓雪渓と三ノ窓雪渓は比較的規模が小さく見えるが，実際の長さは 900 ～ 1200m である．図 4.10 は三ノ窓雪渓のラントクルフト[4]（Randkluft）であるが，人物と比較すると三ノ窓雪渓の実際の大きさがわかる．

　夏季の雪渓表面には図 4.11 に示すような直径 10cm ～ 1m，深さ 1 ～ 30cm 程度の多角形の窪みが規則的に出現することがある．これは一般的にはスプーンカット，亀甲模様，ポリゴン（Polygon），英語では ablation hollows と呼ばれるが，高橋（1978）は「融雪面の窪み模様」と名付けた．高橋（1978）は大雪山系の雪渓で窪み模様の形成過程を研究し，主として雪渓上の風の乱流による熱交換で窪み模様が形成されることを明らかにした．

　なお，氷河の定義についてはいくつかの提案があるが，国際的には Flint（1971）によるものが使われることが多い（成瀬，2013）．それに従うと，氷河とは（1）降雪からできた氷と雪の塊，（2）陸

---

[4] 氷体と露岩との間に形成される割れ目を意味する．

図 4.12 ロシア連邦アルタイ共和国の岩石氷河
(ロシア・アルタイ氷河調査隊提供，2000 年 7 月撮影)

上に存在，(3) 流動する，と定義できる．この場合，福井・飯田 (2012) が報告した多年性雪渓は氷河といえる．ただし，典型的な氷河を想定して，氷河の定義を「流動する雪と氷の塊で，涵養域と消耗域が分離していること」[5]を含めると，小窓雪渓，三ノ窓雪渓，御前沢雪渓は氷河ではなくなる．一方，鳥海山の多年性雪渓（貝形雪渓）は流動しているとの報告があり（土屋，1974 など），土屋はこれを小氷河 (glacieret)[6]とした（土屋，1999）．ただし，福井・飯田 (2013) は土屋による流動測定結果を疑問視しており，今後は流動の再測定など，「鳥海山の小氷河」は再検討する余地がある．

樋口 (1969) は多年性雪渓の地球科学的な意味を報告した．1979 年の『雪氷』には，「日本における雪渓の地域的特性（Ⅰ，Ⅱ，Ⅲ）」が特集されており，樋口ほか (1979b) など多年性雪渓についての多くの報告が掲載されており参考になる．

3) 岩石氷河

氷河に類似したものとして，岩石氷河 (rock glacier) がある．これは舌状に岩屑が張り出した氷河状の地形である（図4.12）．内部に氷が存在しており，この氷が流動や融解することで表面にしわ状の凹凸が存在することが特徴である．岩石氷河の成因には氷河説と周氷河説[7]がある．氷河説では岩石氷河とは氷河上の岩屑が厚く堆積した氷河と考え，周氷河説では氷に富む永久凍土層が内部変形して流動したものと考える（松岡，1998，2012）．最近の研究では，岩石氷河は氷河型，堆石型[8]，堆石－崖錐型[9]，崖錐型に分類されている（池田，2013a，2013b）．図4.12 はロシア連邦アルタイ共和国の岩石氷河の例であるが，崖錐とつながっており，典型的な崖錐型の岩石氷河である．

4.1.2 氷河の領域区分

図 4.13 に氷河の領域区分を示す．上流域には年間を通して積雪や氷が堆積する「涵養域」(accumulation area)，下流域には積雪や氷が消耗する「消耗域」(ablation area) が存在する．両者の境界を平衡線 (equilibrium line) という．涵養域は夏季でも表面積雪が融解しない「乾雪帯」(dry-snow zone)，夏季に部分的に融解が起こる「浸透帯」(percolation zone)，融解水の浸透のために前年夏以降の積雪が全層 0℃となる「湿雪帯」(wet-snow zone)，浸透した融解水が冷えた氷のために，氷河内部で再凍結して，上方に氷が積み上がっていく「上積氷帯」(superimposed ice zone) に分類できる．こ

---

[5] 養域と消耗域については図 4.13 を参照のこと．
[6] 小氷河 (glacieret) とは，Cogley et al. (2011) によると「山岳域の窪地などに形成され，表面に目立った流れのパターンがない，面積が 0.25km² 以下の小さな氷体」と定義されている．
[7] 周氷河とは氷河や氷床に隣接した地域を意味する．一般には周氷河地形として使われることが多い．周氷河地形とは，地中の水分が凍結や融解を繰り返すこと（融解再凍結過程）により形成される地形を意味する．
[8] 堆石とは，英語では moraine（モレーン）と呼ばれ，氷河が谷を削りながら流動した時に，氷河の前面や側面にできる岩石や岩屑や土砂などが土手のように堆積した地形．前者はエンドモレーン (end moraine)，後者はサイドモレーン (side moraine) という．エンドモレーンはターミナルモレーン (terminal moraine)，サイドモレーンはラテラルモレーン (lateral moraine) とも呼ばれる．
[9] 崖錐とは英語では talus slope（タラススロープ）で，急傾斜な斜面から落下した岩屑類が下部の斜面に堆積した地形．

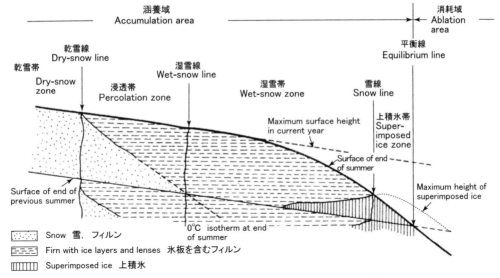

図 4.13 氷河の領域区分（Paterson, 1994，和訳を追加）

れらの境界をそれぞれ乾雪線（dry-snow line），湿雪線（wet-snow line），雪線（snow line）[10]と呼ぶ．涵養域での降雪によるプラスの質量と消耗域での融解や流出によるマイナスの質量を合わせて，質量収支（mass balance）という．氷河全体の面積に対する涵養域の割合を AAR（accumulation area ratio），平衡線高度を ELA（equilibrium line altitude）という．

氷河の涵養は冬季，消耗は夏季と考えがちだが，雨期・乾期といった降水量に依存した気候区分に対

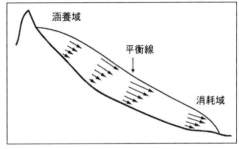

図 4.14 氷河の縦断面の模式図
氷河内の流動速度を矢印で示す．

応する氷河もある．例えば，アジアモンスーン勢力下のヒマラヤの氷河などでは夏季に涵養と消耗が同時に起きており，他の季節はあまり変化がない．これを夏季涵養型氷河と呼ぶ（上田，1983）．これに対して，夏季に消耗して冬季に涵養される氷河は冬季涵養型と呼ぶ．南極氷床の内陸域は全季節（1年間）を通して涵養が起こっているので，全季節涵養型である．

氷河の消耗域では特徴的な横断方向の縞模様が現れることがある（図 4.1 および 4.2）．これはオージャイブ（Ogives）と呼ばれ，氷瀑を超えた部分にできる．明るい部分と暗い部分の組が1年間の流動速度に対応していることが知られている（Waddington, 1986）．また，氷河や雪渓などで夏の間に融けきらないで翌年以降に残り，かつまだ氷化していない積雪をフィルン（firn）[11]という．

4.1.3 氷河の流動

氷河の流動速度（flow velocity of glaciers）は氷河の表面傾斜，氷河の厚さ，氷体の温度，氷河底面の状況（凍結または融解），岩壁との摩擦の影響などに依存し，氷河表面で最大になることが知られている．図 4.14 はこのような氷河流動（glacier flow）を模式的に示した．これまでの研究により，氷

---

[10] 雪線とは図 4.13 に示すように，「氷河表面での雪と氷の境界」の意味で使われる場合と「平衡線（涵養域と消耗域の境界）の長期にわたる平均的な位置」の意味で使われる場合がある．ここでは前者の意味である．

[11] フィルンとは「ひと夏を越えた雪」という意味のドイツ語起源の用語である．氷河や氷床で氷化していない積雪を意味する場合が多い．なお，英語では firn と書き，発音は〔fiən〕（ファーン）である．フランス語では névé という．

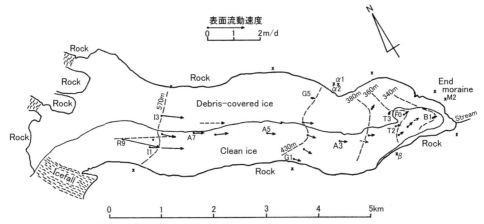

図4.15 パタゴニアのソレール氷河の消耗域での表面流動速度の分布 (Naruse, 1987)
氷河は左から右に流動しており,図の右端が氷河末端.

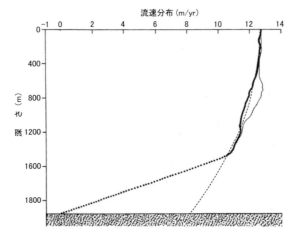

図4.16 南極バード基地での掘削孔を用いた表面から1482m深までの流速分布 (Whillans, 1983, 和訳を追加)
オリジナルデータは Garfield and Ueda (1976).

河流動は氷河内部での氷の塑性変形 (plastic deformation) と氷河底部でのすべり (basal sliding) という異なる2つの現象によって駆動されていることがわかっている.

本書1.2.2項で述べたように,氷は粘弾性物質であるため,長時間の力がはたらくと水飴のように変形する.これが氷の塑性変形による流動である.氷に加わる力が塑性変形の限界を超すと氷に割れ目 (crack)[12] が発生する.一方,氷河の底面すべりは,底面で氷河氷が基盤に固着せずに,水が存在している場合に起こる.この2つの流動メカニズムの割合は,氷河ごとにより大きく異なるが,Paterson (1994) によると,氷河の表面流速に対する底面すべりの割合は3%から90%に及ぶ.つまり,表面流動のかなりの部分を底面すべりが担っている氷河や大部分が塑性変形である氷河が存在する.

氷河の流動速度は山岳の斜面に存在する谷氷河の場合,年間10mから1km程度である.図4.15は南米パタゴニアのソレール氷河 (Soler Glacier) の消耗域での表面流動速度の測定結果である.流動速度の大きさと向きが矢印で示されているが,1日で0.3〜1.5m流動したことがわかる.流動速度に季節変化がないと仮定すると,年間で100〜500m程度の流動量となる.

図4.16は南極バード基地での深層掘削孔で測定された氷床内部の流動分布(太い実線および細い

---

[12] 幅が数cmから数10cmまでの氷河表層部の割れ目をクラックという.これよりも大きな割れ目はクレバス (crevasse) という.

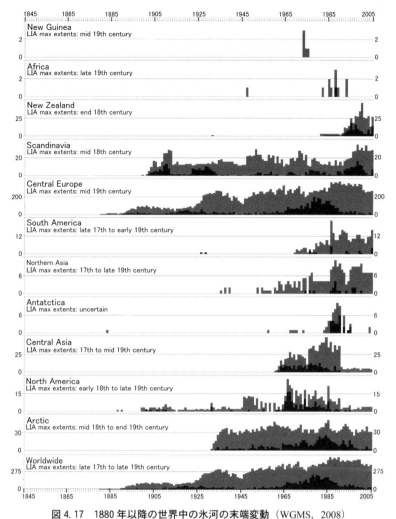

図 4.17 1880 年以降の世界中の氷河の末端変動（WGMS, 2008）
灰色は後退している氷河の数，黒は前進している氷河の数．縦軸は地域ごとに異なるので注意．
ここで LIA とは Little Ice Age（小氷期）の略称である（カラー図は口絵 21 を参照）．

実線）である．氷床表面が最も早く流動していることがわかる．ここでは基盤付近で流動速度が 0 になるように外挿した場合を太い点線，実測データ（太い実線）を外挿した場合を細い点線で示した．

このような定常的な氷河の流動ではなく，通常の 10 ～ 100 倍程度の速度で氷河が突発的に流動する場合がある．これを氷河サージ（glacier surge）という．アイスランドの Brúarjökull は西暦 1625 年以降，ほぼ 80 年ごとにサージを起こすことが知られている．アラスカの Variegated Glacier（ヴァリゲーテド氷河）は 1906 年，1920 年代後半または 30 年代前半，1947 年頃，1964 ～ 65 年，1982 ～ 83 年にサージを起こしたことが知られているが，1982 ～ 83 年の時には直接観測が実施された（Kamb et al., 1985）．この結果，氷河サージとは氷河底面での水圧が高くなり，その結果として氷河が浮いて底面すべりを起こす現象であることがわかった（Kamb et al., 1985）．

4.1.4 氷河の末端変動

氷河は周囲の気象条件（気温，降水量など）によってその形状（末端位置，厚さなど）が変化するため，世界各地で氷河の変動状況が調べられてきている．図 4.17 は 1880 年以降の世界中の氷河の末

端位置の変動である．この図より中央ヨーロッパでの氷河の縮小は1920年代から増加していることがわかる．また，中央ヨーロッパと北極域では1965年頃から1990年頃まで拡大していた氷河が多く，スカンジナビアの氷河は中央ヨーロッパの氷河よりも遅れて前進した傾向があることもわかる．

図4.17はスイスのETH（チューリッヒ工科大学）のWGMS（World Glacier Monitoring Service）が世界中の研究者から集めた1803の氷河の末端変動の観測結果を使って作成した．このような世界中の氷河の変動データは1959年から取りまとめられており，5年ごとに出版されている（例えば，Kasser, 1967やWGMS, 2012など）．1988年からはWGMSにより2年ごとの氷河変動も出版されているので（例えば，WGMS, 2013），世界中の氷河変動の特徴を調べる際に役に立つ．また，2015年からは氷河変動の報告は *Global Glacier Change Bulletin* として刊行されている（WGMS, 2015）．

4.2 氷床

面積が100万km^{2}より大きく，大陸規模の面積を有するものを氷床(ice sheet)という．氷床にはドーム状の頂部が存在しており，この地点をアイスドーム（ice dome），氷床の中で流れが速い部分を氷流（ice stream）と呼ぶ．現在の地球には，南極氷床（Antarctic ice sheet）とグリーンランド氷床（Greenland ice sheet）の2つの氷床が存在する．

面積が100万km^{2}よりも小さく，下の地形が推定できる程度の厚さの平原状の雪原で，山岳地域の谷や窪地を埋める形で存在するものを氷原（ice field），山岳全体を帽子状に覆うものを氷帽（ice cap）という．前者は南米のパタゴニア氷原（Patagonian ice field），後者は北極圏カナダのバフィン島のバーンズ氷帽（Barnes ice cap）やスピッツベルゲン諸島の北東島のアウストフォンナ氷帽（Austfonna ice cap）が典型例である．なお，ここまでは氷河という用語を氷床や氷原，氷帽と区別して使ってきたが，氷河という用語が氷床などを含めた総称として使われる場合もある．

2万年以前の氷床の分布を調べた米国の研究グループCLIMAP（クライマップ）によると，12万年前から1万2000年前までの最終氷期には図4.18a(最小の復元モデル)に示すように，北米地域にはローレンタイド氷床（L），コルディレラ氷床（C），グリーンランド氷床（G）が存在し，イギリス，北欧，ロシアにかけてはスカンジナビア氷床（S），イギリス氷床（B）が存在したと考えられている．また，最大の復元モデル（図4.18b）では，さらにイヌーシアン氷床（I），バレンツ海氷床（Ba），カラ海氷床（K）が示されており，これらの存在の可能性が指摘されている[13]．

近年で氷床が最も拡大した2万年前の最終氷期最盛期（LGM：Last Glacial Maximum）には，ローレンタイド氷床は現在のニューヨークやシカゴ付近まで，スカンジナビア氷床は現在のベルリン付近まで南限が広がったことが知られている．ニューヨークのセントラルパークの岩盤表面には直線的な擦り傷があるが，このような擦痕は氷河底面に存在した石が移動する時に岩盤に傷をつけた痕だと考えられており，かつて氷河があった証拠である．このような擦り傷を氷河擦痕という．図4.19はカナダのコロンビア氷原（Columbia Icefield）から流出しているアサバスカ氷河（Athabasca Glacier）末端付近の岩盤上の氷河擦痕を示すが，平行な擦り傷が多数あることがわかる．日本の山岳域にもかつては氷河が存在したため，北海道日高山脈のトッタベツ川の氷食谷，北アルプスの白馬岳や鹿島槍ヶ岳などでも氷河擦痕を見ることができる．岩田（2011）によると，氷河が存在したのは最終間氷期直前の氷期で，おおよそ13～15万年前に相当する．

図4.18aと図4.18bを詳しくみると，ローレンタイド氷床（L）とコルディレラ氷床（C）の間には

---

[13] イギリス氷床は100万km^{2}以下である可能性が高いが，従来の呼び方に従い，ここではイギリス氷床と記述した．

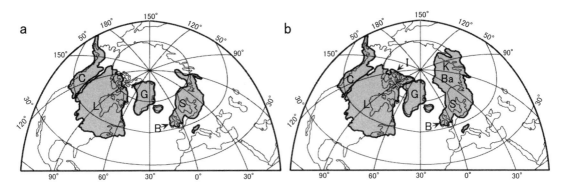

図 4.18 CLIMAP による最終氷期最盛期（LGM）の北半球氷床の分布（Clark and Mix, 2002）
(a) 最小の復元モデルによる結果，(b) 最大の復元モデルによる結果．
L：ローレンタイド氷床，C：コルディレラ氷床，G：グリーンランド氷床，S：スカンジナビア氷床，
B：イギリス氷床，I：イヌーシアン氷床，Ba：バレンツ海氷床，K：カラ海氷床．

図 4.19 アサバスカ氷河末端付近の岩盤上の氷河擦痕
奥にアサバスカ氷河を示す（2008 年 7 月上旬撮影，コーベット・フォトエージェンシー提供）．

氷が存在しない地域がある．これは無氷回廊（ice-free corridor）として知られており，Pringle (2011) によると 15000 年前には幅 400km 程度の氷がない回廊状の地域が存在したと考えられている（幅 400km は現在のアルバータ州北部での推定値）．

人類のアフリカ単一起源説によると，人類はアフリカ大陸で 700 万年前に生まれた．その後，猿人，原人，旧人がアフリカで現れては消えていったが，原人と旧人は生まれ育ったアフリカの外へも移住した[14]．我々の祖先はおおよそ 20 万年前にアフリカに現れた新人（ホモ・サピエンス）であるが，彼らも 10～5 万年前にアフリカの外へ移住を開始し，ユーラシア大陸，シベリア，アラスカを経由し，18000 年前頃からカナダの西海岸と無氷回廊を通過し，アメリカ大陸へ進出したと考えられている．彼らは「最初のアメリカ人」（the First Americans）と呼ばれる．

---

14) これを出（しゅつ）アフリカ（Out of Africa）という．赤澤（2012）によると，出アフリカは 3 つの時代で起こったと考えられている．初めは原人のホモ・エルガステル（180～100 万年前）とホモ・エレクトス（180～20 万年前），2 回目は旧人のハイデルベルゲンシス（80～20 万年前），3 回目は新人のホモ・サピエンス（原生人類，10～5 万年前）である．

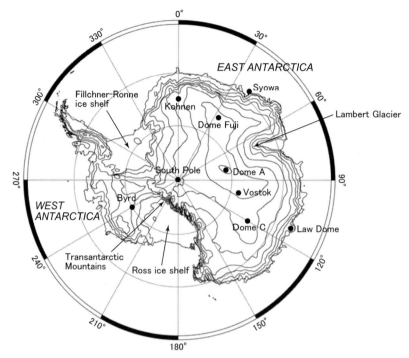

図 4.20 南極氷床

南極点,ロス棚氷,フィルヒナー・ロンネ棚氷,ランバート氷河,南極横断山脈,Dome A,昭和基地および深層掘削地点(Byrd, Vostok, Dome C, Dome Fuji, Kohnen, Law Dome)の位置を示す.

表 4.1 南極氷床の規模 (Lythe et al., 2001)

	体 積 * ($\times 10^6$ km^3)	面 積 * ($\times 10^6$ km^2)	平均氷厚 * (m)	海水準相当 (m)
南極氷床体	25.4 (100%)	13.7 (100%)	1856	57
東南極氷床	21.8 (86%)	10.2 (74%)	2146	52
西南極氷床	3.6 (14%)	3.5 (26%)	1048	5

＊棚氷を含む.

4.2.1 南極氷床

1) 概要

　南極氷床は地球上に存在する氷の約 90% を占める広大な氷床である.図 4.20 に示すように南極横断山脈(Transantarctic Mountains)により,東南極氷床(EAIS, East Antarctic Ice Sheet)と西南極氷床(WAIS, West Antarctic Ice Sheet)に区分される.内陸域の氷は年間数 cm 程度,中流域では年間 10〜20m 程度,沿岸域では年間 200m から 2km 程度,流動している.これを氷床流動(ice sheet flow)といい,とくに速度の早い部分を氷流(ice stream)という.東南極氷床のランバート氷河(Lambert Glacier)は世界最大の氷流である.沿岸域には海水に浮いている棚氷(ice shelf)が張り出している.ロス棚氷(Ross ice shelf)とフィルヒナー・ロンネ棚氷(Filchner-Ronne ice shelf)が大きい.内陸域には標高が高いアイスドームがいくつか存在し,ドーム A(Dome Argus, 80°22'S, 77°21'E, 4093m),ドーム C(Dome Circe or Dome Charlie, 75°06'S, 123°21'E, 3233m),ドーム F(Dome Fuji, 77°19'01"S, 39°42'12"E, 3810m)などと名づけられている.

　表 4.1 に東南極氷床と西南極氷床の体積,面積,平均氷厚,海水準相当をまとめた.東南極氷床は南極氷床全体の 86% の体積,74% の面積をもち,最高部の標高は 4000m を越え,平均氷厚は 2146m

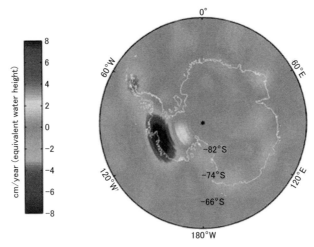

図 4.21 重力計搭載の人工衛星 GRACE による南極氷床の氷床高度の計測結果（Chen *et al*., 2009）
西南極氷床での暗い部分はマイナスの領域（最大で-8cm/year）（カラー図は口絵 19 を参照）．

である．西南極氷床の平均氷厚は1048mであるが，広い範囲で基盤が海面下にあるため，海洋性氷床と呼ばれる．西南極氷床では近年の温暖化に伴い，氷床表面での融解域拡大，接地線（grounding line）の後退，棚氷の崩壊が報告されている（Shepherd *et al*., 2004 など）．

表 4.1 に示すように，南極氷床の氷は海水準で57m相当と推定された．ここでは基盤に接地した氷床体積（海水準以上 $22.6×10^6 km^3$，海水準以下 $2.1×10^6 km^3$），氷の平均密度（海水準以上 $910kg/m^3$，海水準以下 $917kg/m^3$）を使い，Jacobs *et al*. (1992) に従って 360Gt の淡水が海水準 1mm に相当するとして確認できる．ただし，氷床融解に伴う基盤隆起，海水温変動，海水の塩分変化の影響は考慮していない．最近の論文では南極氷床の氷は海水準で58.3m相当との見積もりもでている（Fretwell *et al*., 2013）．

南極大陸の中生代の地層からは恐竜の化石も発見されており，当時の南極大陸は温暖な中緯度に位置していたと考えられている．南極大陸が現在の位置付近に移動して南極氷床が発達し始めたのは，南米大陸と分離してドレーク海峡が形成された約3000万年前と推定されている．

2）質量収支

現在，南極氷床が増えているのか減っているのか，またその量はどのくらいなのかが，南極氷床の質量収支研究の大きな課題である．図 4.21 に重力計を搭載した人工衛星 GRACE[15] による 2002 年 4 月と 2009 年 1 月との観測結果の差を示す．東南極氷床の沿岸域の氷床高度は若干のマイナスとなっているが，それ以外の内陸域ではほとんど変化がなかった．一方，西南極氷床の内陸域では氷床高度が約 2cm/year（水当量）高くなっているが，沿岸域では 4～8cm/year 低下していた．この期間，南極氷床全体の質量収支は -190 ± 97Gt/yr であり，その中で東南極氷床は -57 ± 52Gt/yr であり，西南極氷床は -132 ± 26Gt/yr であることがわかった．2002 年と 2010 年の GRACE の結果では，南極氷床全体では -475 ± 158Gt/yr であり，これは海水準では +1.3 ± 0.4mm/yr に相当した（Rignot *et al*., 2011）．一方，Shum *et al*. (2008) は GRACE のデータを用いて，南極氷床全体が海水準に与えている影響は +0.25～0.45mm/yr であると報告した．つまり，南極氷床変化が海水準に与える影響は 1mm/yr 程度あるいはそれ以下の上昇率であるといえる．なお，現在の地球の海水準は 1.8mm/yr で上昇し

---

15) Gravity Recovery and Climate Experiment の略称．2002 年 3 月に米国が打ち上げた地球の重力計測を行う衛星で，上空 500km で 220km 離れて周回する 2 機の人工衛星からなる．

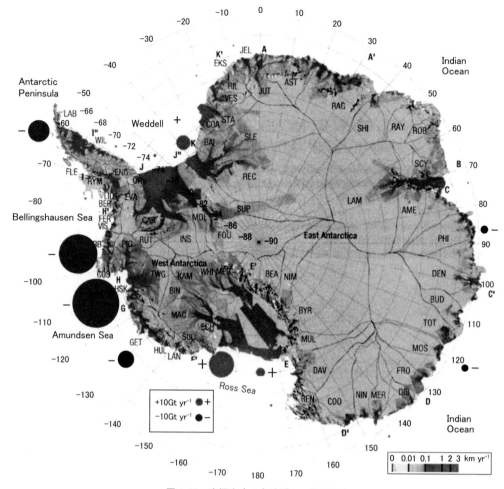

図4.22 南極氷床の各流域での質量収支

円の左右の＋，－記号で正と負の質量収支を示す（Rignot *et al.*, 2008, 一部追加）．西南極氷床での負の質量収支が顕著である．衛星搭載の SAR インターフェロメトリと気候モデルから推定（カラー図は口絵20を参照）．

表4.2 日本南極地域観測隊での主要な雪氷観測計画

観測年	観測プログラム名	主要な成果	主要な出版物
1969–1975	エンダービーランド計画	1) みずほ高原での雪氷研究計画 ・流域および氷床流動速度の解明 ・積雪堆積過程の解明 ・積雪の化学成分の解明 2) みずほ基地での氷床掘削計画 ・147.5m コアと 145.4m コアの掘削とそれを用いた研究	Ishida（1978） Watanabe *et al.*（1988） Kusunoki and Suzuki（1980）
1982–1987	東クィーンモードランド雪氷研究計画	・みずほ基地での 700.56m コアの掘削とそれを用いた研究 ・東ドロンイングモードランドの表面質量収支と流動	Higashi *et al.*（1988） Fujii and Watanabe（1988） 国立極地研究所（1997）
1991–2007	ドームふじ氷床深層掘削計画	・ドームふじ基地での 2503.56m および 3035.22m コアの掘削とそれを用いた研究 ・ドームふじでの雪氷観測および気象観測	Shoji and Watanabe（2003） 高橋（2008）

ていることが知られている．

　図4.22は南極氷床の各流域での質量収支の推定結果を示す．これは ERS-1, 2（European Earth Remote-Sensing Satellite），カナダの Radarsat-1，日本の ALOS（Advanced Land Observing Satellite）が

1992年と2006年に観測したSARインターフェロメトリ[16]（InSAR, Interferometric Synthetic Aperture Radarともいう）で推定した沿岸域での氷床流動速度と気候モデルによる内陸域での表面質量収支から推定した結果である．西南極氷床ではこの観測期間に $-132 \pm 60Gt/yr$ であることが示された．南極半島は $-60Gt/yr$ であり，西南極氷床が融解していることが示されている．

3) 日本南極地域観測隊による雪氷分野での主要な観測計画および成果

日本南極地域観測隊（JARE, Japanese Antarctic Research Expedition）は，1957年に第1次南極地域観測隊が昭和基地で越冬観測を実施して以来[17]，1962年2月から1965年12月までの観測中断期間はあるが，現在も観測を継続している．

表4.2にこれまでの主な雪氷研究計画を渡邊（2002b）を参考にしてまとめた．1969年から1975年に実施されたエンダービーランド計画では，「みずほ高原での雪氷学的研究」（Glaciological Studies in Mizuho Plateau, East Antarctica）として昭和基地から南方の大陸氷床の標高分布，流域確定，雪面模様，積雪堆積過程，10m雪温，流動速度，積雪の同位体・化学成分，斜面下降風（カタバ風，英名はkatabatic wind）の状況などが精力的に調べられた．みずほ高原の標高2250〜2600mのやまと山脈東側に広がる地域で1969年12月に実施された三角鎖測量と1973年12月〜1974年1月に再測された三角鎖測量を解析した結果，東経39°から43°では氷床表面高度が年に0.5〜0.8m程度，低下していることが報告された（Naruse, 1979）．これは何らか原因による氷床の底面すべりが起こった結果であると考えられている（Mae and Naruse, 1978；Mae, 1979）．第11次南極地域観測隊（JARE-11, 1969-71）は昭和基地から南方250kmの地点にみずほ基地（建設当時の名称はみずほ前進拠点）を建設した．

エンダービーランド計画での主要な出版物としては，国立極地研究所が刊行した*Memoirs of National Institute of Polar Research, Special Issue*（通称ブルーブック）の第7巻（Ishida, 1978），データレポート集（JARE Data Reports, 17, 27, 28, 36）とこれらのデータを解析した*Watanabe et al.*（1988）などがある．1970年から1975年にはエンダービーランド計画の一部として「みずほ基地での氷床掘削計画」（Ice Coring Project at Mizuho Station）が実施され，みずほ基地にて147.5mと145.4mの2本の氷床コアの掘削に成功した．得られた氷床コアの詳細な物理解析と化学分析の結果がブルーブックの第10巻（Kusunoki and Suzuki, 1978）として出版された．

1982年から1987年に実施された「東クィーンモードランド雪氷研究計画」（East Queen Maud Land Glaciological Project, 通称「東ク計画」）[18]では，白瀬氷河流域およびセルロンダーネ地域における氷床流動観測および表面質量収支観測，みずほ基地で700.56mに到達する中層掘削や各地点での浅層掘削が実施された．JARE22（1980-82）[19]とJARE26（1984-86）ではみずほ基地よりさらに内陸域での雪氷・気象観測を実施した．JARE22では雪面での摩擦速度の測定（Inoue, 1989a, 1989b），採取された浅層コアの解析（Nishimura and Maeno, 1983など）が実施された．JARE26では内陸域での最高標高地域の探索が実施され，現在のドームふじ基地近傍で「ふじドーム」を発見した（上田，

---

16) SARとはSyntheric Aperture Radarの略で，合成開口レーダーと訳される．これは航空機や人工衛星に搭載し，移動させることで仮想的に大きな開口面（レーダーの直径）としてはたらくレーダーである．インターフェロメトリとは，同じ地点を2カ所からあるいは2時期に観測し，反射された電波の位相差から地表の標高やその変化のデータを得る方法．
17) 日本が南極観測を開始した経緯は永田（1992）に詳しい．また，第1次越冬隊の越冬経過は西堀（1958），北村（1982）が詳しい．
18) みずほ高原を含む広範囲な領域は現在では東ドロイニングモードランド（Moriwaki, 2000）と呼ばれているが，当時は東クィーンモードランドと呼ばれていた．なお，ドロイニングとはノルウェー語で女王（Queen）を意味する．
19) JARE22での観測は1979〜81年に実施されたPOLEX-South計画（Polar Experiment-South）の期間中である．POLEX-Southについては，Kusunoki（1981）が詳しい．

132　第4章　氷河，氷床

図 4.23　南極ドームふじでの雪尺計測の様子
（第44次南極地域観測隊提供，2003年10月30日，大日方一夫撮影）

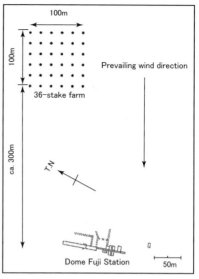

図 4.25　ドームふじ基地での
36本雪尺網の設置地点
（Kameda et al., 2008）

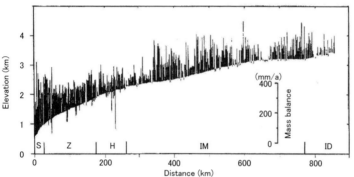

図 4.24　東ドロニングモードランドでの表面質量収支（積雪深，mm/a）
と氷床表面高度（Takahashi et al., 1994）
横軸は沿岸域のS16地点からの観測ルート上での距離（km）．Sルート，
Zルート，Hルート，IMルート，IDルートの位置が示されている．

2012）．前進拠点（Advance Camp；74°12′02″S，34°59′08″E，3198 m）で気象観測が実施され，南極氷床の内陸での気象の特徴が解析された（Kikuchi et al., 1988）．表面流速分布や表面質量収支，表面雪化学分析等の解析結果はフォリオシリーズとして8枚の地図としてまとめられた（国立極地研究所，1997）．

　1991年から2007年に実施された「ドームふじ深層掘削計画」（Deep Ice Coring Project at Dome Fuji, Antarctica）では昭和基地から1000km離れたドームふじ基地で2503.56mと3035.22mまでの2つの深層コア氷が採取された．詳しくはコラム14「ドームふじ氷床深層掘削計画」を参照のこと．

4）雪尺観測

　日本南極地域観測隊の特色ある雪氷観測として，雪尺観測がある．これは南極氷床上に設置された観測ルート上の2kmごとに設置された竹竿（直径20～30mm程度，長さ2.5m）の高さ計測に基づく，氷床表面質量収支（surface mass balance）の観測である（Yamada et al., 1978；Takahashi et al., 1994）．観測状況を図4.23，南極氷床沿岸から内陸域での結果を図4.24に示す．図4.24では沿岸域では積雪量が多いが内陸に入ると積雪量が少なくなることがわかる．これは沿岸域には低気圧が存在するので降雪量が多いが，内陸に進入する低気圧が少ないことが原因である．

　観測ルート上の2kmごとの雪尺に加えてJAREは雪尺網も維持している．これは20m間隔で6×6の雪尺（合計36本）が設置された正方形型と，2m間隔で50本や100本の雪尺が設置されている直線型の2タイプがある．ドームふじ基地での36本雪尺の設置場所を図4.25に示すが，これは基地

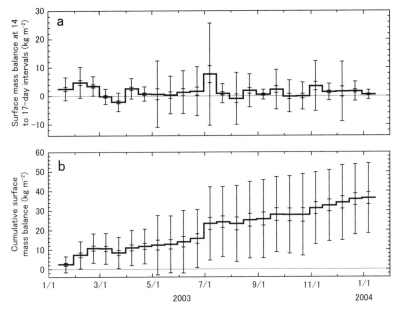

図 4.26 (a) ドームふじ基地での 2003 年 1 月 15 日から 2004 年 1 月 15 日までの 36 本雪尺の平均値 (折れ線グラフ), 標準偏差 (大きなエラーバー), 標準誤差 (小さなエラーバー), (b) は (a) の積算値を示す (Kameda et al., 2008)

の建物から卓越風向側 (風上側) に 300m の場所に設置された. これは 1995 年 2 月に設置されたが, それ以降, 4 回の越冬期間 (1995 〜 97 年および 2003 年) は 15 日ごと, それ以外は年に 1 回の観測が 2008 年まで継続された. 2003 年における 14 〜 17 日ごとの観測結果を図 4.26 に示す. 図 4.26a は 14 〜 17 日ごとの結果, 図 4.26b はその積算を示す. ここでは平均値を折れ線グラフで示すが, 図 4.26a より表面質量収支の大部分はプラスであることがわかる. つまり, 36 本の平均では積雪は堆積している. ただし, 大きなエラーバーで示す平均値と標準偏差 (σ, standard deviation) の和がマイナスになる時があることから, 一部の雪尺 (正確には全体の 68.2% の雪尺) では表面質量収支がマイナスになることがわかる. また, 小さなエラーバーで示す平均値と標準誤差 (σ_E, standard error)[20] の和がマイナスになる時があることから, 36 本雪尺の平均値でも 68.2% のバラツキを考えると, 表面質量収支がマイナスになることが推定できる.

このようなマイナスの表面質量収支はいったん堆積した積雪が風により削剥されることがおもな原因であり, さらに雪面での昇華蒸発も影響している. ドームふじでの年間平均表面質量収支は 27.3 ± 1.5 kg m^{-2} a^{-1} であった (Kameda et al., 2008；亀田ほか, 2008)[21]. なお, 雪尺での高さの差を表面質量収支に換算する場合, 積雪密度をかける必要があるが, Takahashi and Kameda (2007) に従い, 観測期間での雪尺下端深度での平均積雪密度を用いるとよい. ただし, これは表層の積雪密度の深度分布が時間に依存せずに一定であるとしたゾルゲの法則 (Sorge's Law；Bader, 1954) が成り立つことを仮定している点に注意が必要である.

5) 10m 雪温

氷床コアを掘削した後の掘削孔内での測定を検層という. 検層では氷温, 掘削孔の口径変化・傾斜変化などが測定されてきた. ここでは氷床や氷河の表面から 10m 深の温度を計測する意味を説明する.

---

20) $\sigma_E = \sigma/\sqrt{n}$. n は測定数で, ここでは 36 を使う.
21) kg m^{-2} a^{-1} は年に 1mm の降水に相当する. なお, a は annum の省略形で年を意味する.

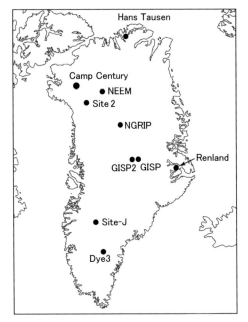

図4.27 グリーンランド氷床での主な掘削地点
（表4.4参照）

表4.3 グリーンランド氷床の規模（Bamber *et al*., 2004）

	体積 (×10⁶km³)	面積 (×10⁶km²)	平均標高 (m)	平均氷厚 (m)	海水準 相当 (m)
グリーンランド 氷床	2.93	1.7	2135	1720	7.3

乾雪域の氷床や氷河の雪面（図4.13の氷河の領域図参照）は気温と日射の影響を受けるので日変化するが，積雪層内部になると日変化の影響が小さくなり，年平均をとるとその地点の年間平均雪面温度に近くなる．10m深では雪温の振幅がおおよそ1℃程度になるため，10m深での雪温を使ってその地点の年間平均気温が推定できる．なお，深くなると温度振幅が小さくなるが，以前の気候の影響も含むことになる．また，深く掘ることは現地での作業量の増加になるため，10m深の雪温で年間平均気温が推定されることが多い．

日本南極地域観測隊が観測を実施したみずほ高原では，Satow（1978）が10m雪温の結果を報告している．ここでは標高0〜1000mまでは−0.8℃/100m，標高1000〜3000mでは−1.3℃/100mの割合で10m雪温が変化することを明らかにした．これは標高の影響のほかに，海洋から離れること（大陸度の影響）および高緯度になることを反映した結果である．ドームふじ基地では通年で雪温計測が実施されたが，10m雪温は1年間で−57.0から−57.8℃まで変化した（Kameda *et al*., 1997）．したがって，ある時に測定した10m深から推定できる年間平均気温には小数点1桁までの精度はないが，同じ時期に測定すれば気温比較はできる．

また，10m雪温はあくまでも表面雪温の平均値なので，南極内陸域のように雪面での放射冷却により接地逆転層が卓越する地域では表面雪温は気温よりも低くなり，結果として年平均気温よりも10m雪温が低くなる点も注意が必要である（Loewe, 1970）．ドームふじの場合，1995〜98年までの年間平均気温（雪面から1.5m高で計測）は−54.4℃であるが（Yamanouchi *et al*., 2003），1995年2月から1996年1月までの年間平均10m雪温は−57.3℃であり（Kameda *et al*., 1997），10m雪温は気温に比べ2.9℃低い状況であった．これは上記の雪面での放射冷却を反映していると考えられる．

4.2.2 グリーンランド氷床

グリーンランド島の78%に当たる約170万km²を覆う氷床．体積は293万km³と見積もられており，地球上に存在する氷の約9%を占める（図4.27）．表4.3に体積，面積，平均標高，平均氷厚，海水準相当をまとめた．グリーンランド氷床は南北に伸びたドーム状をしており，ほぼ中央部に位置する頂上（サミット, Summit）は3231mである．南部にはサウスドーム（South Dome, 標高2850m）がある．基盤地形は氷床中央部が海面下となる盆地状で，東岸には標高2500mを越すヌナタク（nunatak）[22]が連なっている．ヌナタクの間を溢流氷河があふれるように流れ出し，海に達して氷山を流出させている．西側では多くの氷河が海に達しているが，そのなかでイルリサット（ヤコブスハーブン）氷河は，年間5.7〜12.6km（末端付近での1992〜2003年の計測結果，平均では約20m/day）の速さで動く地球

---

[22] 氷床や氷河から頂部のみが突き出た山や丘のこと．グリーンランド語の nunataq が語源．

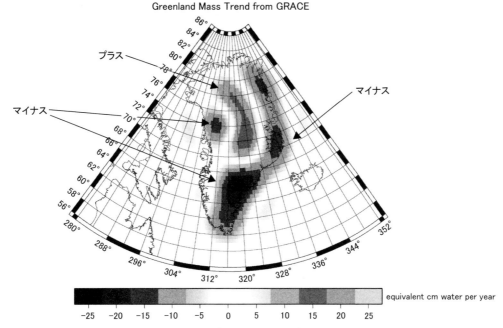

図 4.28　重力計搭載の人工衛星 GRACE によるグリーンランド氷床の計測結果（NASA の HP より，和訳を追加）
2003 年と 2006 年との質量の差を示す（カラー図は口絵 22 を参照）．

上で最も活動的な氷河として知られている．

図 4.28 は重力異常を精密に計測する人工衛星 GRACE によるグリーンランド氷床での 2003 年と 2006 年でのの測定結果の差を示す．内陸域は 10 〜 15cm/year（水当量）程度の氷床高度の増加があったが，沿岸域では 10 〜 25cm/year の氷床高度低下となっていた．この結果，内陸域ではこの 3 年間で 54G ton（$5.4×10^{13}$ kg）の質量増加となり，沿岸域では 3 年間で 155G ton（$1.55×10^{14}$ kg）の質量減少が起こり，正味では質量収支がマイナスであり，海水準上昇への寄与が指摘されている（360Gt が海水準 1mm に相当する場合，約 0.4mm の海水準上昇に相当）．図 4.29 は 2012 年 7 月 8 日（a）と 2012 年 7 月 12 日（b）のグリーンランド氷床の表面積雪での融解状況を示す．7 月 8 日には氷床全体の 40% が融解しただけであったが，7 月 12 日には 97% の表面積雪が融解した．これは過去 30 年間での衛星観測で最も表面融解が広がった日であり，地球温暖化の影響と考えられている．

4.3　氷床コア解析による過去の気候・環境変動の推定

4.3.1　氷床掘削

氷河や氷床には，過去に雪面に積もった雪が氷として内部に存在し，一般的には深くなるほど年代が古くなる．掘削機（掘削ドリルともいう，英名は ice core drill）でこの内部の雪氷層を採取し，得られた氷試料（氷床コア，雪氷コアもしくは氷コアという．英名は ice core）を分析することで過去の気候・環境が推定できる．このような過去の気候・環境復元は，海洋底および湖底の堆積物，木の年輪，珊瑚，古文書なども用いられている．氷コアは，(1) 海洋底コアや湖底コアと比べると堆積速度が大きく，季節変化などの過去の詳細な情報を得ることができる，(2) 最大 100 万年間程度の気候・環境が連続的に復元できる，(3) 最も重要なパラメータである気温を推定することができる，(4) 過去の空気成分を復元できる，等の特徴がある．このため，これまでに極域や高山域の氷河・氷床で掘

136　第4章　氷河，氷床

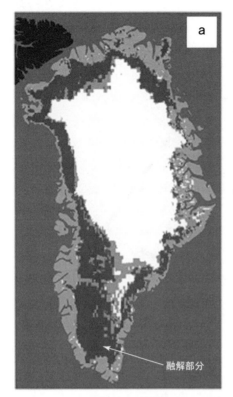

図 4.29　衛星観測によるグリーンランド氷床の表面融解状況
濃いグレーは2つ以上の衛星で融解が確認された部分，薄いグレーは1つの衛星でのみ融解が確認された部分，白は融解していない部分．(a) 2012年7月8日，(b) 2012年7月12日（Nghiem *et al.*, 2012 ; NASA の HP）．
（カラー図は口絵23を参照）

削が精力的に行われてきた．

1）グリーンランド氷床および北極域の氷河

氷河の掘削は1842年にスイスアルプスの氷河で実施された記録はあるが（Müller, 1954），1950年頃まで目立った進歩はなかった．1950年と1951年にグリーンランド氷床の Camp IV（69°42′N, 48°16′W, 1600m）と Station Centrale（70°55′N, 40°38′W, 3000m）でフランス隊が氷床掘削を実施し，126m と 150m までの掘削に成功した．ただし，採取した氷床コア（直径 37〜48mm）の解析は十分に実施されなかった．その後，米国陸軍の SIPRE（Snow, Ice and Permafrost Research Establishment, コラム20参照）は1957年にグリーンランド氷床の北西部 Thule から 350km 内陸に入った Site 2（76°59′N, 56°04′W, 2000m）で 411m 深の掘削に成功し，採取した氷床コア解析も実施した（Langway, 1967, 1970）．

1961年に SIPRE は CRREL（Cold Regions Research and Engineering Laboratory, 米国寒地理工学研究所）に組織変更されたが，CRREL はグリーンランド氷床上にミサイル防衛基地として米軍が設置した Camp Century で1961年から深層掘削を開始し，1966年に岩盤まで到達する 1387m 深の深層コアの掘削に成功した．その後，CRREL のチェスター・ラングウェイ（Chester C. Langway, Jr., 後にニューヨーク州立大学バッファロー校に移動），デンマーク・コペンハーゲン大学のウィリ・ダンスガード（Willi Dansgaard），スイス・ベルン大学のハンス・オシュガー（Hans Oeschger）の3人が協力してグリーンランド氷床での深層コア掘削による古気候研究プロジェクト GISP（Greenland Ice Sheet Program）を立ち上げた（図4.30）．彼らは，グリーンランド氷床中央部の Crête での 400m 掘削（1974），南部の Dye 3 での 2164m 掘削（1979-82）に成功した．

4.3 氷床コア解析による過去の気候・環境変動の推定

図 4.30 Dye3 コア研究の会議席上でのウィリ・ダンスガード（左から 3 人目），チェスター・ラングウェイ Jr. （左から 4 人目），ハンス・オシュガー（右端）（Langway et al., 1985）

表 4.4 グリーンランド氷床での主要な深層掘削

掘削地点（プロジェクト名）	位置および標高	掘削年	掘削深度（m）	最深部の氷の推定年代*
Camp Century（USARP）	77°11'N, 61°01'W, 1885m	1963–1966	1388.3	12.5 万年前
Dye 3（GISP）	65°11'N, 43°50'W, 2479m	1979–1981	2037	12 万年前
Summit（GRIP）	72°34'N, 37°37'W, 3232m	1989–1992	3028.8	11.2 万年前
Summit（GISP2）	72°36'N, 38°30'W, 3200m	1989–1993	3053.44	11 万年前
NGRIP	75°06'N, 42°50'W, 2917m	1999–2003	3085	12.3 万年前
NEEM	77°27'N, 51°04'W, 2484m	2009–2010	2537.36	12.8 万年前

*年代が推定されている最も古い氷の年代．掘削から数年後に出版された論文ではさらに古い年代が示されている場合があるが，年代はその後に見直されており，最近の論文に従った．
USARP : US Antarctic Research Program, GISP: Greenland Ice Sheet Program, GRIP: Greenland Ice Sheet Project, GISP2: Greenland Ice Sheet Project 2, NGRIP: North GRIP, NEEM: North Greenland Eemian Ice Drilling

　その後，コペンハーゲン大学地球物理学同位体研究室（Geophysical Isotope Laboratory, 現在のニールスボア研究所氷床気候研究センター，Centre for Ice and Climate, Niels Bohr Institute, University of Copenhagen）が中心となり，グリーンランド氷床東部 Renland（1988），中央部 Summit（1989–92），北部 Hans Tausen（1995），北部中央の NGRIP（1999–2004），北西部 NEEM（2009–10）で深層掘削を実施し，過去 10 数万年間の気候・環境変動の特徴を明らかにした．この中で，北部の Hans Tausen で実施した氷床掘削（345m）は主要な学術雑誌に成果があまり報告されていないが，Hammer（2001）は調査の概要も含めて，このコアの解析結果と周辺の氷河地形調査の結果などを総合的に報告している．表 4.4 にグリーンランド氷床でのこれまでのおもな深層掘削をまとめた．

　日本の北極圏氷河学術調査隊（JAGE, Japanese Arctic Glaciological Expedition, 研究代表者：国立極地研究所の渡邉興亜教授および藤井理行教授，所属・職名は当時）は，1987 年にノルウェー本土の Jostedalsbreeen での掘削調査とスバールバル諸島のスピッツベルゲン島での掘削調査（Watanabe and Fujii, 1988）を実施して以来，1989 年にグリーンランド氷床上の Site-J, 1991 年から 1998 年にスバールバル諸島の氷河や氷帽での掘削を実施し，北極域での古気候・古環境復元を精力的に進めた（Fujii et al., 1990；Kameda et al., 1993；Goto-Azuma, et al., 1995；Kameda et al., 1995；Motoyama et al., 2001；Fujii et al., 2001；亀田, 2015 など）．

2）南極氷床

　南極氷床では 1949 年から 1952 年にイギリス・ノルウェー・スウェーデンの三国共同隊が東南極氷床のモードハイム基地（71°03'S, 10°56'W）で実施した氷床掘削（99.75m 深）が初めてであった（Schytt,

図 4.31 ボストーク基地（1983 年，Wikipedia より）

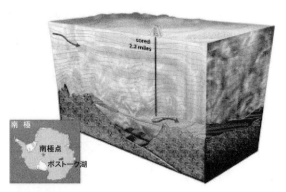

図 4.32 ボストーク湖の概念図（NSF 作成）

1958）．1968 年には米国の CRREL がバード基地（80ºS，120ºW，1550m）で 2164m の深層掘削に成功した（Ueda, 2007）．ソビエト（現在のロシア連邦）は，南磁軸極に位置するボストーク基地（78º28'S，106º52'W，3488m，図 4.31）でサーマルドリル[23]による掘削を実施しており，1970 年には 507m，1973 年には 952m までの掘削に成功した．この掘削孔はその後 2012 年 2 月 5 日に 3769.3m まで延伸され，ボストーク湖（Subglacial Lake Vostok）[24] の湖面まで掘削が到達している（Litvinenko et al., 2014）．得られたコアからは過去 43 万 6 千年間の気候・環境情報が得られている．図 4.32 にボストーク湖の概念図を示す．ボストーク湖上部の凍結した氷試料は掘削で採取されており，その氷にはバクテリアなどの細菌が含まれていることが報告されている（Siegert et al., 2001；Shtarkman et al., 2013 など）．

日本では 1968 年に出発した第 9 次南極地域観測隊からメカニカルドリル氷床掘削を開始し，1972 年にはみずほ基地で 147.5 m（Suzuki and Shiraishi, 1982），1984 年には再度みずほ基地でサーマルドリルを使い 700.56m の掘削に成功した（Higashi et al., 1988）．1995 年にはドームふじ基地で 2503.6m（Watanabe et al., 2003a），2007 年には再度ドームふじ基地で 3035.22m の掘削に成功した（Motoyama, 2007）．3035.22m のコア（第 2 期ドームふじコア，DF2 ice core）は過去 70 万年間に堆積した氷床コアであり，詳細な気候環境が復元されている．図 4.33 にドームふじ基地，図 4.34 にドームふじ基地での掘削の様子を示す．亀田（2009）は，1968 年から 2007 年までの南極氷床での日本の掘削をまとめて報告した．

フランスは 1977 年にドーム C で 905m の掘削に成功した．ヨーロッパ連合は 2004 年にドーム C（EPICA Dome C）で 3270.2m，2006 年にはドイツのコーネン基地にて 2774.15m の掘削に成功した．EPICA Dome C コアは 80 万年前までに至るコアであり，現時点で最も古い時代まで遡ることができる．表 4.5 に南極氷床でのおもな深層掘削をまとめた．氷床コアの解析方法やその目的などは藤井（1982），Hondoh（2000），Hondoh（2009），藤井・本山（2011）に詳しい．

23）サーマルドリルとは熱で氷を融かす方式のドリル．掘削したコアが熱応力で割れる場合があるので，最近はあまり使われない．最近はメカニカルドリルが掘削に使われることが多い．なお，メカニカルドリルは，先端に刃がついており，それが回転することで氷を円筒状に削る．
24）ボストーク湖はボストーク基地（標高 3488 m）の雪面下 3769.3m に湖面がある淡水湖．1974-75 年にイギリスにより実施された航空機搭載の電波探査（RES；Radio Echo Sounding）により発見された（Robin, 1977；Kapitsa et al., 1996）．最大幅 40km，長さ 250km で水深は 500〜900m．貯水量 5400 ± 1600km^3 と見積もられている．この貯水量は琵琶湖の 200 倍であり，米国の五大湖の 1 つのミシガン湖とほぼ同じである．

図 4.33 建設直後のドームふじ基地
(第 36 次南極地域観測隊提供, 1995 年 1 月撮影, 当時の名称はドームふじ観測拠点, カラー図は口絵 24 を参照)

図 4.34 ドームふじ基地の掘削場
(第 37 次南極地域観測隊提供, 1996 年 11 月, 藤井理行撮影)

表 4.5 南極氷床での主要な深層掘削

掘削地点(プロジェクト名)	位置および標高	掘削年	掘削深度 (m)	最深部の氷の推定年代*
Byrd (USAP)	80°01'S, 119°31'W, 1515m	1968	2164.4	7 万年前
Vostok (RAE)	78°28'S, 106°52'E, 3488m	1970 – 2012	3769.3	43.6 万年前
Dome C (EPF)	74°39'S, 124°10'E, 3240m	1977 – 1978	906	3.2 万年前
Mizuho (JARE)	70°42'03"S, 44°17'39"E, 2230m	1983 – 1984	700.56	9400 年前
Siple Dome A (USAP)	81°39'00"S, 148°48'36"W, 621m	1996 – 1999	1003.839	9 万年前
Dome C (EPICA)	75°06'04"S, 123°20'52"E, 3233m	1996 – 2004	3270.2	80 万年前
Kohnen (EDML)	75°00'06"S, 00°00'04"E, 2892m	2002 – 2006	2774.15	25 万年前
Dome Fuji (JARE)	77°19'01"S, 39°42'12"E, 3810m	(I) 1995 – 1996	2503.52	34 万年前
		(II) 2001 – 2007	3035.22	70 万年前
WAIS Divide (USAP)	79°28'06"S, 112°05'11"W 1766m	2006 – 2011	3405.077	6.8 万年前

* 年代が推定されている最も古い氷の年代.
USAP: US Antarctic Program, EPF: Expéditions polaires françaises, RAE: Russian Antarctic Expedition, JARE: Japanese Antarctic Research Expedition, EPICA: The European Project for Ice Coring in Antarctica, EDML: EPICA-Dronning Maud Land, WAIS: West Antarctic Ice Sheet

表 4.6 酸素原子と水素原子の安定同位体の種類とその平均的な存在割合[25]

酸素原子	水素原子
^{16}O　99.757%	^{1}H　99.9885%
^{17}O　0.038%	^{2}H　0.0115%
^{18}O　0.205%	

4.3.2 酸素同位体比および掘削孔の温度計測による過去の気温推定

1) 同位体温度計の基本原理

水分子を構成する酸素原子と水素原子には表 4.6 に示すように, 中性子数が異なるために質量数が異なる安定同位体が存在する. 質量数が大きな分子の飽和蒸気圧は小さな原子の飽和蒸気圧よりも低い. このため, 水分子が海水から水蒸気として蒸発する際には質量数が大きな水分子 (重い水分子) は蒸発しづらい. 結果として, 水蒸気には重い分子が少なくなり, その同位体比は軽くなる. また, 図 4.35 に示すように, 降水の回数を重ねるとさらに軽い同位体比をもった水や雪が降ることになる.

---

25) 酸素原子と水素原子には放射性同位体もある. 酸素原子の場合, 14 種類が確認されているが, ^{14}O, ^{15}O, ^{19}O, ^{20}O, ^{21}O, ^{22}O 以外は半減期が数 10 ミリ秒以下である. 水素原子の場合, 放射性同位体は 5 種類が確認されているが, ^{3}H (トリチウムという, T と書く) 以外は半減期が非常に短く, 不安定である. トリチウムは半減期が 12.32 年で, 核実験などで生成される.

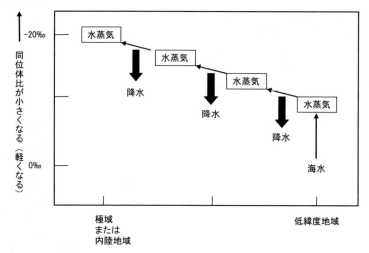

図 4.35 水の同位体の変化過程（北野，1984，一部改変）

このように，物質が相変化する際には，構成する分子の同位体の割合が変化することが知られており，これを同位体分別（isotopic fractionation），その値を同位体分別係数（α, fractionation factor）という．同位体分別係数は先に述べた基本原理により温度に依存するため，低い温度で蒸発した水蒸気には高い温度で蒸発した水蒸気よりも重い分子が少なくなる．

このようなプロセスのため，南極氷床やグリーンランド氷床では同位体比の軽い雪や雨が降る．内陸域は標高が高く，海から離れているため，沿岸域よりもさらに同位体的に軽い雪が降る．ここで，極域での雪の同位体比は，(1) 海洋で水が蒸発する時の温度，(2) 水蒸気の起源と降水が起きた場所との距離（降水の履歴），(3) 上空で水蒸気が凝結して液滴や氷晶が形成された時の温度，に依存していると考えられる．ここで，(1) と (2) が一定と仮定すると，降水の同位体比は (3) のみに依存していると考えられる．上空の温度は地上温度と相関があるため，降水の同位体比は結果的に地上気温と相関をもつことになる．

ここで，同位体比 δ は試料中の同位体の割合 R_{sample} と標準試料 $R_{standard}$ の偏差の千分率〔‰〕を用いて以下の 4.1 式で定義する．

$$\delta = \frac{R_{sample} - R_{standard}}{R_{standard}} \times 1000 \tag{4.1}$$

酸素原子の場合の R は $^{18}O/^{16}O$，水素原子の場合の R は $^{2}H/^{1}H$（=D/H）と定義するので[26]，酸素と水素の同位体比は 4.2 式と 4.3 式でそれぞれ定義する．

$$\delta^{18}O = \frac{(^{18}O/^{16}O)_{sample} - (^{18}O/^{16}O)_{standard}}{(^{18}O/^{16}O)_{standard}} \times 1000 \tag{4.2}$$

$$\delta D = \frac{(D/H)_{sample} - (D/H)_{standard}}{(D/H)_{standard}} \times 1000 \tag{4.3}$$

ここで，$R_{standard}$ は標準平均海水（SMOW, Standard Mean Ocean Water）の値である．試料中の ^{18}O や D の割合が標準平均海水よりも少ない場合，同位体比はマイナスとなる．

---

26) ^{2}H は D と書き，重水素またはデューテリウムと呼ぶ．

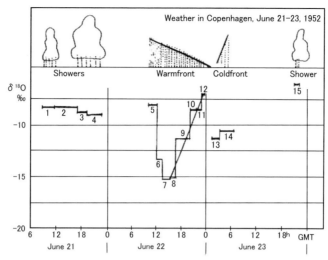

図4.36 1952年6月21日〜23日のコペンハーゲンでの降水の酸素同位体比（Dansgaard, 1953）

2）氷床コアの同位体比の研究

氷床コアの酸素同位体比の研究はコペンハーゲン大学のダンスガード（Willi Dansgaard）らが精力的に進めた．ダンスガードはもともとデンマーク気象研究所（Danish Meteorological Institute）に勤務する技術者であったが，1947年にグリーンランドのディスコ湾のGodthavn（現在のQreqertarssuak）に地磁気観測のために1年間滞在し，グリーンランドの美しさに魅せられた．その後，デンマーク気象局（Danish Weather Service）に転職し，気象学に興味をもった．

1951年にコペンハーゲン大学に職を得ると，ダンスガードは生物学と医学分野での同位体化学の研究を開始した．彼は1952年6月21日から23日にかけて漏斗をつけたビール瓶でコペンハーゲンの降水を集め，その酸素同位体比を測定した（図4.36）．その結果，降水を起こす雲の状況によって同位体比が異なることがわかった．温暖前線の通過に伴い降水の形成高度が低くなると，酸素同位体比の値は-15‰から-7‰まで上昇した．つまり，雨の生成温度によって，降水の酸素同位体比が変化することがわかった．このことが意味する最も重要なことは，もし昔の降水の同位体比が測定できれば昔の気温が推定できるという可能性である．以前滞在したグリーンランド氷床の氷を用いた古気候研究にダンスガードが気がついた瞬間であったであろう．

その後，ダンスガードは氷山氷とグリーンランド氷床表面の積雪の酸素同位体比を測定した．氷山氷では気泡に含まれている二酸化炭素中の^{14}Cで氷の年代を推定し，氷山氷の酸素同位体比と比べたところ，両者は相関があることがわかった（Scholander *et al.*, 1962）．グリーンランド氷床で採取した10〜20m深のフィルンコアの同位体比を測定したところ，深さとともに同位体比が変化することもわかった．

このような時期に，4.3.1項に記した米国CRRELは1961年からグリーンランドのCamp Centuryで深層掘削を開始した．当初，ダンスガードはCamp Centuryコアの解析担当ではなかったが，このコアの解析責任者のCRRELのラングウェイに解析希望の提案書を送った．そこにはダンスガードが行ってきた水の酸素同位体比についてのこれまでの成果とともに，「Camp Centuryコアの全層の酸素同位体比はCRRELと共同研究として実施するが，測定に関する経費はCRRELに請求しない」と書いた．その結果，ダンスガードがこのコアの酸素同位体比の解析担当となった（Dansgaard, 2004）．ダンスガードらによる解析の結果，この氷には過去12.5万年間の気候変動が記録されていることが明らかになっ

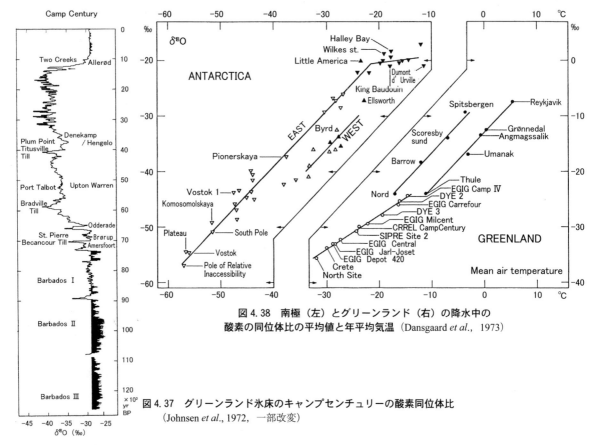

図 4.38 南極（左）とグリーンランド（右）の降水中の
酸素の同位体比の平均値と年平均気温（Dansgaard *et al*., 1973）

図 4.37 グリーンランド氷床のキャンプセンチュリーの酸素同位体比
（Johnsen *et al*., 1972, 一部改変）

た（図 4.37）．

　ダンスガードは南極および北極域での降水中の酸素同位体比とその地点の年間平均気温を調べ，それぞれの地域固有の直線にデータが集まることを明らかにした（図 4.38）．図 4.38 の右図に示すグリーンランド氷床のデータ（○）は 0.62‰/℃の直線上に集まった．フランスのロリウス（Claude Lorius, 1932- ）とメリルバ（L. Merlivat）が集めた南極氷床上のデータ（▽）を図 4.38 の左図に示すが，これは 0.76‰/℃であった．このように同位体比と年間平均気温が相関する理由は，すでに説明したように，(1) 同位体分別効果により，水から水蒸気および水蒸気か氷へ相変化する時の気温によって同位体比の値が変化すること，に加えて，(2) 海洋で蒸発した水蒸気は陸や氷床に向けて移動しながら降水を落とすが，質量数が大きな重い酸素や水素を先に落とすので，雲内の同位体比が徐々に軽くなり，標高が高く年間平均気温が低い場所での降水や降雪中の同位体比は軽くなること，の 2 つの理由が重なった結果である．

　その後，氷床コアの同位体比の測定は過去の気温を推定する最も重要な測定項目として認識され，多くの氷床コアで測定されてきた．図 4.39 はグリーンランド氷床の Milcent で掘削された 398m コアの酸素同位体比の詳細な測定結果である．グリーンランド氷床の積雪の同位体比は季節変化をするため，氷の年層が識別可能であり，398m 深のコアは西暦 1177 年に堆積した雪であることが推定された．

　図 4.40 はグリーンランド南部の Dye3 で掘削された深層コアでの氷期から間氷期への遷移過程，とくに 10700 年前の新ドリアス期付近（ヤンガードリアス，YD）での酸素同位体比の変化（b, d）を示す．

　図 4.40d の $\delta^{18}O$ が示すように，氷期から間氷期への 7℃ の気温上昇が約 50 年間で起こっていることがわかった．この変化はスイスの湖での湖底堆積物の変化（a）と同期していることも示されている．

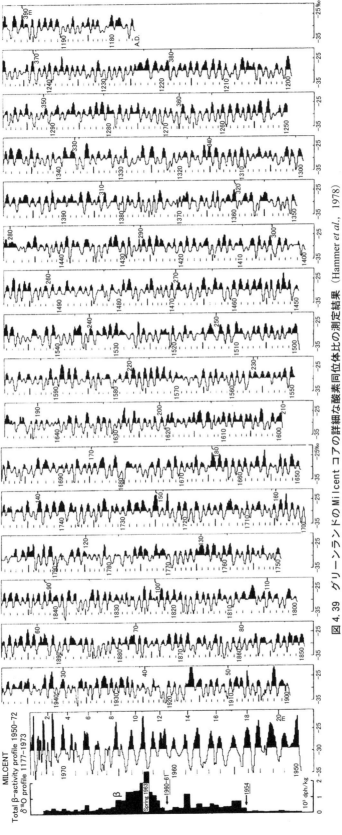

図 4.39 グリーンランドの Milcent コアの詳細な酸素同位体比の測定結果 (Hammer et al., 1978)

雪面から 398m 深までの酸素同位体比. 左端は雪面から 21m 深までのクロスβを示す. 酸素同位体比は夏に軽くなり（絶対値が小さくなり）,冬に重くなる（絶対値が大きくなる）ので, これを数えることで氷の年代を決めることができる. グラフの左側に年代, 右側に深さ (m) を記す. クロスβは原爆実験などで放出され雪面に堆積するので, 積雪の絶対年代を決めることができる（示準相の検出；4.3.10 項参照）.

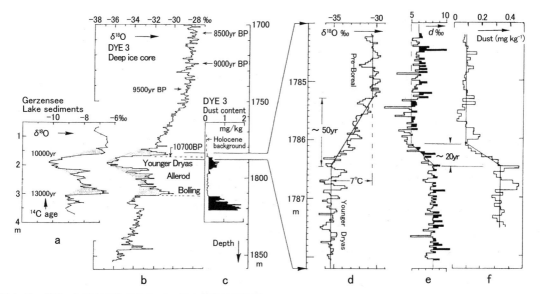

図 4.40 グリーンランド氷床の Dye3 コアの新ドリアス紀（ヤンガードリアス）付近の酸素同位体比の変化（b および d）
(a) はスイスの湖底堆積物, (c), (f) は固体微粒子濃度, (e) は d 値. (Dansgaard et al., 1989)

氷期から間氷期への変化の初めの 20 年間で大気中の固体微粒子濃度（f）と同位体の d 値（e）も急激に減少したことがわかる．

ここで d 値（d-value）とは 4.4 式で定義される値（Dansgaard, 1964）であり，水蒸気が蒸発する時の海面温度（SST: Sea Surface Temperature），風速，相対湿度および上空で水蒸気が凝結して雪結晶が生成する上空の温度などを反映していると考えられている（植村, 2007）.

$$d = \delta D - 8\delta^{18}O \qquad (4.4)$$

図 4.41 はグリーンランド中央部の Summit で掘削された GRIP コアの酸素同位体比の結果を示す．左側は深さ 0～1500m で現在から約 1 万年前までの酸素同位体比であり，右側は深さ 1500m～3000m で 1 万年以前の酸素同位体比を表す．現在から 1 万年前までの酸素同位体比は安定しており，それ以前は変動が大きいことが特徴である．

とくに最終氷期（ヴュルム氷期[27]，115,000 年前から 11,700 年前）での酸素同位体比の変動が

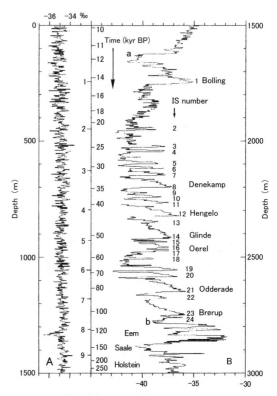

図 4.41 グリーンランド氷床の中央部の Summit で採取された GRIP コアの酸素同位体比 (Dansgaard et al., 1993)
(A) は深さ 0m から 1500m まで，(B) は 1500m から 3000m までの値．IS number とは短い温暖期（interstadials, 亜間氷期ともいう）の番号．

---

[27] ヴュルム氷期はヨーロッパアルプスの模式地での命名．この方法では，古い時代からの 4 つの氷期はギュンツ，ミンデル，リス，ヴュルムとなるが，これらはヨーロッパアルプスで氷河が前進した時の河川名から命名．なお，北米での命名ではこれらの氷期はカンザス，イリノイ，ウィスコンシンとなる．北米ではミンデル氷期とリス氷期は一括してイリノイ氷期と呼ばれる．これらはそれぞれの時代でのローレンタイド氷床の末端位置の州名から命名されている．

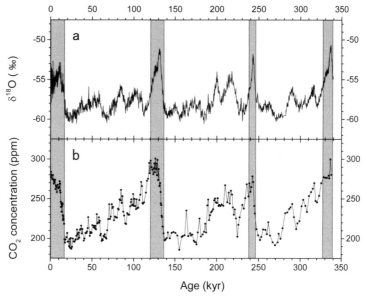

図 4.42 南極ドームふじコアによる過去 34 万年間の (a) 酸素同位体比と (b) 二酸化炭素濃度
(Watanabe et al., 2003 ; Uemura et al., 2012 ; Kawamura et al., 2007 より作成)
間氷期を灰色で示す．左端が現在，右端は 34 万年前．

大きい．このことは現在の間氷期（完新世，Holocene，11,700 年前から現在）の気候が安定しており，ヴュルム氷期の気候が不安定であったことを示している．この酸素同位体比の振動は，数十年での急激な温暖化（一番短い場合で 3 年）とその後の 500 〜 2000 年かけての緩やかな寒冷化を示していることわかった．その後，この最終氷期での気候の振動は大西洋で採取された海洋底コアやその他の気候指標でも発見され，現在ではダンスガード－オシュガー・サイクル（Dansgaard-Oeschger cycle，以下 D-O サイクルと記す）[28]と呼ばれる．これは Heinrich（ハインリッヒ）が北大西洋で採取された海洋底コアで発見した 6 回の砂礫層の出現（Heinrich, 1988）と同期していることもわかった（Broecker, 1994）．このような砂礫層（大きいものでは直径 1mm を超える）はグリーンランド氷床からの氷山により供給され，海底に堆積したと考えられている．このことは，短期間な温暖化と寒冷化という気候変動にグリーンランド氷床から分離した氷山が関わっていることを示唆している．その後の研究によると，D-O サイクルの発生にはグリーンランド氷床南部の北大西洋での深層水循環が関わっていること，大量に氷山流出が海に流出することでその水循環パターンに影響を与えていることがわかってきている（Bond et al., 1993）．多田（2013）はこの関係を丁寧に説明しているので，関心のある読者には一読をお勧めする．

図 4.42 は南極ドームふじコアの解析結果であり，過去 34 万年間の酸素同位体比と二酸化炭素濃度の変動を示す．これまでに述べたように酸素同位体比は気温を反映しており，−60‰から −50‰の変化は，おおよそ 8 〜 10℃程度の温度変化を示していると考えられている．温度が低い時代を氷期（glacial period），暖かい時代を間氷期（interglacial period）というが，図 4.42 では間氷期を灰色部で示した．過去 34 万年間では間氷期は 1 万年から 2 万年程度しか続かず，他は氷期である．気温の変動（図 4.42a）と二酸化炭素濃度の変動（図 4.42b）は同期しており，二酸化炭素濃度が高い時代には気温が高くなっていたこともわかる．

人類は約 5000 年前からメソポタミア文明，エジプト文明，インダス文明，黄河文明などの古代文

---

[28] Dansgaard と Oeschger は図 4.30 を参照．

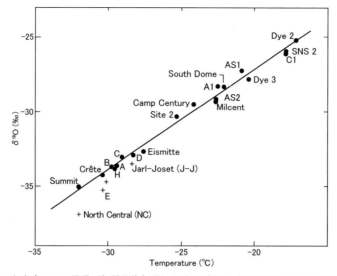

図 4.43 グリーンランド氷床の 10m 雪温（年間平均気温）と表面積雪の酸素同位体比との関係（Johnsen et al., 1989）

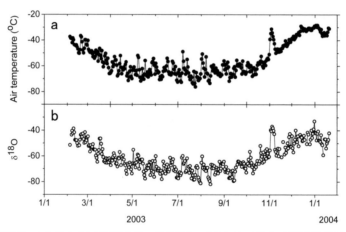

図 4.44 南極ドームふじの (a) 日平均気温の季節変化，(b) 毎日の降雪の酸素同位体比の季節変化
（Fujita and Abe, 2006 より作成）

明を発達させてきたが，これらは最後の氷期が終わった後の間氷期のできごとである．つまり，人類は温暖な気候条件下で文明を発達させ，現在に至っている．したがって，将来，氷期になると現代文明にとって初めての経験となる．

　Johnsen et al. (1989) は，現在のグリーンランド氷床の表面での積雪の酸素同位体比とその地点での年間平均気温との関係をまとめた（図 4.43）．これによると，気温が 1℃ 低下すると，酸素同位体比は 0.67‰ 低下することが示された．この値は現在の気候条件下で降水地点の変化に伴う気温と酸素同位体比の変化を表すもので，同位体の地理的気温換算値である．1 つの氷床コアに記録されている酸素同位体の変化（例えば，氷期と間氷期での酸素同位体比の変化）を気温差に換算する場合，同じ地点での気温の変化による同位体の変化率（気温変化による同位体換算）を使わなければならない．しかしながら，現在は同位体の地理的気温換算値を使ってもコアの酸素同位体比から気温変化の概略は推定できると仮定している．この場合，図 4.37 に示す Camp Century コアでの氷期－間氷期での同位体比の変化は 7‰ なので，氷期－間氷期の温度差は約 10.5℃ となる．

3）現在のドームふじの降雪

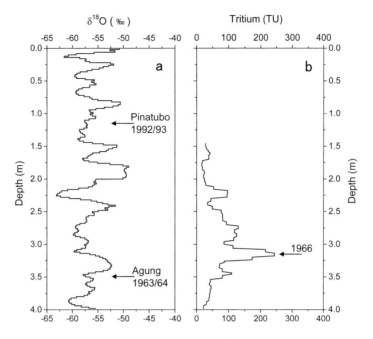

図 4.45　南極ドームふじの表面 4m 積雪ピットでの (a) 酸素同位体比およびピナツボ層（1992/93）とアグン層（1963/64）の深さ，(b) トリチウムの分布および 1966 年のピーク（Hoshina et al., 2014 より作成）

　南極ドームふじ基地での 1 年間の気温の変化と降雪の酸素同位体比の変化を図 4.44 に示す．気温が高い夏季には酸素同位体比が大きく，冬季には酸素同位体比が小さくなることがわかる．両者の相関係数 r は 0.88 であり，両者の関係は有意であった（データ数 $n = 351$，$p < 0.001$）[29]．したがって，南極ドームふじ基地での降雪の酸素同位体比からその時の気温を推定することが可能となる．

　一方，図 4.45 に南極ドームふじでの表層積雪の (a) 酸素同位体比と (b) トリチウム濃度の深さ分布を示す．図 4.45a では非海塩性硫酸濃度により推定したピナツボ山（フィリピン，1991 年 6 月 15 日噴火）とアグン山（インドネシア，1963 年 3 月 17 日爆発）からの不純物を含む火山灰層の深さを矢印で示した．ここで，ピナツボ山とアグン山からの不純物層起源の年代は積雪の硫酸イオン濃度を詳細に分析し，Iizuka et al. (2004) を参考にしてその濃度が低くなる層を夏層として，硫酸濃度の変動を数えて決めた（Hoshina et al., 2014）．その結果，それぞれ 1992/93 年および 1963/64 年に堆積した積雪層に該当した[30]．図 4.45b にはトリチウム濃度を示すが，ここではピークを 1966 年層と同定した．これは南太平洋での核実験が原因で，ドームふじ近傍では積雪中のトリチウム濃度は 1966 年に極大値があることがわかっているからである（Kamiyama et al., 1989）．

　図 4.45a に示す酸素同位体比は図 4.39 のように季節振動をしているようにみえる．しかし，雪面の 2007 年夏からピナツボ（1992/93）までは酸素同位体比は 4～5 回の振動のみだが，実際には 15 年間の積雪層である．また，ピナツボからアグン（1963/64）は 8～10 回程度の振動だが，実際には 29 年間に相当する．これは，ドームふじでは降雪は気温の変動に応じた酸素同位体比となるが，これは堆積後のブリザードなどで削剥され，沿岸域からの低気圧の進入時の降雪が主としてドームふじで堆

---

[29] 相関係数 r の検定は，次の式を用いて t 分布検定で行う．$t = |r|\sqrt{\dfrac{n-2}{1-r^2}}$．t の値が t 分布検定表の 0.05（95%）で示される値よりも大きな値の場合，「両者の関係は有意である」という．この時には，$p < 0.05$ と記す．

[30] ピナツボでは噴火から 1 年半後，アグンでは噴火から半年後の積雪にピークが現れていることがわかった．アグンは南緯 8 度，ピナツボは北緯 15 度に位置するため，アグンのほうが早く南極上空に噴煙が届いたと考えられる．また，南半球では夏は 11～2 月なので，ここでは 1992～93 年の夏層は 1992/93 年と表記した．

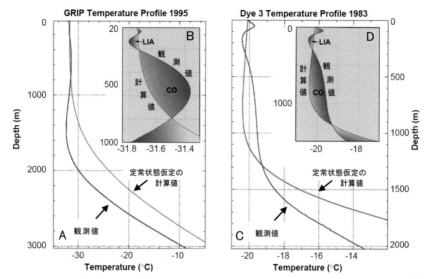

図 4.46 （A）グリーンランド氷床の中央部の GRIP と（C）南部の Dye3 の氷床内部の温度分布の観測値（黒）と定常状態を仮定した時の温度分布の計算値（グレー），および（B）と（D）に拡大した温度分布の計算値（Dahl-Jensen *et al.*, 1998）
LIA（Little Ice Age）は小氷期，CO（Climatic Optimum）は気候最良期の略称で，それぞれ寒冷および温暖な時代であったことが知られている（カラー図は口絵 25 を参照）．

積しているために生じたと考えられている（亀田・本山，2014）．

また，ドームふじは図 4.26 に示したように表面質量収支が 30mm/year 程度と少ないため，降雪後の積雪が表面付近に存在する時間が長い．ドームふじは晴れている日が多いので放射冷却が卓越する日が多く，表面での温度変化は大きい．このような理由でドームふじでは積雪の同位体比の変質が起こっていると考えられ，これも降雪の同位体比が積雪で完全には保存されていない原因と考えられている（Hoshina *et al.*, 2014）．なお，堆積後の変質を堆積後変態（post depositional modification）という．

4）氷床内部の温度分布

図 4.46 はグリーンランド氷床の中央部の GRIP（A）と南部の Dye 3（B）の掘削孔での温度計測の結果（黒）と現在気候の定常状態を仮定して計算した温度分布（グレー）を比較している．ここでは，グラフ内に示す B は 0～1000m 深，D は 0～1500m 深での拡大した温度分布を示す．GRIP，Dye3 ともに定常状態と比べると，計測した氷温は深い部分では低くなっている（2000m 深で GRIP では約 6℃，Dye3 で約 1.5℃低い）．これは主として氷期での気温低下が原因である．温度測定の解析の結果，GRIP では 2 万年前の LGM（Last Glacial Maximum）には現在よりも気温が 23℃低かったと推定された．これは前述の地理的温度換算を使った場合の約 2 倍の温度変化である．つまり，氷床コアに記録された酸素や水素同位体比の変動を実際の気温変化に変換することは極めて重要な課題であるが，その結果は他の方法による推定結果と一致しておらず，必ずしも完全に解明されておらず，今後の研究課題である．

図 4.42 に示すように，地球の気候は寒冷な氷期（8～10 万年間程度）と温暖な間氷期（1～2 万年間程度）に分けることができる．この気候変動の原因は，いくつかの説により説明されてきた．セルビアの天文学・数学者のミルティン・ミランコビッチ（Milutin Milankovitch，1879-1958）は地球の公転周期要素と地軸の変動で地球が受けとる日射エネルギーが変化し，それが気候変動の原因になると考えた（気候変動の天文学理論，Milankovitch，1941；柏谷ほか，1992；安成・柏谷編，1992；増田，2003）．米国の海洋化学者のウォーレス・ブロッカー（Wallace S. Broecker，1931- ）はグリー

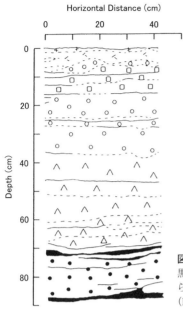
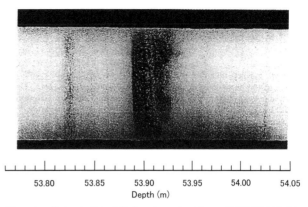

図4.48 グリーンランド氷床のSite-Jコアでの融解再凍結氷(中央の透明な部分,背影が黒いために図では黒く見える)と圧密氷(白く見える部分)(Kameda et al., 1995)

図4.47 グリーンランド氷床のSite-Jでの積雪層位(1989年5月25日) 黒い部分が氷板.記号は積雪の種類を表す(⼻:こしまり雪,□:しもざらめ雪,○:しまり雪,∧:しもざらめ雪,●:ざらめ雪)
(Kameda et al., 1995)

ンランド氷床から北大西洋に大量の氷山が流入することで,北大西洋で生成される深層水を起源とする全球規模の海洋循環パターン(Great Ocean Conveyor)が変化し,それが気候変動の原因になると提案した(Broecker, 1994;Broecker, 2010).

4.3.3 再凍結氷による過去の夏の気温の推定

図4.13の氷河の領域区分図に示すように,氷河や氷床の浸透帯では夏季に表面積雪が融解する.融解水は積雪層内に保持され,一部は下層に浸透する.夜になって気温がマイナスになると積雪層内に保持された融解水は再凍結して,再凍結氷(氷板,ice layer)[31]が形成される(図4.47).再凍結氷は気泡の分布が不均一となる場合や,気泡を含まない透明な氷になるので,乾いた積雪が圧密されて形成された圧密氷とは容易に区別することができる.図4.48はグリーンランド氷床西部のSite-J(66°51.9'N, 46°15.9'W, 標高2030m)で掘削されたコア(53.74~54.05m深)を示すが,中央部の透明な部分が再凍結氷であり,その前後は乾いた積雪が圧密氷化した氷である.

Koerner and Paterson(1974)は北極圏カナダのメイゲン島のMeighen Ice Capで掘削された氷床コア中の再凍結氷の厚さ分布から過去の夏の気温を推定したが,これは再凍結氷を用いた夏の気候復元に関する初めての報告であった.Koerner(カーナー)はその後,デボン島やエルズミア島の氷帽で掘削したコアの再凍結氷から過去の夏の気温を示した(Koerner, 1977;Koerner, 1982 など).ただし,これらの研究では再凍結氷の厚さと夏の気温との関係を求めていないので,あくまでも定性的な夏の気温復元に留まる.

再凍結氷の分布と近隣の気象データとの関係を求めて,再凍結氷の分布から過去の夏の気温を定量的に復元したのはKameda et al.(1995)である.Kameda et al.(1995)はSite-Jコアの再凍結氷の厚さ分布とグリーンランド氷床沿岸域の町の夏気温との相関を調べ,これを用いて西暦1550年からの夏季気温の変化を推定した(図4.49).ここでは全期間の平均値からの偏差を示した.

この結果,1640年頃,1700年,1830~50年,1940年頃の夏は比較的寒冷であったことがわかっ

---

[31] この場合は melt feature とも呼ばれる.

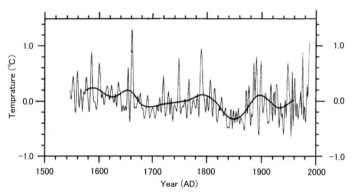

図 4.49 Site-J コアの再凍結氷から推定した過去 450 年間の夏の気温偏差（Kameda et al., 1995）

た．日本では寛永の大飢饉（寛永 19〈1642〉年～寛永 20〈1643〉年），享保の大飢饉（享保 17〈1732〉年），天明の大飢饉（天明 2〈1782〉年～天明 7〈1787〉年），天保の大飢饉（天保 4〈1833〉年～天保 10〈1839〉年）の時に夏が涼しかったことが知られているので，寛永の大飢饉と天保の大飢饉の頃にはグリーンランドと日本の両地域で涼しい夏であったことが推定できる．グリーンランドの Dye 3 (Hibler and Langway, 1979; Herron et al., 1982)，ロシア連邦カムチャツカのウシュコフスキー氷帽 (Shiraiwa et al., 2001)，ロシア連邦アルタイ共和国のベルーハ氷河 (Henderson et al., 2006; Okamoto et al., 2011) でも再凍結氷の深さ分布が調べられ，過去の夏気温が推定されている．

4.3.4 固体電気伝導度（ECM）による火山灰層の検知

固体電気伝導度（ECM : electrical conductivity method）とはデンマークの研究者ハマー（C. V. Hammer）が開発した方法である．図 4.50 に示すように，2 つの金属製のカギ状の電極間に直流高電圧（通常は 1250VDC）をかけ，この状態で氷表面に電極を滑らせることにより，氷に含まれているイオンなどの不純物量を定量化する．この測定は計測にかかる時間が短いので，深層コア氷など解析する氷試料が多い場合に向く方法である．

図 4.51 に測定結果の一例を示す．スパイク状のピークが多数検出されているが，これらは火山灰層起源のピークである．図 4.51 では想定する火山名を明記してある．この中で，ピークが最も高いのは 1783 年に爆発したアイスランドの火山 Laki である．1259 年のピーク（これは供給火山名が不明なので Unknown と記載），934 年のアイスランドの Eldgja 火山のピークも顕著である．これらは火山爆発により大気中に硫酸イオンやフッ素イオンなどが大量に放出され，それらを含む降雪がグリーンランド氷床上に堆積したために生じている．1.2.3 項に記したように氷は半導体であるが，ECM は氷に不純物が含まれると電気が流れやすくなる原理を使っている．これらのピークを使うことで火山間での平均表面質量収支の推定（雪氷学的興味）や大気中に放出された火山物質量の見積もり（火山学的興味）を明らかにすることができる．歴史上の火山編年は，Simkin and Siebert (1994) にまとめられている．

4.3.5 氷の結晶構造

渡辺・大浦（1968）は自然積雪を一軸圧縮して生成した氷の結晶主軸方位分布（ファブリクスともいう．英語では ice fabrics もしくは fabrics）を実験的に調べた結果，結晶主軸（c 軸）は圧縮軸と特定の方位をもった方向（45～55°および 25～30°）に集中することを発見した．氷床や氷河内部の

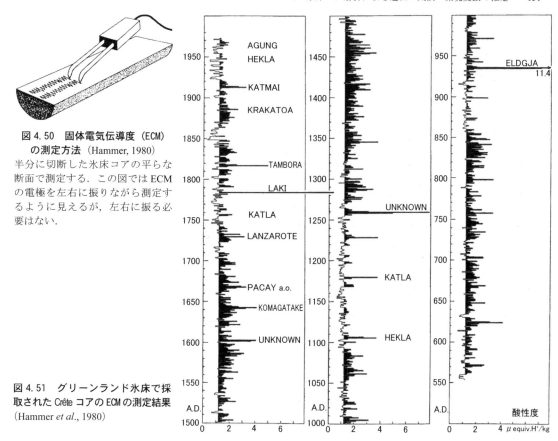

図4.50 固体電気伝導度（ECM）の測定方法（Hammer, 1980）
半分に切断した氷床コアの平らな断面で測定する．この図ではECMの電極を左右に振りながら測定するように見えるが，左右に振る必要はない．

図4.51 グリーンランド氷床で採取されたCrêteコアのECMの測定結果（Hammer et al., 1980）

氷でもc軸は氷が受けてきた過去の応力状態に応じた特有の分布を示すので，その計測により氷床内部での歪みの履歴（Fujita et al., 1987）やコアの年代推定（Nakawo et al., 1990）が行われてきた．

氷の結晶主軸方位分布の測定は氷の薄片と偏光を使い，ユニバーサルステージ（Langway, 1958）を使って氷の個々の結晶の結晶主軸方位（c軸方位）を手動で測定するので，労力の多い計測項目であった．近年はWang and Azuma（1999）が開発した自動測定装置（ice fabric analyzer）を用いて，氷床コアの結晶主軸方位分布が測定されている．

図4.52はIce fabric analyzerによるドームふじコアの結晶主軸方位分布の結果を示す．ここではドームふじコアの結晶粒の形状も示されている．氷床の表面付近では結晶粒は小さく，c軸方位分布はランダムであるが，氷床内部では結晶粒は大きく，c軸は鉛直に集中することがわかる．ドームふじはドーム状をした氷床のほぼ中央に位置するため，氷は鉛直方向の一軸圧縮変形を主に受けながら沈降する．氷床中での氷の塑性変形は主に基底面での転位運動によるすべりが原因と考えられ，この場合，c軸と圧縮軸が平行になるように結晶粒が回転することが知られている（Azuma and Higashi, 1985；Alley, 1992）．これがドームふじコアの結晶のc軸が深さと共に鉛直に集中する原因である．また，X線ラウエ法を用いた氷結晶の方位解析が行われている（宮本, 2013）．

氷床内部の氷期に堆積した氷は剪断方向での変形速度が大きく，間氷期に堆積した氷と比べると相対的に軟らかいことが知られている．これを"ice-age ice is soft"という．これは氷期の氷ではc軸の鉛直への集中度が高いことに加えて，塩素イオン（Cl^-）と硫酸イオン（SO_4^{2-}）濃度が高いことが原因であると考えられている（Paterson, 1991）．

氷の結晶粒径は図4.52に示すように堆積後の時間とともに大きくなるが，その成長速度には温度

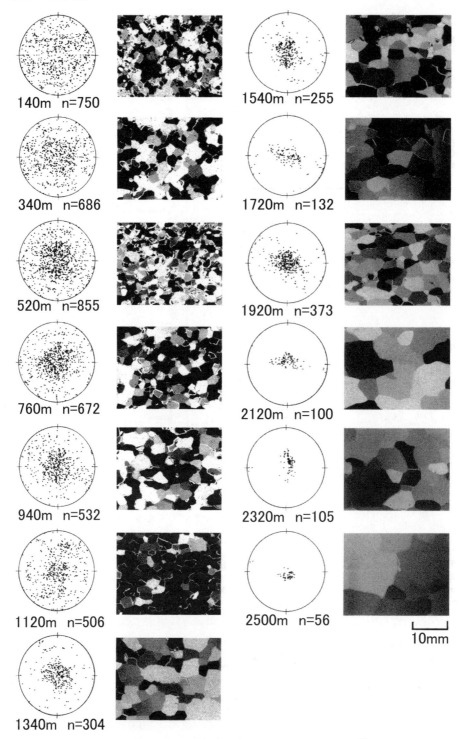

図 4.52　ドームふじコアの結晶主軸方位分布（シュミットネット[32]で示す）
と同じ深さのコアの氷の結晶粒（Azuma *et al.*, 1999）
n は結晶主軸方位を測定した結晶粒の測定数．

---

[32] 球面上の分布を等面積で平面に投影した分布図．点でデータを示すこともあるが，同じ頻度の場所を線でつないで，コンター図で示すこともある．この場合，最もデータが集中する場所を明瞭に示すことができる．

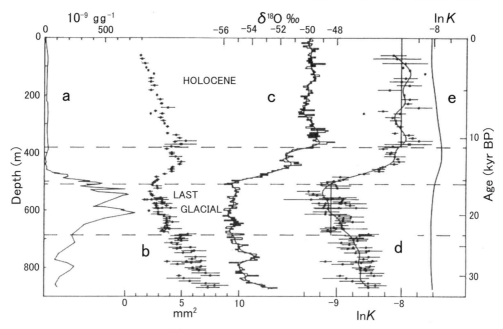

図 4.53　ドーム C コアの (a) 固体微粒子濃度，(b) 氷結晶の面積，(c) 酸素同位体比，(d) 結晶粒成長速度（観測値）[33]，(e) 結晶粒成長速度（氷期－間氷期で温度差を 12℃ とした時の計算値）（Petit et al., 1987）

依存性がある．結晶粒径は寒冷な氷期には小さく，温暖な間氷期に大きくなる．図 4.53 はドーム C コアの解析結果であるが，左から固体微粒子濃度，氷結晶の面積，酸素同位体比，結晶成長速度（結晶面積の実測値に基づく），結晶成長速度（氷期－間氷期で温度差を 12℃ とした時の計算）である（Petit et al., 1987）．ここでは実測データを使うと，氷期に結晶成長速度が小さくなり，時間が経過している割には氷期の氷の結晶粒径は小さいことがわかる．また，計算結果が実測と合わないこともわかる．

また，氷に少量の不純物（HF, HCl, H_2O_2）を添加させた時，氷は力学的に柔らかくなることが Nakamura and Jones（1973）により報告されている．

4.3.6　フィルンの密度分布，圧密氷化，エアハイドレート

Kojima（1964）は，米国南極観測隊（USAP; United States Antarctic Program）が 1957 年から 1962 年に実施した西南極と東南極でのトラバース観測で得られたフィルンの密度データ（表面近傍および表面から 15 m 深まで）を 3.2.3 項で説明した積雪の圧密解析の手法を応用して解析した．Herron and Langway（1980）は，南極氷床とグリーンランドの 17 地点で採取した氷床コアの密度分布の特徴を調べた．図 4.54 はフィルンの深さ－密度分布（depth-density profile）であるが，彼らはこの密度分布の特徴を調べるだけでなく，密度分布から氷床コアの年代が推定可能であることも示した（4.5 式）．

$$t_{0.55} = \frac{1}{k_0 A} \ln\left[\frac{\rho_i - \rho_0}{\rho_i - 0.55}\right] \tag{4.5}$$

ここで $t_{0.55}$ は密度 0.55 g/cm³ になるまでの時間（単位は年），ρ_i は氷の密度（ここでは 0.917 g/cm³），

---
[33] K [mm²/yr] は $\Delta(L^2-L_0^2)/\Delta t$ で定義される氷の結晶粒成長速度．ここで L は，結晶粒の長さ，L_0 は堆積時の結晶粒の長さ，Δt は堆積後の時間を示す．

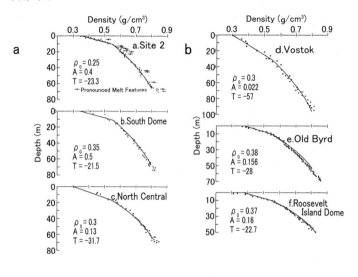

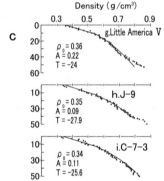

図 4.54　南極氷床とグリーンランド氷床で採取したフィルンコアの密度と深さの分布（Herron and Langway，1980）
(a) グリーンランド，(b) 南極氷床内陸，(c) ロス棚氷で採取されたコア．

ρ_0 は氷床表面でのフィルンの密度，k_0 と A は以下の 4.6 式および 4.7 式で与えられる変数である．

$$k_0 = 11\exp\left[-\frac{10160}{RT}\right] \tag{4.6}$$

$$A = \left(\frac{\rho_i k_1}{C'}\right)^2 \tag{4.7}$$

ここで，R は気体定数（8.314J/(K mol)），T は氷温（単位は K），$k_1 = 575\exp\left[-\frac{21400}{RT}\right]$，$C' = \frac{d\ln[\rho/(\rho_i-\rho)]}{dh}$ である．C' は縦軸を深さ h，横軸をとして，横軸を自然対数にとった時の傾きである．

密度 ρ の氷コアの年代 t_ρ（単位は年）は以下の 4.8 式で与えられることがわかった．

$$t_\rho = \frac{1}{k_1 A^{0.5}}\ln\left[\frac{\rho_i - 0.55}{\rho_i - \rho}\right] + t_{0.55} \tag{4.8}$$

4.8 式による氷床コアの年代と酸素同位体比の季節振動や他の方法で推定した年代とを比較した結果，60m 深での年代差はグリーンランド氷床の Crête コアで 1 年，Site2 コアで 0 年（同一年代），Milcent コアで 2 年，南極氷床の Byrd コアで 0 年となり，4.8 式を用いても氷床コアの表層部（表面から 100m 深程度まで）での年代推定が十分可能であることがわかった．

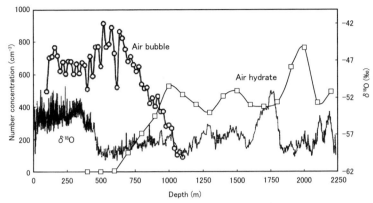

図 4.55 ドームふじコアの気泡からエアハイドレートへの遷移過程（Narita *et al.*, 1999）
白丸は気泡，白四角はエアハイドレートの単位体積あたりの数を示す．線で酸素同位体比（$\delta^{18}O$）を示す．

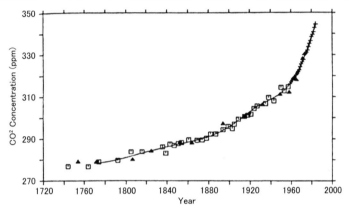

図 4.56 1740 年以降の二酸化炭素濃度の変遷（Khalil and Rasmussen, 1989）
記号の違いは異なるコアの解析結果を示す．1958 年以降のハワイのマウナロアでの実測値は + で示す．

　この方法は氷床コアの密度分布が時間とともに変化しないこと（Sorge の法則[34]，Bader, 1954），表面質量収支と氷温で密度分布が変化するという，2 つの経験的な観測事実に基づいている．小島（2005a）は Sorge の法則を解説した．Kameda *et al.*（1994）は，南極氷床とグリーンランド氷床で採取された 14 の氷床コアの密度分布を調べた結果，フィルンの密度は上載荷重と雪温で決まることを明らかにした．

　極地氷床では乾いた雪（フィルン）は圧密氷化過程で空気を気泡として取り込みながら通気性をなくし，フィルンの密度が 0.83〜0.84 g/cm^3 で氷化するが，この氷化プロセスは氷の年代と氷に含まれる気体との年代差という観点で，Schwander and Stauffer（1984）が初めて報告した．Kameda and Naruse（1994）はこの Schwander and Stauffer（1984）により開発された方法を参考にして測定装置を組み上げ，フィルンから氷に変化する過程（フィルン－氷遷移層）を詳細に調べた．その結果，ドームふじコアでは 90 m から 108 m 深で気泡が形成されることがわかった．

　一方，Narita *et al.*（1999）は，ドームふじコアを用いて，氷床内部での気泡からエアドレートへの遷移過程を詳しく調べた（図 4.55）．その結果，ドームふじコアでは 600 m 深からエアハイドレートが形成され始め，1100 m 深付近でほぼすべての気泡がエアハイドレートに遷移することがわかった．この深さ領域を気泡－ハイドレート遷移層という．なお，エアハイドレートの形状やその構造などの特徴は 1.3-2) を参照のこと．

---

[34] Sorge の法則（英語では Sorge's law）はアメリカでは「ソージズロウ」と発音されている（小島, 2005a）．

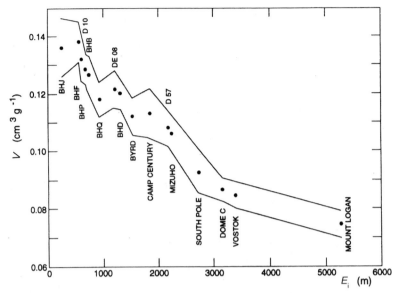

図 4.57　掘削地点の氷化高度（E_i）と含有空気量の平均値（V）との関係（Martinerie et al., 1991）

4.3.7　気泡の成分分析による過去の大気成分の復元および含有空気量

　氷河や氷床の乾雪域の内部ではフィルンは圧密氷化で氷に変化し，気泡が形成される（図 1.6 参照）．気泡中には過去の大気が保存されているので，これを用いて過去の大気成分が推定されてきた．Neftel et al.（1985）は南極のサイプル基地で掘削された氷床コアに含まれている二酸化炭素濃度（CO_2）を測定し，ハワイのマウナロアでの CO_2 モニタリングの結果と比較した．図 4.56 は Neftel et al.（1985）や他の地点で掘削されたコアの解析結果を Khalil and Rasmussen（1989）がまとめた図である．全球的な CO_2 濃度は 1750 年頃から徐々に上昇し始め，近年になると上昇率が大きくなっていることがわかる．図 4.56 ではマウナロアでのデータを＋印で示すが，これは米国の科学者 C.D.Keeling（キーリング）が 1958 年から開始した結果である．それ以前のデータは氷床コアを用いて推定している．その後，Vostok コアや Byrd コア，ドームふじコアなどの深層コアでも CO_2 濃度が測定され，過去 80 万年間の CO_2 濃度変動が推定されている．

　単位質量の氷床コアに含まれている空気量を標準状態（0℃，1 気圧）で表したものを含有空気量（air content）という．含有空気量は氷床内部でフィルンが氷化した時の温度と気圧の影響を受けるので，過去の標高を含む情報であると考えられている（例えば，Raynaud and Lebel, 1979 ; Kameda et al., 1990 など）．図 4.57 は南極，グリーンランド，高山域の氷河で掘削された氷床・氷河コアの氷化直後の含有空気量の値と掘削地点の標高との関係を示す．掘削された地点の標高が高いと，含有空気量は低くなる．

　南極氷床のみずほ基地で掘削された 700m コアの含有空気量と酸素同位体比の結果を図 4.58 に示す（Kameda et al., 1990）．図 4.58a の黒丸と黒三角は含有空気量の測定結果であり，実線はこれらのデータから推定した含有空気量の平均的な値を示す．点線は 100m 付近での含有空気量から推定した氷床の定常状態仮定での含有空気量の推定結果である．点線で示す氷床の定常状態を仮定した結果と実際の測の定結果（実線）が異なること，図 4.58b で示される酸素同位体比の変動を合わせて考えることより，Kameda et al.（1990）はみずほ基地周辺では過去 2000 年間に 350m の氷床高度の低下が起きたと推定した．これは 4.2.1 項の 3）で述べたみずほ高原で実測された近年の氷床高度低下（−0.5

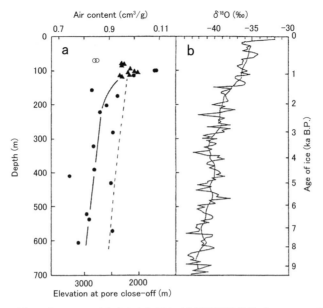

図 4.58 南極みずほコアの (a) 含有空気量と (b) 酸素同位体比 (Kameda *et al.*, 1990)

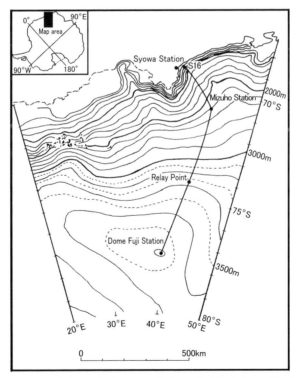

図 4.59 東南極氷床の沿岸域の S16 からドームふじ基地までの観測ルート

〜 -0.8m/yr, 観測期間：1969-74) と関係している可能性もある．ただし, 含有空気量の値は太陽の長期的な日射量変動と関係があるという指摘もある (Raynaud *et al.*, 2007).

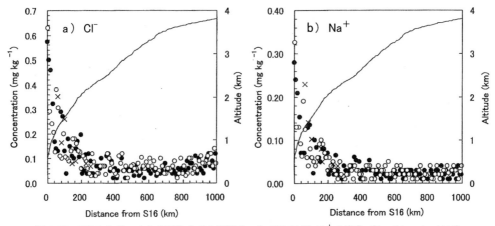

図 4.60　S16 からドームふじ基地までの観測ルートでの Cl^- と Na^+ の変化（Suzuki et al., 2001）
ここで，黒丸と白丸は夏季のトラバースでの積雪サンプリングで，往路と復路の結果．往路と復路では同じ場所ではサンプリングをせずに，復路では 5km ずらしてサンプリングが実施された．×印のデータは冬季にサンプリングした結果．実線は氷床面積の標高を表す．

4.3.8　化学主成分

1）表面積雪

昭和基地から約 16km 南東の南極氷床沿岸域の S16 地点（69°02'S，40°40'E，591m a.s.l.）は日本南極地域観測隊の内陸調査の基点である．図 4.59 は S16 からドームふじ基地までの観測ルートを示す．このルートはみずほ基地（70°42'S，44°17'E，2260 m a.s.l.）と中継拠点（74°00'S，42°59'E，3353 m a.s.l.）を経由してドームふじ基地に至る．図 4.60 はこのルート沿いで夏季（1998 年 12 月 27 日〜99 年 2 月 15 日）および冬季（1999 年 8 月 23 日〜9 月 13 日）に実施された内陸トラバース時に 10km ごとにサンプリングした表面積雪（0〜2cm）の化学主成分（Cl^-，Na^+）の濃度を示す（Suzuki et al., 2001）．

図 4.60 より，Cl^- と Na^+ の濃度は夏季の往路と復路でとくに違いはなく，また夏季と冬季でもとくに違いはないことがわかる．共通の傾向としては，Cl^- と Na^+ は沿岸域でそれぞれ 0.6mg/kg と 0.3mg/kg 程度であり，沿岸からおよそ 200km（標高 2000m）まで距離とともに減少した．これは，NaCl を主要成分とする海塩の微粒子が沿岸域から内陸に輸送されているためである．また，Na^+ の濃度は 200km から 1000km でほぼ一定となったが，Cl^- は 750km を過ぎると上昇する傾向があった．このように，化学主成分によって沿岸の S16 からドームふじまでの地域は 3 つの領域に分類できることがわかった．これは Furukawa et al.（1996）が調べた雪面模様での 3 つの地域と一致していた（Suzuki et al., 2001）．つまり，沿岸から 200km までは小さなサスツルギ（sastrugi）[35] が多く，デューン（dune）[36] の割合が少なかった．200km から 750km までは小さなサスツルギ，デューン，光沢雪面（glazed surface）[37] が混在するカタバ風帯であった．また，750km から 1000km は小さなサスツルギとデューンの割合が両者ともに少なく，比較的柔らかい積面が多かった．

図 4.61 はみずほ基地とみずほ基地周辺で 2 月から 12 月にかけて採取された飛雪に含まれる主要イオン濃度の分析結果である（Osada et al., 1989）．硝酸イオン（NO_3^-）と硫酸イオン（SO_4^{2-}）は夏に濃度が高くなり，冬に濃度が低くなる顕著な季節性があることがわかる．硫酸イオンの濃度変化は，

---

[35]　サスツルギとは風の削剥で形成される高さ 10cm〜1m 程度の流線型の雪面起伏で，風上側に鋭い先端をもつ．
[36]　デューンとは雪の堆積で形成される高さ 10cm〜1m 程度の比較的滑らかな表面をもつ雪面起伏．
[37]　光沢雪面とは風の影響で形成された光沢のある比較的平坦な雪面である．

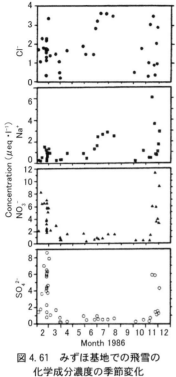

図4.61 みずほ基地での飛雪の
化学成分濃度の季節変化
(Osada et al., 1989)

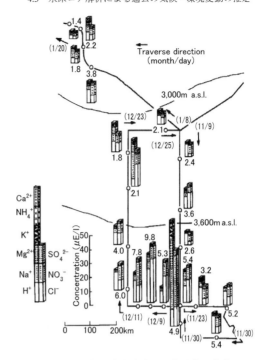

図4.62 東南極氷床内陸域での化学成分濃度の
地理的分布 (Kamiyama et al., 1989)
実践は観測ルート．白丸は観測地点を表す．
図の上は東に相当する．

夏に活発となる海洋からのDMS（ジメチルサルファイド，硫化ジメチルまたはジメチルスルフィドとも呼ばれる．海辺での潮のにおいの原因物質）の放出と，日射が強いことによるDMSの酸化が原因だと考えられ，このプロセスにより，エアロゾル粒子中の硫酸イオン濃度が高くなるので，結果的に降雪・飛雪中の硫酸イオン濃度が高くなると考えられている（長田和雄，私信）．

エアロゾル中の硝酸イオン濃度は，晩冬から初春にかけて濃度が高くなるが，エアロゾルの場合には，海塩粒子のようなアルカリ性の粒子にガス状のHNO_3が吸着して硝酸イオンとなっていることが多い（原, 2003）．したがって，海塩粒子の量とガス状のHNO_3の量の2つの季節変化がこれらの変動に関係していると考えられている．また，硝酸イオンの揮発性により，表面質量収支の少ない南極氷床内陸では夏の比較的高い温度と日射により積雪中の硝酸イオンが大気中にHNO_3として出てくることも考えられ，これが飛雪や表面積雪に再度捕捉されている可能性もある（長田和雄，私信）．

図4.62は，みずほ基地より内陸域での積雪中の化学主成分の変化を積雪採取地点（白丸）ごとにまとめた図である．観測ルート上の数字は電気伝導度（5.4など）と観測日（11/30など）である．標高3000m付近の積雪の電気伝導度は$1.8\sim2.4\mu S/cm$であるが，標高が高くなると$2.6\sim9.8\mu S/cm$まで上昇した．内陸域ではトリチウムの濃度も高くなった．みずほ基地より内陸域では，積雪中の主要な化学成分の濃度が異なることが報告された．これらの濃度上昇は南極氷床の内陸域では圏界面付近や成層圏などの大気上層部で光化学反応を受けた物質の降下が原因である（Kamiyama et al., 1989）．

一方，南極内陸域のドームふじでは夏季に表面積雪中のNa^+と非海塩性硫酸濃度（$nssSO_4^{2-}$）[38]が低くなり，Cl^-/Na^+が上昇することが報告されている（図4.63）．$nssSO_4^{2-}$濃度とは海塩としてのSO_4^{2-}を除いた濃度で，火山や海洋生物活動（植物プランクトンによる海洋から大気への硫化ジメチルの

---

[38] nssとはnon sea saltの略称で，非海塩成分を意味する．

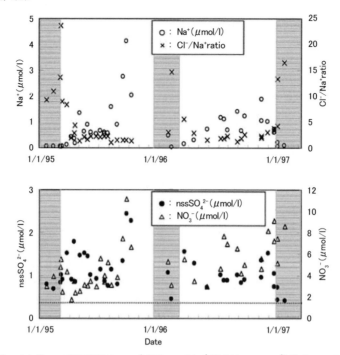

図4.63 ドームふじでの表面積雪中の Na^+ 濃度，Cl^-/Na^+ 濃度比，$nssSO_4^{2-}$ 濃度，NO_3^- 濃度の変化
(1995年1月から97年1月；Iizuka et al., 2004)
ここで灰色部分は12月から2月で，夏季に相当する．

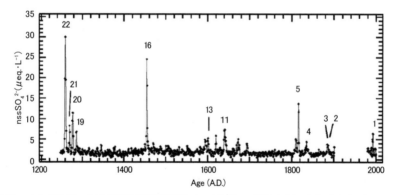

図4.64 南極ドームふじ浅層コアの非海塩性硫酸濃度（$nssSO_4^{2-}$）の変化と想定される火山 (Igarashi et al., 2011)

放出）に由来する硫酸に相当する．ここで，夏季に Na^+ と $nssSO_4^{2-}$ の濃度が低くなることは先に説明したみずほ基地での観測結果（ただし，図4.61では $nssSO_4^{2-}$ ではなく SO_4^{2-} で示してある）と異なっている．これは，夏季のみずほ基地では雪面で昇華蒸発が卓越しているが (Fujii and Kusunoki, 1982；Takahashi et al., 1992など），内陸では夏季にも夜間の昇華凝結が卓越し，表面霜が雪面で形成されており，これが関わった現象であると考えられている (Iizuka et al., 2004)．

2) 氷床コア

図4.64は南極ドームふじで採取された浅層コアの非海塩性硫酸濃度（$nssSO_4^{2-}$）を示す．番号を付けたピークは表4.7に示す火山に由来すると考えられており，氷床コアの硫酸濃度を測定することで過去の火山の歴史を調べることができる．ここでVEI（Volcanic Explosivity Index，火山爆発指数）とは火山の爆発規模を示したものである (Simkin and Siebert, 1994)．Unknownとは噴火した火山の同定

表4.7 図4.64で示したピークの該当火山
(Igarashi *et al.*, 2011)

番号	火山名	国名	噴火日	VEI
1	Hudson	Chile	1991/08/12	5+
	Pinatubo	Philippines	1991/06/15	6
2	Tarawera	New Zealand	1866/06/10	5+
3	Krakatau	Indonesia	1883/08/27	6
4	Coseguina	Nicaragua	1835/01/20	5
5	Tambora	Indonesia	1815/04/10	7
11	Paker	Philippines	1641/01/04	5?
	Deception	Antarctic	1641	
13	Huaynaputina	Peru	1600/02/09	6
16	Kuwae	Vanuatu	1452	6
19	Unknown	–	–	–
20	Unknown	–	–	–
21	Unknown	–	–	–
22	Unknown	–	–	–

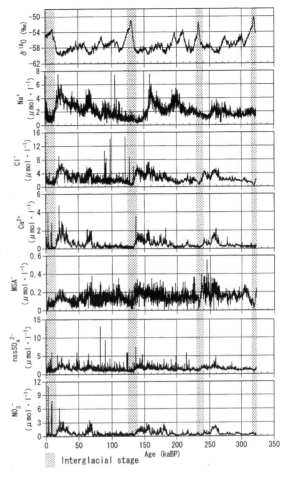

図4.65 南極ドームふじ深層コアの酸素同位体比とイオン成分濃度の結果 (Watanabe *et al.*, 2003a)

ができていないことを示す．図4.65は過去32万年間のドームふじ深層コアの酸素同位体比と化学主成分の結果を示す．4.3.2項で説明したように，酸素同位体比は気温を反映しており，ここでは温暖な間氷期を灰色部で示した．Na^+やCa^{2+}などの成分は間氷期に比べて氷期にフラックスが高くなる傾向があるが，$nssSO_4^{2-}$はそれほど大きな濃度変化はない．Na^+やCa^{2+}濃度について間氷期と氷期の違いは南太平洋や南極高緯度での発生量や輸送条件に関する環境が変化したことに起因すると考えられている (Wolff *et al.*, 2006)．

4.3.9 化学微量成分

氷床コアにごく微量しか含まれない金属成分の測定も行われている．例えば，Murozumi *et al.* (1969) はグリーンランド氷床の Camp Century と南極氷床のバード基地で採取された雪試料を使って，産業革命[39]以降の積雪中の微量な化学成分の変遷を初めて明らかにした（図4.66）．その結果，グリーンランド氷床では，紀元前800年前の鉛濃度は検出限界下限に近いが，1750年以降は徐々に増加し，1945年以降は急激に増加することがわかった．南極氷床ではこの期間，低い濃度が続いたので，このような鉛濃度の分布の南北非対称性は鉛の供給源が北半球にあることを示している．Murozumi *et al.* (1969) は，有鉛ガソリンを使用した自動車からの排気ガスがこの原因であると指摘した．このような指摘がきっかけの1つとなり，1970年代以降に先進国で販売されるガソリンは無鉛化された．

図4.67は北半球で掘削された氷コアでの鉛濃度の測定結果を示す．ローガン山（カナダのユーコン準州にある標高5959mの山），グリーンランド，モンテローサ（ヨーロッパアルプス），デボン島

---

[39] 産業革命 (industrial revolution) とはイギリスで1770年代から始まった石炭をエネルギー源とする動力機械（蒸気機関）を用いた工場での大量生産とそれに伴う産業資本主義の確立を意味する．1800年代になると産業革命は西ヨーロッパ，アメリカ，ロシア，日本に波及した．

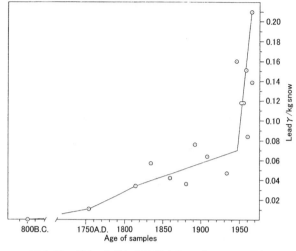

図 4.66 グリーンランド氷床の Camp Century コアに含まれている鉛濃度 (Murozumi et al., 1969)

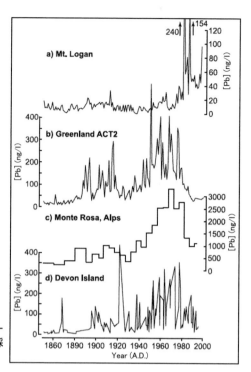

図 4.67 (a) ローガン山，(b) グリーンランド，(c) モンテローサ（ヨーロッパアルプス），(d) デボン島（北極圏カナダ）で採取された氷コアでの鉛の濃度 (Osterberg et al., 2008)

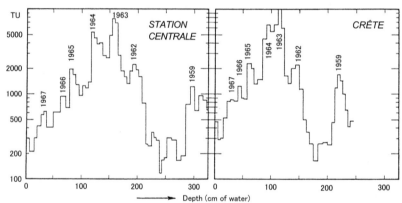

図 4.68 グリーンランドの積雪ピットで採取された雪試料のトリチウム濃度 (Merlivat et al., 1973)

（北極圏カナダ）での結果である．ローガン山以外の3地点では1890年頃から鉛濃度が上昇しはじめ，1970年代に極大値となり，その後，減少したことが特徴である．これらの地点での鉛は，北米，西ヨーロッパ，東ヨーロッパ，ロシアが起源であることが知られている．北米と西ヨーロッパではガソリンの無鉛化が1970年代から80年代にかけて進んだため，1980年代以降は環境中の鉛濃度が減少したと考えられている．

一方，ローガン山の標高が高い部分の積雪は大気大循環により中国などのアジアの影響を受けている．これらの地域では日本を除いてガソリンの無鉛化が1990年代もしくはそれ以降に進んだ．このため，他の地点と異なり，1970年代以降に鉛の高濃度が現れたと考えられている．

4.3.10 放射性同位体

積雪に含まれているT（トリチウム），^{10}Be，^{32}Si，^{90}Sr，^{137}Csなどの放射性同位体元素やグロス

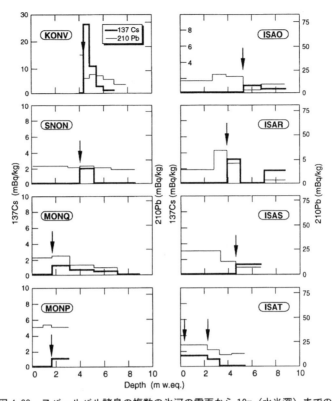

図 4.69 スバールバル諸島の複数の氷河の雪面から 10m（水当深）までの
^{137}Cs と ^{210}Pb の分布およびチェルノブイリ層（矢印）（Pinglot et al., 1994）
図中の KONV（Kongsvegen），SNON（Snøfjella），MONQ and MNOP（Monacobreen），ISAO，ISAR，ISAS and ISAT（Ischasenfonna）などは試料採取した氷河の名称．

β[40]）も測定されてきた．原水爆実験や原子力発電所の事故により環境中へ大量に放出されたトリチウムや ^{137}Cs，^{90}Sr などの量を積雪や氷床コアを用いて時系列で調べると，濃度ピークを一種の示準層として利用できる．図 4.68 はグリーンランド氷床上の Station Centrale と Crête での積雪ピットで採取された雪試料のトリチウム濃度を示す．1959 年と 1963 年のピークが顕著である．これらは，主としてソ連（現在のロシア連邦）が北極海のノバヤゼムリャ島で実施した原水爆実験の影響である．この二つのピークは北極域の氷河だけではなく，南極氷床で採取された氷床コアでも検出されており，年代決定のために利用されてきている．1989 年 4 月 26 日未明に起こったソ連のチェルノブイリ原子力発電所事故，2011 年 3 月 11 日に発生した東日本大震災に起因する福島第一原子力発電所事故でも環境中に多くの放射性同位体が放出されており，示準層として利用できる．図 4.69 は Pinglot et al.（1994）が報告したスバールバル諸島での氷河中の ^{137}Cs と ^{210}Pb の測定結果であるが，チェルノブイリ原子力発電所からの放出物を含む層が矢印で示されている．

図 4.70 は Horiuchi et al.（2008）が報告したドームふじコアの宇宙線生成核種の ^{10}Be 濃度と ^{10}Be フラックスの結果である．ここでは，同じく宇宙線生成核種である ^{14}C について樹木試料から得られた生成率のデータ，南極点での ^{10}Be データとを併せて示した．これらの独立した 3 つのデータは互いに似た変動傾向を示した．ここでドームふじコアの ^{10}Be 濃度が高い部分にハッチをつけて示しているが，これらは太陽活動が不活発な時期に相当し，それぞれオールト極小期（Oort Minimum, AD1010-1050），ウォルフ極小期（Wolf Minimum, AD1280-1340)），シュペーラー極小期（Spörer

---
40) 中性子が陽子に壊変するベータ崩壊では電子が放出されるが，これがベータ線である．グロス β はこの β 線の総量．

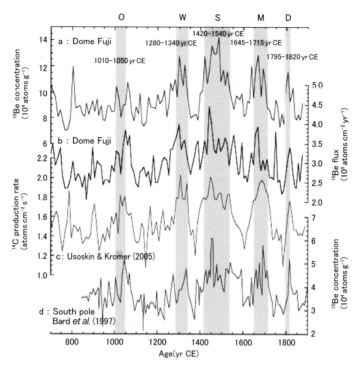

図 4.70 (a, b) ドームふじコアの ^{10}Be の分布（Horiuchi et al., 2008）
比較のために（c）年代からわかった木の ^{14}C から推定した ^{14}C の生成率，(d) 南極点の氷床コアの ^{10}Be 濃度を示す．文献は Horiuchi et al. (2008) を参照のこと．

Minimum, AD1420-1540），マウンダー極小期（Maunder Minimum, AD1645-1715），ダルトン極小期（Dalton Minimum, AD1795-1820）である．これらの太陽活動の極小期には地球に進入する銀河宇宙線（galactic cosmic ray）の強度が高くなっており，このため上空での宇宙線核種の生成率が高くなっていたと考えられる．これがドームふじコアと南極点でのコアで ^{10}Be 濃度が高くなり，樹木の ^{14}C が高くなった原因である．

4.3.11 固体微粒子およびブラックカーボン

ドームふじコアの酸素同位体比と固体微粒子濃度（直径 0.5～25μm）の変化を図 4.71 に示す．酸素同位体比が高い時期は間氷期で，低い時期は氷期である．図の上に書いた A～F の文字は酸素同位体比で定義される気候ステージを意味する．A'～F'，A''～F'' および A''' は A～F のそれぞれと気候ステージが同じであることを示す．また，氷期から間氷期に移行する 1～2 万年前に固体微粒子濃度が高くなることがわかった．固体微粒子とは大気中に含まれる非水溶性の固体の微粒子を意味するが，氷期には海水準が現在よりも 120～135m 低く，現在よりも多くの乾燥域が広がっていたことが原因である．また，氷期には現在よりも赤道域と高緯度との温度差が大きく，このために氷期には風速が大きく，南北方向の熱輸送が活発化しており，これも氷期の極域の大気に固体微粒子濃度が増えていた原因である．

また，積雪にブラックカーボン（Black carbon, 黒色炭素ともいう）と呼ばれるエアロゾルが含まれると積雪のアルベドが低下するため，積雪の融解に影響を与えることが知られている（Hansen and Nazarenko, 2004 ; Flanner et al., 2007 など）．このため，氷河や氷床上の積雪などでブラックカーボンの濃度が計測され，積雪融解に与える影響が調べられている．Aoki et al.（2014）は，ブラックカー

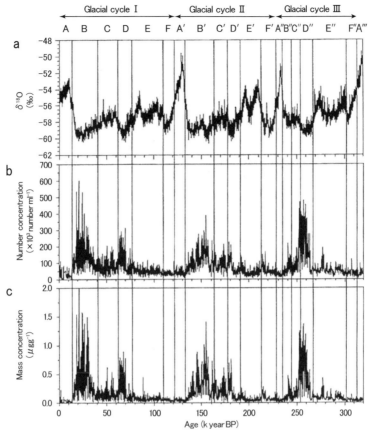

図 4.71 (a) ドームふじコアの酸素同位体比と (b, c) 固体微粒子濃度 (Fujii *et al.*, 2003)
図の縦線は酸素同位体比で定義した気候ステージの境界を示す.

ボンによる積雪汚染と雪氷微生物による雪氷面アルベドの低下の効果を明らかにすることを目的として，グリーンランド北西部で実施した観測結果を報告した．日本雪氷学会が刊行している *Bulletin of Glaciological Research* の 32 号（2014 年 9 月刊行）には関連する 10 編の論文が掲載されているので，参考になる．

4.4 アイスレーダーによる氷床，氷河の内部構造観測

氷床，氷河の厚さや基盤での氷の状態（凍結または融解），氷の内部構造を調べるためにレーダーが使われている．この技術は 1950 年代から開発が続いており（例えば，Robin, 1969），現在では氷床内での内部反射層による等年代層の検出なども可能となっている．

これまでに多くの種類のアイスレーダー (ice rader) が開発されてきたが，日本南極地域観測隊による南極氷床の観測では VHF 帯から UHF 帯に相当する 30MHz, 60MHz, 179MHz, 434MHz の波長のパルスレーダ (pulse radar) が用いられてきた（藤田，2008）．図 4.72 には雪上車に取り付けた 179MHz の氷床探査レーダーを示す．山岳氷河や比較的浅い氷床の厚さを測る目的ではインパルスレーダー (impulse radar, 別名，モノパルスレーダー，GPR ともいう．GPR は ground penetrating radar の略称) が用いられる．レーダーによる氷床探査をアイスレーダー探査 (RES, Radio Echo Sounding) という．

図4.72 雪上車に取り付けられた氷床探査レーダー（藤田，2008）

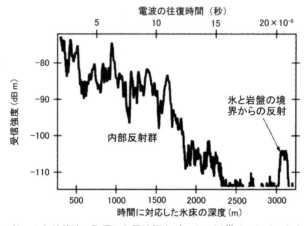

図4.73 ドームふじ基地で取得した電波探査データの例[41]（日本雪氷学会，2014）

日本南極地域観測隊が実施した南極氷床のドームふじでのアイスレーダー探査の結果を図4.73に示す．約 20×10^{-6} 秒後に基盤からの反射波が戻ってきたことがわかる．氷床内部での電波の伝搬速度 c_i は4.9式で示される．

$$c_i = \frac{c_0}{\sqrt{\varepsilon'}} \tag{4.9}$$

ここで，c_0 は真空中での電磁波の速さ（2.9979×10^8 m/s），ε' は氷の比誘電率の実数部である（1.5式参照）．4.9式では氷床は一様な氷からできており，温度は一定であると仮定した．4.9式で計算した c_i を4.10式に代入すると，レーダーの位置から反射面までの距離（h）を求めることができる．ここで Δt は基盤からの反射波を検出するまでの時間である．

$$h = \frac{c_i \Delta t}{2} \tag{4.10}$$

---

41) 縦軸の単位［dBm］は，1mW（ミリワット）を基準（0dBm）とした時の電力の大きさをデシベル（dB）で表した．ここで，ベルとは基準となる量との比の対数で表す無次元の単位であり，デシベルとはその1/10を意味する．したって，基準値をA，測定値をBとするときのBをデシベルで表すと，$L_B = 10\log_{10}(B/A)$ となる．この定義により，基準の10倍は10デシベル，100倍は20デシベルとなる．［dBm］とは，Aを1mWとする場合の単位である．

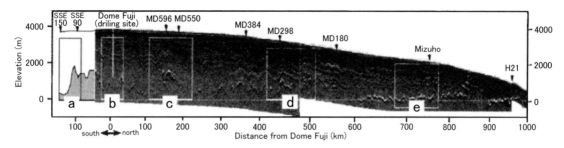

図 4.74 南極氷床の内陸部から沿岸までの縦断面でのアイスレーダー画像（Fujita *et al.*, 1999）

このような測定を南極氷床の沿岸からドームふじまでで実施し（図4.59の観測ルート沿い），得られた結果を合成したものを図4.74に示す．ここでは，氷床内部の基盤の位置，氷床の内部の層状の構造（radio echo layering）がわかる．氷床内部の層状構造は，(1) 氷の密度が不連続に変化する深さ，(2) 結晶主軸方位分布（アイスファブリクス）[42]が不連続に変化する深さ，(3) 氷の酸性度[43]が不連続に変化する深さ，でレーダー波が反射することで生成されている（Fujita *et al.*, 1999）．したがって，図4.74より氷床内部での特定な層の深さ分布を推定することができ，氷床内部の年代分布も推定可能となる．

なお，アイスレーダーでは主にVHF帯（30MHz〜300MHz）の電磁波を使用している．この周波数帯では，(1) 氷による電磁波の吸収が少ない，いわゆる窓領域に相当する，(2) 氷の誘電率が周波数を変えても大きく変化しない（誘電分散帯ではない），ためである（藤田，2008）．図1.21に誘電率の周波数依存性を示すが，VHF帯での純氷の比誘電率（高周波数比誘電率という）の実数部はおおよそ一定であり，その値は3.15である．

また，4.9式では氷床の誘電率の実数部を一定と仮定したが，実際には極地氷床の表層部は雪（フィルン）であり，さらに氷床内部の温度は一定ではない．ここで，極地氷床の表層部のフィルンの比誘電率 ε'_r は，経験式として4.11式で表すことができる（例えば，Kovacs *et al.*, 1995）．

$$\varepsilon'_r = (1.000 + 0.845\rho) \tag{4.11}$$

ρ はフィルンの密度 [g/cm^3] である．なお，実際の極地氷床での観測では，氷の比誘電率の温度依存性および結晶主軸方位分布の依存性を考慮したうえで，氷床内部での電磁波の伝搬速度を計算する場合もある．

4.5 氷床のモデル計算

氷河や氷床は過去にはその形状や標高分布が変化していたことが氷河地形の研究などから明らかになっている（例えば，岩田，2011）．これは過去の気温と降水量が現在と異なっていたためだと考えられている．このような氷河や氷床の過去の変動を理解し，将来の変動予測を行うため，氷河・氷床のモデル計算が行われている．

図4.75と図4.76は現在の1つ前の間氷期（イーミアン間氷期，Eemian）から現在までの南極氷床とグリーンランド氷床の形状と標高分布をいくつかの仮定をもとにして計算した結果である．この計

---

[42] 4.3.5項「氷の結晶構造」を参照．
[43] 4.3.4項「固体電気伝導度（ECM）による火山灰層の検知」を参照．

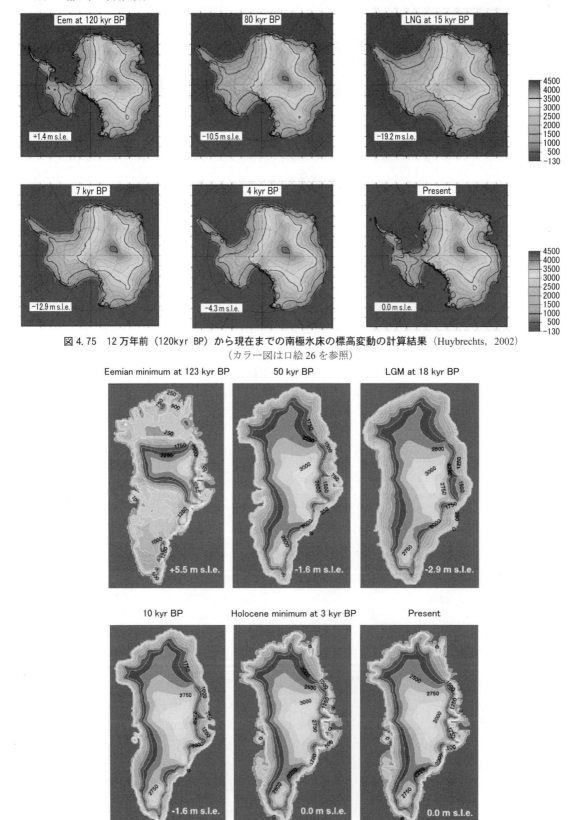

図 4.75　12 万年前（120kyr BP）から現在までの南極氷床の標高変動の計算結果（Huybrechts, 2002）
（カラー図は口絵 26 を参照）

図 4.76　12.3 万年前（123kyr BP）から現在までのグリーンランド氷床の標高変動の計算結果（Huybrechts, 2002）
（カラー図は口絵 27 を参照）

算では推定した過去の気温と降水量を入力し，氷床の流動計算を実施した．図4.75では，8万年前の南極氷床は現在よりも西南極氷床で拡大しており，それは海水準で10.5m分に相当することが示されている．LGM（最終氷期極大期，Last Glacial Maximum，通常は2万年前，ここでは1.5万年前）ではさらに大きく，海水準で19.2m分に相当する氷が現在よりも多く南極氷床に堆積していたことが示されている．氷期には気温が8～23℃程度，現在よりも低く（4.3.2項参照），降雪量は現在の半分程度であったと考えられており，このような環境変動が原因である．

図4.76をみると，1つ前の間氷期（12.3万年前）ではグリーンランド氷床は中央部と南部の2つに分離しており，地球全体の海水準で5.5mに相当する氷がグリーンランド氷床からなくなっていたと推定された．また，LGM（ここでは1.8万年前）では逆にグリーンランド氷床は現在よりも拡大しており，それが海水準で2.9mに相当することが示されている．これらの氷床モデル計算では将来の気温変化に対する氷床の変動予測も報告されている．ただし，いずれのモデル結果においても，入力気候条件，流動計算にある程度の不確定性があり，モデル計算の妥当性の評価には注意が必要である．

4.6 氷河湖決壊洪水

氷河湖決壊洪水（Glacier lake outburst flood, GLOF グロフ）とは氷河の末端や氷河上にできた湖が決壊することで，下流域に洪水被害を与える現象であり，ヒマラヤ山脈，南アメリカのアンデス山脈，ヨーロッパアルプス山脈，アラスカの氷河で発生している．火山国のアイスランドでは，火山を覆った氷河で氷河底が地熱で融けて湖が形成されている．この湖が拡大を続けると，ついには覆っている氷河を突き破って決壊するため，数年から十数年間隔で定期的に大きな洪水が発生する．この洪水を昔からヨコロウプ（アイスランド語でJökulhlaup）と呼んでいることから，他の地方の氷河湖決壊洪水のことできたもヨコロウプと呼ぶ場合がある．

図4.77aに東ネパールのロールワリン川源頭にあるトラカルディン氷河（Trakarding Glacier）の末端に形成されたツォー・ロルパ氷河湖（Tsho Rolpa Glacier Lake；27°50'N，86°28'E，4580 m）を示す．これは氷河末端のモレーンで堰き止められた氷河湖[44]（moraine-dammed glacier lake）で，ネパールヒマラヤで最も規模が大きく，最も危険とみなされている．図4.77bはツォー・ロルパ氷河湖の拡大過程を示す．これは地形図，登山隊や調査隊撮影の写真，人工衛星画像などから復元したものである．1957～59年に0.23km^{2}であった湖の面積はほぼ年代とともに増加し，1988～90年の段階で1.27km^{2}に拡大した．この傾向を外挿すると，おおよそ1952年頃から拡大を開始したことが推定されている（Yamada, 1998）．

ネパール・ヒマラヤでGLOFが認識されたのは，1985年8月4日の晴れた午後早くに発生した洪水により，完成間近のナムチェ水力発電所が技術者も見ている前で跡形もなく流出してしまった事件に始まる（Yamada, 1998）．上流域を調べたところ，ディグ・ツォー氷河湖（Dig Tsho Glacier Lake，貯水量675万m^3，湖面標高4400m，長さ1.5km，幅300m，面積45万m^2，最大深さ18m）が決壊洪水を起こしたことがわかった．これは湖の背後の氷河から推定15万m^{3}の氷の塊が湖に落下し（氷雪崩という），そのために発生した波高5mの大波が氷河湖を堰き止めるモレーンを決壊させたことが原因であると推定された．この決壊により500万m^{3}の湖水が5時間にわたって溢れ出し，最大1600m^3/sと推定される洪水が速さ4～5m/sで流下し，下流40kmまでの河道に沿って大きな被

---

[44] 氷河湖とは氷河からの融水を供給源として，氷河の前面にできる湖．氷河の前面にできたモレーンが氷河からの融水を堰き止めてできた湖．

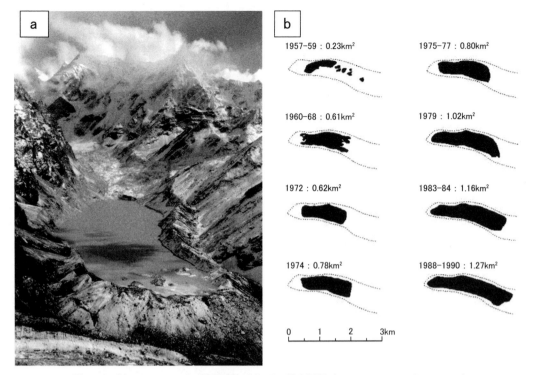

図 4.77 (a) ツォー・ロルパ氷河湖と (b) その拡大過程（Yamada, 1998；山田, 2000）
(b) の黒い部分が湖を表す．b は Mool et. al. (1993) を改変．

害を出した．また，88 万 m^3 の土砂が流出した．この洪水により 14 の橋梁，30 の家屋，川沿いの多くの耕地が流出し，4～5 名が亡くなった（Vuichard and Zimmermann, 1986；Yamada, 1998；山田, 2000）．

1981 年 7 月 11 日には，ネパールの首都，カトマンズからチベットの都ラサに行く途中のスンコシ河で洪水が起きたが，後に調べるとこれも GLOF が原因であった．この時には上流のザンザンボ氷河湖（Zhangzanbo Glacier Lake，貯水量 1900 万 m^3，面積 0.7 km^2）を堰き止めていたモレーンの基部に穴が空き，最大流量 15,920m^3/s で 400 万 m^3 の湖水が流出したと考えられている（Vuichard and Zimmermann, 1987；Yamada, 1998；山田, 2000）．

山田（2000）によると，氷河湖の決壊は何らかの外的要因の場合とモレーン自体が自発的に決壊する場合とに分けられる．外的要因としては氷河湖側面の急峻な斜面からの雪崩や岩砕雪崩，氷河からの氷の崩落，斜面崩壊，氷河湖側面や末端のモレーンの崩壊，氷河の氷河湖への前進などがある．いずれの場合も多量の雪と氷，岩屑，土砂が一気に湖に落下することで発生する大きな波が湖を堰き止めているモレーンを乗り越える際に不安定なモレーンを突き崩す．地震によるモレーン崩壊も原因の 1 つである．一方，自発的な要因としてはモレーン内部の氷体や凍土の融解によるモレーンの構造強度の低下，モレーン内部に進入した湖水がモレーン内部に地下水脈を発達させることによるモレーンの強度低下などがある．

ネパールでは記録の残る GLOF は過去 450 年間で 16 回あるが，そのうち 3 回は 1991 年，1995 年，1998 年に起こっている．近年の地球温暖化によりこの地域では氷河が縮小しており，氷河湖が拡大していることが知られているが，このことが 1990 年代以降の GLOF 増加の原因だと考えられる．また，人工衛星画像や空中写真などから，ネパールでは 4 つの氷河湖が危険な状態だと考えられている．こ

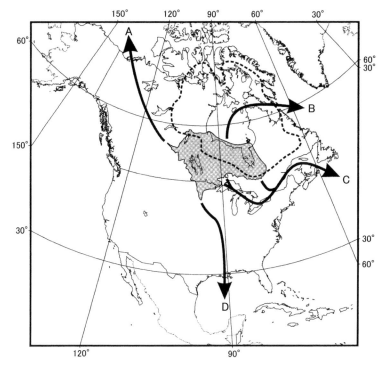

図 4.78 アガシー湖とオジブウェイ湖（灰色部）とこれらの湖からの融水流出経路（A～D）（Teller *et al*., 2002）
これらの流出は 1.3 万年前から 8000 年前に発生した．点線で 9000 年前のローレンタイド氷床を示す．

れらの湖で貯水している水量は 2800 万 m^3（= 0.028 km^3）から 7700 万 m^3（= 0.077 km^3）と見積もられている．日本の黒部渓谷の黒部第四ダムの貯水量が 1.5 億 m^3（= 0.15 km^3）であるので，ネパールでは黒部第四ダムの 1/2 から 1/5 程度の水が氷河湖という不安定な状況に置かれているのである．

4.2 節の図 4.18 では現在から 2 万年前の LGM での氷床の分布を説明したが，北米大陸の北部を覆ったローレンタイド氷床の融解時の 1.3 万年前から 8 千年前には氷床末端に巨大なアガシー湖[45]（貯水量は時代により変化するが，4,600 km^3 から 163,000 km^3，Lake Agassiz）とその東にオジブウェイ湖（Lake Ojibuay）などが形成され，それらが桁違いに大きな洪水を起こしたことが知られている（例えば，Teller *et al*., 2002）．図 4.78 は復元したアガシー湖とオジブウェイ湖からの融水流出の経路（A～D）を示す．これらの経路に沿って 12,900 年前から 8,400 年前にかけて 10 回もしくは 11 回の大洪水が起こったとされ，1 回の洪水で海洋に流出した淡水は 1,600 km^3 から 163,000 km^3 程度と考えられている．4.3 節の図 4.40 ではグリーンランド氷床コアの酸素同位体比に記録されているダンスガード-オシュガー・サイクルを説明したが，このような気候変動の 1 つの原因として，このような海洋への大規模な淡水流入による海洋循環パターンの変動が考えられている．

また，4.4.1 項では現在の南極氷床の下にあるボストーク湖の概要を説明したが，このような湖が南極氷床下で多数発見されている．それらの中には互いにつながったものも発見されており，その挙動に注目が集まっている．

---

[45] 現在の世界最大の湖のカスピ海の貯水量は 78,200 km^3 なので，アガシー湖は最大時にはカスピ海の 2 倍の貯水量だったことになる．

確認問題

1. 氷床，氷河，氷原，氷帽，雪渓とは何か．それぞれを簡単に説明しなさい．
2. 氷河を形状および内部の温度分布により，それぞれ3種類に分類しなさい．
3. 岩石氷河，氷河擦痕とは何か．
4. 現在の南極氷床とグリーンランド氷床がすべて融けるとそれぞれ海水準で何 m に相当するか．ただし，氷床融解に伴う基盤隆起，海水温変動，塩分の変動の影響は考慮しなくてよい．
5. 無氷回廊とは何か．存在した時代，場所および人類史との関係を説明しなさい．
6. 人工衛星 GRACE による南極氷床とグリーンランド氷床の観測から何がわかるか．
7. 雪尺観測から何がわかるか．
8. 氷床や氷河の10m雪温から何がわかるか．その基本原理を説明しなさい．
9. ロシアのボストーク基地の下には何があるか．
10. 氷床コアや掘削孔を使った解析で過去の気温を推定する3つの方法を説明しなさい．
11. 氷床コアの解析で過去の火山爆発を検知する方法を説明しなさい．
12. 氷床コアの解析で過去の二酸化炭素を復元する基本原理を説明しなさい．
13. ファブリクスとは何か．
14. 氷床コアの ^{10}Be を分析すると何がわかるか．
15. 氷河湖決壊洪水とは何か．また，この現象をアルファベット4文字で示しなさい．
16. ヨコロウプとは何か．
17. アガシー湖とは何か．
18. 雪まりもとは何か．
19. 南極みずほ基地での表面質量収支の特徴を説明しなさい．
20. IGY，IPY とは何か．

コラム 13

南極での吹雪研究

1) 南極の斜面下降風と地吹雪

南極では，放射冷却で生じる冷気が大陸斜面を下って斜面下降風（katabatic wind）となり，一年中強い風が吹く．そのために氷床表面では地吹雪（blowing snow）が発生し，大量の雪粒子を風下に運び，雪面ではサスツルギやデューン等の特徴ある雪面模様ができる．また，地吹雪による積雪再配分は氷床表面の表面質量収支を複雑にしている．

斜面下降風は大気の気温逆転の強さと斜面傾斜に依存する．斜面が急になるほど風速が強くなるため，一般的に氷床下流ほど強くなるが，沿岸部では一般大気とぶつかり合うとハイドロリックジャンプ（hydraulic jump）をして地表と離れて斜面下降風は弱まる．また斜面下降風の影響は少なく，低気圧擾乱の風の影響を強く受ける地域もある．

図 A13.1 には，南極の気象資料（国立極地研究所，1985）により作成した南極のみずほ基地とミールヌイ基地（ロシア）の気温と風速の月平均値変化（10 年平均値）およびその相関をグラフに示す．両基地とも冬（5～9 月）は気温が低く，風速が強い．日射の強くなる 10 月から気温が上りだして風速も弱くなり，1，2 月には気温が最高になって風速は最低となる．相関関係のグラフによると気温と風速の関係は，相関関係 0.9 以上のよい直線関係にあり，斜面下降風の温度依存の傾向をよく示した．

各国基地の気温と風速データについて，斜面下降風の特徴の有無を調べ，各基地を沿岸斜面下降風帯（ミールヌイ基地のように沿岸部にあって斜面下降風が吹く地域），内陸斜面下降風帯（みずほ基地のように内陸で斜面下降風が吹く地域），内陸気候帯（ドームふじ地域のように風が弱く風向に一定規則のない地域），沿岸低気圧擾乱帯（低気圧による風の影響が強い地域）に分類した（図 A13.2）．その結果から内陸および沿岸部の斜面下降風帯を斜線で表した．この地域では定常的に風が強く，地吹雪が多く発生しているところになる．

地吹雪は南極表面質量収支計算において重要な項目であり，南極氷床では，古くはバード基地（Budd *et al*.,

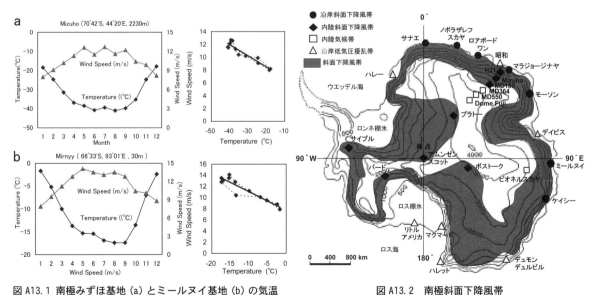

図 A13.1 南極みずほ基地 (a) とミールヌイ基地 (b) の気温と風速の変化（10 年平均月別値）およびその相関

図 A13.2 南極斜面下降風帯
各基地気象を沿岸斜面下降風帯（●），内陸斜面下降風帯（◆），内陸気候帯（□），沿岸低気圧擾乱帯（△）に分け，斜面下降風帯を灰色で表す．

1966；Mellor，1966）やウィルクスランド（Budd，1966）の観測からハーレー基地（Mann et al., 2000）の観測など南極各地域で地吹雪観測が行われてきた．

2）みずほ基地の吹雪観測

日本の南極地域観測隊では主としてみずほ基地において地吹雪観測が行われてきた．1979年，第20次南極地域観測隊（JARE20，1979-80）の前 晋爾らの気水圏グループは，南極の大気観測計画であるPOLEX-South（1979-81）の一環として，みずほ基地に接地気象観測用の30mタワーを建設し，このタワーを用いた気象観測および地吹雪観測を実施した．バード基地の地吹雪測定（Budd et al., 1966）の測定高は4mまでだったが，みずほ基地の30mタワー観測は，それまでの観測に比べ最高の高さであり，地吹雪と降雪量の分離を可能にした．

JARE21において小林俊一は1980年に30mタワーで吹雪観測を行い，30m高度の飛雪流量（風向に垂直な単位面積を通過する吹雪の量）は地吹雪の影響が少ないとして，みずほ基地の1980年の降水量を年間140mmと見積もった（Kobayashi, 1985）．

JARE22の西村 寛は1981年に30mタワーのいろいろな高さで吹雪粒子を採取し，粒度分布がガンマ分布で表され，高い位置ほど平均粒径が小さくなることを示した（西村・前野，1983）．

JARE23の高橋修平は1982年，通年で各種の地吹雪観測を行った．地下にあるみずほ基地雪洞の延長上に雪穴を掘り，地下から安全に低い地吹雪を毎日1回観測した（図A13.3）．30mタワーにはロケット型吹雪計を設置して4〜5日に1回，貯まった飛雪重量を測った（図A13.4）．その結果，得られた飛雪流量の雪面から30mまでの高度分布を図A13.5に示す．飛雪流量は雪面約30cmに比べ，3m高では約1/10になり，30m高では約1/100と指数関数的に小さくなった．

図A13.6は1m高の飛雪流量である．風速5〜6m/s以上で地吹雪が発生し，飛雪流量は風速の7〜8乗で急激に大きくなるのがわかる．みずほ基地では常時地吹雪のために視界が悪く，降雪有無の判断が難しいが，図中の×印は，粒子の顕微鏡写真および安息角測定（図A13.6b）（Takahashi et al., 1984a）により降雪があったと判断された時であり，同じ風速の地吹雪だけの場合に比べ，飛雪流量は大きいことがわかる（Takahashi, 1985a）．

飛雪流量 q [kg/(m²·day)] が次式のような風速 V [m/s] のべき乗の関係で表されるとする．

$$q = 10^B V^A \tag{A13.1}$$

図A13.7は，そのべき数 A の高さによる変化を示す（Takahashi, 1985a）．べき数 A は雪面付近の0〜0.1mでほぼ4であるが，高くなるにつれて大きくなり，高さ1m以上では7から9の値を示した．図中の0〜30mと記した破線は，雪面から高さ30mまでの飛雪流量 q の積算値，つまり7.3.2項で説明する吹雪量 Q ($= \int q\, dz$) の風速に対するべき数 A であり，みずほ基地では約5.2だった．7.3節の7.1式で示すよう

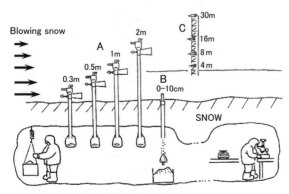

図A13.3 みずほ基地の各種吹雪計（Takahashi, 1984a）
A：サイクロン型，B：スリット型，C：ロケット型．

図A13.4 サイクロン型吹雪計（a），30mタワーに取り付けたロケット型吹雪計（b）
（高橋修平撮影，1982年）

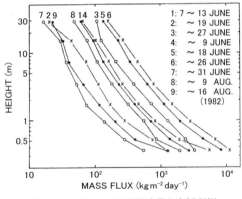

図A13.5　30mまでの飛雪流量分布観測例
（Takahashi，1984a）
3m以上はロケット型吹雪計，
2m以下はサイクロン型を用いた.

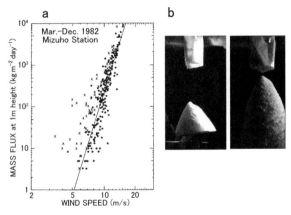

図A13.6　高さ1mの飛雪流量と風速の関係（a）と
雪粒子安息角観測（b）（Takahashi，1985a）
a図の×印は降雪時データであり，安息角で判断された.

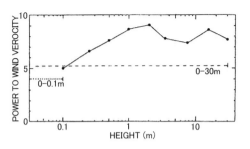

図A13.7　飛雪流量qと風速Vの関係式$q=10^B V^A$
のべき数Aの高度変化（Takahashi，1985a）
0～0.1mの値，0～30m吹雪量の値も示してある.

図A13.8　雪粒子落下速度測定装置（Takahashi，1984b）

図A13.9　チョーク（右）を利用した雪粒子削剥度観測

に，日本国内ではべき数Aが4とされているが（松澤ほか，2010），南極ではそれより大きい．これは，日本国内では低い地吹雪が卓越するために，図A13.7に示すような雪面付近での$A=4$に近い小さな値となるが，高い地吹雪が卓越する南極では，高い所の飛雪流量qが$A=7～9$の大きい値をとるために，積算量である吹雪量Qは$A=5.2$の大きい値になると説明できる．つまり，7.3節の7.1式のべき数Aは定数ではないのである．

JARE23のみずほ基地観測ではその他にもいろいろな観測が行われた．30m高の吹雪密度ρから降雪量pを求めるには雪粒子の落下速度wの値が必要であり（$p=\rho w$），通常は雪粒子粒径からwを推定していた．みずほ基地では静止空気内で点滅するスリット光源の中で地上の吹雪粒子を落下させてwを求め（図A16.8）（Takahashi et al.，1984a），wと粒径dの関係を得るとともに平均落下速度wが風速に依存することを示した（Takahashi，1985a）．これは風速が強くなると，粒径が大きく落下速度も大きい粒子が飛びやすくなることを表す．また，サスツルギのような雪面の削剥模様を作りだすことになる雪粒子の削剥度を調べるため，チョークを竹竿に付けて地吹雪中にさらし，その削られる量を測った．高さ1mと2mでは2,3日で，高さ0.5mでは1日でチョークを交換する必要があった（図A13.9）．

JARE41の西村浩一は2000年にみずほ基地30mタワーに雪粒子の粒径と個数が電子的にわかる風向追従型スノーパーティクルカウンター4台を高さを変えて設置し（図A13.10），吹雪跳躍層と浮遊層での雪粒子運動と乱流構造に関する詳細な測定を行った．その成果は，吹雪と境界層内の気象要素の関係，両者の構造変化と自己調節機能，吹雪の発生・終息時の応答特性などに多くの知見をもたらし，吹雪の「ランダムフライトモデル」の構築に大きく寄与した（Nishimura and Nemoto，2005）．

図 A13.10 みずほ基地で使用した風向追従型スノーパーティクルカウンター (a) と 30m タワーへの取り付け状況 (b)(2010 年 10 月,西村浩一撮影)

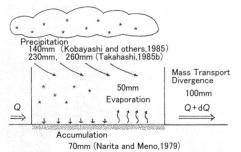
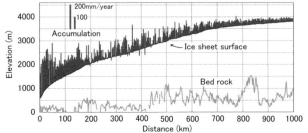

図 A13.11 みずほ基地表面質量収支の概念図 (Takahashi *et al.*, 1988)

図 A13.12 沿岸域 S16 地点からドームふじ基地までの表面質量収支 氷床標高,基盤標高も示す.

3) 積雪の再配分

氷床表面では地吹雪より積雪の再配分が起きる.図 A13.11 にはみずほ基地の表面質量収支の概念図を示す.吹雪観測によって見積もられた降水量が 230mm/year（水当量）前後であるのに (Takahashi, 1988),堆積した積雪量は 70mm/year であり (Narita and Maeno, 1979),測定した昇華量 50mm/year が表面からなくなるとしても,まだ 100mm/year ほど足りない.これはみずほ基地周辺の吹雪量が上流部から入る量に対して下流部から出て行く方が多いことによる積雪の再配分が起きていることを意味する.みずほ基地上流部と下流部の傾斜の違いから斜面下降風を求め,吹雪量の違いを見積もると,この 100mm/year の損失が説明できた (Takahashi, 1988).吹雪量が流れに沿って次第に増加するとき,吹雪量が発散（divergence）しているといい,表面から積雪が削剥される.逆の場合は,収束（convergence）しているといい,積雪が堆積する.

氷床全体でもこの積雪再配分が大規模に起きている.図 A13.12 には沿岸域 S16 地点からドームふじ基地までの約 2km 間隔の雪尺観測による表面質量収支（積雪量）を示す.一般に,積雪量は上流の内陸部は小さく下流の沿岸部は大きい.よく見ると地形が凸になっている地点では積雪が小さく,雪がほとんど何年も積もらない地点がある.これは表面傾斜が急になる地点では斜面下降風が増速し,吹雪量の発散が起きて積雪量が減るためである.場合によっては下層の固い雪まで露出し,極端な場合は裸氷（bare ice）が現れる.逆に凹型の地形では,吹雪が運んできた雪が多く堆積することになる.

図 A13.13a に示すように,斜面下降風は斜面傾斜による力 F_g,進行方向左（南半球）にかかるコリオリ力 F_C,摩擦力 F_f がバランスして,最大傾斜方向から偏向角 β の角度で斜めに吹くことになる.図 A13.13b に氷床斜面傾斜や温度逆転の強さから斜面下降風を求め,吹雪量の収束・発散による表面質量収支を求めた計算結果を示す.表面質量収支は,氷床中流部で負,下流部で正となって,これに大気からの降雪が加わると,先の雪尺観測結果（図 A13.12）に傾向がよく似てくることがわかる.

コラム 13　南極での吹雪研究　177

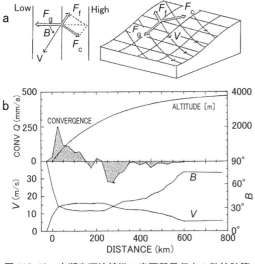

図 A13.13　白瀬氷河流線沿い表面質量収支の数値計算
(Takahashi, 1988)
(a) 斜面下降風概念, (b) 上から氷床高度, 表面質量収支, 斜面下降風の偏向角 B と風速 V.

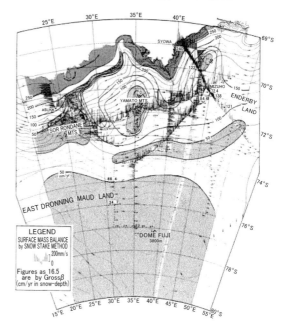

図 A13.14　白瀬氷河流域の表面質量収支分布
(Takahashi et al., 1994)
短い棒は雪尺測定による積雪深（mm-water/year）.

　図 A13.14 に白瀬氷河流域の雪尺観測をまとめた表面質量収支分布を示す．標高 3500m 以上の内陸地域では表面質量収支は 50 mm/year 以下と小さく，標高 1000m 以下では 200 mm/year 以上と大きい．一般には，標高が下がるにつれ表面質量収支は大きくなるが，この傾向とは異なる地域がみられる．標高 3000m の地域ではいったん 50 mm/year 以下と小さくなっている．ここは氷床表面の傾斜が次第に急になり，斜面下降風が発生し出す地域で，地吹雪発散となる地域と説明できる．また，やまと山脈周辺地域では裸氷原（35ºE, 71-73ºS）があって表面質量収支は負である．ここは基盤地形の影響で斜面が急になっており，地吹雪が発散する削剥地域である．セルロンダーネ地域でも裸氷原（26ºE, 70-72.3ºS）が存在し，この地域は山岳にはさまれて気流が収斂して風速が増して吹雪発散で削剥する地域である．これらの裸氷原では上流で埋もれた隕石が再び顔を出す．氷原での隕石は小さくても見つけやいため，日本南極地域観測隊はこの地域で大量に隕石を収集し，日本は世界一多い数の隕石をもつことになった（小島, 2011）．

コラム 14

ドームふじ氷床深層掘削計画

　昭和基地付近の地形や氷床の状況は 1936～37 年にノルウェーが実施した航空機から撮影された航空測量用の写真（空中写真という），1946～47 年に米国が実施したハイジャンプ計画での空中写真により判明した．第 9 次日本南極地域観測隊（9 次隊）は 1968/69 年（1968 年 11 月から 1969 年 1 月の意味，南極では夏季に相当する）に昭和基地から南極点までの極点旅行を実施し，この地域の内陸氷床の標高分布を明らかにした（Fujiwara and Endo, 1971）．その途中で標高 3700m の氷床上の峠を通過した．富士山に近い標高と南極観測船ふじに因んで，この峠はふじ峠（Fuji Divide；77°25'S, 41°28'E）と命名された（村山，2000）．また，Levanon et al.（1977）および Levanon（1982）は気球搭載の電波高度計により，この地域を含む南極氷床全体の標高分布を報告した．このような昭和基地の南方氷床上の最高標高点で深層掘削を実施し，過去数十万年間の気候・環境変動を明らかにすることを目的として，ドームふじ氷床深層掘削計画（Deep Ice Coring Project at Dome Fuji, Antarctica）は立案された（研究代表者：渡邉興亜国立極地研究所教授，所属は当時）．

　1986/87 年の 26 次隊による地形測量の結果，この地域の標高分布の詳細が明らかにされた（上田，2012）．その後，1992/93 年の 34 次隊と 93/94 年の 35 次隊により，最も標高が高いと考えられた地点にドームふじ基地（当時の名称はドームふじ観測拠点）が建設された．1995 年には 36 次隊がドームふじ基地で初越冬観測を実施し，深層掘削を開始した．37 次隊は深層掘削を継続し，1996 年 12 月 8 日に 2503.96m までの掘削に成功した（藤井ほか，1999）．その際に，深層掘削ドリルが掘削孔内から抜けなくなった．その後，3 年かけて深層掘削ドリルを引き抜くための作業が実施されたが，最終的には引き抜くことができず，第二期ドームふじ氷床深層掘削計画として，42 次隊が 2000/01 年に 44m 離れた地点で新たな掘削（パイロット孔掘削）を開始した．

　43 次隊と 44 次隊がこの場所に新掘削場を建設し（依田，2004；亀田ほか，2005），44 次隊と航空機派遣の 45 次夏隊により，2003 年 11 月から深層掘削が再開された．その後も航空機を利用した夏季のみの深層掘削チームがドームふじに 3 回派遣され，2007 年 1 月 26 日に 3035.22m までの掘削に成功した（Motoyama, 2007）．得られた氷床コアの分析の結果，最下部の氷は約 70 万年前に堆積したことがわかった．

図 A14　ドームふじ基地での深層掘削作業
（2003 年 12 月 24 日撮影，第 44 次南極地域観測隊提供）

表 A14 ドームふじ氷床深層掘削計画関連の担当者（雪氷分野）および主要な事項（JARE26 ～ 48）

年	JARE 隊次	担当隊員（雪氷分野）	主要な事項
1986/87	26	上田 豊，奥平文雄，神山孝吉，菊地時夫	東ドロンイングモードランドでの最高標高点（ふじドーム）の発見，前進拠点（Advance Camp）の建設.
1989/90	29, 30	藤田秀二，東 信彦	深層掘削機の開発実験（あすか観測拠点近くのシール岩付近で実施）.
1990	30, 31	東 信彦，本山秀明	深層掘削機の開発実験（あすか観測拠点近くのジェニングス氷河で実施）.
1991/92	32	藤井理行，米山重人	ドームふじ基地への輸送・観測ルートの設置，燃料輸送.
1992/93	33	神山孝吉，前野英生，古川晶雄	ドームふじ基地の位置の確定，燃料輸送.
1993/94	34	本山秀明，榎本浩之，宮原盛厚，成瀬廉二	112m 深までのパイロット孔掘削およびケーシング，ドームふじ基地の建物の建設（2 棟），燃料物資輸送.
1994/95	35	庄子 仁，斎藤隆志，斎藤 健，白岩孝行，横山宏太郎[#]，渡邉興亜[*]	深層掘削場の建設，ドームふじ基地の建物の建設（4 棟），燃料物資輸送.
1995/96	36	東 信彦，中山芳樹，田中洋一，亀田貴雄，上田 豊[*]，古川晶雄[*]	ドームふじ基地での初越冬観測．深層掘削場の建設および完成．612.59m 深までの掘削．雪まりものの発見.
1996/97	37	藤井理行，藤田秀二，新堀邦夫，米山重人，片桐一夫，川田邦夫[#]	2 回目のドームふじ基地での越冬観測．2503.56m 深までの掘削．掘削ドリルが掘削孔でひっかかる．アイスレーダー観測の実施.
1997/98	38	本山秀明，川村泰史	3 回目のドームふじ基地での越冬観測．ドームふじ基地での雪氷・気象観測の実施．大気観測棟の建設.
1998/99	39	山田知充，鈴木啓助	深層掘削孔の拡幅のための高密度液の注入.
1999/00	40	古川晶雄，鈴木利孝，松岡健一，飯塚芳徳	深層掘削孔の拡幅のための高密度液の注入および深層掘削ドリルの回収作業の実施.
2000/01	41	西村浩一	みずほ基地での吹雪観測の実施.
2001/02	42	本山秀明，久保 栄，青木 猛	第 2 期深層掘削のための 122m 深までのパイロット孔を掘削.
2002/03	43	斎藤隆志，木下 淳，依田恒之	新掘削場の建設，燃料物資輸送.
2003/04	44, 45（夏隊）	亀田貴雄，藤田耕史，本山秀明[*]，鈴木利孝，吉本隆安，宮原盛厚[*]，古川晶雄[*$]	4 回目のドームふじ基地での越冬観測．新掘削場の建設および完成，深層掘削の実施．2004 年 1 月 16 日に 362.31m 深に到達．皆既日食の観測.
2004/05	45, 46（夏隊）	田中洋一，東 久美子，本山秀明[*]，鈴木啓助[*]，武藤淳公，新堀邦夫[*]，吉本隆明[*]	深層掘削の実施．2005 年 1 月 22 日に 1850.35m 深に到達.
2005/06	46, 47（夏隊）	古崎 睦，五十嵐 誠，本山秀明[*]，藤田秀二[*]，新堀邦夫[*]，田中洋一[*]，吉本隆明[*]	深層掘削の実施．2006 年 1 月 28 日に 3028.52m 深に到達.
2006/07	47, 48	斎藤 健，本山秀明[*]，新堀邦夫[*]，田中洋一[*]，李院生（中国極地研）[*]，Chung Ji Woong（韓国極地研）[*]，福井幸太郎，中澤文男	深層掘削の実施．2007 年 1 月 26 日に 3035.22 m 深に到達して，掘削終了.

[*] 夏隊員，[#] 昭和基地担当，[$] ノボラザレフスカヤ基地（ロシア連邦）担当.

コラム 15

南極での皆既日食

1821年2月に米国の探検家 John Davis が南極半島のヒューズ湾に上陸して以来，これまで南極で皆既日食は14回起こっている．しかしながら，観測基地近傍では起こらなかったため，南極で皆既日食を観測することはできなかった．

2003年11月23日，南極氷床の沿岸域に位置するロシアのミルヌイ基地から南極氷床内陸のドームふじ基地，沿岸域のロシアのノボラザレフスカヤ基地およびインドのマイトリ基地を含む地域で皆既日食が起こった．図 A15.1 に皆既日食帯を示す．第44次日本南極地域観測隊はこの時にドームふじ基地にて深層掘削再開のための準備作業を実施しており，南極氷床上で初めて皆既日食を観測することができた．図 A15.2 は地上から見た皆既日食中の黒い太陽，図 A15.3 は人工衛星が撮影した宇宙空間から見た月の影である．

この時の日射量（短波放射量），長波放射量，気温，気圧，風向，風速の変化を図 A15.4 に示す（Kameda et al., 2009）．日食は11月24日 01:17:47（LT）[46] から始まり，02:59:24 に終了したが，この中で，02:07:33 から 02:09:16（1分43秒間）までが皆既日食であった．この皆既日食のため，日射量は $36.63 MJ/m^2$ 減少したが（日積算日射量の1.6%に相当），このために気温は最大3.0℃低下した．表面雪温は4.6℃の低下であった．Kameda et al.（2009）では，3.5節で説明した熱収支計算を実施し，自然が大規模に行った「太陽放射遮断実験」による気温低下の影響評価を行った．

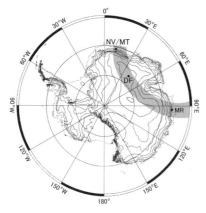

図 A15.1 皆既日食帯 (Kameda et al., 2009)
(DF：ドームふじ，MR：ミルヌイ，NV：ノボラザレフスカヤ，MT：マイトリ)

図 A15.2 皆既日食中の黒い太陽（藤田耕史撮影）
(Kameda et al., 2009；カラー図は口絵28を参照)

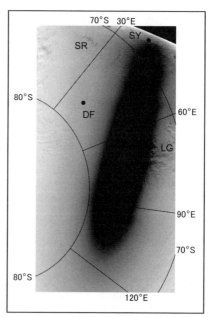

図 A15.3 人工衛星 Terra に搭載された MODIS によって11月23日 22:53 から 23:01（UTC）で撮影された南極氷床上の月の影 (Kameda et al., 2009)
影の周囲部では部分日食，中心部では皆既日食が観察できる．SY：昭和基地，SR：セールロンダーネ山地，LG：ランバート氷河，DF：ドームふじ基地．この時点では DF は皆既日食帯に入っていないが，約3時間後に皆既日食になった．

---

46) LT はローカルタイム (local time) の略．昭和基地では，LT=UTC+3h．UTC とは協定世界時の意味で，英語では Cordinated Universal Time．経度0度のグリニッジ標準時（GMT または Z）と同じ時刻を意味する．

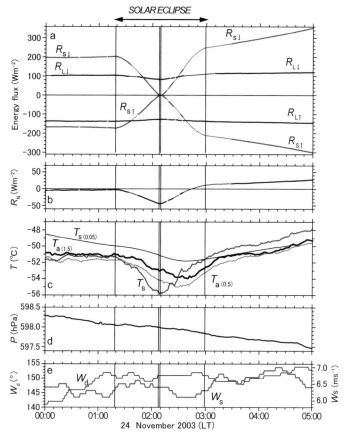

図 A15.4 南極氷床内陸に位置するドームふじ基地で観測した皆既日食中の気象要素の変化(Kameda *et al.*, 2009)
a：下向き短波放射量（日射量）$R_{S↓}$，上向き短波放射量 $R_{S↑}$，下向き長波量 $R_{L↓}$，上向き長波放射量 $R_{L↑}$，
b：放射収支 $R_N = R_{S↓} + R_{S↑} + R_{L↓} + R_{L↑}$，c：気温 T_a および雪温 T_s．$T_{a(1.5)}$ は 1.5 m 高の気温，d：気圧，
e：風速 W_s，風向 W_d．

コラム 16

雪まりも

　雪まりも（yukimarimo）とは雪面に形成された針状の霜結晶（直径 0.1mm，長さ 1mm 程度）が風でまくられて雪面を移動して形成された，直径 5mm から 30mm 程度の球形の霜の塊（図 A16.1）である．北海道の阿寒湖で観察されるマリモに似ているため，雪まりもと命名された．雪まりもはふわふわしており，密度は $0.1\mathrm{g/cm^3}$ 以下．1995 年に南極ドームふじ基地で初越冬観測を実施していた時に発見された（Kameda *et al.*, 1999）．

　雪まりも形成時の気象条件は気温が $-60°C$ から $-72°C$，風速が 3m/s 以下であった．風速が強くなると雪まりもは容易に飛ばされてしまうので，雪まりもが形成されるためには針状結晶が雪面で生成する低温とともに，適度な風速が必要である．国内で知られている雪まりもに似た現象としては，積雪斜面を回転しながら落ちて形成される雪まくり（snow roller）がある．こちらは一方向に移動するので円筒形となる．また，比較的平らな雪原に堆積したぬれ雪が強風のためにまくられて移動し，比較的硬い球形の雪の塊（雪だま，英語では snow balls）が雪面に形成されることもある（コラム 10　積雪の造形美を参照）．

　2011 年 1 月に札幌市で乾いた雪面の一部が風でまくられて雪面を移動し，球形のふわふわの雪の塊（直径 10mm 程度）が観察されたが（直井・樋口，2011），これも一種の雪まりもといえよう（図 A10.2a および b 参照）．

　北見市内の老舗の菓子店「清月」では北見工業大学と共同で「南極からの贈り物　雪まりも」（図 A16.2）という菓子を開発して，2007 年 3 月から販売している（亀田，2007）．この菓子は北見市内の清月各店と北見工大生協，女満別空港および清月 web ショップで購入可能である．この菓子のパッケージは清月の渡辺主税会長のデザイン．浮き出た「北見工業大学」は北見工業大学の内島典子さんの発案．皆さん，雪まりもを食べてみませんか？

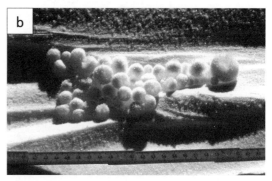

図 A16.1　南極ドームふじ基地で観察された雪まりも（Kameda *et al.*, 1999；亀田，2007）
a は全景で，この写真のほぼ中央やや上に左右のバランスがとれた雪まりもの集合があったので，少し近づいて b を撮影した．

図 A16.2　南極からの贈り物　雪まりものパッケージ（㈱清月提供）

コラム 17

氷穴

　山岳域の山麓には内部に氷が存在する氷穴（ice cave）と呼ばれる洞穴がある．富士山麓には100以上の氷穴があるが，そのうち9つの洞穴は夏にも氷がある氷穴である．この中で富士山麓の鳴沢氷穴（山梨県南都留郡鳴沢村）は規模が最も大きく，総延長は156mである．

　鳴沢氷穴は今から1150年前の西暦864（貞観6）年に富士山の側火山の長尾山が噴火した時の溶岩流でできた洞穴であり，内部の年間平均気温が3℃程度である．冬から春にかけては気温がマイナスになるので，融雪水が洞穴に滴り落ち，つららと氷筍[47]ができる．春から夏にかけて，これらは最も大きく成長し，場所によっては直径50cm，高さ3mにもなる巨大なつららや氷筍ができる．つららと氷筍は8月下旬から9月中頃まで存在するが，雨が洞穴内に進入するとこれらは融けてしまい，初冬には氷穴内につららと氷筍がない状態となる．

　1982年に樋口敬二氏が富士氷穴を調査したところ，洞穴の底は一面の氷で天井からは巨大なつららが垂れ下がり，つららの下には氷筍が並び，周りの壁の一部は氷で覆われていたという．富士山の氷穴は，日本における氷穴の南限だと考えられている（樋口，2014）．

図A17　鳴沢氷穴のつらら，氷筍，床に広がる氷（2013年5月5日，和光 茂撮影）

※このコラムは富士観光興業（株）が運営する鳴沢氷穴のホームページ（http://www.mtfuji-cave.com/contents/ice_cave/）および樋口（2014）を参考にして執筆した．記して感謝します．

---

[47] 天井から真下に伸びた柱状の氷はつらら（icicle，コラム3参照）といい，地面から真上に伸びた柱状の氷は氷筍（ひょうじゅん，ice stalagmite）という．

コラム 18

南極物語, 南極大陸, 南極料理人

「南極物語」は 1983（昭和 58）年公開の日本映画．企画・製作はフジテレビ，配給は日本ヘラルド映画と東宝．監督は蔵原惟繕．南極のシーンはカナダのレゾリュートで主に撮影され，一部南極と米国アラスカ州ノームで撮影された．出演は高倉 健，渡瀬恒彦，岡田栄次，夏目雅子，荻野目慶子など．ストーリーは 1956（昭和 31）年に日本を出発した第 1 次南極地域観測隊の昭和基地での初越冬観測，1957 年出発の第 2 次南極地域観測隊での観測断念，1958 年出発の第 3 次南極地域観測隊での越冬再開を扱う．とくに第 1 次越冬隊が悪天候のために 15 頭の犬を昭和基地に置き去りにしなければならなかった状況，日本に戻った犬係の隊員の苦悩，第 3 次南極地域観測隊での 2 頭のカラフト犬，タロ，ジロとの再会は，第 1 次越冬隊による昭和基地での過酷な生活，ボツンヌーテンでの天測を目的とした観測旅行とともにこの映画のクライマックスである．2006 年にはリメイク版（タイトル：Eight Below）がディズニーにより製作された．こちらは南極の米国基地で働くガイドが 8 匹の犬を残して強制退去させられるストーリーとなっている．

「南極大陸」は 2011 年 10 月 16 日から 12 月 18 日まで TBS 系列で放映されたテレビドラマである．出演は木村拓哉，柴田恭兵，香川照之，堺 雅人，緒形直人など．南極のシーンは北海道根室市で撮影された．扱っている内容は『南極物語』と同じで，第 1 次南極地域観測隊による昭和基地での初越冬観測とタロ，ジロとの再会が主なテーマとなる．ただし，登場人物やエピソードなどには実際の史実と異なる点が多い．とくに昭和基地での越冬隊に大蔵省事務補佐官が参加したことになっており，多くのエピソードに絡んでいるが，この人物に相当する者は実際にはいない．

「南極料理人」は 2009 年公開の日本映画．原作者の西村 淳は第 38 次南極地域観測隊に参加し，ドームふじ基地（当時の名称はドームふじ観測拠点）で調理隊員として越冬観測に参加した．この時の経験を著書『面白南極料理人』にまとめたが，これが原作となった．監督は沖田修一．出演は堺 雅人，生瀬勝久，きたろうなど．昭和基地から内陸 1000km に位置するドームふじ基地での越冬観測の様子が多少コミカルに描かれる．国内でのロケは北海道網走市で行われた．筆者はこの国内ロケを見学したが，合計で 2 年間越冬観測をしたドームふじ基地の建物が網走市の能取岬に再現されていることに，大変驚いた．そのセットには我々の研究室からドームふじでの越冬観測で使った防寒服，風速計，記録計などを貸し出したので，映画のエンディングテロップの最後に「協力　北見工業大学」の文字が流れる．

図 A18　網走市近郊の能取岬での映画「南極料理人」の撮影ロケ風景
（2009 年 1 月 31 日，高橋修平撮影）

コラム 19

IPY と IGY

1882年8月1日から1883年9月1日まで The First International Polar Year (IPY1, 第1回国際極年) が実施された．12カ国 (オーストリア〈ハンガリー帝国〉，デンマーク，フィンランド，フランス，ドイツ，オランダ，ノルウェー，ロシア，スウェーデン，イギリス，カナダ，アメリカ) が参加し，それまで科学的な観測が行われていなかった北極域周辺や南大洋で気象，地磁気，オーロラなどの観測を主とする調査隊を派遣し，それらの成果を用いて極域全体を理解しようとする試みであった．これはオーストリアの学者であり軍人のカール・ワイプレヒト (Carl Weyprecht) が1875年にオーストリア・ハンガリー帝国のグラーツで開かれた自然科学及び医師総会で行った「北極点到達の国際競争は無分別な作業である．(中略) 巨費が使われるが科学的な成果をもたらしていない．得られた資料も断片的である．北極域を知るためには気象，地球物理の分野で常時観測を行う観測網を整備しなければならない」という発言がきっかけであった．

1879年に開催された国際気象学会 (International Meteorological Congress) でワイプレヒト試案が審議され，その後，関連する会議が開催され (1879年ハンブルグ，1880年ベルン，1881年ペテルブルグ)，国際極年の実施が決まった．北極域には合計で12の調査隊，南極域には3つの調査隊が出され，これらの地点では気象と地磁気の観測が同一時間に実施され，観測地点によってはさらに水理学や生物学などの観測も実施された．オーストリアはヤンマイエン島，デンマークはユーラシア大陸最北端のロシアのチェリュスキン岬，オランダはロシアのエニセイ河河口のディクソン島，フランスとドイツは南極，ノルウェーは同国最北端のノルドカップ，スウェーデンはスピッツベルゲン島のトルドセン岬，アメリカはアラスカのバローとエルズミア島のレディ・フランクリン湾に観測所を設置した．最終的には極域以外の観測所でも同様な観測が実施され，1882年には49カ所での同時観測が実施された．

この中で，レディ・フランクリン湾では24名の米国人により1881年から越冬観測が実施されたが，翌年以降の補給船が氷に押しつぶされて沈没したため，補給物資が観測地点に届かず，最終的に17名が亡くなる悲劇も起こった．しかしながら，1881年から1883年までのレディ・フランクリン湾での気象と地磁気観測の結果は保存されており，後の研究で使用された (ツェンケビッチ夫妻，1978)．

第一次世界大戦後に発達した電話，ラジオ，飛行機などを利用した国際的な観測が1927年に提案され，IPY1から50年後の1932年8月1日から1933年8月31日までを第2回国際極年 (IPY2) として共同観測が実施されることになった．この時には44カ国が賛同したが，IPY2の時期は太陽活動が不活発な時期であり，経済的にも後退時期であったため，実際に調査隊を派遣したのはその半数の国にとどまり，北極域には22の調査隊が出され，南極域の5カ所の観測地点，赤道域の7カ所の観測地点で観測が実施された．日本はIPY1に参加しなかったので，IPY2が初めての参加となった．ただし，極地での観測ではなく，富士山頂に気象観測所を開設し，樺太の豊原 (名称は当時，現在はサハリン島のユジノサハリンスク) に地磁気観測所を設置した．

1950年4月5日に開催された国際会議で，Lloyd V. Baker はこれまでの50年間隔ではなく，IPY2から25年後のIPYの開催を提案した．25年後の1957年に太陽活動が活発な時期であり，25年間の科学技術の進歩により種々の測定や航空機や雪上車などを用いた南極氷床での観測が実施可能であると提案したのである．結局この提案により，1957年に「第3回国際極年」は実施されたが，その観測範囲が極域に留まらなかったので，IGY (International Geophysical Year，国際地球観測年) と命名され，1957年7月1日から1958年12月31日までの18カ月間に67カ国が参加して実施された．観測項目は気象，地磁気，オーロラに加えて，測地，宇宙線，電離層，重力，地震，火山，海洋，海氷，氷河，ロケットを使った観測も加えられた (Wilson, 1961)．観測地域としては南極での観測も実施された．日本は当初，赤道域での観測を検討したが，最終的には南極昭和基地での観測を実施した．すなわち，日本の南極観測はIGYを契機として開始されたのである (永田，1991)．2007年3月1日から2008年3月31日にはIGYから50年後を記念して，IPY (International Polar

Year)が極域で実施された．

ところで，米国のミュージシャンの Donald Fagen は The Nightfly というアルバムを 1982 年に発表しているが，1 曲目に I.G.Y. という曲が収録されている．1957 年のソヴィエト連邦による世界初の人工衛星スプートニク 1 号の打ち上げ，1969 年の米国アポロ 9 号による月面着陸など，1950 年代から 1960 年代にかけて，科学の発達によってもたらされる明るい未来へのビジョンが宣伝されていたが，この歌はそのような当時の人々が夢見た「科学の発達による夢のような世界」をノスタルジックに歌っている．あるいは，IGY の時代の「実現しなかった未来への夢」への郷愁かもしれない．

図 A19　IGY を記念して日本が発行した記念切手

謝辞：ドナルド・フェーゲンの I.G.Y. の歌詞の内容については，「マジックトレイン：MT スタジオ」のブログを参考にして書きました．記して感謝いたします．

コラム 20

SIPRE と CRREL

　米国は 1867 年にアラスカをロシア帝国から 720 万 US ドルで購入したが，それ以来，北方での資源開発に関心をもつようになった．このようなことを背景として米国陸軍工兵隊（US Army Corps of Engineers）は 1949 年に Snow, Ice and Permafrost Research Establishment（通常，SIPRE と記載される．シプレと発音）を米国イリノイ州ウィルメット（Wilmette, IL）に設立した．SIPRE は米国陸軍に所属する雪，氷，凍土を扱う寒冷圏の総合的な研究所であった．北海道大学教授（当時）の中谷宇吉郎は SIPRE の顧問研究員となり，アラスカのメンデンホール氷河で採取した単結晶氷の力学的研究やグリーンランド氷床上の Site2 で採取した 400m コアの力学的特性（ヤング率など）の研究を実施した．これらの成果は，SIPRE が刊行していた SIPRE Research Report で参照することができる．

　SIPRE は，1961 年に北極圏建設・凍結影響研究所（Arctic Construction and Frost Effects Laboratory）と合併して，ニューハンプシャー州のハノーバー（Hanover, NH）に CRREL（Cold Regions Research and Engineering Laboratory，米国寒地理工学研究所，CRREL はクレルと発音する）が設立された（図 A20）．ここは米国東部のアイビーリーグの 1 つで伝統のあるダートマス大学（Dartmouth College）に隣接する場所である．CRREL 研究所員による科学的・技術的な成果は，CRREL Research Report，CRREL Monograph などで参照することができる．また，第 4 章に記したように，CRREL は 1963 年から 1966 年にかけてグリーンランド氷床上の Camp Century にて 1364m の掘削に成功するとともに，1968 年には南極氷床上の Byrd 基地で 2164m の掘削に成功した．

図 A20　CRREL の建物（撮影者：Stephen N. Flanders，撮影日：2011 年 2 月 11 日）

第5章　凍土，凍上

　寒冷地では冬の寒さで土が凍って凍土（frozen soil）ができる．「土が凍る」といっても正確には土に含まれる水が凍結する．この時，細かい粒子を多く含む土（シルト質土[1]など）では土中の間隙が狭いため，下側の凍結していない土層に含まれる水を吸引しながら氷が析出し，凍土が形成される．この過程を氷晶析出（ice segregation），形成される氷を析出氷（segregated ice）という．地表面にできる析出氷は霜柱（needle ice），地中にできるものはアイスレンズ（ice lens または ice layer）と呼ぶ．地中にアイスレンズができると地面が持ち上がる．この現象を凍上（frost heave）という．凍上は寒冷地の道路，鉄道，家屋，地中に埋設された水道管やガス管などに多くの被害をもたらす．これを凍上害（frost-action damage）という．

　1年のうち，限られた期間に見られる凍土を季節凍土（seasonally frozen ground）といい，連続した2年間以上で0℃以下の温度状態にある土地（氷や有機物を含めた堆積物や岩盤）を永久凍土（permafrost）という．永久凍土は高緯度地域や高山域に存在し，構造土やピンゴなど特徴的な地形を形成している．

　一方，凍土の強固で水を透さない性質を利用して，人工的に土を凍結させる地盤凍結工法（ground freezing technique）が地下鉄，地下道，上下水道，ガス，電力，通信，貯水[2]などを目的とした地下トンネル建設工事で使われている（コラム21参照）．ここでは土の凍結，凍上，凍土の物性，凍上対策，永久凍土を説明する．

5.1　土の凍結

　冬になり気温が0℃以下になると，土中の水分は表面から凍結して凍土を形成する．日本国内の平地では北海道，東北，北関東，北信越で土が凍ることが知られている．図5.1は自然積雪の状態での北海道の最大凍結深の分布を示す．この図は北海道内の営林局などで測定したもので，103カ所のデータを使って作成された．最大凍結深は北海道東部の太平洋側で60cmであることがわかる．

　図5.2は冬季の寒さの指標である積算寒度（accumulated freezing index）の分布を示す．日積算寒度 F ［℃・day］とは，0℃以下の日平均気温 $\overline{T}$ の絶対値を積算した値で，以下の5.1式で定義される．

$$F = \sum |\overline{T}| \qquad (5.1)$$

図5.2より北海道の年間の積算寒度は北海道東部の陸別町と北部の幌加内町を中心とする2カ所に極大域があることがわかる．なお，凍結指数（freezing index）［℃・day］という値があるが，これは図5.3に示すように日平均気温を積算した時の極大値と極小値の差をいう．

　図5.4は日本の最深積雪分布を示すが，日本海側に極大域がある．3.2.7項に記したように積雪（密

---

1) シルト（silt）とは粒径が0.005〜0.075mmの土粒子である．粒径が0.005mm未満のものは粘土（clay），0.075〜2mmのものは砂（sand），2mm以上は礫（れき）（gravel）という．
2) 大雨が降ったときに道路や家に水があふれないように，一時的に雨水を貯めておく雨水貯留管など．

190　第 5 章　凍土，凍上

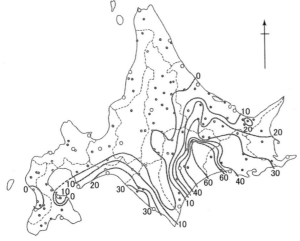

図 5.1　北海道の自然の状態での最大凍結深（cm）
（石川・鈴木，1964）
測定は 1964/65 年冬季に実施．

図 5.2　北海道の年間積算寒度の分布図
（1974 年 11 月～1975 年 3 月）（木下ほか，1978a）

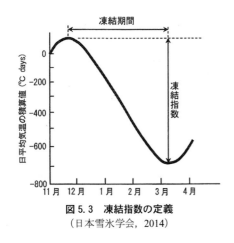

図 5.3　凍結指数の定義
（日本雪氷学会，2014）

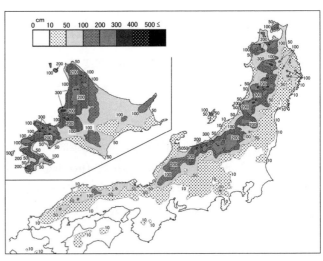

図 5.4　最深積雪深の平年値（1971～2000 年）
気象庁（2002）より伊豫部　勉作図．

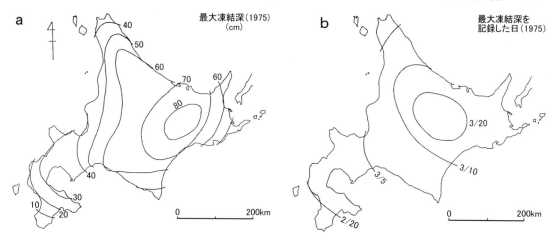

図 5.5 北海道の除雪した場所での (a) 最大凍結深 (cm), (b) 最大凍結深を記録した日 (木下ほか, 1978b)
測定は 1975 年冬季に実施.

度 0.1 〜 0.2g/cm³) の熱伝導率は 0.06 〜 0.2 W / (m・K) 程度であり, 積雪はよい断熱材とみなせる[3]. このため, 積雪が深いと冬の寒さが土中に伝わることを防ぎ, 土の凍結が進行しない. 図 5.1 に示す北海道の自然な状態での最大凍結深はこれらの気温と積雪深の 2 つの要因が分布の形状を決めている.

一方, 除雪した状態での土の最大凍結深 D [cm] は積算寒度 F を用いると, 以下の 5.2 式で表せることが知られている[4].

$$D = \alpha \sqrt{F} \tag{5.2}$$

ここで, 比例定数 α は土の種類と性質で決まる係数であり, 北海道内では α は 2.0 から 2.5 の範囲の値となる (福田・石崎, 1980).

木下ほか (1978b) は, 除雪した状態での北海道内の最大凍結深分布を示した (図 5.5a). この図は北海道内の小中学校の校庭で 2m × 2m のエリアを降雪ごとに除雪し, 積雪がない状態で測定した (測定地点は 34 カ所). 北海道東部の阿寒町付近を中心として最大凍結深 80cm を超える地域が存在することがわかる. この分布は積算寒度の分布 (図 5.2) と似ている.

図 5.5b に最大凍結深の時期を示す. 北海道東部では 3 月 20 日, その周囲は 3 月 10 日, 札幌付近では 3 月 5 日, 函館付近では 2 月 20 日に最大凍結深が出現した. 各地の冬季の最低気温が出現するのは, 1 月中旬から 2 月上旬であるので, 最大凍結深発生はおよそ 1 カ月から 2 カ月遅れている. 冬の終わりに気温がすぐに上昇する道南や石狩地方では両者の発生する時期の差は少ないが, 道東では 2 カ月程度異なる.

次に, 土の凍結過程の観測結果を図 5.6 に示す. これは北海道大学苫小牧演習林内の凍上観測室での結果である. 11 月下旬に地面は凍結を開始し, 徐々に凍結深が深くなり, 3 月中旬に最大で 77cm に達した. 地面は 26cm 凍上していたので, 凍結深は当初の地面からは 51cm 深に相当する. その後, 地表面から融解し, 5 月中旬にすべての凍土が融解した. この観測は縦 3m × 横 3m で深さ 1.90m の防水コンクリート槽の中にシルト質土 (砂分 55%, シルト分 24%, 粘土分 21%, 60% 粒径 D_{60} は 0.08mm,

---
[3] 断熱材の熱伝導率は 0.03 〜 0.05 W / (m・K) 程度である. これが 10cm 厚の場合, 0.3 〜 0.5W/K となる. 厚さ 50cm の積雪では 0.12 〜 0.4W/K となり, 断熱材と同程度の断熱性能となる.
[4] 6.2 節に示すように, 海氷の厚さは近似的には結氷以来の積算寒度の平方根に比例することが Stefan (1891) で示されている. 凍土の凍結深が積算寒度の平方根に比例するのは同じ原理である.

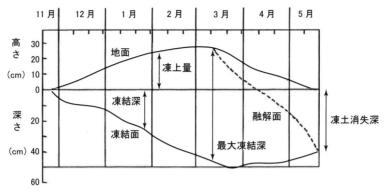

図5.6 土の凍上観測の結果．苫小牧郊外での除雪した状態での測定結果（1976〜1977年）
（武田，2004を一部改変；原図は木下ほか，1978a）

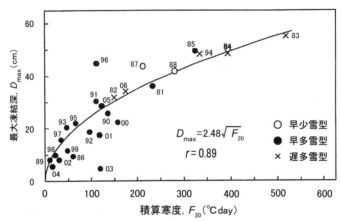

図5.7 帯広畜産大学での実験圃場での積算寒度と土の最大凍結深との関係（原田ほか，2009）

比表面積 54m²/g) を入れ，地下水位を地面から40cmにして除雪状態で行われた．

北海道十勝地方に位置する帯広畜産大学の実験圃場では自然積雪の状態で，最大凍結深 D_{max} [cm] と積算寒度 F_{20} [℃・day] との関係が調べられた（図5.7）．ここで，積算寒度 F_{20} とは積雪深が20cmに達するまでの期間での積算寒度を意味する．最大凍結深 D_{max} は積算寒度 F_{20} を用いて，以下の5.3式で表すことができた．

$$D_{max} = \alpha_{20}\sqrt{F_{20}} \tag{5.3}$$

α_{20} は土の種類や熱的性質によって決まる係数で，図5.7の場合は2.48であった（原田ほか，2009；土谷，2001）．原田ほか（2009）は1981年から2006年までの26冬季を，(1) 季節的に早く雪が降り，最大積雪深は少ない「早少雪型」，(2) 季節的に早く雪が降り，最大積雪深も多い「早多雪型」，(3) 季節的に遅く雪が降り，最大積雪深が少ない「遅少雪型」，(4) 季節的に遅く雪が降り，最大積雪深が多い「遅多雪型」の4つに分類した．ここでは積雪深20cmの起日が12月末日までと1月以降をそれぞれ早い，遅いと区別した．また，年間最深積雪で50cmを境にして，50cm以上を多雪，50cm未満を少雪とした．

「早少雪型」の1987年，1988年の最大凍結深はそれぞれ43.7cm，41.8cmと大きな値となった．これは冬季全体で積雪深が少ないため，最大凍結深が大きな値となった．また，最大積雪深が多くても遅く雪が積もる「遅多雪型」(1982年，83年，84年，94年，2006年) でも最大凍結深は深くなった．積雪はよい断熱材であるので，積雪深が20cmになるまでの冬季の積算寒度がその年の土の最大凍結

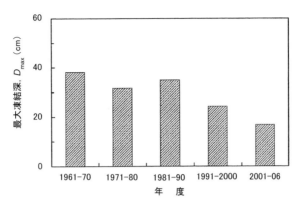

図 5.8 帯広畜産大学での実験圃場での最大凍結深の 10 年ごとの平均値の変化（原田ほか，2009）

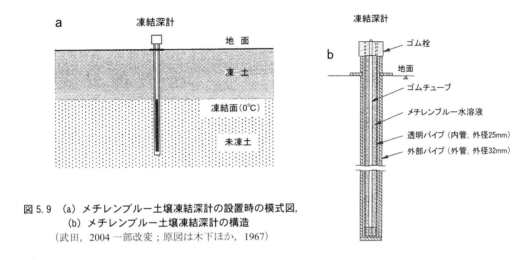

図 5.9 (a) メチレンブルー土壌凍結深計の設置時の模式図，
(b) メチレンブルー土壌凍結深計の構造
（武田，2004 一部改変；原図は木下ほか，1967）

深に大きな影響を与えているためである．

図 5.8 は帯広畜産大学の実験圃場での土の最大凍結深 D_{max} の 10 年間ごとの平均値を示す（1980 年以前のデータは帯広測候所の気温・積雪深データを用いて推定）．1960 年代以降，最大凍結深が減少している．これは初冬での積雪深の増加が主な原因である．原田ほか（2009）は，寒冷地の春季の農作業で重要な凍土消失日（すべての凍土が融解する日）が最大凍結深から予測できることも示した．

土の凍結深の計測にはメチレンブルー土壌凍結深計（木下ほか，1967）が使われている．図 5.9a は凍結深計を設置した状況，図 5.9b は凍結深計の基本構造を示す．図 5.9b に示すように，凍結深計は合成樹脂製（塩ビパイプなど）の外部パイプ（外管）とアクリル製の透明パイプ（内管）の二重構造になっている．内管にはメチレンブルー水溶液（濃度 0.03% 程度の青い水溶液）が入っており，凍結すると透明な氷になる[5]．したがって，地面に設置した凍結深計（図 5.9a）から内管を引き抜いて，透明な部分の深さを調べると，地面の凍結深が測定できる．なお，メチレンブルー水溶液の凍結膨張による内管の破損を防ぐため，内管には軟らかいゴムチューブが封入されており，水の凍結による体積膨張を吸収できるようにしている．土の凍結深分布は通常，この凍結深計で測定されている．

最大凍結深が測定できる最大凍結深計も実用化されている．これは図 5.9b に示した凍結深計のメチレンブルー水溶液の代わりに寒天液を入れたもので，凍結すると氷結晶がゲル組織を破壊して凍結の痕跡が残るので，最大凍結深度を測定することができる（矢作，1976）．

---
[5] 水が凍結する際に不純物を排出しながら氷が形成される性質を利用している．

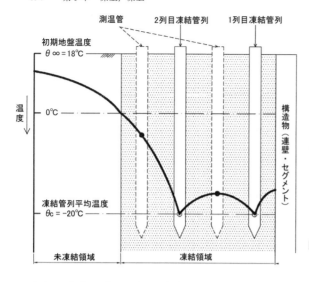
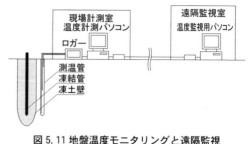

図5.11 地盤温度モニタリングと遠隔監視（凍土分科会, 2014）

図5.10 凍結地盤工法による地盤温度分布測定の模式図（凍土分科会, 2014）

また，凍土の強固で水を透さない性質を利用して，人工的に土を一時的に凍結させる地盤凍結工法（ground freezing technique）が地下鉄，地下道，上下水道，ガス，電力，通信，貯水などを目的とした地下トンネル建設工事の接続部分，軟弱地盤の土留壁，地下水の遮水などで使われている（コラム21参照）．この工法では図5.10に示すように，凍結対象地盤に凍結管と測温管を埋設し，地中温度をモニタリングする．測温管には複数の深度に温度センサーが挿入されており，詳細な地中温度をモニターすることができる．このような温度データから凍土壁の造成状況，造成完了確認，そして造成後の凍土維持の状況が確認できる．得られた温度データは図5.11に示すように，現場および遠隔地でモニタリングする．凍結地盤を使って地下トンネルが建設された後には，凍結地盤は自然解凍または人工的に解凍される．

液化天然ガス（英語ではLiquefied Natural GasでLNGと呼ばれる）は−162℃以下の低温であるため，それが入った地下タンクの周囲には厚い永久凍土ができる．凍土形成時の凍結膨張のため，地下タンク周囲の施設に悪影響が及ぶため，地下タンクの周囲には海水を循環させて凍土の成長をコントロールしている．

2011年3月の福島第一原子力発電所の事故に伴い，人工的な凍土壁を発電所の内陸側に造成し，発電所への地下水流入を抑制することが2015年から試みられている．地盤凍結工法の詳細は，コラム21とともに，凍土分科会（2014），地盤工学会（2013）の「6.6節凍結工法」，土質工学会（1994）の第5章「人工凍結の利用と制御」を参照されたい．

5.2 凍上

5.2.1 凍上害

凍上（frost heave）とは氷晶析出により地中にアイスレンズが形成され，そのために地面が持ち上がる現象である．条件が揃うと，凍上量は30cmを超える場合もある．寒冷地では凍上により，建物の傾き，道路の隆起や陥没，鉄道レールや道路での不均一な持ち上がりが起こる．図5.12aは中央部にクラック（ひび割れ）が生じた道路，図5.12bはアスファルトが凍上した駐車場，図5.12cはクラックが生じた住宅である．図5.12bではアスファルトが持ち上がったことにより車の出入りに支障が生じた．

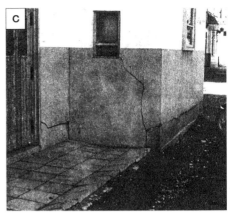

図5.12 (a) 凍上による舗装のクラック，(b) 駐車場の凍上，(c) 凍上による住宅のクラック
a は 2014 年 4 月 5 日，陸別町内の国道 242 号で撮影，b は 2014 年 3 月 27 日，北海道北見市東陵町で山崎新太郎撮影，c は北海道北見市で 1970 年代に撮影（木下，1980）．

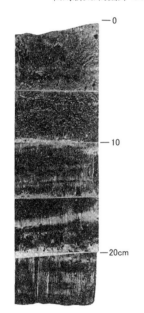

図5.13 凍上した凍土に含まれるアイスレンズ
（福田，1982）

木下（1980）によると，図 5.12c の住宅地での凍上は 3 月中旬に最大値に達し，最大凍上量は 30cm であった．なお，住宅の四隅での相対的な凍上量の差は 10cm であり，ただちに倒壊の原因には至らなかった．ただし，凍上で浮き上がった住宅基礎の下部に空隙ができると，そこに土砂が入り込み，土壌が融解した後に基礎が元に戻らなくなり，これが繰り返されると，基礎の高さの不揃いは年ごとに大きくなる．また，図 5.12c のようにコンクリートにひび割れが発生すると，そこから水が浸入し，それが凍結することで体積膨張する．このためさらにひび割れが大きくなり，やがてコンクリートの表層部が剥離し，コンクリートが劣化する現象が知られている．これをコンクリートの凍害という．

5.2.2 凍上に対する土質，気温，水分，荷重の影響

凍上が著しい凍土を掘ってその断面を見ると，図 5.13 のようにレンズ状の氷の層（アイスレンズという）が幾重にも存在している．これらのアイスレンズの厚さを加え合わせたものが全体の体積増，すなわち凍上量（Δl）[6] に等しい．これらのアイスレンズは土が凍る前からとびとびに土中にあった水分ではなく，地面から凍結が進むにつれて地中内部の未凍土層から水が吸引されていく過程で形成された．この水が下層から吸引されて氷が生成するメカニズムを氷晶析出（ice segregation）[7] という．その詳細は 5.2.3 項に述べるが，ここでは凍上を支配する 4 つの要素（土質，水分，気温，荷重）を説明する．

1) 土質

図 5.14 は土の凍上性と土質（粒径）との関係を模式的に示したものである．凍上有効力とは土壌内の水分を吸い上げる力であり，透水係数とは土壌内での水の透しやすさを示す．粘土（粒径は 0.005mm 未満）の凍上有効力は大きいが，粒径が小さいために透水係数は小さい．砂質土（粒径は 0.075

---

[6] 凍結前の土の長さを l_0，凍土の長さを l とすると，凍上量 Δl は $\Delta l = l - l_0$ で定義する．
[7] 氷の結晶が多孔質媒体を通して分離成長する状態．氷晶分離ともいう．

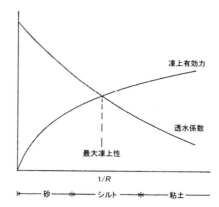

図 5.14　土の凍上性と土質の関係の模式図（福田，1982）　R は平均粒径．

～2mm）ではその逆であり，凍上有効力は小さいが，粒径が大きいために透水係数は大きい．結果的に両者の中間のシルト（粒径は 0.005～0.075mm）で凍上量が最大となることが示されている．

2) 水分

凍上が起こるためには土中の水分が必須である．土中の水が凍結する時には，2 つのメカニズムが知られている．1 つは，土中にある水分がその場で凍結して氷が形成される場合で，原位置凍結（*in situ* freezing）という．2 番目は，未凍結の土に含まれている水分が凍結面に移動して氷を形成する場合で，氷晶析出という．氷晶析出は多孔質中に細い間隙（数 μm 以下）があると起こることが知られており，これは霜柱やアイスレンズの成長の基本メカニズムである．その際に土に含まれている不凍水が大きな役割を担っている（5.4.1 項参照）．

3) 気温

気温が適当な低温条件にあり，土がシルト質であると氷晶析出が起こり，地中にアイスレンズが生成され凍上が起こる．しかしながら，寒さが厳しくなると地中での凍結速度が増加し，土壌中で凍結面への水の供給が間に合わないため原位置凍結となり，凍上はほとんど起こらない．この場合，氷は微粒となって地中に散在し，土全体が硬くなる．この状態の凍土をコンクリート状凍土といい，土の凍結様式をコンクリート状凍結という．一方，cm 単位の厚さのアイスレンズができるような凍結様式を霜柱状凍結，mm 単位の薄いアイスレンズができる場合を霜降り状凍結という．

4) 荷重

建築分野では 2 階建て住宅のほうが平屋よりも凍上量が少ないことが知られている．一般に荷重が大きくなると凍上量は減少する．この関係を実験的に表した式がいくつかあるが，Beskow（1947）は凍上速度 dh/dt 〔mm/h〕，外圧 p 〔g/cm²〕，土壌の平均粒径 d 〔mm〕との間に以下の関係を導いた．

$$\frac{dh}{dt} \approx \frac{c}{p^2 d^3} \tag{5.4}$$

ここで，c は定数である．

一方，高志ほか（1974）は種々の応力と凍結速度のもとでの凍結実験を多数行い，間隙水に対して完全開放状態のもとでは凍結膨張率（凍上率ともいう）ξ〔%〕は凍結面にかかる応力 σ〔kgf/cm²〕および凍結速度 U〔mm/h〕の平方根に反比例すること，また実験結果は 5.5 式で表せることを示した．

$$\xi = \xi_0 + \frac{\sigma_0}{\sigma}\left(1+\sqrt{\frac{U_0}{U}}\right) \tag{5.5}$$

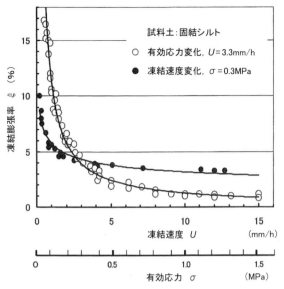

図 5.15 凍結膨張率と有効応力および凍結速度との関係
（生頼，2004；原図は，高志ほか，1974）

ここで，全凍上量を h，凍結開始前の試料の高さを H とすると，凍結膨張率（凍上率）ξ は $\xi = h/H$ で定義する．ξ_0，σ_0，U_0 は実験で決まる定数である．図 5.15 にこの結果を示すが，凍結膨張係数 ξ の実験結果は 5.5 式でよく表せている．また，凍結速度が遅く，有効応力が小さくなると，凍結膨張率が大きくなる．

なお，応力が $1\mathrm{kgf/cm^2}$（≒ 0.1MPa）以下では実験結果と 5.5 式がずれることを高志ほか（1974）は指摘したが，高志ほか（1976）ではこれが間隙水中の動水抵抗に起因することを明らかにした．5.5 式は「高志の式」（Takashi's formula）と呼ばれ，人工凍結の設計分野で広く使われている．

5.2.3 氷晶析出
1) 霜柱

霜柱（needle ice）とは地表面の温度が 0℃ よりも低くなるときに，特定の土質の地面から成長する針状の氷である．高さ数 cm から 10cm 程度まで成長する．関東地方にある関東ローム（火山起源の土．赤土とも呼ばれる）は冬季に霜柱がよく立つことが知られている．図 5.16 は群馬県桐生市の水道山公園の山道で撮影した霜柱を示す．図 5.16a は霜柱ができている場所の全景（写真右手前の黒丸の中に霜柱），図 5.16b は黒丸の部分のクローズアップ，図 5.16c は 5.16b を横から見た写真であり，高さ 5cm まで成長した霜柱を示す．図 5.16c より，霜柱とは細長い柱状の氷結晶の集まりであることがわかる．1 つ 1 つの霜柱の上にもともとの地面にあった土が分離して乗っているため，霜柱を上から見ると図 5.16b のように蜂の巣のように見えた．この山道ではこのような霜柱が多く存在し，踏むとサクサクという心地よい音がした．

霜柱は空気に含まれる水蒸気の昇華凝結で生成されるのではなく，地中から水が吸引されて上に成長することが知られている．これは東京の自由学園の女子生徒たちが 1934（昭和 9）年に実施した自由研究で明らかにし，中谷宇吉郎もそのことを随筆で取り上げた（コラム 22 参照）．つまり，霜柱は氷晶析出でできた氷である．

図5.16 (a) 霜柱がある山道（丸の中が霜柱），
(b) 霜柱を上から見たところ，
(c) 高さ約5cmの霜柱
（2013年2月17日群馬県桐生市にて撮影）

冬季の気温が十分に低い北海道などの寒冷地では，図5.6に示したように冬の進行とともに凍結面は地面から地中へと深くなっていくが，霜柱ができる時には凍結面は地表面にある．このため，北海道では凍土形成初期（11～12月）と凍土融解時（3～4月頃）の2回，霜柱が形成される．一方，関東地方は最も寒い時期（1～2月）に凍結面が地面付近にある「凍土形成の南限地域」なので，霜柱は1～2月に形成される．

2）アイスレンズ

アイスレンズとは地中に生成されるレンズ状の氷である．図5.13に示すようなアイスレンズがもともとその場にあった水の凍結で形成されていると考えると，アイスレンズを含む凍土の体積変化は水から氷への体積変化だけとなる．体積含水率が20%の土が凍結した場合，体積膨張率はおおよそ2%となる[8]．したがって，50cm深の土が凍結した場合は，凍上量は1cmとなる．しかしながら，実際の凍上や図5.6に示す凍上観測ではそれ以上の凍上量が観測されており，5.2.2項ですでに述べたように，アイスレンズを生成する水はもともとの土に含まれていた水分だけではなく，アイスレンズ下の凍結していない土（未凍土）から水が吸引されて集積したものである．

凍上の原因はアイスレンズが土中で生成されることなので，その生成メカニズムは詳細に研究されてきた．図5.17にアイスレンズの生成過程の模式図を示す．ここには未凍土の上部に0℃等温面（frost front）があり，そこから土粒子（soil particles）間を水（不凍水）が通過して，アイスレンズ下部の氷成長面（freezing front）でアイスレンズが成長し，このために凍上することが示されている．0℃等温面から氷成長面までの間をフローズンフリンジ（frozen fringe）といい，その厚さは数$10\mu m$から数

---

[8] 表1.2および表1.3にまとめたように，0℃での水と純氷の密度はそれぞれ$0.99984g/cm^3$，$0.91650g/cm^3$である．アイスレンズには気泡が入っているのでその密度を$0.9g/cm^3$と考えると，水からアイスレンズへの変化で密度は10%減少するので，体積は10%増加する．体積含水率が20%なので，結局，凍土になった場合は2%の体積増加となる．

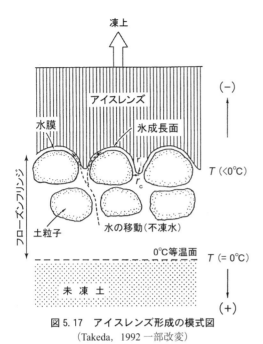

図 5.17 アイスレンズ形成の模式図
（Takeda, 1992 一部改変）

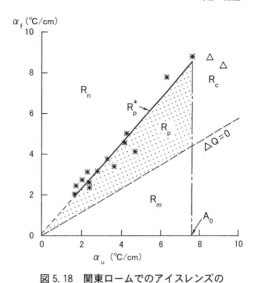

図 5.18 関東ロームでのアイスレンズの成長領域（R_p：網掛け部）（武田, 1987 ; Takeda, 1992）
横軸は未凍土での温度勾配 α_u，縦軸は凍土の温度勾配 α_f. ＊印は空洞なしにアイスレンズが成長した条件，△は空洞ができたアイスレンズが成長した条件．R_n ではアイスレンズは生成されず，R_m ではアイスレンズは融解した．$\Delta Q = 0$ の破線は実験系への熱の出入りが 0 の条件を示す.

mm 程度である.

　武田一夫は凍土側と未凍土側の温度を制御した実験系でアイスレンズの生成過程を詳細に調べた．その結果，図 5.18 に示すように未凍土の温度勾配を横軸，凍土の温度勾配を縦軸としてアイスレンズ成長のダイヤグラムを作ると，一定の領域（図 5.18 の R_p）でのみアイスレンズが連続的に成長することを発見した（武田, 1987 ; Takeda and Nakano, 1990 ; Takeda, 1992）．すなわち，図 5.18 に示す温度勾配の条件が満たされる時に，未凍土からフローズンフリンジを経由して氷成長面に不凍水が供給され，アイスレンズが生成する．この時，氷成長面が土中で一定の位置にあると，アイスレンズは上方に連続的に成長し，土を持ち上げる．これが凍上の基本メカニズムである．図 5.18 の R_p の領域で温度勾配を一定に保つことによって，この実験では最大 44cm の長さのアイスレンズを成長させることに成功した（図 5.19）．この実験はアイスレンズを純粋培養したことになる．

　なお，上記の考えに対して，アイスレンズの成長条件として，微細な毛管に氷が侵入する際に氷の先端にできる曲率（図 5.17 の r_i）による水の氷点降下（ギブス・トムソン効果[9]；Jackson and Chalmers, 1958）と過冷却状態での水の移動と凍結のプロセスが重要であるとの指摘もある（Kuroda, 1985）.

　図 5.20 は凍土の薄片を交差した偏光板に挟んで観察した結果である．アイスレンズは単結晶ではなく，鉛直方向に伸長している多数の氷結晶から生成されていることがわかる．これは海氷での短冊状氷と同じ結晶構造であり，アイスレンズが鉛直方向に成長したことを示している（同様の方法による南極氷の結晶構造は図 1.7，海氷の結晶構造は図 6.8 参照）.

3）多孔質物質による析出氷

　氷晶析出は土だけではなく，細い間隙（数 μm 以下）がある多孔質物質でも起こることが知られて

---

[9] 結晶の表面が曲率をもつと，曲面による内部圧力の変化に伴い融点が変化する．これをギブス・トムソン効果（Gibbs-Thomson Effect）という．

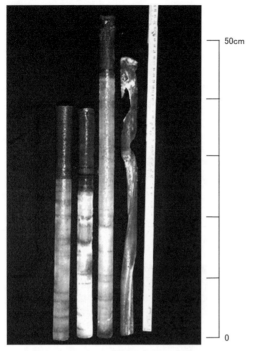

図 5.19 連続的に成長したアイスレンズ
（武田, 1987；カラー図は口絵 29 参照）

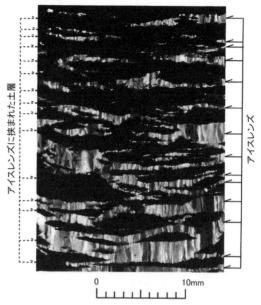

図 5.20 凍土の薄片によるアイスレンズの結晶構造
（赤川, 2013；カラー図は口絵 30 を参照）

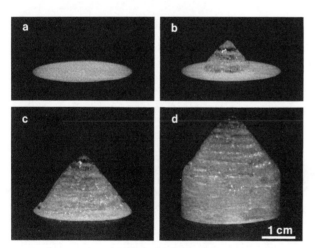

図 5.21 メンブランフィルターから成長した析出氷
（Ozawa and Kinosita, 1989）

a は実験開始直後，b は 3 時間後，c は 6 時間後，d は 12 時間後の状況．フィルターから析出氷が成長していることがわかる．

図 5.22 植物のシモバシラの茎にできた析出氷
（斎藤義範撮影；武田, 2005；カラー図は口絵 31 を参照）

いる（例えば，活性炭，べんがら，粘土鉱物，ゼオライトなど）．Ozawa and Kinosita (1989) は図 5.21 に示すように，直径 $0.015\mu m$ のメンブランフィルター（商標名ニュクリポアフィルター，厚さ $6\mu m$，ポリカーボネイト製）の上で析出氷が成長することを示した．この実験はニュクリポアフィルターを蒸留水に浸し，実験装置全体を室温から徐々に冷やし，$-0.5 \pm 0.1°C$ に保って行われた．フィルターの上面温度が 0°C を少し下がった時に小さな氷の粒をフィルター上に載せると，これが種付けとなっ

てフィルターから析出氷が上に伸び出た．これは土壌間の隙間に相当するフィルター孔から不凍水が供給されて氷が成長したものであり，この実験は霜柱を純粋培養したことになる．

シソ科の草本植物シモバシラ（学名 *Keiskea japonica* Miq.）[10]は関東から九州までの太平洋側に分布し，山地の木陰などに生える多年草であるが，冬季に葉が落ちた茎の表面から薄い板状の氷結晶を放射状に析出することが知られている（犀川，2006；武田，2013）．図5.22にシモバシラの写真を示すが，葉が落ちた茎から氷結晶が析出していることがわかる．シモバシラの茎表面には $1\mu m$ 程度の小孔（壁孔）があり，茎の生死を問わずここから氷が析出される．武田（2013）はその氷晶析出機構を明らかにした．

5.3 凍上力

5.3.1 上限凍上力

凍上力（frost heaving force）とは土などの多孔性物質が凍上する時に粒子間隙を押し広げようとする力の平均値として定義される．凍結膨張力（heaving force）とも呼ばれる．

凍上力は供試体を未凍土に接して固定した状態で土を凍結させ，供試体に発生する力として測定することができる．高志ほか（1979，1981a）は図5.23に示す実験装置で，俎橋粘土[11]（通過質量百分率[12] D_{50} での粒径が0.0019mm）の凍上力を測定した．この時，測定した凍上力は時間とともに増加し，ある一定値に漸近することがわかった．高志ほか（1979）はこの漸近値を上限凍上力 σ_u（upper limit of heaving pressure）[kgf/cm^2]と名付けた．図5.24に俎橋粘土の上限凍上力の実験結果を示すが，Radd and Oertle（1973）による結果（図中で小さな白四角の記号）と同様な結果を得た．つまり，実験装置下部の冷却面温度 T_c [℃]を低下させると，俎橋粘土の上限凍上力は大きくなった．これを式で表すと以下となった．

$$\sigma_u = -11.1 T_c \tag{5.6}$$

ここで $1kgf/cm^2$ は0.098MPaなので，5.6式を単位換算すると5.7式となる．

$$\sigma_u' = -1.09 T_c \tag{5.7}$$

ここでは σ_u' の単位は[MPa]である．5.7式より，温度が-10℃の場合の俎橋粘土の上限凍上力は11MPaとなる．これは $1m^2$ に対して 11×10^6 N の力がかかっていることを意味し，約100気圧に相当する．これは1000m深での水圧とほぼ等しい．したがって，俎橋粘土の上限凍上力は非常に大きいことがわかる．

Radd and Oertle（1973）は米国ニュージャージー州のシルト質粘土（silt-clay）を使って土の凍上力の実験を行ったが，図5.24に示したように俎橋粘土とほぼ同様の結果となっており，5.7式はシルトや粘土で，ある一定の粒径をもつ土に対して成り立つ普遍的な法則ともいえる．

一方，固体の融点 T は圧力 p の増加により変化することが知られており，通常，クラウジウス・クラペイロンの式（Clausius-Clapeyron relation）として知られている（5.8式）．

10）学名は，江戸時代末期の植物学者 伊藤圭介に因んで Friedrich Anton Wilhelm Miquel（オランダの植物学者，1811 – 1871）が命名した．
11）東京都千代田区九段下の俎橋近くで不攪乱の状態で採取した粘土．
12）粒径分布をもつ粒子の粒径を表す方法．ふるいの網目の大きさの径よりも小さな粒子が全体の何％かを示す値．D_{50} は，粒径順に粒子を分類した時に，全体の50％の質量の粒子径を示す．

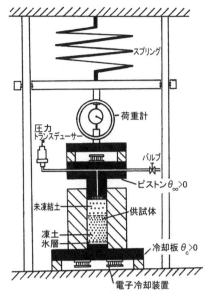

図 5.23　高志ほかによる実験装置
(高志ほか, 1979)

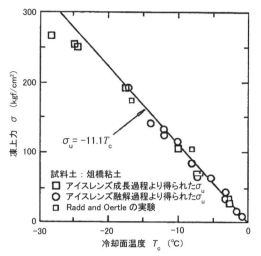

図 5.24　姐橋粘土の凍結時の温度と上限凍上力との関係
(高志ほか, 1981a)

$$\frac{dp}{dT} = \frac{L}{T(v_L - v_S)} \quad (5.8)$$

ここで，L は相変化に要する熱量（潜熱），v_L と v_S はそれぞれ液相と固相の比容積である．水の場合，氷になると体積が増加するので，$v_L < v_S$ であり，$dp/dT < 0$ となるので，圧力を高めると氷の融点は低下する．

Radd and Oertle (1973) と高志ほか (1979) は 5.8 式に示されるクラウジウス・クラペイロンの式を変形することで，アイスレンズが受ける圧力と氷の融点低下との関係を理論的に解析した．その結果，両者の関係は 5.9 式となった．

$$\sigma_{u(C-C)} = -11.4 T_c \quad (5.9)$$

ここで，$\sigma_{u(C-C)}$ の単位は [kgf/cm^2] であるので，$\sigma_{u(C-C)}$ の単位を MPa に変えると 5.10 式となる．

$$\sigma'_{u(C-C)} = -1.12 T_c \quad (5.10)$$

これは実験で得られた 5.7 式とほぼ同じであった．つまり，実験的に求めた凍上力と冷却温度との関係式は，純粋な熱力学の法則で説明できることがわかった．

5.3.2　最大凍上力

図 5.25 に 4 種類の土の上限凍上力を示す．温度低下とともに上限凍上力は増加するが，土の種類ごとに超えることのできない最大値に漸近する．図 5.25 では姐橋粘土の最大凍上力を点線で示した．この点線の値を最大凍上力（$\sigma_{u\max}$, maximum heaving pressure）という．高志 (1982) によると，最大凍上力は姐橋粘土では 350 kgf/cm^2（= 34.3 MPa），根岸シルトでは 130 kgf/cm^2（= 12.7 MPa），七尾シルトでは 30 kgf/cm^2（= 2.9 MPa），豊浦標準砂では 4.0 kgf/cm^2（= 0.39 MPa）であった．

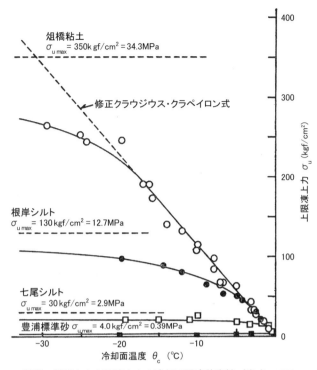

図 5.25　4種類の試料土の上限凍上力の冷却面温度依存性（高志，1982，一部改変）
点線で土の種類ごとの最大凍上力を示す．

5.3.3　地表面の構造物に及ぼす凍上力

屋外で凍結する凍土を用いて，地表面の構造物に及ぼす凍上力も調べられている．図 5.26a は北見工業大学構内の凍土工学実験室の実験地盤での気温，凍結深さ，凍上量の推移を示す．これは 1992 年 11 月から 93 年 4 月末までの観測結果であり，砂分とシルト分がそれぞれ 47% と 37% の凍上性粘性土を用いて，除雪状態で観測された．この時の凍結指数は 582℃・day であり，最大凍結深さは 59.7cm，最大凍上量は 10.3cm であった．

図 5.26b は直径 10cm，厚さ 2cm の円盤を変位ゼロに固定したときに凍上によって円盤にかかった凍上力の測定結果である．このシーズンの最大値は 39～49kN となった．圧力に直すと 4.9～6.2MPa となり，$1m^2$ あたり 4.9～$6.2×10^6$N の力がかかっていた．この大きな力は円盤下で発生する凍上力だけでなく，円盤の周辺地盤で発生する凍上力も凍土を介して円盤に伝達されたことが原因である．また，力学的に縁切りとした領域をつくることで凍上力が伝達してくる範囲を調べた結果，伝達してくる凍上力の大部分は円盤中心から半径 50cm 程度であることがわかった．

5.4　凍土の物性

凍土は土粒子，氷，空気，不凍水（土粒子に吸着されている水），空気から構成されているため，それらの存在割合や存在状況によって凍土の物性は変化する．温度，土質，密度，凍結速度，不純物量などによっても物性は変化する．初めに不凍水を説明し，次に代表的な物性として力学強度（一軸圧縮強さ），熱伝導率，透水係数を紹介する．

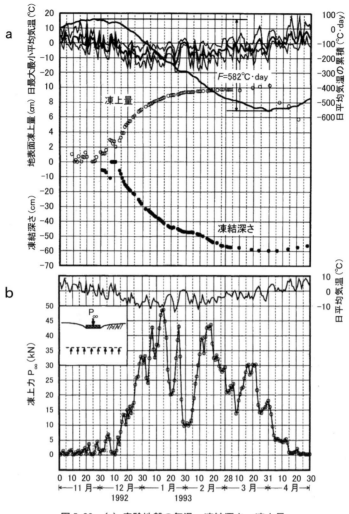

図 5.26 (a) 実験地盤の気温, 凍結深さ, 凍上量,
(b) 地表面で固定した直径 10cm の円盤にかかる凍上力
(鈴木ほか, 1995)

5.4.1 不凍水

図 5.17 で模式的に示したように, アイスレンズが生成する際には水が 0℃以下の温度領域を移動する. すなわち, マイナスの温度でも凍結しない水, 不凍水 (unfrozen water) が凍土の形成に大きな影響を与えている. これまでの研究によると, 不凍水は大別して 2 種類あることが知られている. 1 つは土の固体部分より生ずる種々の吸引力や曲率による毛管作用によって拘束を受けるために凝固点降下を起こしている水である. もう 1 つは過冷却状態にある水である (日本雪氷学会, 2014). また, Hoekstra (1966) は凍土中の不凍水は圧力勾配により移動することを発見した. その後の研究により, 凍土中の不凍水の圧力は未凍土中の水の圧力より低いため, 未凍土から凍土に水分の移動が起こることが示された. Williams (1964) は土中の不凍水は土中の細い空隙で作用する毛管力のため, 0℃以下でも凍結しないことを明らかにした.

土粒子の表面と氷の界面に不凍水が存在し, その不透水への間隙水の吸引と凍結が起きる理由を説明するために, Takagi (1980) は, 凍結面の不凍水に「固体的応力」(solid-like stress) が存在すると考え, 間隙水が不凍水に流れ込む理由を説明した. 一方, Kuroda (1985), Ozawa and Kinosita

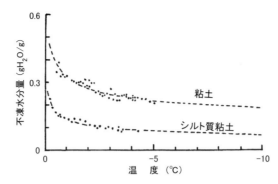

図 5.27　粘土とシルト質粘土の不凍水量と温度との関係（堀口, 1982）

(1989), Ozawa (1997) はこのような奇妙な圧力を仮定しなくても凍上現象が説明できることを示した. Kuroda (1985) は, 固体と氷の界面には融点以下の温度で薄い水膜が安定に存在すること, そして過冷却状態の間隙水が化学ポテンシャル (chemical potential) を減少させるように凍結面の水膜へ移動して凍結することで, 凍上が起きることを示した. 間隙水が 0℃ 以下でも凍結しない理由として, すでにアイスレンズの項 (5.2.3-2 項) で説明したように, Jackson and Chalmers (1958) は, 微細な毛管に氷が侵入する際に氷の先端にできる曲率（図 5.17 の r_i）による氷点降下（ギブス・トムソン効果）を提案した. Ozawa (1997) は, 微細な毛管によって氷の侵入が遮られ, 過冷却状態となった間隙水が凍結面の水膜に移動し, 上載圧に対して仕事をしながら凍結する現象（凍上）が熱力学第 2 法則（エントロピー増大の法則）で説明できること, そして凍上が停止する時の最大上載圧（上限凍上力）がエントロピー変化が零になる局所平衡状態で説明できることを示した.

図 5.27 は粘土とシルト質粘土での不凍水の存在割合の温度依存性を示す. 不凍水量は温度が低下すると徐々に減少し, 粒子が細かい粘土のほうが不凍水量が多い. 粘土粒子が細かいほど粒子の表面積の和が大きくなるので, 不凍水は土粒子表面で作用するファンデルワールス力で吸着した吸着水であると考えられている.

凍土中の不凍水の理論的な研究 (Gilpin, 1979) によると, 不凍水の厚さは -0.01℃ で数 10nm, -0.1℃ で 10nm, -1℃ では数 nm 程度であることが示された. 石崎 (1994) はパルス型核磁気共鳴装置 (NMR) を用いてこのようなオーダーの厚さの不凍水が凍土中に存在することを実験的に明らかにした. 藤の森粘土での不凍水の厚さは -1℃ で 8nm, -10℃ で 2.4nm であり, 水分子の個数で厚さを表すと -1℃ で 24 個, -10℃ で 7 個であった.

5.4.2　一軸圧縮強さ

図 5.28a は豊浦標準砂と藤の森粘土からできた凍土の温度と一軸圧縮強さとの関係を示す. 温度が低下すると, 圧縮強さが大きくなる（すなわち, 硬くなる）. これは図 5.27 に示すように, 温度が低下すると, 不凍水量が減少することが影響している. また, 凍土の一軸圧縮強さ σ_c は以下の 5.11 式で表せた.

$$\sigma_c = a + b t^n \tag{5.11}$$

ここで a, b, n は定数で, t は温度（ただし, ここでは t は摂氏温度に -1 を掛けた値で, マイナス温度の場合はその正の値）である. 豊浦標準砂凍土（飽和凍土, 乾燥密度 1.514g/cm³, 歪速度 0.8%/min）の場合, $a = 8.53$, $b = 37.29$, $n = 0.5$ となった. 藤の森粘土凍土（飽和凍土, 乾燥密度 1.463g/cm³, 歪

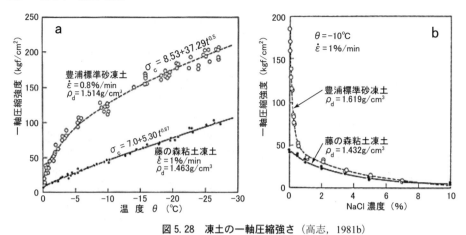

図 5.28 凍土の一軸圧縮強さ（高志，1981b）
(a) 豊浦標準砂と藤の森粘土，(b) 豊浦標準砂と藤の森粘土に塩分（NaCl）を添加した場合．

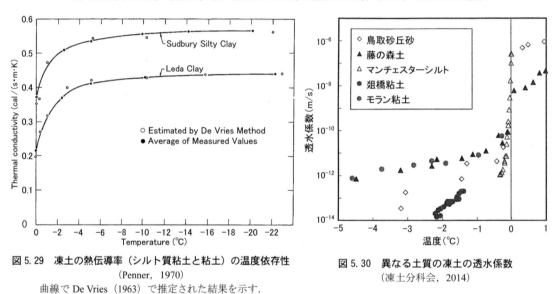

図 5.29 凍土の熱伝導率（シルト質粘土と粘土）の温度依存性
(Penner, 1970)
曲線で De Vries (1963) で推定された結果を示す．

図 5.30 異なる土質の凍土の透水係数
（凍土分科会, 2014）

速度1%/min）の場合は，$a = 7.00$，$b = 5.30$，$n = 0.87$ となった．

　図 5.28b にこれらの試料について $-10°C$ での一軸圧縮強さと塩分濃度との関係を示す．砂凍土の場合，塩分濃度の増加に伴い，強度は最初急減し，その後，緩やかに単調減少となる．粘土凍土の場合は最初から比較的緩やかに減少する．

5.4.3 熱伝導率

　凍土の熱伝導率は，その構成要素の土粒子，氷，不凍水，空気の割合とともに温度に依存する．シルト質粘土（通過百分率62%の粒径で0.005mm）と粘土（通過百分率70%の粒径で0.001mm）の熱伝導率の測定結果を図 5.29 に示す．温度が低くなるにつれて，熱伝導率が大きくなる．これは温度が低くなると不凍水の割合が減少し，熱伝導率の大きい氷の割合が増加するためである．なお，氷と水の熱伝導率は $2.32 W/(m·K)$, $0.6 W/(m·K)$ であり（表1.6），これらの値は $0.55 cal/(s·m·K)$, $0.14 cal/(s·m·K)$ なので，図 5.29 の曲線変化は不凍水の凍結が原因であることが推定できる．

5.4.4 透水係数

凍土は水を透しづらいことが知られており，凍土を特徴づける物性の1つである．図5.30は異なる土質の凍土の透水係数を示す．これはWatanabe and Flury（2008）とNixon（1991）の測定結果をまとめた（凍土分科会，2014）．土は0℃以下になると大きな間隙中に存在する水が凍結して氷になるので，透水係数が小さな値になる．−0.1℃以下では透水係数は10^{-9} m/s以下となり，実質的には透水性がなくなる．

5.1節で述べたように，このような凍土の性質を利用して地下トンネル建設工事などで地盤凍結工法が使用されている（コラム21「地盤凍結工法」参照）．

5.5 凍上対策

凍上量は土質，気温，水分，荷重によって支配されているので，凍上対策はこれらの影響を取り除くことが重要である．現在行われている凍上対策を以下に述べる．

1）置換工法

置換工法（material replacing method）は地盤改良の一種で，構造物の周囲の凍上しやすい土（シルトなど）を凍上しにくい砂や砂利に置き換える方法である．道路の場合，最大凍結深の70〜80%を置き換えることが多い．置換工法は凍上対策としては最も一般的に行われている工法である．

2）断熱工法

断熱工法（insulating method）は，地面や路面の下にポリスチレンフォームなどの断熱材を敷いて，凍結深を浅くする工法である．1940年代に北欧において圧縮した泥炭や樹皮を用いたのが最初といわれている（地盤工学会北海道支部，2009）．高速道路の造成で，置換工法とともに用いられることが多い（豊田ほか，2003）．しかしながら，長期間の埋設により設置した断熱材が吸水し，断熱性能が劣化する点は注意を要する．

道路の法面を植物のササで覆うと最大凍結深が裸地の27〜54%となり，凍上害が減少することが報告されている（武田・岡村，1999；Takeda et al., 2009）．これは地面をササで覆うことで地面の断熱性が高くなるとともに，より多くの積雪が保持できることにより，凍結深が減少するためである．これも1種の断熱工法である

3）遮水工法

遮水工法（water preventing method）は，凍結面に水分を供給させないようにすることでアイスレンズの成長を抑制し，凍上が発生しないようにする工法である．凍結深よりも深い部分に遮水シートやジオテキスタイル，砂利などで遮水層をつくり，凍上を抑制する．

4）土壌安定処理工法

土壌安定処理工法（soil stabilization method）は，土に混合物を加えて土の性質を変え，凍上を抑制する方法である．混合物には塩化カリウムなどの塩類，セメント，石灰が使われる．土に塩類を加えると氷点降下を起こすために凍上が抑制できる．文化財の保護工事では土にニガリ（塩化マグネシウムを主成分とする）を混ぜる場合もある．

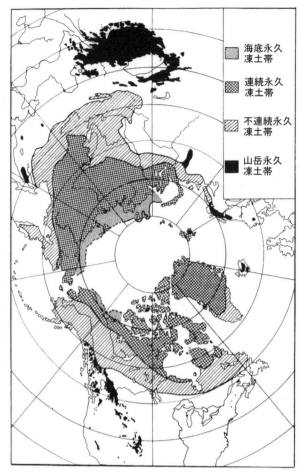

図 5.31 北半球の永久凍土の分布
(Davis, 2001, 原図は Péwé, 1975)

5.6 永久凍土

5.6.1 永久凍土の分布

永久凍土 (permafrost : permanently frozen ground の省略語) とは「連続した 2 年間以上 0℃ 以下の温度状態にある土地 (氷や有機物を含めた堆積物や岩盤)」と定義されている. シベリアやアラスカ, カナダ北部などではいったん凍った土が夏に地面から融けても, すべて融けないうちに次の冬がやってくる. このようなプロセスを経て, 永久凍土が形成される. 日本国内では富士山頂 (Higuchi and Fujii, 1970, 藤井・樋口, 1972), 大雪山系 (福田・木下, 1974), 北アルプスの飛騨山脈立山 (福井, 2004) の高山域, で永久凍土の存在が報告されている. 一方, 1 年のうち, 限られた期間のみに存在する凍土を季節凍土 (seasonally frozen ground) という.

北半球での永久凍土の分布を図 5.31 に示す. ここで, 海底永久凍土帯 (subsea permafrost zone) は主としてシベリア沖, 連続永久凍土帯 (continuous permafrost zone) はシベリア, 北極圏カナダ, グリーンランド氷床地下に広く分布している. 不連続永久凍土帯 (discontinuous permafrost zone) は連続永久凍土帯に接して, その南側に分布している. 山岳永久凍土帯 (alpine permafrost zone) は, 中国チベット自治区の高山域やカナダ・米国のロッキー山脈, スカンジナビア半島北部の山岳域などに存在している.

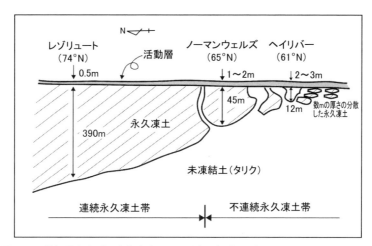
図 5.32 北極圏カナダの永久凍土の厚さ分布の概念図（Johnston, 1981 に基づく）

　図 5.32 はカナダのレゾリュートから南へ向かう地域での凍土の厚さの断面図の模式図を示す．北緯 74 度のレゾリュートでは厚さ約 400m の凍土が連続的に存在するが，北緯 65 度のノーマンウェルズでは不連続永久凍土が始まり，さらに北緯 61 度のヘイリバーでは永久凍土が分散する状態になっている．また，地表面には夏に融けて冬に凍る活動層（active layer）が存在するが，南にいくほど活動層が厚くなる．夏の気温が低い高緯度では活動層は 15cm にも満たないが，緯度が低くなるとその厚さは 1m を超えるようになり，さらに南にいくと永久凍土が存在しなくなり，季節凍土帯となる．

　永久凍土の面積は約 1600 万 km^2 であり，世界の全陸地の 14% を占める．これは第 4 章で述べた南極氷床とグリーンランド氷床を合わせた面積（1540 万 km^2）とほぼ等しい．永久凍土の厚さは最大で 1000m を超すといわれている．100m 凍結するのに 1 万年程度はかかると考えられているので，1000m 凍結するためには数十万年以上かかったと考えられる．この間には現在のような間氷期だけでなく氷期も存在したので，氷期では凍結が早く進み，間氷期では凍結がゆっくり進行または停滞もしくは後退していたのであろう．永久凍土の表層部には夏に融け冬に凍る活動層の挙動に起因して，特異な地形が見られる．以下ではこれらの地形を説明する．

5.6.2　アイスウェッジ，ピンゴ，パルサ，ハンモック

1) アイスウェッジ

　アイスウェッジ（ice wedge，図 5.33）とは夏季に融解する活動層と永久凍土層との境界面から下に向かって地中に楔を打ち込んだような形状の氷であり，氷楔ともいう．シベリアのベルホヤンスク近くのヤナ川の崖では幅数 m，高さ 40m ほどのアイスウェッジが数 10 も連なって露出していることが知られている．このようなアイスウェッジは，図 5.34 に示すように活動層内の温度差が土の収縮率に差をもたらし，それが凍土の体積を変化させ，鉛直な割れ目となったと考えられている．夏になると活動層が融けるので，融け水がこの割れ目に流れ込み，凍結して氷ができる．これを繰り返すことで氷が次第に楔状に成長すると考えられている．

2) ピンゴ

　ピンゴ（pingo）[13] とは永久凍土地帯に見られる高さ数 m 〜数 10m 程度の円丘状の丘で，上部に亀裂があり，内部に氷があることが特徴である．カナダ，アラスカとともに，シベリアのヤクーツク周

---
[13] pingo とはイヌイット語で小山（mound）や丘（hill）を意味する（Davis, 2001）．シベリアではブルグニヤヒという．

図 5.33 アラスカ州 Livengood 近くの鉱山で露出した氷楔（Davis, 2001）
写真は 1949 年 9 月に Troy L. Péwé が撮影.

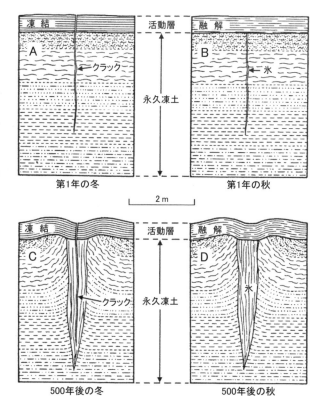

図 5.34 アイスウェッジの形成過程の概念図
（Davis, 2001, 和訳を追加；原図は Lachenbruch, 1962）
A：クラックが初めに形成された冬, B：次の秋,
C：500 年後の冬, D：500 年後の秋.

図 5.35 ピンゴ
カナダ・ノースウェストテリトリーのマッケンジー川デルタ地帯のタクトヤクタークにて撮影（Wikipedia）.

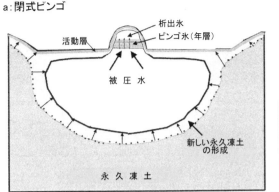
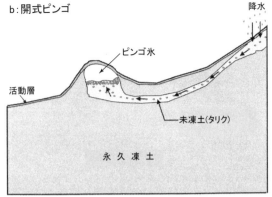

図 5.36　2 種類のピンゴ（Davis, 2001, 和訳を追加）
(a) 閉式ピンゴ，(b) 開式ピンゴ．

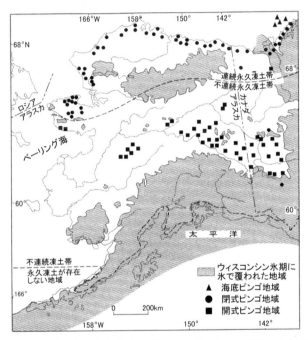

図 5.37　アラスカおよびカナダでのピンゴの分布（Davis, 2001, 和訳を追加）

辺に存在している．図 5.35 に北極海に面するカナダのマッケンジー川のデルタ地帯のピンゴを示す．
　ピンゴは主に地下からの貫入水（被圧貫入水）の凍結で内部に氷が形成され，全体が持ち上げられた丘である．閉式ピンゴ（closed-system pingo）と開式ピンゴ（open-system pingo）がある（図 5.36）．閉式ピンゴは，ピンゴ周辺の閉鎖系地下水が貫入して凍結することで形成されている．一方，開式ピンゴは他の流域からピンゴへ地下水が給水され，それが凍結して形成されている．図 5.37 にはアラスカでの閉式ピンゴと開式ピンゴの地域分布を示す．閉式ピンゴは北極海沿岸の低地に分布している．これらの地域は連続永久凍土地帯で，年平均気温は -5℃以下である．一方，開式ピンゴは，暖かい不連続凍土地帯に存在しており，主に内陸域に分布する．図 5.37 には海中のピンゴ（submarine pingo）の分布も示した．図 5.38 は 1955 年に撮影された閉式ピンゴ内の卵のような形状の氷であり，海岸部にあったピンゴが波で侵食されて，内部の氷が現れていた．
　ピンゴの成長速度と形成年代はいろいろと調べられているが，多くは数千年前からの成長開始が報

212　第5章　凍土，凍上

図5.38　波による削剥で現れた卵のような
巨大な閉式ピンゴ内部の氷（Davis, 2001）
1955年にJ.R. Mackayがタクトヤクタークの100km北方の
ポイント・アトキンソン近くのマッケンジーデルタで撮影．

図5.39　アースハンモック
（撮影：シベリア氷河調査隊提供，ロシア連邦
オイミヤコンにて2004年8月6日撮影）

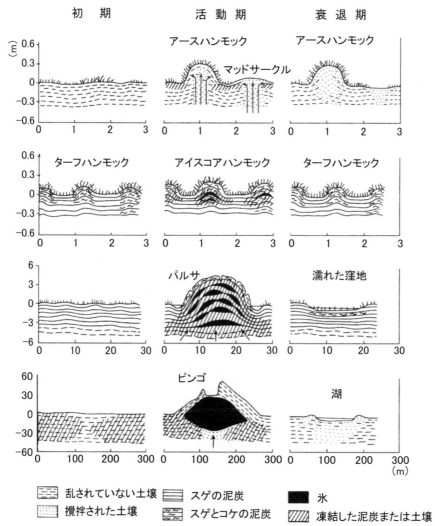

図5.40　ハンモック，ターフハンモック，パルサ，ピンゴの初期，活動期，衰退期（Davis, 2001，和訳を追加）

図 5.41 野地坊主
（帯広畜産大学構内にて 2014 年 4 月 4 日撮影）

告されている．すなわち多くのピンゴは間氷期に成長している．また，鉛直方向での成長速度は 1 年間に 50cm 未満が多く，10cm 程度が多い（Davis, 2001）．

3）パルサ

パルサ（palsas）とはピンゴのように内部の氷により全体が持ち上げられた丘であるが，主として氷晶析出により内部に氷板が形成されている．上部に亀裂があることが多く，泥炭層に覆われている．大きさはピンゴよりも小さく，高さは 1～12m 程度である．ピンゴの内部には大きな氷の塊があるが，パルサの内部にはアイスレンズが重なって存在している．

4）ハンモック

ハンモック（hammocks）とは高さ 50cm 程度，直径が 1～2m 程度の起伏地形であり，斜度が 15 度までの斜面に存在し，内部に含まれる物質により 2 種類に分類されている．1 つはアースハンモック（earth hammocks）で内部にシルト質土と粘土を含む．ターフハンモック（turf hummocks）は内部にこけや泥炭などの有機質物質を含む．図 5.39 はアースハンモックを示す．また，図 5.40 にアースハンモック，ターフハンモック，パルサ，ピンゴの初期，活動期，衰退期を示す．これらの生成過程，活動期の形態，衰退期の形状の概略がわかるであろう．

北海道には野地坊主（tussock）と呼ばれる直径 1～1.5m，高さ 0.5～1m 程度の半球状の土の盛り上がりが存在する（十勝坊主とも呼ばれる）．図 5.41 は帯広畜産大学構内の野地坊主であるが，これは約 3300 年前（BC1300）から 350 年前（AD1650）までの寒冷期に形成されたアースハンモックである．北海道内で同種の地形は低地では十勝平野，天北原野，根釧原野にのみに分布し，学術的に価値が高い貴重なものであるので，十勝坊主は北海道の天然記念物に指定されている．

5.6.3 構造土，アラス，エドマ，集塊氷

1）構造土

構造土（patterned ground）とは土壌の融解再凍結過程により，数 cm から数 m 程度の規則的な多角形や線状の模様が地面に形成された地形である．その模様の形状から構造土は次の 5 種類に分類される（Washburn, 1956）．円形構造土（sorted and nonsorted circles），網状構造土（sorted and nonsorted nets），多角形構造土（sorted and nonsorted polygons），階段構造土（sorted and nonsorted steps），線状構造土（sorted and nonsorted stripes）．

図5.42 多角形構造土
(スピッツベルゲン島ニーオルセンにて，
1992年6月撮影，中央には人物が写る)

図5.44 円形構造土
(スピッツベルゲンにて撮影；Davis, 2001)

図5.43 小規模な多角形構造土（矢印）
(アラスカにて撮影；Davis, 2001)

図5.42と図5.43は主として礫と小石により形成された多角形構造土，図5.44は小石により形成された円形構造土の例である．構造土もアイスウェッジと同じく，熱応力による割れ目が原因でできている．図5.45に上空から見た構造土を示す．これは赤外画像であるが，アラスカ北岸の構造土の広域分布がわかる．

2）アラス

アラス（alas）は主としてシベリアのヤクーツク周辺で見られる地形で，樹林帯にぽつんと開けた地形である（図5.46）．温暖化などにより，タイガ下の永久凍土が融解して生成されると考えられている（Czudek and Demek, 1970 など）．サーモカルスト（thermokarst）とは含氷率の高い永久凍土が融解することで引き起こされる地盤沈下を伴う地形変化のプロセスをいい（Washburn, 1973），サーモカルスト地形とはこのようなプロセスでできた地形である．アラスはサーモカルスト地形の一種である．

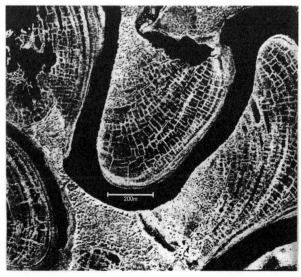

図5.45 上空からの構造土の分布（赤外線写真）(Davis, 2001)
アラスカ北部の海岸地帯．

図 5.46 アラス
(提供：シベリア氷河調査隊，ロシア連邦サハ共和国レナ川近辺にて，2001 年 7 月 28 日高橋修平撮影)

図 5.47 (a) 北東シベリア沿岸のエドマの露頭（比高約 30m），(b) 侵食されるエドマ
(北東シベリア沿岸，撮影：長岡大輔)

3) エドマ

　エドマ（yedoma または edoma）とは東シベリア北部の海岸沿いの低地や北米の永久凍土帯に存在する氷を含むシルト質の堆積層で，マンモスの遺骸が含まれることから最終氷期（4～10万年前）に形成されたと考えられている．図 5.47a にエドマの露頭，図 5.47b に侵食されているエドマを示す．このようなエドマに含まれている氷は，水平方向と鉛直方向の両方向にアイスウェッジが発達したものと考えられている（岩花, 2013a）．エドマはエドマスイート（Yedoma suite）またはエドマコンプレッ

クス（Yedoma complex）とも呼ばれる．

エドマ内の堆積物については，(1) 氾濫した河川の堆積物（沖積堆積物説），(2) 風成起源説，(3) 洪積・沖積・風成起源説，(4) 氷河・氷床性堆積説，(5) 雪食性堆積説，などの仮説が提案されている．なお，エドマ（yedoma または edoma）とは周りの土地よりも数10m高く，氷を多く含んだなだらかな丘や凍土段丘が侵食された地形を意味する現地語である（岩花，2013b）．

4）集塊氷

集塊氷（massive ice）とは，永久凍土の内部に含まれる大きな地下氷のことで，アイスウェッジやピンゴ内部の氷などの総称である．とくに地下に存在する厚さ数m以上で，長さが数10m以上の地下氷を意味する場合が多い．集塊氷の特徴は，渡邉（1969）や藤野ほか（1982）に詳しいので，興味のある読者は参照していただきたい．

確認問題

1. 北海道では自然の状態と除雪した状態でそれぞれ最大何cmまで地面が凍結するか．また，それぞれの分布での最大凍結深はどこで観測されたか．
2. 北海道での冬季の積算寒度の分布の特徴を説明しなさい．
3. 積雪が地面の凍結に与える影響について，帯広市での状況を例にして，「最大凍結深」，「積算寒度」，「積雪深」という用語を用いて説明しなさい．
4. メチレンブルー土壌凍結深計の測定原理を説明しなさい．
5. 凍上が起こる原因を「氷晶析出」，「アイスレンズ」，「吸引」という用語を用いて説明しなさい．
6. 地面に形成される霜柱を例にして，氷晶析出を説明しなさい．
7. 茎で氷晶析出が起きる植物がある．この植物の名称と学名を答えなさい．
8. アイスレンズの生成メカニズムの要点を説明しなさい．
9. 上限凍上力と最大凍上力をそれぞれ説明しなさい．
10. 4種類の凍上対策をそれぞれ説明しなさい．
11. 永久凍土の定義を説明しなさい．
12. アイスウェッジ，ピンゴ，パルサを説明しなさい．
13. 十勝坊主とは何か．
14. 構造土とアラスを説明しなさい．
15. エドマ，集塊氷を説明しなさい．
16. 「オハヨー型」に霜柱を立てるための必要な条件を述べなさい．
17. 米国アラスカ州での石油パイプラインでの凍上対策を説明しなさい．

コラム 21

地盤凍結工法

　土を人工的に凍結させ，脆弱地盤の土留壁や地下水の遮水壁に用いることがある．この人工凍土の利用は，海外では19世紀中頃より炭鉱立坑構築等に見られ，国内では1960年頃より関連する研究と技術開発が精力的に継続されている．日本では，諸外国に比べて地盤が軟弱な都市部での施工が多く，地中温度も高いため，高度な凍結技術が確立している（地盤工学会，2013；伊豆田・譽田，2003）．これまでに日本で造成された人工凍土の施行数は世界でも突出しており，今や一般的な施工技術とみなせる．1カ所で造成される凍土の量は数百から数万m^3であり，施工深度は70mに達する例もある．今後の大深度および大断面での高速道路や高速鉄道などの建設においても，人工凍土の活用が注目を集めている．

　地盤凍結工法では，シールド機（地盤を掘削しトンネルを形成する機械）の立坑（地盤内に建設されたコンクリート製などの筒または箱）からの発進防護（図A21.1）および到達防護，トンネル－立坑間接続防護（図A21.2）などのために，一時的に掘削対象地盤の全周を凍結し強固にする（地盤工学会，2013）．なお，シールド機は立坑のコンクリートを掘削できないので，発進および到達防護ではシールド通過部のコンクリートを除去するときに出水や土水圧に対応するため，凍土壁を造成している．

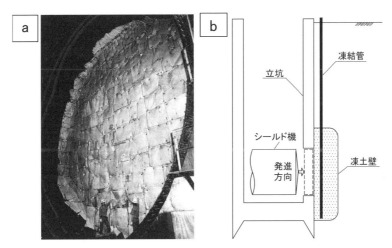

図A21.1　円板型凍土壁によるシールド機の発進防護の写真（a）および概略図（b）
写真aの左にシールド機がある．写真は(株)精研提供．

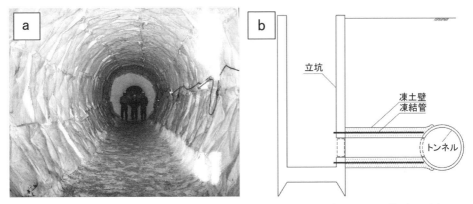

図A21.2　円筒型凍土壁によるトンネル－立坑間の接続防護の写真（a）および概略図（b）
写真aは立抗からトンネル方向を見たところである．写真は(株)精研提供．

人工的に形成される凍土壁は，掘削防護用の強固で均一性が高い土留め壁である．また掘削時の出水をなくす効果もある．このため掘削防護のための信頼性が高い地盤改良工法といえる．地盤凍結工法は，国内では1962年に初施工され，都市部においてこれまでに600件余りの実績がある．主な施工は，都市での下水道幹線，地下鉄，電力線・ガス幹線，地下調節池，地下高速道路などの建設工事に伴って行われてきた．これらは，大学や企業などにより1960年代から開始された凍土物性の基礎研究，技術開発に裏付けられている．

地盤内に連続した凍土壁を人工的に造成するためには，図A21.3に示すように，地盤内に多数の凍結管を列状に埋設し，この中に冷却液を循環し，凍結管の外面から凍土を徐々に成長させ，円柱状凍土を隣接する円柱状凍土と連続させる．凍土壁造成において，凍結に必要な冷却エネルギーや凍結設備規模の計画と施工管理は，最も重要である．冷却エネルギーは，土に含まれる水を氷にする（潜熱エネルギー）だけでなく，地中温度を0℃以下に低下させる（顕熱エネルギー）ためにも必要である．地盤冷却システムは，図A21.4に示すように，地中凍結管，冷凍機，クーリング・タワーなどから構成される．地盤の熱は最初に冷却液（塩化カルシウム水溶液：ブラインと呼ばれる）に移り，地盤凍結ユニットによって，最終的にクーリング・タワーから大気中に放出される．

2011年3月の福島第一原子力発電所での事故に伴い，人工凍土壁を発電所の周囲4面（深度は難透水層までの約30mまで）で造成し，凍土壁のもつ遮水性により発電所への地下水流入を抑制することが2013年5月に決定された．各種の模擬実験と数値解析が実施され，これに基づく凍結管埋設工事が2014年から開始され，2015年から凍土壁の造成が開始された．

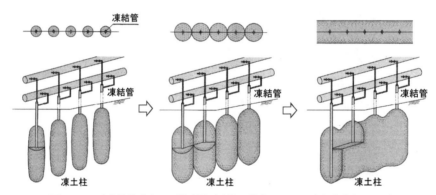

図A21.3　凍土壁造成までの模式図（地盤工学会，2013；凍土分科会，2014）

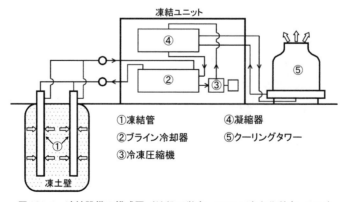

図A21.4　凍結設備の模式図（地盤工学会，2013；凍土分科会，2014）

コラム 22　霜柱の研究

　本文 5.2.3 項で説明した霜柱は以前から多くの人に興味をもたれてきたが，それを自由研究のテーマとして取り上げ，霜柱の形成過程を明らかにしたのは東京の自由学園の女子生徒たちであった．この研究は 1934（昭和 9）年 12 月に東京都南沢（現在の東京都東久留米市）の自由学園の校庭で開始された．ここでは冷えた冬の朝に，関東ロームの赤土の地面から驚くほど見事な霜柱を観察することができたからである．

　女子生徒たちは，図 A22.1 のように霜柱に印を付けてそれが上に移動することを観察した．また，図 A22.2 に示すように，地面にあった小石が霜柱の上に載っていること，校庭の中で普段は霜柱が立たない場所にジョウロで水を「オハヨー」の文字の形に撒くと，翌朝には「オハヨー」に霜柱ができることを確認した（図 A22.3）．霜柱の原料となる水が土のどの深さからきているのかを調べるために，図 A22.4 に示すようにトタンでいろいろな長さの缶をつくり，それを地面に埋めてそこから伸びる霜柱を観察した．それらの結果，(1) 霜柱とは大気中の水蒸気が昇華凝結するのではなく，土中の水が凍ってのび出る現象である，(2) 一晩で成長する霜柱には 7cm までの深さの土に含まれている水分が吸い上げられている，(3) 地面の水分量によって霜柱の高さは変化する，などが明らかになった．また，土以外のもの（砂，ガラス）を細かく砕いた粉からも霜柱が立つことを確認した．

　これらの結果は 1937（昭和 12）年に自由学園学術叢書第一『霜柱の研究，布の保温の研究』，1940（昭和 15）年に『霜柱の研究　その二』として出版されたが，2.1 節で紹介した中谷宇吉郎はこの研究を賞讃し，随筆にも取り上げた（中谷，1940）．自由学園での霜柱の研究を女子生徒に指導したのは三石　巌であったが，彼は理科全般にわたる教科書や子どもの科学読み物，専門書にいたる 300 冊以上の著作を残した（矢作，2004）．なお，『霜柱の研究』，『霜柱の研究　その二』は関連する報告とともに再版されているので（自由学園女子部自然科学グループ，2003），関心のある方に一読をお勧めする．図 A22-1 〜 A22-4 は同書から転載した．

図 A22.1　印をつけた霜柱

図 A22.2　小石を載せた霜柱

図 A22.3　ジョウロで水を撒いて「オハヨー」と立った霜柱

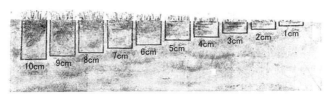

図 A22.4　缶を埋めて，その上に立つ霜柱の高さを調べる

コラム 23

アラスカの石油パイプラインでの永久凍土の保全対策

　米国アラスカ州では 1974 年から北極海沿岸のプルドーベイ（Prudhoe Bay）から太平洋側のバルデース（Valdez）まで，永久凍土帯を含む地域に石油パイプライン（Trans-Alaska pipeline system）の建設が始まり，1977 年に完成した．このパイプラインは直径 1.2m，長さ 12m のパイプを現地で溶接して設置された．プルドーベイでは 1968 年に石油が発見されたが，1973 年に石油危機（1973 oil crisis）が起こったことが敷設のきっかけであった．2008 年にはこのパイプラインで 1 日当たり 70 万バレル（110,000m^3/day）の原油が輸送された．原油は平均して 11.9 日でプルドーベイからバルデースまで輸送されている（平均速度は 6km/h）．

　原油は輸送効率の向上のため，60℃に暖められて粘性を下げた状態で圧送されているが，永久凍土帯ではパイプラインは地上に敷設され，それ以外では地下に敷設されている．高温の原油を永久凍土帯の地下に埋設すると，氷を含む永久凍土が融解し，解凍沈下のためにパイプが不均一に沈下することが想定されたからである．

　地上に敷設する場合でもパイプを保持する支持杭を通して熱が永久凍土に伝わり，永久凍土が融ける可能性があるため，パイプを保持する支持杭にはヒートパイプ（heat pipe）が採用された（図 A23）．ヒートパイプ内部には液体アンモニア（沸点 -33.34℃）が作動液体として封入されている．気温が低下する冬季には，凍土内に敷設されたヒートパイプ下部の液体アンモニアは上部に比べて温度が高いため，蒸発してヒートパイプ下部の熱を吸収し，永久凍土を冷却する．蒸発したアンモニアはヒートパイプ上部で冬季の低温のため凝結して液体となり，重力でヒートパイプ下部に集まる．このようなメカニズムで冬季には永久凍土を効果的に冷却している．

　一方，気温が上昇する夏季には気温が永久凍土の温度よりも高くなるので，ヒートパイプ内の無水アンモニアの循環が止まる．このため，ヒートパイプは熱を伝えづらくなり，永久凍土が溶け出すことを防いでいる．パイプが架台上をスライドするのは地震の揺れを吸収するためであり，パイプが曲がりくねっているのも，地震による地盤の変化に対応するためである．

図 A23　アラスカパイプラインのヒートパイプ
（米国アラスカ州フェアバンクス郊外にて；2007 年 3 月 23 日，高橋修平撮影）

第 6 章　海氷

　海氷は海水が凍結して形成される．海氷には塩分が含まれているため，海氷はブライン（brine）と呼ばれる高塩分水を含む．このため，海氷の結晶構造は通常の氷とは異なる．冬になると北海道東岸には流氷が来るが，これは世界的にみても海氷が観察できる南限といわれている．海氷は船の航行を妨げ，漁業や港湾施設にダメージを与える「厄介者」と思われていたが，最近では海氷の下にアイスアルジという付着性の藻が発達し，このために海水中の植物プランクトンが増えることで，これを捕食する動物プランクトンも増え，さらに魚が集まるという効果があることがわかってきた．すなわち，海氷は「豊かな海」に寄与しているのである．

6.1　海氷と流氷

　海氷（sea ice）と流氷（drift ice）という言葉がある．気象庁（1999）によると，海氷とは「海水が凍結してできた海で見られるすべての氷」と定義されている．したがって，海で見ることができる海水起源の氷はすべて海氷である．一方，南極域や北極域などの沿岸域では固定されて移動しない海氷が存在するが，これらは定着氷（fast ice）と呼ばれる．静かに成長した海氷の表面は平らなことが多いが（平坦氷と呼ばれる．英名は level ice），氷が座礁した場合には重なり合い，表面がでこぼこになる．何らかの圧力で押し上げられた氷の丘は氷丘（hummock）という．

　一方，流氷とは「定着氷以外のすべての海氷域を含める広義の用語で，その形態や配置に関係しない．英語では密接度が 7/10 以上の場合には，drift ice の代わりに pack ice を用いても良い」と気象庁（1999）は定義している．本書では流氷とは「岸から離れ，浮遊もしくは移動している海氷」と定義し，状態を表す用語として使用する．したがって，海水が凍結した氷で海に浮遊しているものは海氷であるが，

図 6.1　網走の流氷（2014 年 2 月 23 日撮影）

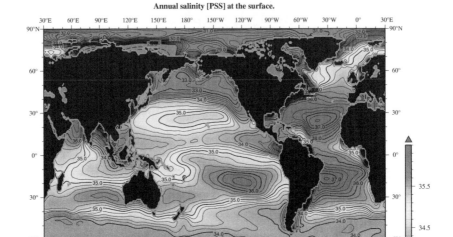

図 6.2 2009 年の表面海水の年間平均塩分（NODC, NOAA）（カラー図は口絵 32 を参照）

浮遊している状態から流氷と呼ぶこともできる．北海道東岸のオホーツク海では，海氷が岸に沿って流れていくので，一般には「流氷」と呼ばれている．流氷が来る網走付近は北緯 44 度であり，世界で最も低緯度で観察できる海氷とされている（図 6.1）．

6.2 海氷の形成と構造

淡水は 0℃で凍結するが，海水は塩分を含むために凍結する温度（結氷温度という）は 0℃より低い．海水 1kg には，平均 35g の塩分が含まれている．この塩分の割合（以後，塩分という）（英語で salinity）は 100 分率で 3.5%（重量パーセント）であるが，通常は 1000 分率を用いて 35‰（パーミル）と記す．塩分の成分は，おおよそ塩化ナトリウム 78%，塩化マグネシウム 10%，硫酸マグネシウム 6%，硫酸カルシウム 4%，塩化カリウム 2% である．

図 6.2 に世界の海水の塩分の分布を示す．北太平洋中央部はほぼ 35‰であるが，南太平洋中央部では 36‰を越える．北大西洋中央部および北大西洋中央西よりでは 37‰とさらに高い値を示す．それに対し，オホーツク海を含む北太平洋北部地域は 33‰以下と小さく，北極海では 31〜32‰，アラスカ北部沿岸では 29‰とさらに小さい．一般に，南極海を含めた極域では塩分は薄い．これは後で説明するように，海水が結氷するときに高塩分のブラインが排出されて下層に沈むのが一因である．このように，平均の塩分が 35‰といっても世界の海の塩分は一様ではない．

表 6.1 と図 6.3 に淡水（ρ_W）と海水（ρ_S）の温度による密度変化を示す．図 6.3a に淡水の温度による密度変化を示す．淡水は 3.98℃で最大密度 999.97kg/m³ となり，0℃では 999.84kg/m³ となる．海水は塩分を含むために密度が大きく，塩分 35‰の海水密度は 0℃では 1028.11kg/m³ である．図 6.3b に塩分 29〜36‰の海水の温度による密度変化を示す．密度は温度低下とともに大きくなり，淡水のような密度のピークはない．図中に結氷温度を黒丸で示す．結氷温度は 30‰で-1.6℃，35‰で-1.9℃とわずかに変化する．オホーツク海のように塩分二重構造の海の場合，表面から 50m までの層が塩分 32.5‰で水温が 10℃から結氷温度（-1.8℃）まで変化しても密度は最大 1026 kg/m³ であるが，塩

表 6.1 淡水と海水の密度

温度 [℃]	淡水の密度 ρ_w [kg/m³]	海水の密度 ($S=35‰$) ρ_s [kg/m³]
30	995.651	1021.729
25	997.048	1023.343
20	998.206	1024.763
15	999.102	1025.973
10	999.702	1026.952
9	999.783	1027.119
8	999.851	1027.274
7	999.904	1027.419
6	999.943	1027.553
5	999.967	1027.676
4	999.975	1027.786
3	999.967	1027.885
2	999.943	1027.972
1	999.902	1028.046
0	999.843	1028.106
-1.0	—	1028.154
-1.92	—	1028.185

＊ただし，温度はITS-68（1968年国際温度目盛）であることに注意．

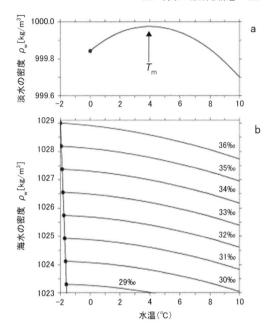

図 6.3 淡水（a）と海水（b）の温度と密度との関係
T_m は最大密度温度．黒丸（●）は結氷温度を示す．

分 34.5‰，水温 2〜5℃の下層の密度 1027 kg/m³ を越すことがない．つまり表面で冷えた海水は50m以内で対流することになる．

温度 t [℃] での淡水の密度（ρ_w）を6.1式に示す（UNESCO, 1981）．

$$\rho_w = a_0 + a_1 t + a_2 t^2 + a_3 t^3 + a_4 t^4 \tag{6.1}$$

ここで a_0 から a_5 までの係数は以下である． $a_0 = 999.842594$, $a_1 = 6.793952 \times 10^{-2}$, $a_2 = -9.095290 \times 10^{-3}$, $a_3 = 1.001685 \times 10^{-4}$, $a_4 = -1.120083 \times 10^{-6}$, $a_5 = 6.536332 \times 10^{-9}$

温度 t [℃] での海水の密度（ρ_s）を6.2式に示す（UNESCO, 1981）．

$$\rho_s = \rho_w + (b_0 + b_1 t + b_2 t^2 + b_3 t^3 + b_4 t^4)S + (c_0 + c_1 t + c_2 t^2)S^{3/2} + d_0 S^2 \tag{6.2}$$

ここで b_0 から d_0 までの係数は以下であり，S は塩分（‰）である．
$b_0 = 8.24493 \times 10^{-1}$, $b_1 = -4.0899 \times 10^{-3}$, $b_2 = 7.6438 \times 10^{-5}$, $b_3 = -8.2467 \times 10^{-7}$, $b_4 = 5.3875 \times 10^{-9}$, $c_0 = -5.72466 \times 10^{-3}$, $c_1 = 1.0227 \times 10^{-4}$, $c_2 = -1.6546 \times 10^{-6}$, $d_0 = 4.8314 \times 10^{-4}$

図6.4は海水の結氷温度（T_f）と海水の最大密度温度（T_m）の塩分依存性を示す．結氷温度 T_f は6.3式（UNESCO, 1981）で計算した．

$$T_f = -5.75 \times 10^{-2} S + 1.710523 \times 10^{-3} S^{3/2} - 2.154996 \times 10^{-4} S^2 - 7.53 \times 10^{-10} P \tag{6.3}$$

ここで，S は塩分 [‰] で0‰から40‰の範囲，P は大気圧からの加圧 [Pa] である．1気圧下での35‰の海水の結氷温度は -1.92℃となる．

最大密度温度（T_m）とは，海水が最大密度となる温度である．T_m は塩分 [‰] を S として6.4式（Caldwell, 1978）で計算した．

224　第6章　海氷

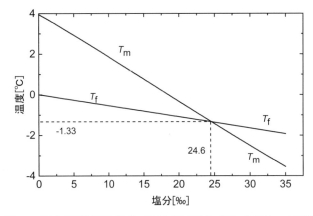

図6.4　海水の結氷温度（T_f）と最大密度温度（T_m）と塩分との関係

$$T_m = 3.982 - 2.229 \times 10^{-1} S - 2.004 \times 10^{-2} P(1 + 3.76 \times 10^{-3} S)(1 + 4.02 \times 10^{-4} P) \tag{6.4}$$

ここで，$0 \leq S \leq 30‰$ であり，$0 \leq P \leq 1.2 \times 10^7 Pa$ である．

　図6.4に示すように，淡水（$T_f = 0$ ℃，$T_m = 3.98$ ℃）に塩分を加えると結氷温度 T_f と最大密度温度 T_m はともに低下するが，後者の傾斜が大きいので両者は塩分24.6‰，温度 −1.33℃で交差し，その後は T_m が T_f より低くなる．

　ここで，淡水と海水の凍結メカニズムを説明する．図6.4に示すように，淡水では3.98℃で密度が最大になるので，淡水の湖や池，川などで水が凍結する場合，水面で冷やされた水は密度が大きくなり，水温が約4℃（正確には3.98℃）になるまで，沈み込み対流を起こして全層の水がしだいに冷えてくる．やがて，全層の水が約4℃になると，さらに冷えた水面の水は下層の水よりも密度が小さくなるので，そのまま水面に存在し，0℃以下になると凍結が始まる．したがって，水温が約4℃になってから水が凍結するまではあまり時間がかからない．これが淡水型凍結の特徴である．

　塩分が24.6‰よりもよりも薄い海水の場合は淡水と同じで，海水が最大密度温度（T_m）になるまでは，対流が継続する．水面の温度が最大密度温度よりも下がると，そのまま水面に存在し，結氷温度（T_f）以下になると，凍結が始まる．

　一方，塩分が24.6‰よりも濃い通常の海水の場合，最大密度温度よりも結氷温度が高いので，最大密度に到達前に凍結が始める．この場合，沈み込み対流は凍結時まで継続するので，この海水は淡水に比べると凍結しづらい．これが海水型凍結の特徴である．海洋が凍結しづらいのは，単に結氷温度が0℃よりも低いためだけではなく，結氷時まで対流が継続するためである．なお，6.1式から6.4式は1968年国際温度目盛（ITS-68）を使用しており，現在一般的に使われている1990年国際温度目盛（ITS-90）と異なるので，詳細な検討をする場合には注意が必要である[1]．

　したがって，淡水の湖や池，川では水面からしか凍結しないが，海洋では海水中でも凍結が起こる．実際，海洋で海氷が形成される場合，海水中に小さな氷の結晶（図6.5）ができる．これは直径が1〜5mm程度で氷晶[2]（frazil ice）と呼ばれる．氷晶は雪結晶と同様，樹枝状，針状，角板状などの形状をしている．氷晶はときには20cm程度まで成長することもある．氷晶は不純物を含まず，淡

---

[1] ITS-68とITS-90の温度差 $t_{90} - t_{68}$ は0℃では差はない．ITS-90の温度で −10℃では $t_{90} - t_{68}$ は0.002℃，−20℃では0.004℃，−30℃では0.006℃である（計量研究所，1991）．

[2] 大気中で水蒸気から生成される氷晶（直径0.2mm以下の雪結晶を意味する．英語名は ice crystal）と同じ言葉を用いるので注意が必要である．なお，気象学や河川工学の研究者はこれを晶氷と呼ぶので，この点も注意が必要である．なお，河川での氷晶の直径は0.2〜30mm程度である．

図 6.5　海水中で生成した氷晶（Suzuki, 1955）[3]　　　　図 6.6　蓮葉氷（田畑, 1977）

水からできているので海水よりも密度が小さく，表面に浮かび上がってくる．氷晶が水面に集まるとどろっとしたスープ状の層ができる．この層はあまり光を反射しないので，海面はねばっこい感じとなる．この氷層をグリースアイス（grease ice）という．波や風，うねりの弱い静かな海面ではニラス（nilas）と呼ばれる表面光沢のない，薄い弾力性のある海氷（厚さ 10cm 未満）が形成される．

一方，荒波が立っている時は，風によりグリースアイスが互いにぶつかり合って，縁が少しめくれたほぼ円形の氷の円盤（直径 30cm 〜 3m，厚さ 10cm 程度）ができる．これを蓮葉氷（pancake ice）と呼ぶ（図 6.6）．蓮葉氷はグリースアイスが集まったものなので柔らかく，指で押すと何の抵抗もなく穴があく．蓮葉氷は徐々に厚みを増し，それとともに蓮葉氷の境界も凍結して，やがて硬い氷（新成氷, new ice）になる．厚さは 10cm 程度である．その後，次第に硬さを増しながら厚くなり，板状軟氷（young ice, 厚さ 10 〜 30cm）を経て，1 年氷（first-year ice, FYI, 厚さ 30cm 〜 2m 程度），多年氷（multi-year ice, MYI, 厚さ 3m 以上のものが多い．二夏以上経過したもの）となる．成長している海氷の底面には長さが数 cm に達する厚さが非常に薄い樹枝状の氷晶が下方に向かって発達しているのがしばしば見られる．

海氷の厚さは結氷後に海氷表面から奪われた熱量に依存し，気温，風速，日射，積雪深などによって変化するが，近似的には結氷開始以降の積算寒度の平方根に比例することが知られている（Stefan, 1891）．福富ほか（1950）はオホーツク海で除雪した海氷の成長過程を調べ，ステファンの式（6.5 式, Stefan's equation）での氷厚係数 α が 2.1 〜 2.7cm$/\sqrt{°C \cdot day}$ であることを明らかにした．

$$h = \alpha\sqrt{\sum |\overline{T} - T_f|} \tag{6.5}$$

ここで h [cm] は海氷の厚さ，$\overline{T}$ は結氷温度（T_f）以下の時の日平均気温で，$|\overline{T} - T_f|$ は結氷開始以降の日積算寒度を意味する．網走，紋別沿岸での海氷厚の観測から氷厚係数 α は 2.1，根室での観測からは氷厚係数は 2.7 となった．

図 6.7 は日平均気温と経過日数から推定した氷厚を示す．ここでは網走と紋別の沿岸を想定して，氷厚係数を 2.1 で計算した．日平均気温が $-5°C$ の日が 20 日間続くと海氷の厚さは 17cm，$-10°C$ の日が 20 日間続くと 27cm になることがわかる．ここではオホーツク海の表層の平均塩分は約 32‰ なので，結氷温度を $-1.8°C$ として計算した．ただし，実際の海氷ではこのように生成した氷板が風や潮流によって重なり合い，時には厚さ数 m の海氷になることもある．

---

[3] 図 6.5 は海面から 10cm の位置に防水型の照明を入れて撮影された．Suzuki（1955）によると海水中での氷晶の生成過程の初めての写真である．

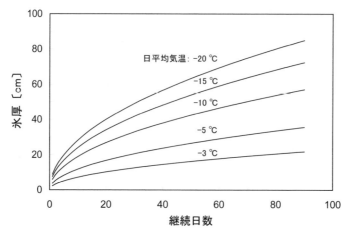

図 6.7　日平均気温と継続日数から推定した氷厚（網走，紋別の場合で，$\alpha = 2.1$ で計算）

表 6.2　結晶粒の形状による海氷の分類

名　称	特　徴
粒状氷	結晶粒が粒状．c 軸はランダム分布．
短冊状氷	結晶粒は短冊状．c 軸は水平に分布している．

表 6.3　生成起源による海氷の分類

名　称	生成起源
氷晶，グリースアイス，ニラス，蓮葉氷，新生氷，板状軟氷，1 年氷，多年氷	海水
雪ごおり	積雪と海水
上積氷	積雪と融雪水

　海氷は結晶粒の形状に基づき，表 6.2 のように分類できる．図 6.8 は海氷の結晶構造を薄片で示したもので，図 6.8a は鉛直薄片，図 6.8b は水平薄片を示す[4]．図 6.8a は表面から約 2cm までは種々の結晶方位をもつ小さな結晶粒であり，粒状氷（granular ice）である．この下の氷は縦構造の結晶粒が発達しており，短冊状氷（columnar ice）である．粒状氷は氷晶が波にもまれて形成された蓮葉氷が起源であり，短冊状氷は蓮葉氷から下に成長した海氷である．

　図 6.9 に示すように，短冊状氷はくさび型の薄い氷板（ice platelets）が塩分を排出しながら下に向かって成長する．その時に，氷板間に濃縮した海水（ブラインという．英語では brine）と気泡が取り込まれる（図 6.9 の黒い楕円）．これは氷は不純物を排出しながら成長するためである．図 6.10 は海氷中のブラインの 3 次元分布の模式図を示す．ブラインはこのように濃縮した海水が流下した経路に沿って形成されており，これをブラインチャンネル（brine drainage channel）という．図 6.11 はサロマ湖で採取された海氷の水平断面での実際のブラインチャンネルの写真である．星型のようにブラインが分布していることがわかる．

　一方，表 6.3 に示すように，海氷はその起源でも分類できる．この観点に立つと，氷晶から多年氷までは海水が起源，雪ごおり（snow ice）は積雪と海水が起源，上積氷（superimposed ice）は積雪と融解水が起源である．雪ごおりは海水上に積雪が積もり，積雪の重みにより積雪と海氷との境界が海水面より低下するために，積雪層内に海水が浸透して，凍結することで形成されており，粒状氷である．上積氷は通常，夏期に融解が起こる寒冷氷河で積雪層内からの融水が氷河内部の冷えた氷体に接して再凍結して形成されるが（図 4.13 参照），同じメカニズムが海氷上でも起きている．これは流氷域で Jefferies et al.（1994）が発見し，定着氷域では Kawamura et al.（1997）が発見した．上積氷も粒状氷である．

[4)] 海氷を厚さ約 0.6mm 程度に削り，2 枚の偏光板の間に挟んで撮影した．ここで氷結晶の結晶主軸（c 軸）の向きに従い，異なる色がついている．氷薄片に色がつくメカニズムは島田（2002），高橋（1986）を参照．

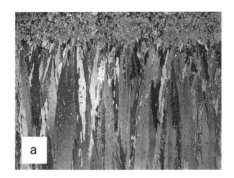

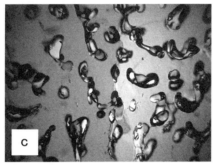

図 6.8　海氷の結晶構造（偏光写真）（青田，1993）
(a) 粒状氷（上部）と短冊状氷（下部）（鉛直薄片），(b) 短冊状氷（水平薄片），
(c) 短冊状氷（水平薄片）の顕微鏡写真．(c) ではブラインの形状がわかる．
カラー図は口絵 33 を参照．

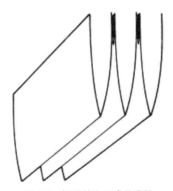

図 6.9　短冊状氷の成長過程
（Weeks and Ackley, 1982 より．ただし，原図は Harrison and Tiller, 1963）
短冊状氷の間に捕捉されたブラインを黒で示す．

　海氷から排出されるブラインは周りの海水よりも低温高塩分である．このため，海氷下面ではブラインチャンネルの周りに薄い管状のもろい氷が下に向かって形成する場合がある．この氷は中空氷柱（ice stlactite）と呼ばれる．中空氷柱は春先に海氷の成長が止まり，日射のために海氷が少しゆるみ始めた頃，海氷内部に閉じこめられたブラインが大量に流出する際に生成することが多い．海氷形成過程におけるブライン排出過程や海氷中でのブラインチャンネル（ブライン排出路ともいう．英語では brine-drainage channels）の形成過程やその詳細は興味ある話題ではあるが，ここでは以下の参考論文を示すだけにとどめる（若土，1977；Wakatsuchi, 1984；Wakatsuchi and Kawamura, 1987）．
　今まで述べたように海氷にはブラインが含まれているため，通常の氷よりも力学的に弱いことが想

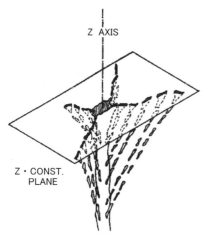
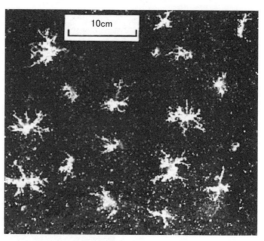

図 6.10　ブラインチャンネルの模式図
（Lake and Lewis, 1970）

図 6.11　実際の海氷のブラインチャンネル
（Wakatsuchi and Saito, 1985）

像できるであろう．淡水の凍結でできた氷では 5cm 程度の厚さがあれば，人が乗っても割れないが，海氷の場合は少なくとも 10cm，できれば 15cm ないと安全とはいえない．

　海氷域で直線的に開いた開氷域をリード（leads），沿岸域で広がる開氷域をポリニア（polynyas）と呼ぶ．リードは長さ 10m 程度から数 10km，幅は 10m 程度から数 km 程度である．ポリニアの語源はロシア語であり，「不規則な形をした開氷域」の意味である（Barry and Gan, 2011）．なお，湖氷と河氷についてはコラム 24 に簡単にまとめたが，東海林（1977）には美しい写真とともに，湖氷の結氷過程，氷紋，御神渡り，融氷過程が解説されているので参考になる．

6.3　オホーツク海

6.3.1　海氷の分布

　オホーツク海の海氷分布の観測は目視で始まったが，その後，船による観測，航空機観測，レーダー観測，人工衛星観測と観測方法が多様化してきた．オホーツク海沿岸の紋別市大山には 1967 年 1 月，網走市美岬に 1968 年 2 月，枝幸町徳志別山に 1969 年 1 月に北海道大学低温科学研究所により，沿岸流氷レーダー（5540MHz，出力 40kW；田畑，1969）が設置され，2003 年 3 月まで観測が継続された．観測結果の一例を図 6.12 に示す．ここではレーダー観測エリアでの海氷の分布域を斜線，海水面を白い領域で示す．図 6.13 に 1969 年から 2002 年までの流氷レーダーの観測結果を示すが，1969 年から 1986 年までは 1976 年を除くと比較的流氷が多い時期が続き，それ以降は海氷が少ないことがわかる．オホーツク海全体での海氷状況を示した図 6.14 を見ると，北海道沿岸域の海氷はオホーツク海の北部からサハリン東側に沿って，南下してきていることがわかる．

　図 6.15a は北海道の知床半島に押し寄せた海氷，図 6.15b はオホーツク海沿岸の紋別市オムサロ海岸にできた「流氷山脈」である．

　図 6.16 は人工衛星，航空機，船舶，沿岸流氷レーダーにより得られた 1971 年から 2000 年までの 30 年間の平均的な海氷分布を示す．12 月 5 日にはオホーツク海の北部のみに分布している海氷が東と南に分布域を広げ，2 月 28 日には北海道沿岸のオホーツク海沿岸に接岸し，その後，海氷の分布域は北に残ることがわかる．

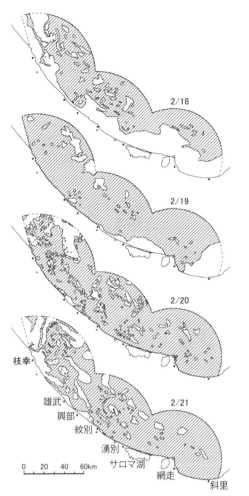

図 6.12 レーダー観測による海氷分布図
(2002 年 2 月 18 ～ 21 日) 点線で囲まれた 3 つの
円形部が観測エリアで，エリア内の斜線部が海氷，
白い領域が海水面 (Ishikawa et al., 2002).

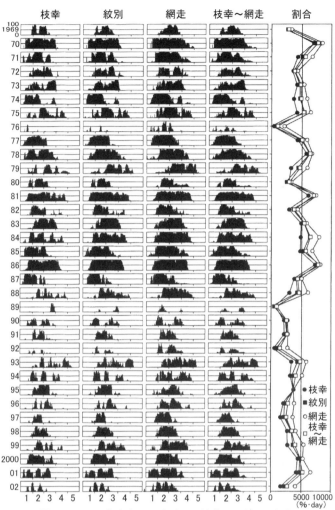

図 6.13 1969 年から 2002 年までの流氷レーダーによる
オホーツク海の海氷分布 (1 月～5 月) (Ishikawa et al., 2002)

　図 6.17 は 1971 年以降のオホーツク海全体での年最大海氷域面積[5]を示す．年ごとに大きく変動しているが，長期的には緩やかに減少していることがわかる．また，2015 年には 45 年間の観測で最小値 (67.5 万 km^2) を記録した．1971 年からの 45 年間の変動を直線近似すると，年最大海氷域面積は 31.3 万 km^2 の減り，約 23％減少したことがわかる．これは，オホーツク海の全面積で考えると約 20％に相当する．ここでは，オホーツク海の面積を 157.13 万 km^2，1971 年と 2015 年の海氷面積を 133.5 万 km^2，102.2 万 km^2 として計算した．

　オホーツク海など，季節的に海氷が存在する海での海氷の種類は人工衛星に搭載した 36GHz のマイクロ波の観測結果を用いると推定することができる (Cavalieri, 1994)．図 6.18 はこの方法を用いて，オホーツク海での海氷厚分布を推定した結果である (舘山・榎本，2011)．ここでは，各年の海氷最大体積を示した日の氷厚分布を示すが，海氷の厚さは最大 2m 程度であり，オホーツク海北部の西寄りの海域の海氷が最も厚いことがわかる．

　図 6.19 は網走での流氷初日と流氷終日の平年値からの偏差および流氷期間を示す．流氷初日とは

---

[5] 通常，海氷密接度 15％以上の面積を海氷域面積 (ice extent) という．海氷のみを足した面積は海氷面積 (ice area) という．海氷密接度 (sea ice concentration) とは視野内の海氷域における海氷の占める面積をいう．氷量とも呼ばれる．

230　第6章　海氷

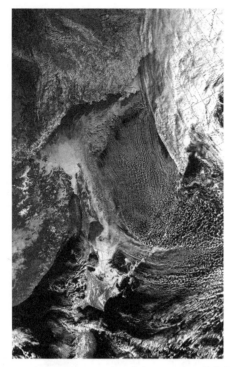

図6.14　人工衛星NOAAによるオホーツク海の海氷分布（2013年3月3日撮影）アムール川から河口からサハリン東岸，北海道東部まで海氷が分布していることがわかる（北見工業大学社会環境工学科氷海環境研究室提供）．

図6.15　(a) 知床半島の海氷，(b) オホーツク海沿岸の紋別市オムサロ海岸にできた「流氷山脈」
a：2010年2月17日，北海道開発局の道路防災ヘリより高橋修平撮影，b：2003年2月25日，高橋修平撮影．

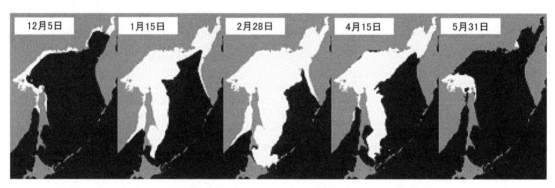

図6.16　オホーツク海での平均的な海氷分布（1971〜2000年の30年平均）（気象庁，2006より）

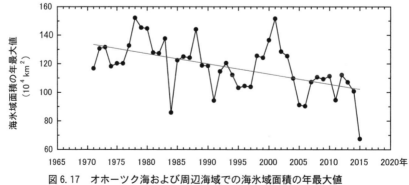

図6.17　オホーツク海および周辺海域での海氷域面積の年最大値
1970/71年は1971年として表示．気象庁（2006）と気象庁HPでの公開情報より作成．

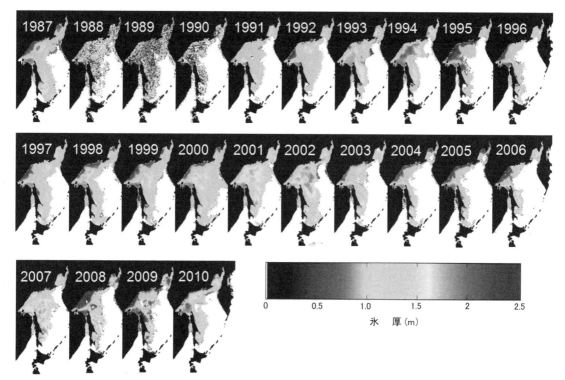

図 6.18　1987 年から 2010 年のオホーツク海の海氷厚分布（舘山・榎本，2011）
各年の海氷最大体積を示した日の氷厚分布を示す．なお，1988～90 年は衛星センサー不調のため，正常な氷厚分布になっていない．（カラー図は口絵 34 を参照）

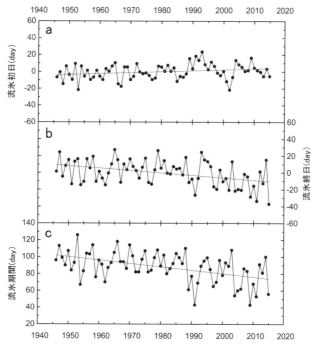

図 6.19　網走での（a）流氷初日，（b）流氷終日，（c）流氷期間の経年変化
（1946～2015 年；気象庁，2006 と気象庁 HP での公開データより作成）
流氷初日，流氷終日の縦軸は観測期間全体の平均値からの偏差を示す．
プラスは平年よりも遅いこと，マイナスは平年よりも早いことを示す．

232　第6章　海氷

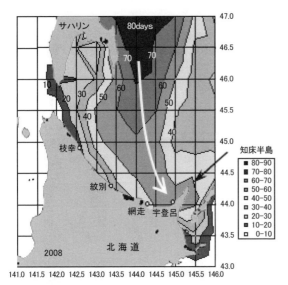

図6.20　オホーツク海沿岸の流氷勢力図（流氷存在日数）（2008年）
（Takahashi *et al.*, 2011；カラー図は口絵35を参照）

岸から初めて流氷が観察された日であり，流氷終日とは岸から流氷が最後に観察された日である．長期的に見ると流氷初日は70年間で7.8日遅くなっており，流氷終日は20.5日早くなっている．このため，流氷期間（流氷初日から終日までの日数）は28.3日間短くなった．

図6.21　衛星マイクロ波画像から求めた1992/93年から2000/01年の9年間でのオホーツク海の平均的な海氷の動き
（Enomoto *et al.*, 2003）．

　流氷は流氷の上を吹く風とともに，流氷の下の海水の流れ（海流と潮汐）の力も加わって移動する．海流がなく，風だけで流氷が移動している場合を考えると，流氷は風下の方向に移動せず，地球の自転により起こる転向力（コリオリ力）のため，北半球では進行方向に右向きの力を受け，風の向きから右に20〜30度程度，偏って移動する（南半球の場合は左に偏る）．そのため，シベリアからの季節風に乗って北から南へ向かうときには，右である西へ向かう力を受けるため，流氷はサハリン東岸を移動する．北から来る海流自体もコリオリ力のためにサハリン東岸を通る東カラフト海流となって流氷を運ぶことになる．流氷の速さは普通1ノット（約0.52m/s）以下であるが，この速度でも1日に約45km移動するので，前日まで海岸近くにあった流氷が1日でなくなることもある．

6.3.2　流氷はどこから来るか？

　北海道の沿岸部のオホーツク海ではどこで流氷が多く観察されるのだろうか？　図6.20にオホーツク海の流氷勢力図を表す．流氷勢力とは海が氷に100%覆われる日を1，50%なら0.5としてその数値を冬期間積算したものである．流氷勢力が50であれば，一冬の間に100%の日が50日間，あるいは50%の日であれば100日間あったことになり，流氷の存在日数の目安となる．この図を見ると北海道北部の稚内では流氷勢力はがほぼ0，枝幸は約20，紋別は30，網走45，知床半島のウトロは50以上と，知床半島に近いほど流氷が多くなる．

　その違いはサハリンの地形と比べてみるとわかる．図6.14の衛星画像を見ると流氷はオホーツク海北部から流れてきてサハリンの東を通り，北海道に到達する．サハリン南部の半島が稚内の北側に覆いかぶさるように位置しているため，稚内にはあまり流氷が接岸せず，紋別，網走方面にやって来

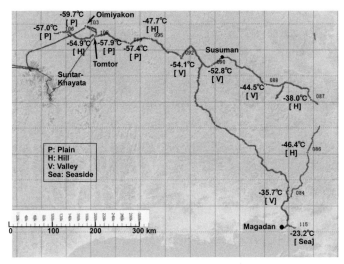

**図 6.22 マガダン〜オイミヤコン間のコリマ街道沿いの
温度計設置地点および年間最低気温**
（2006/09-2007/09；Takahashi *et al.*, 2008）

て，さらに東に流れる沿岸流に乗って知床半島まで流されるのである．

　サハリンの東側を流れる海流は東樺太海流と呼ばれ，これが北海道まで流氷を運ぶことが知られている．よく「流氷の源はアムール川からの淡水」といわれるが，アムール川は海が凍りやすくなる淡水を多く供給するものの，流氷の多くはもっと北部からやってくる．青田昌秋（コラム 27 参照）がアムール川の河口に漂流ブイを浮かべてどこまで行くかを追跡したが，結局ブイは少し動いただけでサハリン北部の定着氷で止まったままになった．ブイをもっと東に移動させ東樺太海流の流れる地域に移動させると今度は国後島まで辿り着き，東樺太海流が重要だということがわかった．

　東樺太海流がサハリン沿岸部を流れるのは，既に 6.3.1 項で説明をしたが，北半球では進行方向の右へ動こうとするコリオリ力のためである．そのため，北からの季節風で南へ流れる海流は右側へ押しつけられ，東樺太海流となる．同様に，コリオリ力によって稚内を回り込んだ宗谷暖流は右へ押しつけられて北海道のオホーツク沿岸を東に流れる沿岸流となり，太平洋を北から流れる親潮は右に曲がりこんで釧路沖を通り，夏の霧のもととなる．図 6.14 の衛星画像を見ると，流氷がサハリン東海岸に沿って流れていることがわかる．

　それでは北海道で観察される流氷の源はどこかというと，多くはオホーツク海の北部からやってくる．オホーツク海の北端のマガダンでは，シベリアの大陸から冷たい季節風が吹き出し，ポリニアができながら海氷が生成される．つまり季節風のために表面海水が沖合に流され，下から上昇した海水によってこのポリニアができ，現れた海水面で熱交換が行われてどんどん流されながら海氷ができる．それがサハリン東岸を通り，北海道にやってくることになる．衛星に搭載されたマイクロ波レーダーで得られた画像から海氷の動きを追跡して，海氷の軌跡を追ったものが図 6.21 である．オホーツク海北側の沿岸部から南へ向かって流氷が流れ出しているのがわかる．

　そのマガダン周辺がどのようになっているか，またシベリア内陸部がどのくらい寒くなるのかを調べるため，2006 年から 2007 年にかけてマガダンから世界の寒極といわれるオイミヤコン周辺の調査を行った．海岸のマガダンでは最低気温が -23℃ なのに，内陸に入ると -40℃ から -50℃ と寒くなり，オイミヤコンでは -59.7℃ を記録した（図 6.22）．この冷たい空気が内陸部から吹き出し，オホーツク海にやってくるのである．

図 6.23 マガダン海岸（上）と丘の上に設置されたインターバルカメラ（下）
（2006年9月16日，ロシア連邦マガダン近郊にて高橋修平撮影）

図 6.24 インターバルカメラにより撮影されたマガダン海岸の海氷結氷状況（高橋修平提供）

　オホーツク海の一番北側の海がどのように凍るのかを見るためにマガダンの海岸にインターバルカメラをセットした．マガダンの海岸は崖が連なっていて美しい海岸だった．そこにデジタルインターバルカメラをセットして1年間撮影した（図6.23）．11月25日くらいから凍り出し，12月に入って一旦凍っていた海氷がなくなる．その後も凍ったり，氷がなくなったりを繰り返し，開水面でのポリニア発生と新しい氷が生成する様子を撮影できた（図6.24）．この海氷が北海道のオホーツク海沿岸へ流れて行く源だったのである．

6.3.3　流氷が育む豊かな海

　2005年7月，北海道の知床半島はユネスコ世界自然遺産となった．選定理由は，知床半島が希少

図 6.25　知床半島沿岸を埋め尽くす流氷
(2010 年 2 月 17 日，北海道開発局の道路防災ヘリより斜里町ウトロ付近において，高橋修平撮影)

図 6.26　知床半島における生態系の食物連鎖模式図
(作図：松本　経)

動物が生息する地域であること，流氷が育む豊かな海洋生態系と原始性の高い陸域生態系の相互関係に他に類をみない特徴があることであった．つまり，知床半島の周囲に長く滞在する流氷が海と陸を豊かにする特異性があるという点が評価されたのである（図 6.25）．

流氷は昔は漁師にとって漁ができなくなる厄介者だったが，最近では流氷は海を豊かにし，観光資源にもなることが理解されるようになった．アムール川の栄養素を含んだ大量の淡水がオホーツク海に流入し，海が凍って流氷が発達すると流氷の下部にはアイスアルジ（ice algae）という藻が発生する．流氷がひっくり返ると赤くなっているのがアイスアルジである．流氷の底に固定して藻があるために，日射を受けて春までにどんどん発達する．もし，流氷がなければ，藻は少しはできたとしても次々に沈んでしまい，大量発生には至らない．

流氷の下では藻を食べる動物プランクトンが発生し，春になって流氷の融解が始まると，オキアミ等の大量発生につながる．海中生物はみなプランクトンの恩恵を受け，魚類やクジラ類も増える．秋には知床半島でサケを食べる熊が陸地に栄養素を運び，オオワシ，オジロワシ，トビなどの鳥たちも内陸まで栄養塩を運び，海と陸との生態系を形成している（図 6.26）．

最近の研究によると，広大な湿地と森林が広がるアムール川流域から溶存鉄がオホーツク海に流入し，それがオホーツク海を豊かにしている（白岩，2011 など）．さらには溶存鉄は太平洋にまで流れ出し，千島列島を南下する親潮に溶存鉄を供給し，魚類が豊富な親潮にしているという研究がなされている．我々がおいしいサケを食べることができるのは，流氷とアムール川の鉄のおかげかもしれない．

6.4　北極域および南極域

人工衛星搭載のマイクロ波放射計で観測した輝度温度（brightness temperature）から推定した北極域[6]，南極域[6] および北極域と南極域の合計の海氷域面積を図 6.27 に示す．これは 1978 年 10 月 25 日から 2015 年 12 月 31 日までの 5 日ごと（一部欠測あり）で，海氷密接度（sea ice concentration）が 15% 以上の面積を示した．図 6.27a より北極域の海氷域面積は年最大面積，年最小面積ともに徐々に減少していることがわかる．一方，南極域の海氷域面積は北極域ほど顕著ではないが，図 6.27b に示

---

[6] 北極域と南極域とは，図 6.30 および図 6.31 で示される範囲である．

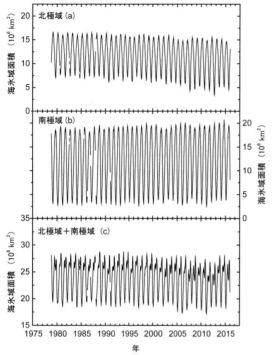

図 6.27 海氷域面積の変動
(a) 北極域, (b) 南極域, (c) 北極域と南極域の合計.
(1978 年 10 月 25 日～2015 年 9 月 30 日；気象庁, 2006 と気象庁 HP での公開データより作成). 横軸は各年の 1 月 1 日を示す.

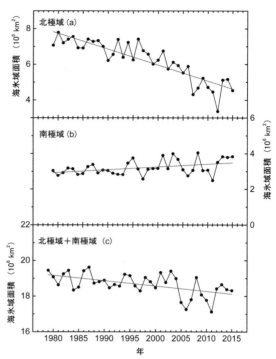

図 6.28 海氷域面積の年最小値の変動
(a) 北極域, (b) 南極域, (c) 北極域と南極域の合計.
(気象庁, 2006 と気象庁 HP での公開データより作成)

すように年最大面積, 年最小面積ともに徐々に増加していることがわかる. 両者の変動の結果として, 北極域と南極域の海氷域の合計面積 (図 6.27c) は複雑な変動となる. なお, 南極域と北極域の海氷域の面積は両者の冬が逆転しているため, 季節変化は逆である. 両者の平均面積は同程度であるが, 南極域の方が季節変化は大きい. このため, 合計面積は南極型の変動を示している.

図 6.28 はこれらの地域の海氷域面積の年最小値の変動およびその直線近似を示す. 図 6.28a より, 北極域での年最小面積は 2012 年 9 月 15 日に 335.8 万 km² と最小値となり, 過去 36 年間 (1979～2015) での平均の年最小面積 (622.5 万 km²) の 53.9% となった. また, この 36 年間では平均的にみると年最小面積は 321.3 万 km² 減少しており (1979 年は 782.9 万 km², 2015 年は 461.6 万 km² として計算), これは北極海の面積 (949 万 km²) の 33.9% に相当した. 北極域での気温の上昇, 海水温の上昇などの影響であることが指摘されている. 最小になった 2012 年 9 月の北極域での平均的な海氷域分布 (白い部分) を図 6.30 に示す. ここで, グレーの線は最小面積の平年値を示しており, この時の海氷域面積の状況がわかるであろう.

図 6.28b は同じ期間の南極域の海氷域面積の年最小値を示す. 南極域での年最小面積は変動が多いが, 北極域と異なり増加していることがわかる. 図 6.28c 北極域と南極域での海氷域面積の合計値での年最小値を示すが, 北極域の海氷域面積の減少が卓越しており, 全体として減少傾向にある. なお, 北極域と南極域では年最小値を示す時期が異なるので, 図 6.28c は単純に図 6.28a と図 6.28b の和にならない点に注意する必要がある.

図 6.29 はこれらの海域の海氷域面積の年最大値の変動を示した. 図 6.29a より, 北極域での年最大

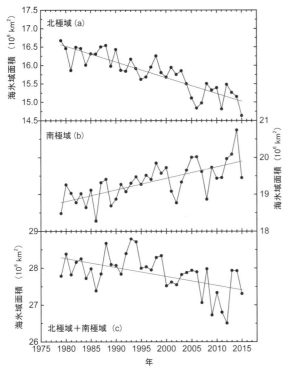

図 6.29 海氷域面積の年最大値の変動
(a) 北極域，(b) 南極域，(c) 北極域と南極域の合計．
（気象庁，2006）と気象庁 HP での公開データより作成）

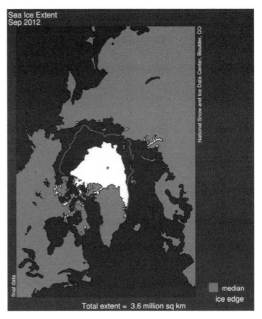

図 6.30 1979 年から 2015 年の観測で最小を記録した 2012 年 9 月の北極海の平均的な海氷域分布（最小値は 2012 年 9 月 15 日の 335.8 万 km^2）．グレーの線で観測期間での平均的な海氷縁を示す（米国 NSIDC の HP より；カラー図は口絵 36 を参照）

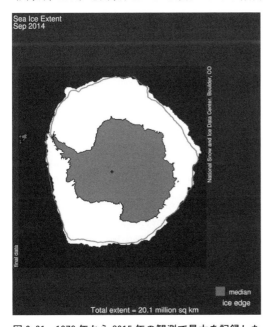

図 6.31 1979 年から 2015 年の観測で最大を記録した 2014 年 9 月の南極域の海氷域分布（最大値は 2014 年 9 月 20 日の 2074.05 万 km^2）．グレーの線で観測期間での平均的な海氷縁を示す（米国 NSIDC の HP より；カラー図は口絵 37 を参照）．

面積は 1979 年以降減少し，2015 年 2 月 25 日には 1463.6 万 km^2 となり，過去 36 年間（1979～2015 年）での平均の年最大面積（1579.3 万 km^2）の 92.6％ となった．また，この 36 年間では平均的にみると年最大面積は 153.7 万 km^2 減少しており（1979 年は 1656.7 万 km^2，2015 年は 1503.0 万 km^2 として計算），これは北極海の面積の 16.2％ に相当した．

図 6.29b は同じ期間の南極域の海氷域面積の年最大値を示す．年最大値は顕著に増加しており，2014 年 9 月 20 日には，2074.1 万 km^2 となった．この 36 年間では平均的にみると年最大面積は 112.5 万 km^2（1979 年は 1876.8 万 km^2，2015 年は 1989.3 万 km^2 として計算）増加しており，これは南極域の面積（2033 万 km^2）[7] の 5.5％ に相当した．図 6.31 に 1979 年以降の観測で海氷域面積が最大となった 2014 年 9 月の南極域での平均的な海氷域分布（白い部分）を示す．図 6.29c は北極域と南極域での海氷域面積の合計値での年最大値を示すが，北極域の年最大面積の減少が卓越

---

7) 南緯 60 度以南を海域とした場合．

図 6.32 昭和基地沖の小型のテーブル型氷山（周囲は海氷）
（2002 年 12 月 17 日撮影）

しており，全体として減少傾向にあることがわかる．

ところで，昭和基地沖のリュツォ・ホルム湾の沿岸定着氷の変動については牛尾ら（2006）が報告している．それによると，(1) 1950 年代以降は定着氷が安定な時期と不安定な時期は数年から 10 数年ずつ交互に続いている．(2) 1930～70 年代の定着氷は比較的安定である．(3) 1980 年代以降 2005 年までは定着氷の流出が頻発する不安定な状態になった．(4) 定着氷の安定／不安定の傾向は氷上の積雪深，地上気温・風向の傾向と整合している，ことがわかった．

なお，2013/14 年および 2014/15 年の南極の夏季シーズンには南極観測船しらせは昭和基地に接岸できているが，その前の 2011/12 年および 2012/13 年は昭和基地に接岸できなかった．2 年続けて観測船が接岸断念したのは 1956/57 年以降の日本の南極観測の歴史の中で初めてのできごとであった．これはリュツォ・ホルム湾の定着氷の厚さの増加とともに，定着氷上の積雪の増加が原因との指摘がある（星野ら，2013；牛尾，2013）．

南極海や北極海には氷山（iceberg；図 6.32）が存在するが，これは氷河の末端が海に流出し，棚氷（ice shelf）となったものが分離して形成される[8]．したがって，氷山の起源は氷河上に堆積した積雪なので，海氷とは生成起源が異なる．氷山の平均密度は 900kg/m^3 程度，海水の平均密度は 1028 kg/m^3 程度なので，氷山は全体の 12% 程度の体積を水面に出しているに過ぎない．「氷山の一角」という言葉があるが，これは「目に見える部分は小さいが，背後に大きなものが存在する」ことを比喩的に使った好例である．海氷の密度も氷山と同程度なので，海氷も 12% 程度を水面に出しているに過ぎない．

なお，淡水の場合は 0°C の密度が 1000kg/m^3 程度なので，通常の氷は 10% 程度を水面に出すことになる．イスラエルの死海では体がよく浮くことが知られているが，これは死海の水の塩分が高く，密度が高いためである．

6.5 海氷分布の長期変動

図 6.33 はアイスランド周辺の海氷の観察結果を示すが，これは世界で最も長期間の海氷の目視観測結果である．この図では，スカンジナビア半島とバルト海沿岸に住んでいたヴァイキングによる

---

[8] これを氷山分離というが，英語では calving という．これは calve という動詞（「動物等が子どもを産む」の意味）に由来する（日本雪氷学会，2014）．

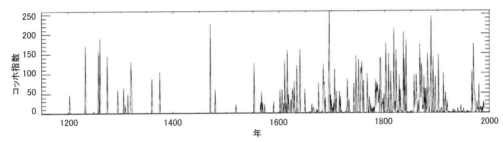

図 6.33 アイスランド周辺の海氷の観察結果（コッホ指数）
（Wallevik and Sigursjónsson, 1998 ; Lassen and Thejll, 2005）

アイスランドの植民地時代の西暦 1150 年までさかのぼることができる．データはアイスランドの地質学者 P. Thoroddsen を含む複数のアイスランド人が集めたものが使われており，Koch（1945）がまとめた図が基本になっている．このため，その値はコッホ指数（Koch index）と呼ばれる．ただし，1500 年以前のコッホ指数は信頼性に欠けるとの指摘もある（Ogilivie, 1984 ; Lassen and Thejll, 2005）．コッホ指数には単純コッホ指数（simple Koch index）と複雑コッホ指数（complex Koch index）がある（Wallevik and Sigurjónsson, 1998）．単純コッホ指数はアイスランドの沿岸の町から海氷が 1 年間に何週間見えたかを示し，複雑コッホ指数はその値に海氷が観察できた地点数を掛けたものである．図 6.33 は Wallevik and Sigurjónsson（1998）が Koch（1945）の結果を修正し，1990 年までデータを更新した結果であり，正確には複雑コッホ指数の結果である．

図 6.33 より，アイスランド周辺には 1550 ～ 1900 年に海氷が多く存在したことがわかる．ヨーロッパでは 950 ～ 1250 年頃は中世の温暖期（Medieval Warm Period），1550 ～ 1900 年は小氷期（The Little Ice Age）として知られている時期であり，寒冷期にはアイスランド周辺で海氷が多く観察されたことがわかる．

Lassen and Thejll（2005）はコッホ指数と太陽黒点の周期が標準の 11 年よりも長くなる時期が関係していることを報告している．ここで，太陽黒点の周期が標準よりも長い時期は太陽活動が不活発な時期に相当することが知られている（Friis-Christensen and Lassen, 1991）．従って，太陽活動が不活発になると，アイスランド周辺に海氷が長時間存在するようになり，コッホ指数が大きくなることが明らかにされている．

確認問題
1. 淡水と海水の凍結過程の違いについて，凍結温度，凍結時の対流の状況を説明しなさい．
2. 海氷を結晶構造の違いにより分類しなさい．
3. 海氷を生成起源の違いにより分類しなさい．
4. 流氷が移動するメカニズムを説明しなさい．
5. 1971 年以降のオホーツク海および周辺海域での年最大海氷域面積の変動の特徴を説明しなさい．
6. オホーツク海では主にどこで海氷が生成されるか．また，主要な海氷生成のメカニズムを説明しなさい．
7. オホーツク海の流氷はサハリン東岸に沿って北海道に到達する．コリオリ力という言葉を使ってそのメカニズムを説明しなさい．
8. オホーツク海が「豊かな海」と呼ばれる理由を説明しなさい．
9. オホーツク海では氷山を見ることができない．なぜか．
10. 流氷勢力とは何か．

11. 1979年以降の北極域および南極域の海氷域面積の変動の特徴を説明しなさい．
12. 「氷山の一角」とはどのような意味か．
13. 実際の氷山が海面上に見えているのは全体の何％か．アルキメデスの原理を用いて説明しなさい．
14. 世界で最も長期間の海氷の観測記録はどこで観察されたか．また，その特徴および太陽活動との関係を説明しなさい．
15. 雪泥流と雪代を説明しなさい．
16. 御神渡りとは何か．
17. 満州の凍結河川で実施された氷上軌道実験について，目的，実験場所，実施時期，軌道の組み立て方を簡潔に説明しなさい．

コラム24

湖氷,河氷,雪泥流

　湖で凍結した氷を湖氷(lake ice)という.ここでは主として東海林(1977)に従い湖氷の形成過程を説明する.風が弱い時には,静かな水面に針状や円板状などの微細な氷晶ができ,それが急速に成長すると水面は氷晶で覆われる.また,風が吹いていると波のたつ水面に無数に氷晶が浮遊する状態になり,それが次第に大きくなると同時に凍着し,直径数 cm の円盤状の氷盤(floe)を形成する.これはハスの葉状なので,蓮葉氷と呼ばれる.蓮葉氷は動揺しつつ,相互に衝突し合うが付着せず,次第に成長して,ときには直径1mを超える円盤になる.風がやみ湖面が静かになると,蓮葉氷は連結して一面の氷原となる.また,雪が降ると,雪は凍結しないで水面を覆い,夜間に水とともに凍結して,雪ごおりをつくる.

　一方,河川でできた氷は河氷(かわごおりと呼ぶこともある.英名は river ice)または河川氷(かせんごおりと呼ぶこともある)という.主として佐渡(2006)に従い,河氷の形成過程を説明する.河川での結氷は図 A24.1 に示すように,夜間に $0 \sim -0.1$℃の過冷却水中で氷晶が発生する.この氷晶の形成域を過ぎると発達域に移り,氷晶がフロック状[9)]に互いに凍り付いて氷泥(ice slush)となり,さらに氷泥が流下しながら集積し,ほぼ円形の蓮葉氷へと発達する.この結氷初期には,多量の積雪が冷却した河川に落ちて,ベトベトに密集し,融けずに水面を流下して,雪泥(snow slush)となることもある.河川の流れを阻害するほど氷が堆積した場合,その状態および氷をアイスジャム(ice jam)という.シベリアや北極圏カナダの河川ではアイスジャムが原因で洪水も起きており,アイスジャム洪水(ice jam flood)と呼ばれる.日本では北海道の天塩川,渚滑川で報告されている.

　水で飽和した雪は一般的にはスラッシュ(slush)というが,融雪期には水で飽和した雪と氷の混相流体が河川で観察されることがあり,雪泥流(slushflow)と呼ばれる(小林ほか,1993;和泉,1995).国内での雪泥流による災害は東北地方,新潟,長野と富士山で起こっているが,国内で最大規模のものは1945年3月22日に青森県鰺ヶ沢町で起こったもので,88名が亡くなっている(小林・和泉,1998).富士山で起こる雪泥流は雪代として知られている.

　図 A24.2 は北海道の一級河川での結氷状態を示す.内陸域では12月でも完全結氷の河川はあるが,1月から2月になると,北海道北部と東部の河川の大部分は結氷することがわかる.3月になると,北海道北部の河川結氷は続くが,それ以外では凍結していない河川が増えてくる.Hirayama(1986)は図 A24.3 の示すように,北海道内の河川を河川氷の結氷様式を氷晶が滞留して氷板を形成するタイプ,岸から氷が張り出すタイプ,非結氷の3つに分類し,これらが河川勾配と12月の月平均気温で分類できることを示した.これは表面流速と熱損失により河川結氷の状況が決まることを示している.

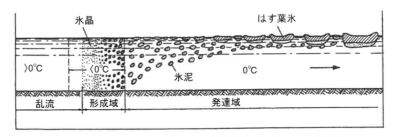

図 A24.1　河川における氷晶発生から蓮葉氷への発達過程(佐渡,2006;原図は Michel,1971)

---

9) 糸くず状の沈殿物のこと.

242　第6章　海氷

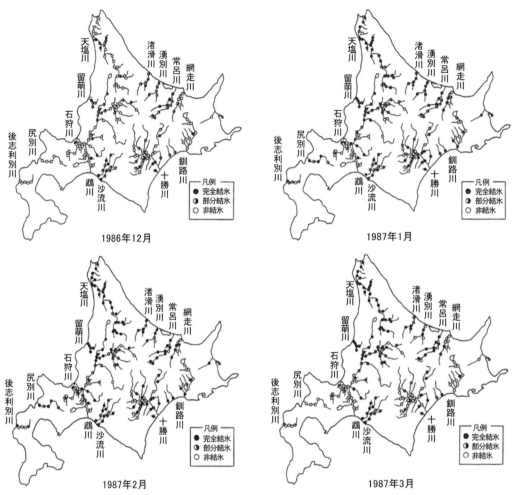

図 A24.2　北海道内の河川結氷マップ（山下ほか，1993；この図は山下，1998より）

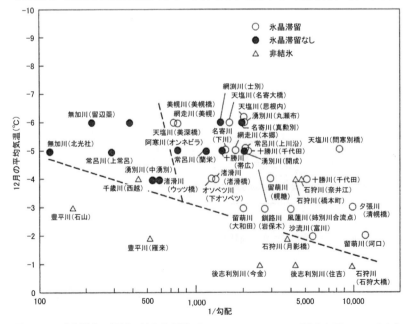

図 A24.3　北海道内の河川の結氷条件図（Hirayama，1986；この図は山下，1998より）

コラム 25

湖氷の造形美

　冬季の湖では雪と氷が造形美を織りなすことがある．ここではこのような現象を紹介する．

　図 A25.1 は北海道屈斜路湖の御神渡りである．これは，凍結した湖面で氷が 30cm から 1.5m 程度立ち上がる現象である．夜間の冷却で氷が収縮して氷表面に亀裂が発生し，開水面に新たな薄い氷が張った後に気温が上がると，氷の膨張のために薄い氷は破壊され，氷は盛り上がる（東海林，1977，1982）．長野県諏訪湖では諏訪大社の上社の神様（男神）が下社の神様（女神）のもとへ通った跡であるという伝説もあり，西暦 1443/44 年冬季からの記録がある[10]．神様が通った跡と考えられていたので，御神渡りと名付けられた．

　図 A25.2 は凍結した湖面に形成される氷紋である．これは北海道釧路市郊外の春採湖で撮影された放射状の氷紋である．氷紋には放射状の他に同心円状氷紋，懸濁氷紋の 3 種類あることが知られている（東海林，2014）．氷紋は湖氷の上に雪が積もった状態で氷に穴があき，そこから水が噴出し，水に浸った積雪が 0℃以下の気温のために凍結することで形成されている（東海林，1977，1979，2014）．大きさは数 10cm から数 10m の巨大なものまでいろいろな大きさのものができる．東海林（1977，1979）によると，3 つの氷結晶が集まった三叉境界が選択的に融解することで湖氷に小さな穴が開き，そこから水が噴き出すことが報告されている．

図 A25.1　屈斜路湖の御神渡り
（東海林明雄撮影，東海村明雄，1977）

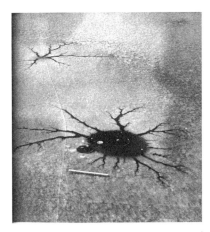

図 A25.2　放射状の氷紋（スケールは 30cm）
（東海林，1977）

図 A25.3　阿寒湖のフロストフラワー
（ひがし北海道観光事業開発協議会，野竹鉄蔵提供）

図 A25.4　巨大気泡氷
（東海林明雄撮影）

10）冬の厳しさの指標として貴重な古気候データになっている（荒川，1954；Arakawa，1954；三上・石黒，1998 など）．

図 A25.5　河口湖で観察された「白糸氷」
（樋口，2006b）

図 A25.6　猪苗代湖畔のしぶき氷（小荒井，2006）

図 A25.7　屈斜路湖畔のしぶき着氷（東海林，1980）

図 A25.8　浮遊する団子氷
（小荒井，2006）

図 A25.3 は阿寒湖の湖氷上で発達したフロストフラワー（frost flowers on lake ice）である．開水面の周囲の湖氷上で発達することが多い．薄くて透明な氷表面に発達し，花が咲いたように見えることからこの名がついた．湖氷では「霜の花」，海氷上では「フロストフラワー」と区別する場合もあるが，双方ともフロストフラワーと呼ぶことも多い．

図 A25.4 は，湖の氷の中に閉じ込められた巨大気泡氷である．結氷した池や湖の底の有機物堆積層からメタンガスが発生するとき，ガスが浮上して氷の下に貯まり，氷の成長とともに大きな気泡が閉じ込められてできる．気泡の形は扁平な円盤形が多いが，条件によってダルマ型，年輪が付いたような逆スリバチ型などさまざまな形になる．

図 A25.5 は河口湖の湖面で観察された糸状の氷である（2002 年 2 月撮影）．撮影者の斉藤友覧氏によると，平行な白い筋は流れの方向ではなく，打ち寄せる波に直角に形成されていたという．同様な現象は十和田湖でも 2001 年 3 月 28 日，気温 −3℃で観察されており，撮影者の小荒井 実は「白糸氷」と命名した（小荒井，2006；樋口，2006a）．

図 A25.6 は猪苗代湖の湖岸で観察された着氷であるが，波しぶきが飛び散り，湖岸のよく冷えた木で着氷が発達していた．撮影者の小荒井 実氏は「しぶき氷」（英名は spray ice）と命名している．同様の着氷は屈斜路湖でも観察されている（図 A25.7）．

猪苗代湖では直径数 cm から数十 cm 程度の球形のボール状の氷が浮遊することが観察されている（図 A25.8）．小荒井 実氏はこれを「団子氷」と命名している．Kawamura et al. (2009) によると，団子氷（ice balls）の結晶構造は同心円状であり，酸素同位体比は −7.8 〜 −8.9 ‰であり，雪（−12.00 ‰）よりも湖水（−9.7 ‰）に近く，積雪ではなく主として湖水の凍結でできていることがわかった．河村（2010）は「市民科学活動と研究者の橋渡し」という観点で，しぶき氷と団子氷での経緯，観測の状況とともに科学的成果を解説しているので，参考になる点が多い．

コラム 26

満州の凍結河川での氷上軌道列車実験

　南満州鉄道（株）は 1940 〜 41（昭和 15 〜 16）年に当時の満州国ハルピン市の南南西約 100km の第二松花江（River Sungari）の凍結した河氷上に鉄道用軌道を敷設し，氷上軌道列車の運転実験を実施した．この実験の実質的な責任者は南満州鉄道（株）鉄道総局建設局計画課に所属していた久保義光氏であった．実験の目的，経緯，結果は久保（1980）に詳しいので，ここではその概略を説明する．

　実験の目的は冬季結氷した河川上に氷上軌道を敷設し，実際に列車を運行することができるかどうかを調べることであった．実験初年の 1939/40 年冬季には氷厚 34 〜 98cm の河氷に 1 個 30kg の砂袋を多数積み上げ，合計 7.68 〜 40 トンの荷重を与え，氷の沈下状況を調べた．沈下量は最大で 14cm であり，安全性が確認できた．

　翌年の 1940/41 年冬季の氷上軌道試験では通過最大重量を 18 トンとして，安全係数を 2.0 として河氷上に鉄道用軌道を敷設した（図 A26.1）．ここでは河氷上に直径 30cm，長さ 6m の丸太を 1m 間隔で軌道に垂直方向に並べ（第 1 横桁），その上に 2 本 1 組の第 1 縦桁（直径 20cm，長さ 4m）を中心間隔 3m で 2 組並べ，その上に第 2 横桁（直径 35cm，長さ 4m）を 1m 間隔で第 1 横桁の真上にくるように並べ，さらに第 2 縦桁（直径 20cm，長さ 4m）を 4 本 1 組で中心間隔 1.5m に置く．これらが氷上軌道の下部構造であった（図 A26.2）．上部構造は軌道延長 10m 当たり 18 本の枕木と 40kg/m の軌条（レールのこと）からなる．材料表を表 A26 に示すが，軌道 10m 当たり 8.78 トンの重量があった．

　実験ではこの軌道を使って実際の機関車を走行させ，軌道の沈下状況を調べた．使用した蒸気機関車はダブイ（2-6-4）型 No.528 とミカロ（2-8-2）型 No.530 であった．実験の結果，列車通過後の軌道は 1 分程度の周期で 5cm 程度沈下および上昇することがわかった．1941 年に実施した 162 回の実験では軌道は最大 30cm 沈下することがわかった．

　図 A26.3 は 2 台の蒸気機関車がこの氷上軌道を走行している様子である．この写真は 1976 年に国際雪氷学会が刊行するニュースレター誌 Ice の表紙写真として使われ，実験が紹介された．

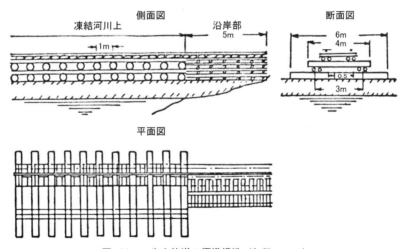

図 A26.1　氷上軌道の標準構造（久保，1980）

表 A26　氷上軌道の材料表（10m 当たり）（久保，1980）

部材名称	寸法 (cm)	称呼	数量	重量 (kg)	記事
第1横桁	φ 30 × 600	本	10	2550	
第1縦桁	φ 20 × 400	〃	10	760	
第2横桁	φ 35 × 400	〃	10	2600	
第2縦桁	φ 20 × 400	〃	10	760	
枕　木	16 × 23 × 250	挺	18	1000	
軌　条	(40kg)	本	2	800	
かすがい	長さ30cm	〃	320	60	鉄筋よりの製作可
挿木用材	6 × 23 × 30	個	20	50	
同　上	16 × 23 × 30	〃	30	200	枕木を流用する
計				8780	

図 A26.2　凍結した第二松花江（River Sungari）上に敷設した軌道の下部構造
（1941年2月〜3月に撮影；久保，1980）

図 A26.3　凍結した第二松花江（River Sungari）上を進む2台の蒸気機関車
（1941年2月〜3月に撮影；久保，1980）

コラム 27

流氷勢力と温暖化

北海道紋別市には北海道立オホーツク流氷科学センターがあり，低温室ではいつでも流氷や氷漬けのサケやチョウザメが見られ，水槽ではたくさんのクリオネを見ることができる．

流氷科学センターを訪れたある日のこと，当時の所長の青田昌秋先生が所員の人たちと総出で何やら作業をしていた（図 A27.1）．「所長さんも作業するんですか？」と聞くと，「予算がないから自分たちでするんだよ．健康にもいいしね」といつもの豪快な笑い．

後日訪れると，でき上がったのは毎年の気温と流氷量を表す立派なモニュメント（「流氷ダンダン」と命名）であった（図 A27.2）．赤い杭の高さは毎年の気温を表し，青い杭は流氷勢力を表す．流氷勢力は，網走から見える流氷の量を表し，海が視界 100% 氷に覆われていれば 1，50% ならば 0.5 として毎日の値を一冬の間足したものであり，流氷が多くあったときほど値が大きい．その毎年の変化を棒グラフとして杭の高さで表したものである．最近にいたるほど赤杭が高くなり，青杭が低くなっている．つまり，この小径を辿ると，近年の温暖化により，流氷がどんどん減っているのがよくわかるのである（図 A27.3）．

青田昌秋先生（1938-2012）は 1965 年から紋別市の北大低温科学研究所付属流氷研究施設に勤務．1983 年から 2002 年まで教授と施設長を務めた．定年退官後も紋別に住み，道立オホーツク流氷科学センター所長として流氷研究や環境問題の知識普及に尽力された．世界に例をみない流氷観測レーダー網による流氷研究，宗谷暖流の構造や，流氷の動きと地球環境の関わりを調べ，流氷研究の第一人者として活躍された．とても気さくな人柄で，研究者にはもちろん，市民の方々にも広く親しまれていた．

紋別での流氷をテーマとした北方圏国際シンポジウムは 30 年以上続き，「紋別で国際シンポジウムを毎年続けるのは無理なのでは」という声もあった中で，現在でもずっと続けられているのは青田先生の熱意とその心意気を感じた紋別市民の情熱のおかげである．

図 A27.1　流氷科学センターの前庭で作業をする青田先生（高橋修平撮影）

図 A27.2　毎年の気温と流氷量を表すモニュメント
赤い杭（右）は気温を表し，青い杭（左）は流氷量を表す．（高橋修平撮影）

図 A27.3　流氷勢力と気温の変化（過去 30 年間移動平均）
網走地方気象台での観測データから計算．
気温は 12 月から 2 月の平均気温．

第7章 雪氷災害

　雪と氷が災害の原因になることがある．大雪が降れば地域の交通網が遮断される．斜面上に多量の雪が積もれば雪は流れて雪崩(なだれ)となる．吉村 昭の長編小説『高熱隧道(こうねつずいどう)』では富山県宇奈月町の志合谷(しあいだに)での大規模な雪崩（泡(ほう)雪崩と呼ばれる）により，黒部川第三発電所建設に伴うトンネル工事の作業員が宿泊していた鉄筋コンクリート製の宿舎が吹き飛ばされる様子が描写されている．これは1938（昭和13）年12月27日に起こった史実であり，84名が亡くなっている．

　降雪とともに強風が吹くと，舞い上がった積雪粒子と降雪のため視程が悪くなる．この状態を吹雪という．激しい吹雪になると屋外での活動が難しくなり，車や列車は走行困難となる．吹雪が原因で交通事故も起こる．比較的暖かい状態で雪が降ると地上の事物に雪が付着する．これを着雪という．着雪のために送電線が切断し，送電鉄塔の倒壊も起きる．水しぶきや過冷却水滴が付着すると着氷が起こる．積雪寒冷地の冬季道路には雪と氷のため，つるつる路面が出現する．つるつる路面は冬季の交通事故の主要な原因となっている．ここではこのような雪氷災害を紹介し，その対策を説明する．

7.1 豪雪

　多雪，大雪，豪雪という言葉がある．これらはすべて大量の雪が積もることを意味する．ただし，多雪と大雪は単に雪が多く降り積もることを意味するが，豪雪は大量の雪でその地域の人々の生活が脅かされるという災害的な面も含む．1960（昭和36）年の大雪の時から報道関係者が使い出したと言われている（日本雪氷学会，2014）．また，1961（昭和37）年には豪雪地帯対策特別措置法が制定された．

　2015（平成27）年4月1日現在，北海道，東北，北信越，中部，中国の各地方を中心として，全国で331の市町村が豪雪地帯，201の市町村が特別豪雪地帯に指定されている．ここでは豪雪地帯とは「積雪が特にはなはだしいため，産業の発展が停滞的で，かつ，住民の生活水準の向上が阻害されている地域」とされ，特別豪雪地帯とは「豪雪地帯の中で，積雪の度が特に高く，かつ，積雪により長期間自動車の交通が途絶する等により住民の生活に著しく支障を生ずる地域」とされている．豪雪地帯と特別豪雪地帯を合わせると全国で532市町村あるが，これは全国の市町村数の30.9%，面積の50.7%（19万1798km^2）を占め，人口では15.3%（1963万人）を占める（市町村数は2015年4月1日現在，人口は2010年国勢調査による）．

　表7.1に近年の主な豪雪とその被害をまとめた．この中でも1963（昭和38）年の三八(さんぱち)豪雪，1980/81（昭和55/56）年の五六(ごうろく)豪雪，1983/84（昭和58/59）年の五九(ごうきゅう)豪雪，2005/06年の平成18年豪雪では日本海側を中心として大きな被害が出た．

　1963（昭和38）年1月から2月にかけて，新潟県から山陰地方を襲った三八豪雪は記録的であった．1962（昭和37）年のクリスマス頃からまとまって降り始めた雪は1963（昭和38）年1月になると日本海側で大雪となり，新潟県長岡市では1月30日に積雪深318cmを記録した．図7.1は1963年1月10日に長岡市内で撮影された写真だが，1階建て住宅の屋根（高さ約5.5m）よりも高い位置に雪面があることがわかる．これは家の屋根から降ろされた雪の影響もあるが，三八豪雪での大雪の状況が

表 7.1 近年における主な豪雪の被害 (国土交通省, 2011)

名 称	被害地域	発生期間	人的被害（人） 死者・行方不明	人的被害（人） 負傷	住宅被害（全半壊）	備 考
昭和36年の豪雪	北陸地方	1960年12月下旬～1961年1月	119	92	119	
昭和38年の豪雪	北陸, 山陰, 山形, 滋賀, 岐阜	1963年1月～2月	231	356	1735	昭和38年1月豪雪（気象庁命名），三八豪雪とも呼ばれる．
昭和49年の豪雪	東北地方	1974年1月～2月	26	106	41	
昭和52年の豪雪	東北, 近畿北部, 北陸地方	1976年12月1日～1977年3月	101	834	139	
昭和56年の豪雪	東北, 北陸地方	1980年12月1日～1981年3月	152	2158	466	五六豪雪
昭和59年の豪雪	東北, 北陸地方（とくに富山県）	1983年12月1日～1984年3月	131	1368	189	五九豪雪
昭和60年の豪雪	北陸地方を中心とする日本海側	1984年12月1日～1985年4月	90	736	30	六〇豪雪
昭和61年の豪雪	北海道, 北陸, 東北地方（とくに青森県）	1985年12月中旬～1986年3月下旬	90	678	27	六一豪雪
平成13年の豪雪	東北, 北陸地方	2000年12月中旬～2001年2月	55	702	5	
平成16年の豪雪	北海道, 東北, 北陸地方	2004年1月中旬～2月下旬	22	265	1	
平成17年の豪雪	北海道, 東北, 北陸地方	2005年1月1日～2月下旬	86	758	60	
平成18年の豪雪	北海道, 東北, 北陸地方	2005年12月上旬～2006年2月	152	2136	44	平成18年豪雪（気象庁命名）
平成22年の豪雪	北海道, 東北, 北陸, 近畿, 中国地方	2010年12月下旬～2011年1月下旬	131	1537	23	

図 7.1 三八豪雪で屋根まで雪に埋まった長岡市内の住宅
（長岡市西蔵王一丁目付近，1963年1月10日，金子和雄撮影）

図 7.2 三八豪雪時の長岡市内の道路
（長岡市新町2丁目付近，1963年1月20日，金子和雄撮影）

よくわかるであろう．図7.2に1月20日の長岡市の道路の状況を示す．ここでも除雪のために雪が高く積み上げられている．この時の豪雪では231名の死者，住宅全壊753棟，半壊982棟の被害が出た．非常に強い西高東低の気圧配置が続いたことが原因であった．

1980（昭和55）年12月から1981（昭和56）年3月にかけて，東北地方から北陸地方は再度，記録的な豪雪に襲われた（五六豪雪）．最大積雪深は山形県新庄市で188cm，上越市で251cm，福井市で196cmを記録した．死者は133名（行方不明者は19名），住宅全壊165棟，半壊301棟の被害となっ

図 7.3 2004 年 1 月の北海道北見での
大雪の状況（高橋，2013b）

た．前年の 79/80 年冬季は屋根雪の除雪中の転落事故など，雪関連の事故での死者は全国で 38 名だったので，3.5 倍の人が亡くなったことになる（栗山，1982）．

五九豪雪は 1983（昭和 58 年）から 1984（昭和 59）年 3 月にかけて，日本列島全体を襲った記録的な豪雪である．各地の最大積雪深は，釧路市（80cm），函館市（69cm），八戸市（60cm），酒田市（76cm），白河市（58cm），水戸市（25cm），東京都千代田区（24cm），千葉市（26cm），名古屋市（19cm），京都市（10cm），舞鶴市（83cm），姫路市（19cm），福山市（24cm），松江市（53cm），高松市（19cm），大分市（29cm）などとなった．死者・行方不明は 131 人であった．

2004 年（平成 16）年 1 月 13 日から 16 日にかけて北海道東部は大雪となった．北海道北見市では降り始めから 110cm の降雪があり，最大積雪深 171cm を記録した．この時の状況を図 7.3 に示す．これは北海道東部で発達した低気圧が停滞したことにより，降雪が継続したことが原因であった（榎本ほか，2004；高橋，2013b など）．北見は通常の最大積雪深が 50～100cm 程度なので，約 2 倍の雪が短時間で降ったことになる．市内の至る所に吹きだまりができ，国道では総延長 388km の通行止め区間，222 台の車両の立ち往生発生し，復旧に数日間要した（国土交通省 北海道開発局 網走開発建設部による）．

2005（平成 17）年 12 月から 2006（平成 18）年 2 月にかけては，北海道，東北地方から北陸地方で大雪となった（平成 18 年豪雪）．最大積雪深は青森県酸ヶ湯で 453cm，新潟県中魚沼郡津南町では 416cm，十日町市では 323cm などを記録した．152 名の死者，重傷者 902 名，住宅全半壊 44 棟の被害となった．

2014（平成 26）年 2 月 7～9 日および 14～16 日に関東，甲信越，東北南部では大雪となった．14 日の積雪深は関東平野部で 30～80cm，甲信越や奥多摩などの内陸部では 1m 以上となり，首都圏では航空機の欠航，新幹線，在来線，バスなどで運休や大幅な遅れ，高速道路の通行止めが発生した．この時の状況は和泉（2014）とともに，『雪氷』の特集号（2015 年 77 巻 4 号および 77 巻 5 号）に関連する論文が掲載されている．

なお，除雪機を使って除雪した雪は時間とともに硬くなることが知られている（Kameda et al., 2005 など）．これは除雪機が跳ね飛ばした雪は自然の状態の積雪よりも積雪粒子間の接触面積が増え，時間とともにそれが焼結（1.2.7 項参照）により固結するためである．したがって，除雪機により跳ね飛ばされた雪を再び除雪する時には，なるべく時間をおかないで作業したほうがよい．

雪に関して気象庁が出す特別警報，警報，注意報での北海道北見地方の基準を表 7.2 に示す．特別警報は数十年に一度の災害が予想される場合の警報で，「ただちに命を守る行動をとる」ことが要請されており，2013 年 8 月から発令されるようになった．大雪警報と暴風雪警報は「重大な災害が起こる」と予想される場合に出されるので，警報が出た際には充分に注意する必要がある．他の地域の基準は，『新版 雪氷辞典』（日本雪氷学会，2014）の付録 XV にまとめられている．

表 7.2 気象庁の発表する雪に関する警報・注意報の名称，内容および発令基準
(北海道北見地方における発令基準)

名　称	内容と発令基準
特別警報	数十年に1度の災害が予想される場合．大雨，暴風，高潮，波浪，暴風雪，大雪の6種類がある．これまでの大津波警報，噴火警報（噴火警戒レベル4以上および居住地域），緊急地震速報（震度6弱以上）を特別警報に位置づける．2013年8月から運用が開始された．
大雪警報	大雪によって重大な災害が起こる恐れがあると予想される場合．12時間降雪の深さが40cm以上の場合．
暴風雪警報	暴風雪によって重大な災害が起こる恐れがあると予想される場合．平均風速が16m/s以上で雪による視程障害を伴うことが予想される場合．
大雪注意報	大雪によって被害が予想される場合．12時間降雪の深さが25cm以上の場合．
風雪注意報	風雪によって被害が予想される場合．平均風速が10m/s以上で雪による視程障害を伴うことが予想される場合．
雪崩注意報	雪崩が発生して被害が起こると予想される場合．24時間降雪の深さが30cm以上で，積雪の深さが50cm以上，かつ日平均気温が5℃以上．
着雪注意報	着雪が著しく，通信や送電線などに被害が予想される場合．気温が0℃くらいで強度並以上の雪が数時間以上継続することが予想される場合．
融雪注意報	融雪により被害が予想される場合．24時間雨量と融雪量(相当水量)の合計が70mm以上の場合．

7.2 雪崩

7.2.1 雪崩の分類

　雪崩（avalanche）とは斜面上に降り積もった雪が重力の影響で移動する現象である．日本雪氷学会は1970年に雪崩の分類を定め（日本雪氷学会，1970），これ以降この雪崩分類を用いて雪崩の研究が進められてきた．しかしながら，その後，大量の水を含んだ雪が流動するスラッシュ雪崩なども雪崩の一種として認識されるようになってきた．そこで，日本雪氷学会では新たに雪崩の分類を検討し，1998年に「日本雪氷学会雪崩分類」を発表した（日本雪氷学会，1998b）．それを基にした分類要素と区分名を表7.3，雪崩の分類名称を表7.4に示す．ここでは，滑り面の位置，雪崩を発生の形，雪崩層の雪質によって雪崩を6種に分類した．図7.4には発生の形態とすべり面の位置，図7.5に雪崩の発生区，走路，堆積区を模式的に示した．なお，1998年の「日本雪氷学会雪崩分類」ではその他の雪崩として，以下の5つを列挙している．

　① スラッシュ雪崩（大量に水を含んだ雪が流動する雪崩）
　② 氷河雪崩・氷雪崩
　③ ブロック雪崩（雪庇や雪渓等の雪塊の崩落）
　④ 法面雪崩（鉄道や道路などで角度を一定にして切り取った人工斜面を法面というが，そこでの雪崩）
　⑤ 屋根雪崩（住宅の屋根で起こる雪崩）

1998年の「日本雪氷学会雪崩分類」では雪崩の運動形態として，次の3つを列挙した．

表 7.3 雪崩の分類要素と区分名（秋田谷・遠藤，1998）

分類要素	区分名	定　義
滑り面の位置	表層	滑り面が積雪内部．
	全層	滑り面が地面．
雪崩発生の形	点発生	1点からくさび状に動き出す．
	面発生	かなり広い範囲にわたって，いっせいに動き出す．
雪崩層の雪質	乾雪	雪崩層が水分を含まない．
	湿雪	雪崩層が水分を含む．

表 7.4 日本雪氷学会の雪崩分類名称（秋田谷・遠藤，1998）

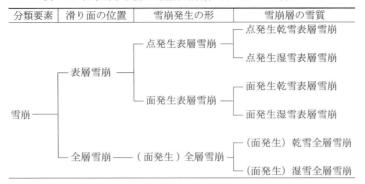

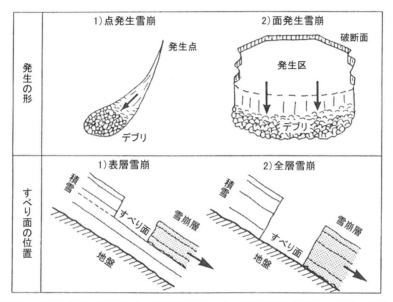

図 7.4 雪崩の発生の形態とすべり面の位置についての模式図（秋田谷・遠藤，1998）

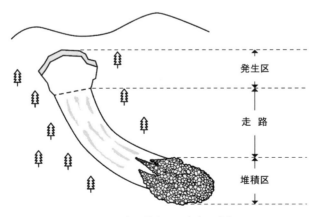

図 7.5 雪崩の発生区，走路，堆積区
（日本雪氷学会，2014）（図作成：荒川逸人）

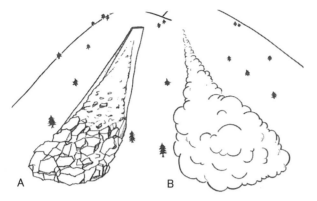

図7.6 流れ型雪崩（flowing avalanche）と煙型雪崩（powder snow avalanche）（西村，1998b）

図7.7 煙型雪崩（滝川真澄撮影）（日本雪氷学会，1998b）

① 流れ型（大雪煙をあげずに流れるように流下する）
② 煙型（大雪煙をあげて流下する）
③ 混合型（流れ型と煙型を含む）

流れ型と煙型の模式図を図7.6，実際の煙型雪崩を図7.7に示す．

なお，黒部川第三発電所建設工事で発生した雪崩に関して，泡雪崩（ホウ雪崩とも書く）と呼ぶことを本章の初めに記述したが，これは大規模な煙型の乾雪表層雪崩を意味し，新潟県や富山県では単にホウとも呼ぶ．

上石ほか（2012）は2011年3月12日に発生した長野県北部地震（マグニチュード6.7，最大震度6）に関連して，長野県栄村，新潟県十日町市，津南町で発生した表層雪崩，全層雪崩，斜面崩壊を伴う雪崩を報告している．これは地震によってほぼ同時期に発生した雪崩を広域で調査した報告であり，今後の冬季災害を検討する上で注目される．Yamasaki et al.（2014）はこの時に新潟県津南町および長野県栄村の山岳斜面で発生した斜面崩壊を「雪上滑走型岩石なだれ」（ice-rock avalanche）と報告している．これは積雪期の山岳斜面が崩壊し，大量の岩石と雪の混合物が雪の上を滑走した現象であると考えられている．このため，通常の地すべりよりも流下距離が長くなった（津南町辰之口の岩石なだれは鉛直距離で245m，水平距離で795m移動．見通し角[1]は17°であった）．これは広い意味では雪崩の一種とも考えられる．

一方，IAHS（International Association of Hydrological Sciences）の下部組織である国際雪氷委員会ICSI（International Commission on Snow and Ice）内の雪崩分類ワーキンググループは，1973年に雪崩の形態学的国際分類を提案した．この分類では雪崩の発生区を3つ（発生形態，滑り面の位置，雪の含水状態），走路で2つ（経路の形態，運動形態），堆積区を3つ（堆積した積雪の表面状態，堆積時の積雪の含水状態，堆積した積雪の汚れ状況）の項目で分類した．

なお，英名のavalancheの語源はフランス語のavaler（英語ではswallowに相当し，「飲み込む」の意味）である（Barry and Gan, 2011）．雪崩の発生機構，内部構造と運動，過去の雪崩災害，雪崩対策と制御，登山者・山スキーヤーに対する雪崩教育については西村（1998a）に詳しいので，雪崩に関心のある

---

[1] 見通し角とは雪崩の堆積区の末端から発生区の上端を見た時の角度を意味する．図7.11参照．

表 7.5　面発生乾雪表層雪崩の上部破断面の観測（Perla，1977，一部改変）

項　目	平均値	最大値	最小値	標準偏差	測定数
斜面傾斜角 α [°]	38.3	55	25	4.79	194
雪崩層の厚さ H [m]	0.67	4.2	0.08	0.43	193
雪崩層の平均密度 ρ [kg/m^3]	206	461	60	77.2	121
滑り面の剪断応力 τ [Pa]	964	9050	65	1049	121
滑り面の密度 ρ_0 [kg/m^3]	231	400	90	75.9	72
滑り面の温度 T [℃]	-4.58	0	-13	3.08	111
滑り面の剪断強度 SFI [Pa]	1536	8159	200	1461	80
積雪の安定度 SI	1.66	6.4	0.19	0.98	80

SFI : Shear Flame Index．シアフレームにより測定された積雪の剪断強度を示す．
SI : Stability Index．積雪の剪断応力 τ と *SFI* の比で定義される（$SI = SFI/\tau$）．この値が小さいほど積雪層が不安定であり，雪崩発生の危険が増すことを示す．

方は参照するとよい．北海道雪崩事故防止研究会（2002）および雪氷災害調査チーム（2015）は雪崩に関して包括的にまとめてあるので雪崩発生のメカニズム，雪崩の危険判別法，雪崩対策の装備，雪崩事故の実例を知る際には参考になる．

7.2.2　雪崩の発生条件

　Perla（1977）はアメリカ合衆国，スイス，カナダ，日本で起こった比較的規模が大きい 205 件の面発生雪崩についてその破断面の測定結果をまとめた（表 7.5）．これによると，雪崩は斜面の傾斜が 25°から 55°で起こっており，平均値としては 38.3°であった．斜面が 55°よりも急な斜面で雪崩が起こらないのは雪崩が起こるほどの雪が積もらないためである．雪崩が起きた層の厚さは最小で 0.08m，最大で 4.2m であり，平均値としては 0.67m であった．

　面発生表層雪崩の場合，積雪内部に形成される弱層から上の積雪が雪崩になるが，しもざらめ雪，表面霜，雲粒なしの降雪結晶，あられ，ぬれざらめ雪などが弱層となる（秋田谷ほか，2000）．これらの層は剪断応力（ずり応力）が小さいため，この層上の積雪との保持力が小さく，この上の層が雪崩を起こす原因となる．2014 年 2 月の関東地方の大雪では -20℃以下で生成される低温型雪結晶（砲弾集合や交差角板）が新潟県で観察されており，これが広範囲な地域で堆積し，弱層となった可能性が報告されている（石坂ほか，2015）．

　堆積直後の積雪は降雪粒子が機械的に充填された状態であるが，時間とともに積雪粒子が結合し，比較的強固な構造となる．その後に冷えた日があると，積雪内部で温度勾配が大きくなり，このために積雪層内で水蒸気が移動し，しもざらめ雪が生成して弱層となる．したがって，弱層の上に短時間で大量の降雪（例えば，24 時間で 30 ～ 50cm 以上）が積もると雪崩の危険が高くなる．

　融雪が急激に進んだり，強い降雨で積雪の空隙が水で満たされると，雪は液体に近い性質をもつようになる．このような雪をスラッシュ（slush）といい，20°前後の緩い斜面でも表層雪崩が発生する場合がある．このような雪崩はスラッシュ雪崩（slush avalanche）と呼ばれる．これは融雪期の寒冷地の河川で起こることもあり（小林・和泉，1998），これは雪泥流（slushflow）と呼ばれる（コラム 24 参照）．

　山の頂上には雪庇（snow cornice）と呼ばれる庇状の吹きだまりができる場合がある．図 7.8a は雪庇の写真，図 7.8b は雪庇の概念図と名称を示す．この雪庇の屋根が崩れると雪崩になることがある．冬季登山では雪庇の存在を知らずに踏み抜いて滑落事故になる場合があるので，注意が必要である．

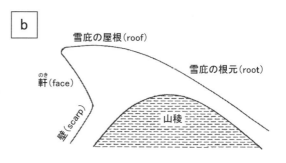

図 7.8 (a) 山の頂上の雪庇 (Seligman, 1936),
(b) 雪庇の概念図および名称 (川田, 2009)

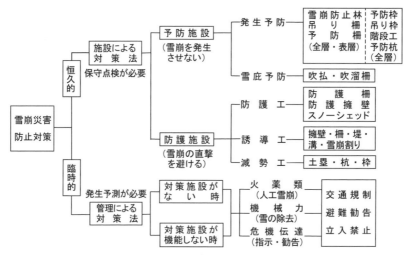

図 7.9 雪崩災害防止手法のフローチャート (秋田谷, 2000)

7.2.3 雪崩対策

　雪崩被害を防ぐ方法としては，恒久的な対策として，予防施設（樹木，構造物）による方法，防御施設による方法がある．臨時的な対策としては人工的に雪を取り除く方法，人や車を危険地帯から避難させ，立ち入り禁止にする方法がある．図 7.9 は雪崩災害防止手法のフローチャート，表 7.6，表 7.7 は主な予防施設と防御施設の概要を示す．

　予防施設の中では自然景観や国土保全の観点から，階段工と植林による方法が望ましいが，植林にかかる経費の問題や樹木が成長して雪崩予防の防止効果を発揮するまでに長い年月がかかるという難点があるので，現在ではあまり採用されていない．道路横の法面の雪崩（法面雪崩）を防ぐためには，法面に吊柵（図 7.10），予防柵，予防杭を設置する方法がある．また，法面と道路との間にフェンスを設置する場合もある．

　雪崩の到達距離に関して，「高橋の 18 度の法則」および「高橋の 24 度の法則」がある（高橋，1960）．これは多数の雪崩の観察事例に基づき，経験的に導き出された法則である．ここで角度とは，図 7.11 に模式的に示すように，表層雪崩（18 度）と全層雪崩（24 度）での雪崩先端から発生点を見

表 7.6 主な予防施設の概要 （下村ほか，1991）

種類		概要	適用範囲等
発生予防	階段工と植林	斜面に階段をつくり，積雪底面での移動（グライド）を減少させて全層雪崩の発生を防止する．植林との組み合わせが有効である．	1. 勾配 30～42°の斜面 2. 掘削しやすい地質 3. 積雪深 3～4m 以下 4. 全層雪崩の予防
	予防杭	斜面にほぼ直角に立てた杭の集合．発生区全域に設置して全層雪崩の発生を防止する．杭の配置は千鳥配置を原則とする．	1. 勾配 40°以下の斜面 2. 積雪深 3～4m 以下 3. 全層雪崩の予防
	予防柵	表層雪崩および全層雪崩の発生を防止する柵で，予防施設のなかでは最も確実な工法．柵の高さが積雪深よりも低いと表層雪崩に効果はない．	1. 勾配 55°以下の斜面 2. 積雪深 5～6m 以下 3. 表層・全層雪崩の予防
	吊枠・吊柵	斜面上方からワイヤーロープで吊り下げる三角錐状の枠および柵．斜面勾配が急か，地質状態が悪く，地面に固定する構造物が設置できない場所に向く．	1. 全層雪崩の予防 2. ワイヤーロープのアンカー，ロープの強度に留意．
吹きだめ柵，吹き払い柵		雪庇を形成する位置より風上に設けて，そこに雪をためる施設．風の方向を変えたり，加速させて雪庇の発達を防ぐ．	風上斜面が急で堆積スペースが大きい時は吹きだめ柵，なだらかで堆積スペースが小さい時は吹き払い柵．

表 7.7 主な雪崩防御施設の概要 （下村ほか，1991）

施設		概要	適用範囲など
阻止工	防護柵	発生した雪崩を止めるための施設．雪崩の走路では雪崩の運動エネルギーが大きいので，走路には設けない．堆積区またはそれに近い位置に設置する．	1. 予防施設の設置が困難な現場に用いる． 2. 強固な地盤が必要． 3. 全層および表層雪崩に適す．
	予防擁壁	雪崩走路の末端付近に道路等があるとき，その手前に擁壁を設け，道路への被害を防ぐ．大きな雪崩が予想される現場では，擁壁の末端に補助柵が必要である．	1. 防護柵と同じ． 2. 擁壁の堆積スペースが完全に埋まり，その後も雪崩が予想される時は，堆積スペースの排雪が必要である．
誘導工	誘導壁	防護する目的物の手前で雪崩の流れを変えるための壁状の構造物．	緩斜面でかつ雪崩の堆積区付近に設置する．
雪崩割	雪崩割	雪崩の流れを目的物の手前で二分させて，直接目的物への衝突を防ぐ．トンネル出入り口，鉄塔，橋脚などの点状構造物に有利である．	誘導壁と同じ．
防護工	スノーシェッド	道路や鉄道線路の上に屋根をつけ，雪崩を屋根の上に流下させ，谷側に流下させる構造物．	1. 斜面の直下に道路や鉄道がある場合に設置する． 2. 全層・表層雪崩に適用する．
減勢工	土塁	土や石を饅頭型に積み上げたもの．流下した雪崩をこの土塁に衝突させて，雪崩の勢力を弱める．堆積区の面積が広い場合に設ける．	1. 傾斜が 20°以下の緩い斜面で，かつ広い面積が確保できる場合． 2. 主に全層雪崩に対処できる．
	群杭	柱状の構造物を雪崩の走路に設置する．雪崩は群杭に衝突しながら流下し，勢力を弱める．沢の中などに設置する．	1. 傾斜が 20°以下の緩い斜面に設置． 2. 主に全層雪崩に対処できる．
	枠組工	雪崩の走路に杭状構造物を立て，その前後左右を水平部材で結合したもの．運動中の雪崩をこの構造物に衝突させて勢いを弱める．	1. 大規模表層雪崩を対象． 2. 幅の広い雪崩にも対応できる． 3. 保護対象物まで長い距離が必要．

上げた時の見通し角（仰角）の最小値を示す．この法則を用いると，雪崩の到達距離を推定することができるので，雪崩が発生しそうな斜面近くに建造物を建てる際に役にたつ．一般に全層雪崩に比べて表層雪崩の方が到達距離が長くなる．これは，表層雪崩では雪崩が発生する際に表面の積雪層が下層の積雪層の上を流下するので，速度が大きくなるためと考えられる．現在では雪崩の内部構造と運動も研究されており（西村，1998 など），今後はモデルを用いた雪崩到達距離の計算も実施されるであろう．なお，高橋（1980b）は 50 年間にわたって雪崩に関心をもってきた高橋喜平氏が日本の雪崩の状況をまとめており，示唆に富む本である．

表 7.8 に雪崩注意報の発令基準の例をまとめた．地域により基準内容が異なることがわかるが，こ

図 7.11　雪崩の到達距離に関する「高橋の法則」
（高橋，1960）

図 7.10　石北峠（北海道）の国道横の法面に設置された
　　　　 吊柵およびフェンス（2012 年 2 月 15 日撮影）

表 7.8　雪崩注意報の発令基準例（秋田谷，2000）

	札　幌	福　島	新　潟	富　山
①表層雪崩	24 時間の降雪の深さが 30cm 以上	24 時間の降雪の深さが 40cm 以上	降雪の深さが 50cm 以上で気温の変化が大きい場合	降雪の深さが 90cm 以上あった場合
②全層雪崩	積雪の深さが 50cm 以上で日平均が 5℃以上	積雪の深さが 50cm 以上で日平均が 3℃以上の日が継続	積雪が 50cm 以上で最高気温が 8℃以上になるか，日降水量が 20mm 以上の降雨がある場合	積雪が 100cm 以上あって，日平均気温が 2℃以上の場合

れは地域の積雪の特性（積雪深，積雪密度，雪温など）の違いを反映している．なお，雪崩注意報はかなりの頻度で発令されているので，雪崩注意報のみで道路閉鎖や住民に避難勧告が出ることはない．欧米，とくにスイス，フランスでは気象の推移，積雪深，降雪深の情報から，きめ細かな雪崩警報の発令および解除のシステムが確立している．日本でも同様なシステムの試験運用が新潟県を中心に実施されている．

7.3　吹雪

7.3.1　吹雪粒子の運動

　雪面上を風が強く吹くと雪面の雪粒子は動きだす．これまでの研究によると，雪粒子の運動は，転動（creep），跳躍（saltation），浮遊（suspension）の 3 種類あることが知られている．図 7.12 はこれらを模式的に示した．

　転動とは雪面上の雪粒子が風の力によって雪面を転がる，あるいは滑る現象である．したがって，転動の高さは積雪粒子の直径程度であり，最大でも 5mm 程度である．跳躍とは飛雪粒子が飛び跳ねる運動を繰り返す現象で，その高さは最大で 20cm である．英名の saltation はラテン語の saltãre（飛び跳ねる = to reap，踊る = to dance）が語源である．浮遊とは地面から跳躍した雪粒子が乱流によって浮遊する現象である．これは塵やエアロゾルの乱流拡散（turbulent diffusion）と同じ現象と考えることができる．雪粒子が浮遊する層の高さは地面からおおよそ 100m までと考えられている．

　図 7.13 は世界で初めて撮影された雪粒子の跳躍運動の写真であり，雪面から雪粒子が飛び出す様子がはっきりと示されている（Kobayashi，1972）．この写真は冬季の夜の屋外でスライドプロジェクターから帯状の光を雪面に落とし，表面雪温が −11℃，1m 高での風速 4.8m/s，降雪がない状態で撮影された．撮影者の小林大二氏によると「白い雪原の中での白い飛雪の撮影は困難を極めました．一冬目，二冬目と過ぎ，三冬目にやっと飛雪の跳躍運動の鮮明な写真撮影に成功しました．1967 年 2

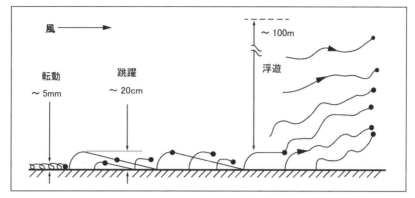

図 7.12　吹雪粒子の運動形態（原図は竹内ほか，1984）
跳躍が起こる気象条件では転動，浮遊が起こる条件では転動と跳躍も起こるが，ここではそれらは書き加えていない．

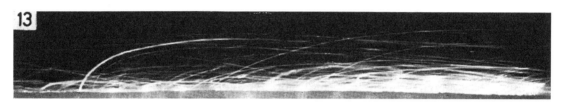

図 7.13　吹雪粒子の跳躍運動（Kobayashi, 1972）

表 7.9　吹雪の分類（竹内，1996，一部改変）

名　称	分類および定義		降雪の有無	飛雪の運動形態
吹　雪	降雪とともに強風が吹き，舞い上がった積雪粒子と降雪のため視程が悪くなった状態．雪面から舞い上げられた雪粒子のため，降雪の有無がはっきりしない場合も吹雪という．		有	転動，跳躍，浮遊
地吹雪	積雪表面の雪粒子が風によって移動する現象	低い地吹雪	雪粒子は目の高さよりも低く，水平視程にはあまり影響はない	無	転動，跳躍
		高い地吹雪	雪粒子は目の高さより高く，水平視程が減少する．	無	転動，跳躍，浮遊

月のことでした」との事である（小林，2009）．

　積雪粒子は温度にもよるが，風速 4～5m/s 以上になると粒径 0.1mm 以上の雪粒子が転動と跳躍を開始する．8～9m/s を越えると跳躍粒子の中から浮遊粒子に変化するものが現れる．浮遊粒子は風に乗って煙のように空中を漂う間に分離や昇華するので，粒径が非常に小さいものも含まれる．

　吹雪の分類を表 7.9 に示す．吹雪（blowing snow または drifting snow）とは，降雪とともに強風が吹き，舞い上がった積雪粒子と降雪のために視程が悪くなった状態で，雪粒子は転動，跳躍，浮遊の 3 形態を取る．図 7.14 は吹雪の状況を示す．視程が著しく悪いことがわかる．

　地吹雪とは，降雪を伴わずに積雪表面の雪粒子が風によって移動する現象をいう．気象庁の「地上気象観測指針」（気象庁，1993）によると，地吹雪は目の高さの水平視程が減少するか否かで，低い地吹雪（drifting snow）と高い地吹雪（blowing snow）に分類する[2]．低い地吹雪を図 7.15 に示す．道路上を這うように雪粒子が移動しているが，目の高さでの水平視程は通常と変わらないことがわかる．この時の吹雪粒子の運動は転動と跳躍である．高い地吹雪になると浮遊を含む．高い地吹雪では

---
[2] 竹内・松澤（1991）が指摘しているように，アメリカやヨーロッパの研究者による論文では blowing snow と drifting snow の区別が必ずしも明確でない場合がある．

図 7.14 吹雪．右に見えるのは吹き払い柵
（北海道網走市の道道 104 号嘉多山付近，2013 年 3 月 9 日撮影）．

図 7.15 低い地吹雪
（北海道斜里町の国道 244 号，1999 年 3 月撮影）．

吹き上げられた雪は時には全天を覆い，太陽を隠す場合もある．視程が非常に短くなるような厳しい吹雪は猛吹雪という．なお，雪面から舞い上げられた雪粒子のため，降雪の有無がはっきりしない場合も吹雪という．

一方，雪を伴った強風を風雪といい，非常に強い風で雪を伴うものを暴風雪という．これらの表現はあくまでも風と降雪が主体であり，雪粒子の動きに注目している吹雪，地吹雪とは異なる．したがって，風雪，暴風雪では雪粒子の運動形態は問わない．なお，気象庁では平均風速が 16～20m/s 以上で雪による視程障害がある時に暴風雪警報，平均風速が 10～13m/s 以上で雪による視程障害がある時に風雪注意報を発令する[3]．

米国では大雪を snow storm，吹雪は blowing snow，降雪とともに風速が 15.6m/s（= 56km/h = 35mph）[4] 以上で視程が 400m 以下の状態が 3～4 時間以上続く時は blizzard，風速が 20m/s（= 72km/h = 45mph）を超え，視程が 0 に近く，気温が -12℃（=10°F）よりも低い時は severe blizzard という．また，図 7.15 に示す地面を這うように動く雪粒子の流れをスノースネーク（snow snake）という（竹内，1981b）．

7.3.2 吹雪の発生条件および吹雪量

雪面の雪粒子間には 1.2.6 項で説明した疑似液体層や水に起因する付着力，1.2.7 項で説明した焼結に起因する結合力がはたらいている．このため，地吹雪の発生条件には気温と風速だけでなく，雪面の状態が大きく影響を及ぼす．時間を経た積雪の場合，表面積雪は焼結が進んでおり，大きな風速がなければ雪粒子は移動を開始しない．しかし，そこを人が歩いて，表面積雪の構造が壊れると，そこから地吹雪が発生することがある．また，飛雪が雪面にぶつかるとそこから地吹雪が発生する．静止状態の積雪粒子が飛び出す時の風速を「吹雪発生の静的最小風速」，降雪や飛雪がある時のものを「吹雪発生の動的最小風速」という．静的最小風速は雪面の状態に依存するため，一概に表すことはできないが，動的最小風速は表面積雪の状態による違いは小さ

---

[3] 7.2 節ですでに説明したように，気象庁による警報と注意報の発令基準は地域により異なる．暴風雪警報の場合，北見地方では平均風速が 16m/s 以上，札幌では平均風速が 18m/s 以上，旭川では平均風速 20m/s 以上で雪による視程障害が想定される時に出される．風雪注意報はそれぞれ，平均風速が北見，札幌，旭川ではそれぞれ 10m/s，11m/s，10m/s 以上が想定される時に出される．

[4] mph は miles per hour の略称．1mile は約 1609km なので，1mph は 1.6km/h になる．mph で示された速度に 0.63 を掛けると km/h 表示になる．

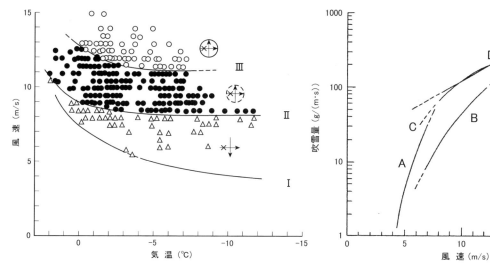

図 7.16 吹雪発生の動的最小風速（竹内ほか, 1986；竹内, 1996）
△は低い地吹雪が発生したとき，●は高い地吹雪が断続的に発生したとき，○は高い地吹雪が連続的に発生した時を示す．

図 7.17 飽和吹雪量の風速依存性
（竹内, 1981a；竹内, 1996）
A は風洞実験（Kikuchi, 1980），B と C は石狩川河口の河川敷での観測（Takeuchi, 1980）で，B はしまり雪の雪面，C はざらめ雪の雪面．D は南極氷床上での観測（Budd et al., 1966）．

く，降雪や飛雪がある時に吹雪を持続させる時の最小の風速と考えることができる（竹内, 1996）．

佐藤ほか（2003）および Satoh et al.（2006）は，自然積雪表面の雪を風洞に持ち込んで吹雪発生の静的最小風速を 2001 年 1 月 6 日から 2 月 15 日まで毎朝 7～8 時に観測を実施し，降雪直後では 5m/s 程度だった静的最小風速が，1～2 日後には雪粒子変態とともに 10m/s 以上に上昇することを明らかにした．なお，吹雪発生の最小風速は降雪の有無に関わらず，「吹雪発生の臨界風速」(threshold wind velocity for drifting snow)と呼ばれる場合もある．

図 7.16 に吹雪発生の動的最小風速を示す．これは 1980 年代に竹内政夫らが北海道の石狩川河口のに河川敷で測定した結果である．気温は 1.5m 高，風速は 7m 高で測定し，浮遊粒子の存在は約 1.5m 高に設置した光減衰式視程計で検知した．△は降雪時の跳躍粒子の観測から得た低い地吹雪が発生した条件，●は高い地吹雪が断続的に発生した時の条件，○は高い地吹雪が連続的に発生した条件を示す．従って，曲線 I は低い地吹雪，II は断続的な高い地吹雪，III は連続した高い地吹雪の発生下限風速を表す．曲線 I より，低い地吹雪は気温 0℃の時には風速 7.5m/s，気温 -10℃では風速 4m/s で発生することがわかる．曲線 I に温度依存性があるのは，気温が高くなると積雪粒子の結合が強くなること，積雪の含水率が高くなるため，積雪粒子が動きづらくなるためである．

一方，高い地吹雪の発生条件である，曲線 II，曲線 III は温度依存性が弱い．浮遊粒子は跳躍粒子から変化するので，直接的には温度に依存しないためである．断続的に高い地吹雪が起こるのは 0℃ で風速 9m/s，-10℃ で風速 8m/s，連続的に高い地吹雪が起こるのは 0℃ で風速 13m/s，-10℃ で風速 11m/s であることがわかる．

吹雪量（snow-drift transport rate）[kg/(m·s)] とは吹雪の時に空中を移動している吹雪粒子の質量であり，一般には単位幅，単位時間当たりの吹雪粒子の質量で表され，全吹雪輸送量とも呼ばれる．主風向に垂直な単位面積を通過する吹雪粒子の質量は飛雪流量（mass flux of blowing snow または snow-drift density）[kg/(m²·s)] であり，吹雪フラックスとも呼ばれる．飛雪空間密度（concentration of blowing snow または drift density）[kg/m³] は単位体積に含まれる雪粒子の質量であり，飛雪流量を風

速で割って得られる．

　これまでに多くの吹雪量の測定がなされてきたが，吹雪量は風速，吹走距離，雪質，温度，湿度，降雪量等により変化するため，それらを同じ風速で比べてみると結果が100倍も違う場合がある（竹内，1996；前野，2000の図4.28参照）．また，強い降雪のある吹雪の場合，吹雪で運びきれなくなった飛雪が雪面に堆積することがある．この時の吹雪量がその風速での最大吹雪量であり，飽和吹雪量（saturated snow-drift transport rate）ともいう．

　図7.17は飽和吹雪量もしくはそれに極めて近いとみなすことができるデータをまとめた結果である．図7.17でのAは風洞実験室での結果，BとCは石狩川河口の河川敷での観測結果（雪面がしまり雪の場合をB，ざらめ雪の場合をC），Dは南極氷床上での観測結果である．風速5m/s（風洞実験）では5g/(m·s)，風速10m/s（石狩川河口および南極）では45～120 g/(m·s)程度であった．これらの違いは吹雪が起こる積雪表面での雪粒子の結合状態や粒径気温，表面雪温などの違いを反映している．

　一方，石狩川の河川敷での吹雪量の観測の結果，飽和吹雪量Qは風速U（1.2m高での計測）のほぼ4乗に比例し，7.1式で表せることがわかった（松澤ほか，2010）．

$$Q = 0.005 U^4 \tag{7.1}$$

Qの単位は[g/(m·s)]で，Uの単位は[m/s]である．ただし，コラム13で紹介したように，南極氷床上では7.1式の指数は5.2になっており，必ずしも飽和吹雪量は風速の4乗に比例するわけではないことに注意が必要である．

　広い平坦地における風速の鉛直分布は対数分布をとることが知られており，一般には高さzの風速$U(z)$は7.2式で表すことができる．

$$U(z) = A \ln\left(\frac{z}{z_0}\right) \qquad \left(A = \frac{U^*}{\kappa}\right) \tag{7.2}$$

　1.2mとは異なる高さで風速Uを測定した場合には，7.2式を用いて$z=1.2$と$z=$観測高度の場合で連立させて1.2m高風速を求めればよい．ここで，Aは横軸を風速として縦軸に高さzの対数をとった時の直線の傾き，zは観測高度，z_0は測定した風速分布から外挿した風速が0になる高さ（表面粗度），U^*は摩擦速度，κはカルマン定数（一般には0.4を使う）である．風速分布の対数則については近藤（1994）の5.3.1項を参照するとよい．なお，吹雪粒子の計測方法は石本（2009）がまとめている．

7.3.3　視程障害

　吹雪によって生じる視程障害のため，道路では交通渋滞や通行不能，交通事故，鉄道では運行不能や遅延，航空機では遅延や運行停止などが発生する．最悪の場合，視界全体が白一色になる（ホワイトアウト：whiteoutという）．このようなときは数m先の物も識別できなくなる．

　図7.18は吹雪時の飛雪空間密度と視程（visibility）との関係を示す．メラー（M. Mellor，1933-1991）は風のない時の降雪，斎藤は長岡での季節風による降雪，バッド（W. F. Budd，1938- ）は南極での吹雪，竹内・福沢は国内での吹雪での観測結果である．図7.18より，飛雪空間密度が同じでも吹雪の状態によって視程のばらつきが大きいことがわかる．

　図7.19は飛雪流量と視程との関係を示す．ここで飛雪流量mとは単位時間に単位断面積を通過する雪の質量であるが，浮遊層においては飛雪空間密度nにその時の風速vを掛けたもので計算できる．但し，風速と飛雪を計測するセンサーとの角度をθとすると，7.3式で計算できる．

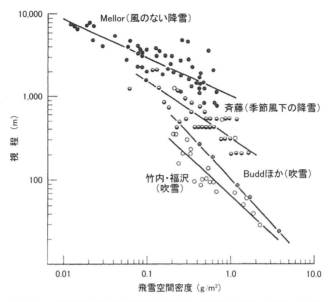

図 7.18 吹雪時の飛雪空間密度と視程との関係（竹内・福沢，1976）

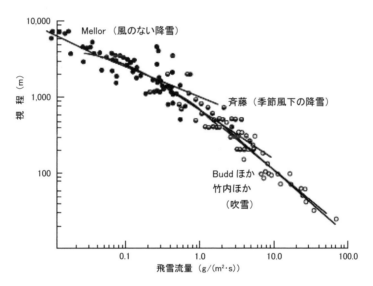

図 7.19 吹雪時の飛雪流量と視程との関係（竹内・福沢，1976）

$$m = nv \sin\theta \tag{7.3}$$

図 7.19 より，視程は飛雪空間密度よりも飛雪流量と相関が高いことがわかる．視程 L [m] は飛雪流量 m [g/(m²·s)] を使い，以下の 7.4 式で表すことができた．

$$L = \frac{683}{m + 0.154} + 2.6 \tag{7.4}$$

図 7.19 では視程が悪くなるにつれて曲線の勾配が大きくなっている．これは飛雪流量が大きくなると，見ている人に近い飛雪の影響が大きくなるため，視程が急激に悪くなるためである（竹内・福沢，1976）．

松澤（2006）は図 7.19 のグラフで，視程が 3km 以下のデータのみを使って直線近似を行い，7.5 式

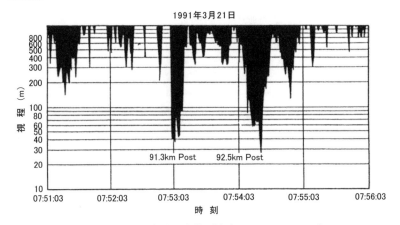

図 7.20　視程の短時間変動の例（Takeuchi *et al.*, 1993）

を得た．松澤（2006）によると 7.4 式よりも 7.5 式のほうが視程が低い領域で実測データとの適合性がよい．また，松澤・竹内（2002）は飛雪空間密度を気象条件から求め，吹雪時の視程を推定するモデルを構築している．

$$L = 10^{(-0.773\log_{10} m + 2.85)} \tag{7.5}$$

図 7.20 に視程の短時間変動を示す．通常，極端に低下した視程（30～50m 程度）は数秒から数 10 秒程度で回復することがわかる．また，吹雪密度は地面に近いほうが大きいため，視程は地面から高くなると，増加することが知られている．したがって，吹雪や地吹雪による視程障害のため，乗用車での通行が難しい時でも運転席の高いバスやトラックでは支障なく通行できる場合がある．路面が高い自動車専用道路では通常の道路よりも視程障害が発生しづらい．

吹雪による道路の視程障害は 5 段階に分類されている（表 7.10）．ここでは車を運転するドライバーへの情報提供による冬季交通の安全性の向上を念頭におき，視程 100m 未満を「5：著しい視程障害」，100～200m を「4：かなり不良」，200～500m を「3：不良」，500～1000m を「2：やや不良」，1000m 以上を「1：良好」の 5 段階に分類した（松澤，2006 に基づく）．竹内（1999）は吹雪による視程障害をまとめており，竹内，松澤らの研究は吹雪時の視程障害の状況を調べる上で参考になる．

表 7.11 は 2001 年以降の北海道での主な暴風雪災害をまとめた．4 以外の災害は吹雪による視程障害と吹きだまりで発生した．北海道では 2012 年に暴風雪災害が多く起こったことがわかる．過去 14 年間では平均すると 2 年に 1 回程度の割合で暴風雪災害が起こっているので，北海道の冬季は暴風雪に対する注意が必要である．竹内（2002）はこのような吹雪災害の要因と構造をまとめている．

図 7.21 に 2013 年 3 月 2 日から 3 日にかけての北海道東部での暴風雪時の新聞の第一面を示す（新聞記事では死亡 8 名となっているがその後に 1 名亡くなり，合計で 9 名死亡）．犠牲者はいくつかの要因で亡くなった．中標津町の事故では暴風雪のため視程が低下したため，路肩に停車後，暖をとるためエンジンをかけたままにしておいたところ，車の排気口が雪で詰まり，車体下部から車内に排気ガスが入ったことによる一酸化炭素の中毒死だと考えられている．他には停車した車内から屋外に出て，凍死した人もいる．

このように，乗用車を運転中に視程が急に低下した際には，道の駅や商店の駐車場で天気の回復を待つことが望ましい．その際には吹きだまりができていない場所に駐車するとよい．駐車できるスペースがない場合には，ハザードランプ（左右両方の方向指示器を同時に点滅させる）で後続車に注意を

表 7.10 吹雪による道路上の視程障害（「北の道ナビ」掲載の表より作成，一部改変）

階級	状況（視程）	写真	写真説明
5	著しい視程障害 （100m 未満）		矢羽根がかろうじて1本見える程度の視程．一面真っ白で「まったく見えない」と感じることもある．
4	かなり不良 （100～200m）		矢羽根がかろうじて2本見える程度の視程．局地的，一時的に視程が100m未満となることもあるので，注意が必要．
3	不良 （200～500m）		はっきりと視程の悪さがわかる．矢羽根が3本以上見える程度の視程．
2	やや不良 （500～1000m）		道路の形や周囲の樹木などは，はっきりと見える．
1	良好 （1000m 以上）		道路やかなり遠方や遠く離れた山や丘，建物が見える．

※道路の矢羽根（固定式視線誘導柱）は通常80m間隔で設置される．
写真は（国立研究開発法人）土木研究所 寒地土木研究所提供．

表 7.11 2001年以降の北海道での主な暴風雪災害（北海道開発局のパンフレットより作成）

番号	日付	場所	被害
1	2001年2月1～3日	天塩郡遠別町，天塩郡天塩町など	約110台の車が立ち往生，200名以上が避難．
2	2008年2月23～24日	千歳市，夕張郡長沼町など	約300台の車が立ち往生，負傷者5名．
3	2010年1月5～6日	幌泉郡えりも町	43台の車が立ち往生，100名以上が避難．
4	2012年11月26～27日	登別市，室蘭市など	送電線鉄塔の倒壊で約55,000戸が停電．
5	2012年2月15～16日	稚内市，天塩郡幌延町など	約150台の車が立ち往生．
6	2012年2月21日	紋別郡雄武町	12台の多重衝突事故，負傷者3名．
7	2013年3月2～3日	標津郡中標津町，紋別郡湧別町など	死者9名．網走・根室地方で500台以上の車が立ち往生．

促した上で，路肩に停車する．ただし，幹線道路を通行時には追突を避けるため，交通量の少ない道路に左折し，左路側帯に停車して，視程の回復を待つとよい．この時にも吹きだまりに注意して，車を止める場所を選ぶ．その際には三角表示板（三角停止板とも呼ばれる）を置く．図7.20に視程の短時間変動を示したが，通常，極端に低下する視程は数秒から数十秒程度で回復する．

吹雪が極端に厳しい場合，救助まで数時間かかる場合もあるので，燃料切れやバッテリーが上がらないように注意して，エンジンを時々かけて車内を暖めるとよい．排気口が雪でふさがれた場合，車内に入った一酸化炭素により中毒になる場合があるので，停車中にはマフラーが雪でふさがれていな

図 7.21 2013 年 3 月 2 日（土）に北海道東部で発生した暴風雪による死亡事故を知らせる新聞
（3 月 4 日付朝日新聞北海道版）

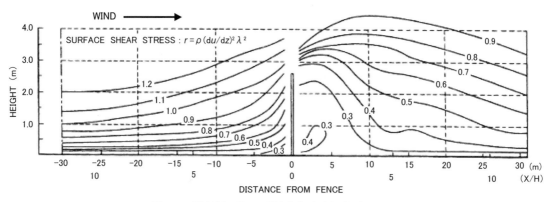

図 7.22 防雪柵の周りの風速分布（m/s）（竹内，2000）

いかを確認することも重要である．北海道の冬季には，車内に雪道脱出用スコップ，セーター，手袋，帽子，長靴，三角表示板を準備しておくことを常識としたい．

　また，暴風雪のために車内に閉じ込められた時の車内装備品について，厳冬期の北見市での実験結果が報告されている（根本・尾山，2014；根本ら，2015）．ここではエンジンを切った車内で，一晩（2014 年の実験）および 3 時間（2015 年の実験）を過ごした時に，必要になる物品が検討された（2014 年および 2015 年の実験中の屋外での最低気温は -16℃および -7℃）．実験の結果，カイロ（通常のカイロに加えて，冷えやすい足先や手先を温める貼るカイロが良い），毛布や軽量寝袋，マスク・帽子，手回しラジオ（情報入手，灯り，携帯電話の充電に使用．実験ではソニー製 ICF-B08 を使用），非常食（実験では羊羹を準備），携帯トイレが車内にあった方がよいことがわかった．また，これらの物品の具体的な使用手順を記したリーフレットも必要である．なお，これらを車後部のトランクに置く場合，一式をリュックサックなどに入れ，暴風雪時には素早く車内に持ち込めるようにしておくことが重要である．北見市は 2015 年 4 月に「防災いつでもノート」を全市民対象として配布したが，ここには上記の実験で明らかになった物品は「暴風雪時に車に閉じ込められた時に必要になる物品」として記載されている．

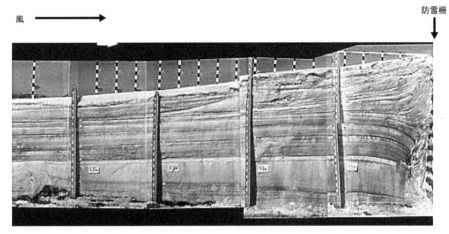

図7.23 防雪柵の風上での積雪の層構造（竹内，2000；金田安弘撮影）

図7.24 防雪柵の風下での積雪の層構造（金田安弘撮影）

7.3.4 吹きだまりの発生機構と形

図7.12に示すように，雪面上を風が強く吹くと雪粒子は転動，跳躍，浮遊の運動を起こす．この時の吹雪量を7.1式で示したが，風速が減少すると吹雪量も減少する．したがって，何らかの理由で風速が減少する場所では吹きだまりが発生する．吹きだまりは視程障害とともに積雪寒冷地の交通障害の原因となる．ここではその発生機構と形状を説明する．

図7.22は平らな雪面に高さ2.5mの防雪柵を設置した時の風速分布を示す．柵の風上側では柵に近づくにつれて風速が次第に弱まることがわかる．このため吹雪量は減少し，減少した分は柵の風上に吹きだまりとして堆積する．図7.23に防雪柵の風上での吹きだまりの断面を示す．積雪は堆積過程を表す成層構造をしている．このような風上側の吹きだまりは跳躍粒子が運動を停止してできたものであることが知られている（竹内，2000）．

図7.24は防雪柵の風下での吹きだまりの断面を示す．鯨の背のような形で雪が堆積していったことがわかる．このような風下側の吹きだまりは浮遊粒子が運動を停止したために形成されている（竹内，2000）．図7.25は道路の風上約150mに設置された柵高3.8mの吹きだめ柵（空隙率50%）による吹きだまり（平衡雪丘）を示す．吹きだまりは吹きだめ柵の風下にでき，風上側に頭部がある鯨の

風 →

図7.25 道路の風上に設置した木製の吹きだめ柵の風下にできた鯨の背の形をした吹きだまり（平衡雪丘）
（米国ワイオミング州にて撮影；Tabler, 1986）

図7.26 昭和基地の吹きだまりの様子
（第44次南極地域観測隊提供；
2003年8月3日，江崎雄治撮影）

図7.27 昭和基地に新しく建設された自然エネルギー棟
（2013年2月撮影，国立極地研究所提供）
空気力学的に吹きだまりをさけるように設計された．

ような形をしていることがわかる．この吹きだめ柵は道路での視程障害と吹きだまりをなくすために，道路の風上側で雪粒子を捕捉することを目的として設置された．

7.3.5　南極の観測基地での吹きだまり対策

吹きだまりは極地での観測の支障になっている．昭和基地は南極大陸から4km離れた東オングル島に位置するが，68棟の建物が密集するため，主風向の風下に吹きだまりが発達し（高橋ほか，2005），その除雪作業に多くの時間と労力を要する事態になっている（石沢，2014）．図7.26は昭和基地の吹きだまりの状況を示す．海側（図7.26の上側）からのブリザードのために，建物の風下に吹きだまりが発達していることがわかる．除雪重機による作業が困難な高床式建物の下に吹きだまりが発達することを防ぐため，石沢賢二は7.3.6項で説明する吹き払い柵を昭和基地の建物群の風上に設置し，昭和基地での越冬観測中の吹きだまり軽減に役立てた．このような場所での建築物への吹きだまり対策としては，地面付近の風速を弱めないために，建物は高床式にして分散して建設すること

図 7.28　フランス・イタリアのコンコルディア基地
（国立極地研究所提供）

図 7.29　ドイツのノイマイヤー基地の概念図
（Alfred Wegener Institute 提供）

図 7.30　ベルギーのプリンセス・エリザベス基地
（International Polar Foundation 提供）

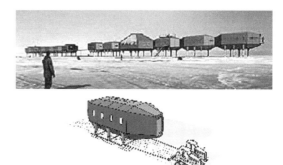

図 7.31　英国のハーレーIV基地(上)と基地移動の概念図(下)
（British Antarctic Survey 提供）

が重要である．

　図 7.27 は 2013 年に昭和基地に建設された自然エネルギー棟である．全体の形状が，空気力学的に風の流れをよくし，吹きだまりを避けるように設計された．一冬を経過した時には除雪の必要はなかったとのことである．

　吹きだまりは図 7.25 に示すように，雪面上の物体の風下に発達する特徴がある．日本南極地域観測隊による南極氷床上での観測や氷河上での観測では，観測機材や燃料ドラムなどを雪面上に一晩以上も一時置き（デポという，英語の deposit より）する場合があるが，この時には空ドラム缶の上に板を渡して高床式にして，主風向に直角方向に物資を並べるとよい．物資の風下に吹きだまりができるので，それに埋まるのを避けるためである．観測機材の風下に別の観測機材を置いた状態でブリザードになると，風下に置いた物はすべて吹きだまりに埋まり見つけられないことも起こりうるので，極地での観測では十分に注意を要する．

　南極の各国基地でもさまざまの工夫をこらした吹きだまり対策がとられている．フランス・イタリア隊のコンコルディア基地（図 7.28）やドイツ隊のノイマイヤー基地の概念図（図 7.29）は高床式にして，雪面が高くなったら油圧で建物をリフトアップする方式としており，これが最近の主流である．ノイマイヤー基地は地下も利用されている．ベルギー隊のプリンセス・エリザベス基地（図 7.30）は露岩の上に高床式で，吹きだまりができないように流線型の形をしている．まるで UFO のようであり，SF 映画の世界の風景である．英国隊のハーレーIV基地（図 7.31）はユニークな吹きだまり対策をとっている．この基地は高床式にして，できるだけ吹きだまりは避けるようになっている．但し，基地の真下は風が吹き抜けたとしても，周りの雪面はいずれ高くなって，吹き抜け効果が弱くなる．この時

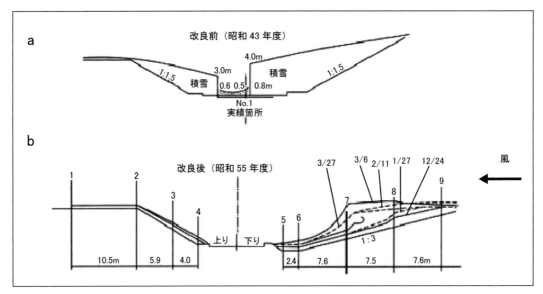

図 7.32 道路の切土改良前 (a) と改良後 (b)（石本ほか，1985，一部改変）

には，基地をユニットごとに分離して，雪の窪みから基地を移動する．スキーの付いた 6 本の足は独立に上下するので 1 本ずつ持ち上げてスキーの下に雪を積み，すべての足を周りの雪面と同じにしてからブルドーザーで移動するのである．なお，南極の吹雪観測に関しては，コラム 13 に詳しい．

7.3.6 道路の吹雪対策

国内の道路の吹雪対策はこれまでに多くの研究者や実務者が対応方法を検討してきたが，それらは 2011 年に「道路吹雪対策マニュアル」（寒地土木研究所，2011）としてまとめられた．これによると，道路の吹雪対策は，(1) 路線計画，(2) 道路構造，(3) 大型構造物，(4) 付帯施設，(5) 維持管理，(6) 情報管理，の 6 つに大別できる．以下にそれぞれの概要を説明する．なお，松澤・金子 (2012) は道路の吹雪対策をコンパクトにまとめてあるので，参考になる．

(1) 路線計画

吹雪の危険地帯の回避，または自然林の活用など，最適な道路ルート選定によって，吹雪災害に強い路線を検討することが重要である．

(2) 道路構造

防雪切土[5]や防雪盛土[6]による吹雪対策である．一般的な切土は，道路斜面（法面という）の勾配[7]が 1：1.5 程度であるが，この場合は風上から運ばれてきた雪が風上側法面に堆積し，吹きだまりとなり路面にまで進入する．そこで，法面を 1：3 程度の緩やかな勾配に変えたものが防雪切土である．図 7.32 は北海道の日本海沿岸の羽幌町近くの国道 232 号の切土区間での吹きだまりの状況を示す．ここで，a は防雪切土の施工前（法面勾配 1：1.5）と b は施工後（風上側の法面勾配 1：3）である（b では 1980 年 12 月 24 日から 1981 年 3 月 27 日までの道路の風上側での積雪堆積状況を示す）．

---

5) 切土とは高い地盤や斜面を切り取って平坦な地表をつくることである．
6) 盛土とは低い地盤や斜面に土砂を盛り上げて高くして，平坦な地表をつくることである．
7) 法面の勾配は縦横比で表す．勾配 1：1.5 とは鉛直方向に 1，水平方向に 1.5 の長さの斜面を表す．

図 7.33 スノーシェルター（北海道羅臼峠にて，2015 年 2 月 7 日撮影）

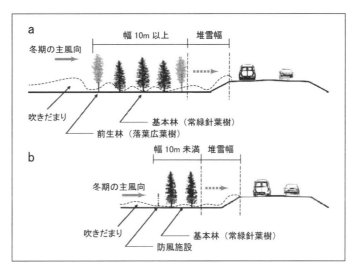

図 7.34 (a) 標準林と (b) 狭帯林の断面模式図（寒地土木研究所，2011）

改良前には 4m 近い吹きだまりが形成され，交通障害が頻発していたが，防雪切土後には交通に支障を与える吹きだまりはほとんど解消されたことがわかる．

一方，盛土では盛土斜面を吹き上がる風により，路面での積雪は吹き払われやすくなる．防雪盛土とはその場所の最深積雪の 1.3 倍の高さに路盤を作ることにより，吹雪対策を兼ねる道路である．また，道路側に雪が貯まる場合にはその高さを加えた高さを路盤とする．

(3) 大型構造物

道路全体を覆うスノーシェルター（図 7.33）が該当する．これは吹雪対策としては最も効果の高い施設であるが建設費が高く，景観を阻害するというマイナス面もある．吹雪時にシェルター内に避難できるパーキングシェルターもある．

(4) 付帯施設

道路防雪林，防雪柵，視線誘導施設などがある．以下にこれらを説明する．

図 7.35 (a) 吹きだめ柵, (b) 吹き止め柵, (c) 吹き上げ防止柵, (d) 吹き払い柵
(a) は 2015 年 2 月 7 日北海道標津郡標津町郊外で撮影, (b) は竹内 (2003),
(c) は 2003 年頃網走市近郊にて竹内政夫撮影, (d) は 2013 年 3 月 17 日北見市郊外で撮影.

(a) 道路防雪林

道路防雪林 (snow break forest) とは林帯がもつ防風能力により，林帯内や林周辺に飛雪を捕捉して道路上の吹きだまりを防止したり，道路上の視程障害の緩和を図ることが目的である．北海道の国道では防雪対策の主役と位置づけられている．幅 10m 以上のものを標準林，幅 10m 未満のものを狭帯林という．図 7.34 に防雪林の断面模式図を示す．a は標準林であり，常緑針葉樹からなる基本林(北海道の場合，トドマツ，アカエゾマツ，ヨーロッパトウヒなどの常緑針葉樹が使われる) とその前後に成長速度が速い前生林 (落葉広葉樹) を配する．幅が 10m 以上なので，冬季には風上側と風下側に吹きだまりが形成される．図 7.34b の狭帯林は基本林で構成される．

(b) 防雪柵

防雪柵 (snow fence) とは鋼板等の材料でつくられた防雪板を使って，柵前後の風速や風の流れを制御し，飛雪を吹きだめたり，吹き払うことにより，道路上の吹きだまりを防止し視程障害の緩和を図ることが目的の施設である．1) 吹きだめ柵, 2) 吹き止め柵, 3) 吹き上げ防止柵, 4) 吹き払い柵, 5) 新型の防雪柵の 5 種類がある．図 7.35 に 1) から 4) を示し，以下にそれぞれの特徴を説明する．なお，竹内 (2003) は 1850 年代からの諸外国と日本での防雪柵の技術的な発展をまとめているので，参考になる．

1) 吹きだめ柵

吹きだめ柵 (collector snow fence) とは道路の風上側で道路から 30 〜 50m 程度離れた位置に設置し，風速を弱め，柵の前後 (風上側，風下側) に飛雪を堆積させることで，道路での視程障害と吹きだまりをなくすことが目的の施設である (図 7.25 は米国で使われている木製のもの)．日本で使われてい

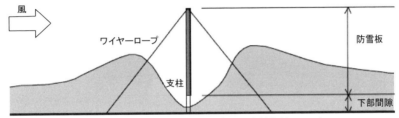

図7.36 吹きだめ柵の構造（寒地土木研究所，2011）

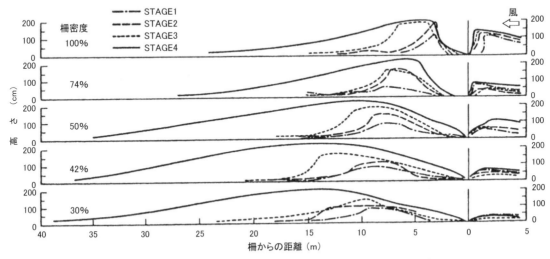

図7.37 吹きだめ柵の柵密度と吹きだまり雪丘の長さ（Price，1961）

るタイプの構造を図7.36に示す．このタイプの柵は柵の下部が開いていることが特徴である（「下部間隙がある」という）．

図7.37は，柵密度（柵の面積割合）をパラメータとして，吹きだめ柵の前後での雪の堆積状況を示す．ここでSTAGEとは，雪の堆積状況を計測した時刻を示しており，徐々に雪が堆積していく様子がわかる．この実験の結果，柵密度が40～50%で防雪容量[8]が最大になることがわかった．また，柵密度を小さくすると，柵の風下の雪丘が伸びるので，柵は防雪対象から離して設置する必要がある．日本では用地が限られる場合が多いので，柵密度70～80%の柵が多い．

図7.38は柵密度75%，下部間隙を0.15mとした時に柵高を変化させたときの実験結果である．柵高4.37mと3.41mを比較すると，初期には柵の風上で形成される吹きだまりの大きさには大差はないが，STAGE3では柵高4.37mのほうが高い吹きだまりとなった．風下では柵高4.37mのほうが小さな吹きだまりとなった．柵高2.18mでは，STAGE3で風上と風下の吹きだまりがつながった平衡状態の吹きだまりが形成された．これらのことより，柵高が高いほど風上側の吹きだまりは大きくなり，その分，風下の吹きだまりは小さくなることがわかる．

図7.39は柵の下部間隙の高さを変えた場合の結果である．下部間隙を大きくすると，雪は吹き払らわれて柵の風下に吹きだまりが小さくなる．したがって，柵が雪に埋まるのを遅らせ，柵の防雪機能を持続するはたらきとなる（Tabler，1994）．Tabler（1994）によると，防雪容量が最大になる下部間隙は柵高の10～15%がよい．柵高が3.41mの場合，これは下部間隙の高さが0.34～0.51mに相当する．

---

[8] 柵が雪で埋まったときの風上と風下で捕捉された飛雪の最大吹きだまり量．

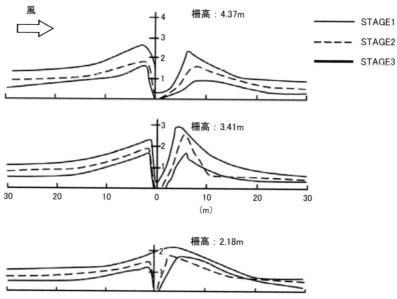

図 7.38 吹きだめ柵で柵高を変えた時に形成される吹きだまり雪丘（竹内ほか，1984）
柵密度は 75%，下部間隙は 0.15m で共通．

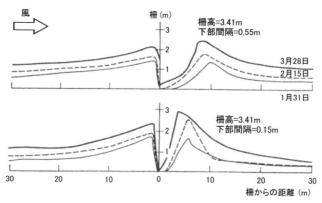

図 7.39 吹きだめ柵の下部間隙の高さを変えた場合の結果（竹内ほか，1984）

　また，吹きだめ柵の風下の平衡雪丘の長さは，柵密度が 50% の場合，柵高の 30 倍以上（Tabler，1994）となり，それだけ道路から離して設置しなければならない．この長さは柵密度や気象条件，雪面の状態などによって一概にはいえないが，近年の集約した日本の土地利用では吹きだめ柵の使用は困難な場合が多い．

2）吹き止め柵

　吹き止め柵（dense and bottomless collection fence）とは吹きだめ柵に似ているが，風上側に雪を多く捕捉し，かつ風上の防雪容量を大きくするために，柵密度を高く，柵高も大きくし，下部間隙をなくした構造となっている（図 7.40）．日本では下部の柵密度が 100%，上部の柵密度が 60～70%，柵高 5m のタイプが使われている．吹き止め柵は風上側に飛雪を多く堆積させる特徴があり，その分風下側の吹きだまり雪丘は小さくなる．道路敷地内に設置でき，道路の防風効果も期待できるので，視程障害緩和効果は高い．

　このタイプの柵は，吹き払い柵の適用限界を超える多車線道路の防雪を道路用敷地内で行うことを目的として開発された．これは吹きだめ柵の実験では，(1) 柵を高くすると風下の吹きだまりが小さ

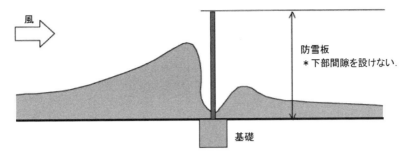

図 7.40 吹き止め柵の構造 (寒地土木研究所, 2011)

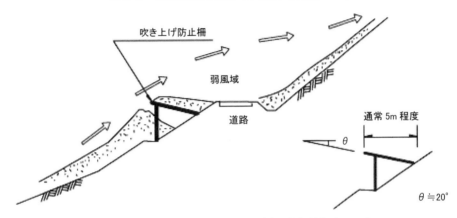

図 7.41 吹き上げ防止柵の設置状況 (寒地土木研究所, 2011)

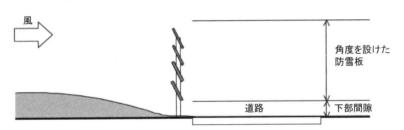

図 7.42 吹き払い柵の構造 (寒地土木研究所, 2011)

くなること，(2) 下部間隙を小さくして柵密度を大きくすると風上側に雪粒子を多く捕捉して，風下の吹きだまりが小さくなること，を応用したものである．ただし，吹き止め柵は，吹き払い柵と較べて飛雪の捕捉率が高いので，吹雪量が多い地域ではより早く飽和に達してしまう．

3) 吹き上げ防止柵

吹き上げ防止柵 (blowing up snow fence または solid barrier) とは，主に山岳域で斜面を吹き上げる風による吹きだまりや視程障害を防止するために開発された防雪柵である．飛雪を風上に捕捉し，道路での風速を弱める機能を有する．図 7.41 に吹き上げ防止柵の設置状況を示すが，通常 5m 程度の幅で，柵密度は 100%，下部間隙がない構造をしている．路面よりも 2〜3m 低い位置に設置する．このタイプの柵は構造と風上に雪を捕捉する機能から，吹き止め柵の変形タイプといえる．

4) 吹き払い柵

吹き払い柵 (blower snow fence) とは鉛直から 40〜50 度の角度をつけて設置された板 (防雪板) で風を制御し，防雪板の間および柵の下部間隙から吹き抜ける風で路面の雪を吹き払うことで，吹きだまりと視程障害を緩和することが目的の柵である．図 7.42 に吹き払い柵の基本構造を示す．吹き

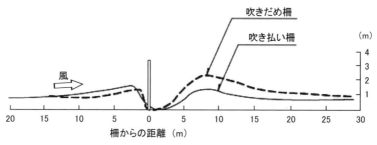

図 7.43 吹き払い柵と吹きだめ柵の吹きだまり雪丘の比較 (福澤ほか，1982)

図 7.44 新型防雪柵の実際の施工状況 (高井ほか，2009)
a：改良型吹き払い柵，b：飛翔型防雪柵.

払い柵は図 7.42 に示すように，道路や道路横の歩道に接して風上側に設置する．北海道から本州にかけて，道路の吹雪対策として多く設置されている．

図 7.43 に吹き払い柵と吹きだめ柵の前後にできる吹きだまりの形状を示す．両者は風上側ではほぼ同様であるが，風下側では吹き払い柵のほうが少ない吹きだまり量となる．

吹き払い柵の問題は，風下側での吹き払い領域が限られており，吹き払い域のさらに風下に吹きだまりができることである．このため，吹き払い柵は主に 2 車線の道路で用いられ，多車線の道路や中央分離帯などの遮蔽物がある道路，風が吹き抜けないような地形の場所では使用できない．最も多く用いられている多段式の吹き払い柵の場合，除雪により路面が露出している場合には吹き払い域として柵高の 2〜3 倍が期待できる．柵高は 3.0〜3.5m とすることが多いので，吹き払い域は柵の風下の 6〜10m 程度である．

吹き払い機能を維持するためには下部間隙を空けておくことが重要である．しかしながら，降雪量が多い地域では，道路管理者は道路および歩道の除雪で手一杯であり，下部間隙の除雪までできていないこともある．従って，下部間隙は多雪地では高くするとともに，除雪時にはできるだけ除雪して，下部間隙の確保に努める必要がある．吹き払い柵には組み立て式のものがあり，夏季には収納することができる．

5）新型の防雪柵

これまで紹介した防雪柵では冬季道路の防雪対策が不十分になる場合があるため，新たな機能をもった防雪柵が開発されている．図 7.44 に実際の施工例を示す．図 7.44a は坂本ほか（2001）が報告した防雪板を翼型形状にした改良型吹き払い柵である．図 7.45 に断面図を示す．ここでは翼型防雪板の振動を制御するため，上部に直径 30mm の孔を付けた板（高さ 40cm）を取り付けてある．従来型の吹き払い柵では上下 2 車線の道路にしか使うことができなかったが，改良型の吹き払い柵では中

Hole diameter d (mm)	Porosity a (%)	Gap G (mm)	Width h (mm)
30	20, 30, 40, 50	80, 120, 160	400

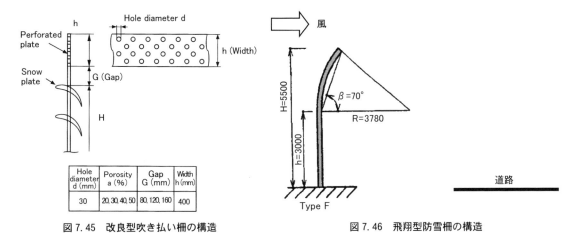

図 7. 45　改良型吹き払い柵の構造
（坂本ほか，2001）

図 7. 46　飛翔型防雪柵の構造
（坂本ほか，2002）

央分離帯がない上下 4 車線の道路でも使用可能であり，高い吹き払い性能をもつことがわかった．

図 7.44b は坂本ほか（2002）が報告した新型防雪柵である．これは吹き止め柵の一種であるが，上部に翼型誘導板を付けたことにより，柵上部付近の飛雪粒子を風下側へ吹き飛ばす機能を兼ね備え，道路空間の視程改善と吹きだまり防止に高い性能を有する．開発者の坂本弘志氏はこのタイプを「飛翔型防雪柵」と命名している．図 7.46 に飛翔型防雪柵の構造を示す．これらの 2 つの新型の防雪柵は北海道や東北地方を主体として総延長 60km 以上に渡ってすでに施工されている（高井ほか，2009）．また，（国立研究開発法人）寒地土木研究所では，高盛土で広幅員の高規格道路に対応した新型防雪柵（山田ほか，2008）や従来の吹払柵を高性能化した路側設置型防雪柵（渡邊ほか，2015）を開発している．

(c) 視線誘導施設

視線誘導施設（facilities for visual guidance）とは路側や道路の視認性を高めることによってドライバーの安全性を高めるための吹雪対策施設である．1）視線誘導標，2）スノーポール，3）固定式視線誘導柱，4）視線誘導樹，5）道路照明，等がある．

1）視線誘導標

道路側方に沿って連続的に設置する白いポール．道路形状を明示し，運転者の視線誘導を行う．通常は頭部に反射体を取り付けたものだが，上部に伸張できるタイプ，頭部が発光するタイプもある．

2）スノーポール

積雪量の多い地域で除雪作業の目標とするため，あるいは運転者の視線誘導を行うために道路側方に設置されるポールで，赤白や青黄の縞模様が使われている（図 7.47）．視線誘導もかねて頭部に反射体を付けたタイプ，頭部が発光するタイプもある．

3）固定式視線誘導柱（矢羽根ともいう）

路側に連続的に設置される施設で，本来は除雪管理のための除雪幅を示すものであるが，吹雪時に視認性がよいため，視程障害対策としても有効に活用されている（図 7.48）．通常，80m 間隔で，路面から 5m の高さに設置される．発光式もある．

4）視線誘導樹

路側や中央分離帯に連続的に樹木を植林することにより，吹雪や降雪時の道路視認性を高める．

5）道路照明

夜間の吹雪や降雪時の道路の視認性を高める．

図 7.47　JR 北見駅前に設置されたスノーポール
（赤白のポール；2014 年 12 月 20 日撮影）

図 7.48　道路の側方上部に設置される固定式視線誘導柱（矢羽根）
道路の右側は吹き払い柵．2014 年 2 月 24 日
北海道紋別郡湧別町の国道にて撮影．

(5) 維持管理

吹雪対策としての維持管理は除排雪の体制や回数を強化するものである．また，安全性の確保の点から，吹雪時に通行止め等の交通規制を行うことがある．

(6) 情報管理

吹雪対策としての情報管理は，ドライバーに対する吹雪情報の提供や吹雪情報を有効活用することなどがある．

7.4　着氷と着雪

7.4.1　着氷

着氷（icing または ice accretion）とは過冷却した雨滴や水滴が物体に衝突して過冷却が破れて凍着したり，水蒸気が冷えた物体の表面で昇華凝結[9]する現象である．この現象は古くから山岳地帯での樹氷として知られていたが，着氷の本格的な研究が開始されたのは航空機への着氷防除（中谷，2012）の問題に関してである．また，送電線や碍子への着氷防止の研究（例えば，菅原，2000），船体着氷が起こる気象条件の解明（例えば，田畑，1969）も行われた．

畠山（1940）によると，着氷は (1) 霧氷，(2) 雨氷に分類でき，霧氷はさらに (a) 樹霜，(b) 樹氷，(c) 粗氷に分類できる．これらは，着氷時の気象条件，すなわち，気温，風速，過冷却水滴の大きさ，単位体積の空気に含まれる水滴の質量（霧水量，liquid water content）によって決まる．図 7.49 は着氷の種類を決める気温と水滴の直径，図 7.50 は気温と風速との関係を示した[10]．これらの要素によって，着氷の種類がおおよそ決まることがわかる．以下にそれぞれの特徴を説明する．

(1) 霧氷

霧氷（rime）とは樹木や地上のさまざまなものに白色もしくは不透明の氷が付着したものである．

---

9) 通常，気相から固相および固相から気相に変化することを昇華という．本書では気相から固相を昇華凝結，固相から気相を昇華蒸発と区別して記す．なお，物体の表面で水蒸気が昇華凝結して成長するものを霜結晶，空中で塵を核として成長するものを雪結晶という．

10) 1944 年 11 月から 1945 年 4 月まで北海道のニセコアンヌプリ山頂で実施された着氷実験の結果．ここでは自然着氷に加えて，風洞を用いての強風下での実験も実施された．図 7.49，図 7.50 では黒岩（1956）に従い，小口（1951）での粗霧氷と密霧氷を樹氷，粗氷と軟粗氷を粗氷と記述した．

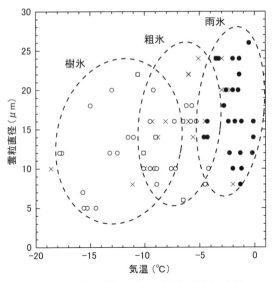
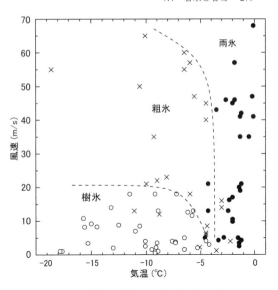

図7.49 着氷の種類を決める気温と雲粒の直径
小口（1951）掲載の表から作図.

図7.50 着氷の種類を決める気温と風速
小口（1951）掲載の表から作図.

図7.51 （a）樹霜と（b）aの一部の拡大写真
北海道北見市の常呂川の河畔にて，2013年1月24日撮影．bからは樹霜が板状結晶であることがわかる．
（カラー図は口絵38を参照）．

(a) 樹霜

　樹霜（air hoar）とは空気中の水蒸気が0℃以下に冷えた物体の表面に昇華凝結し，形成された霜である．樹花ともいう．針状や樹枝状の結晶であることが多く，通常，風の弱い静かな晴天で放射冷却の進んだ早朝に成長する．物体に対する付着力は弱く，壊れやすいので，着氷としての樹霜による被害は少ない．図7.51aは川のそばの樹木で発達した樹霜である．樹霜のために，木が全体として白くなっており，それが朝日に輝いて美しい風景となっていた．図7.51bに結晶形を示すが，板状結晶であった．
　図7.52は窓ガラスにできた霜で，通常，窓霜（window hoar）と呼ばれる．雪結晶での樹枝状結晶のような形状をしていることが多い．ガラス表面の汚れを取ると窓霜はなかなか形成されないことが報告されており（中谷・花島, 1949），窓霜の形状はガラス表面の付着物の影響を受けている．パラフィンや油は水をはじく性質（撥水性，7.4.3-1参照）があるので，ガラス表面を薄いパラフィン膜や油で覆うと，雪の結晶のような独立した形状の霜が生成されることが知られている（図7.53a）。また，親水性のアルコールの蒸気にさらすと，図7.53bに示すように窓霜は曲率を持つ形状に変わる．窓霜

図 7.52 通常の窓ガラスで生成した窓霜（2014 年 12 月 25 日撮影）

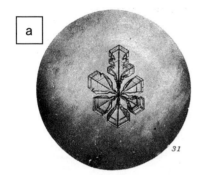
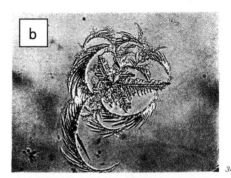

図 7.53 パラフィン（a）およびアルコール（b）を付着させたガラスに生成した窓霜
（中谷・花島，1949）

も「くだを巻く」のである．

(b) 樹氷

樹氷（soft rime）とは，風で運ばれてきた雲粒などの過冷却水滴が物体に衝突して，短時間のうちに完全にその場で凍結し，その上に次々と過冷却水滴が付着・凍結して成長したものである．このような成長は乾いた成長（dry growth）と呼ばれる．樹氷は気泡を多く含むので色は白く，もろい．通称「エビのしっぽ」（図 7.54a）やそれが集積した蔵王の樹氷（図 7.54b）である．樹氷は風上の方向に成長するので，生成時の風向を記録している．なお，蔵王の樹氷は高さ 3～5m の木が樹氷で覆われているが，これには雪片の付着も寄与していることが知られている（黒岩ほか，1969）．蔵王では樹氷原をスキーで楽しむことができる（図 7.54c）．国内では他に，岩手県の八幡平，青森県の八甲田でも樹氷ができることが知られている（高橋，2005）．

(c) 粗氷

粗氷（hard rime）は過冷却水滴や霧粒が物体に衝突してできる成長した乳白色または不透明の氷．氷の質は緻密で，樹氷よりも堅く，物体との付着力も大きい．樹氷と同じく風上方向に成長するが，樹氷よりも気温が高く，風速が大きい場合に発生する（図 7.55）．

(2) 雨氷

雨氷（glaze）は，過冷却した雨滴や霧粒，水滴の衝突によって成長する透明な氷．気泡をほとんど含まず，物体に強固に付着する．成長中は表面が水でぬれた状態になっており，濡れた成長（wet growth）と呼ばれる．気温が -5℃から 0℃で成長する（図 7.49，図 7.50）．雨氷が物体に付着すると，

図 7.54 樹氷の例
(a) 看板についた「えびのシッポ」(2009 年 3 月 9 日，長野県茅野市坪庭において，澤田壯一撮影)，
(b) 蔵王の樹氷 (2004 年撮影，山形県蔵王温泉観光協会提供)

図 7.54 (c) 蔵王の樹氷原コース
(2011 年撮影，山形県蔵王温泉観光協会提供)

図 7.55 粗氷
(2011 年 10 月 18 日，秋田県鳥海山にて武田康男撮影)

ガラス細工のように見える．図 7.56 は 1999 年 3 月 5 日午前 8 時 30 分頃にカナダのオタワ市で撮影された雨氷である（南・亀田，2000）．

松下・西尾（2004）は雨氷の発生原因の 1 つである着氷性の雨の頻度を 1989 年 11 月～2003 年 5 月までの気象庁観測データ（気象官署資料，地域気象観測資料[11]，高層気象観測資料）を用いて調べた．その結果，中部地方から東北地方の内陸山間部，東北地方から北海道にかけた太平洋の平野部で発生率が 0.2 以上と高く，4～5 年に一度の割合で着氷性の雨が発生していることがわかった（図 7.57）．

7.4.2 着雪

着雪 (snow accretion) とは降雪が地上の事物に付着する現象である．交通障害や停電被害，橋梁からの落雪被害などを起こすため，古くから多くの研究や対策が実施されている（例えば，荘田，1953；坂本，1978；竹内，1978；若浜，1979；Sakamoto，2000）．雪が水を含んで湿っていると着雪が発達しやすいことが知られている．

松下・西尾（2006）は気象庁の観測で着雪により風速と風向データが欠測した事例に着目して，湿雪によって着雪が生ずる降水の気象条件を明らかにした．図 7.58 は黒丸と白丸で着雪が起こった気象条件を示す．ここで，黒丸は 1991 年 10 月から 2004 年 5 月までの気象庁の地上気象観測原簿資料

---

11) アメダス (AMeDAS：Automated Meteorological Data Acquisition System) による気象観測結果．

図 7.56 木の枝についた雨氷
(南・亀田, 2000；カラー図は口絵 39 を参照)

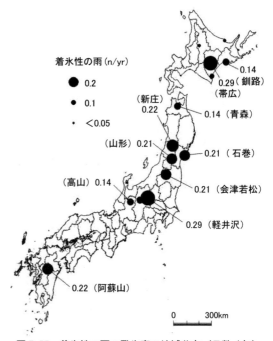

図 7.57 着氷性の雨の発生率の地域分布（日数／年）
(松下・西尾, 2004)
新庄と石巻は昼間（8：30～17：00JST）でのみ
大気現象の観測を実施.

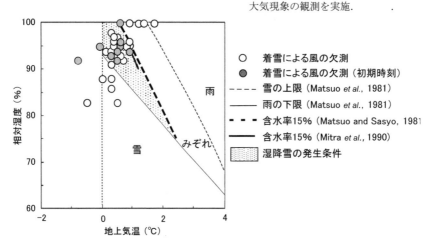

図 7.58 着雪によって風速と風向データに欠測が発生している時の
地上気温と湿度との関係（松下・西尾, 2006）
湿降雪が降る条件を網かけで示す.

で着雪のために風の欠測が起こった西日本の 9 つの事例で，風のデータ欠測期間の初期時刻の気象条件（気温，湿度）を示す．白丸では同じ資料での風が欠測した全期間の気象条件を示す．図 7.58 では雪になる気象条件（点線），雨になる気象条件（細い実線），地上で降雪粒子の含水率が 15% になる条件（太い点線および太い実線）も合わせて示している．松下・西尾（2006）は図 7.58 の網かけの条件で着雪の原因となる湿降雪が降ると推定した．気温が 0～2℃ 程度であり，相対湿度が 75～100% の時であった．

図 7.59 は上記条件で推定した湿降雪が降る日数の地域分布を示す．湿降雪日数は北陸地方を中心

として，本州日本海側で年に 10 ～ 25 日程度であることがわかる．また，北海道や東北地方では年に 3 ～ 15 日となっている．ここで注意すべき点は，図 7.59 で示されている日数はあくまでも気象条件からみて着雪が起こる可能性がある日数であり，実際に着雪が起こった日数とは異なる点である．

7.4.3 着氷雪災害

着氷雪災害とは，着氷や着雪が原因となって起こる災害である．ここでは物体表面の性状と着氷雪の関係，着氷雪災害の状況とその対策を説明する．

(1) 物体表面の性質

物体表面での着氷雪は，水との親和性の違いによって，物質表面での水の振る舞いが異なることが知られている．水となじみにくい性質は疎水性（hydrophobicity），なじみやすい性質は親水性（hydrophilicity）という．疎水性の中でも，

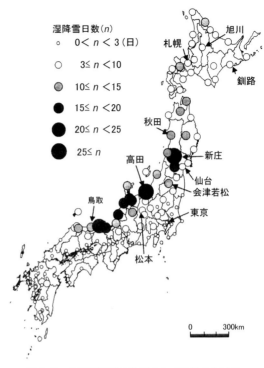

図 7.59 湿降雪日数の地域分布（日数 (n) / 年）
（松下・西尾，2006）

とくに水をはじく性質を撥水性（water repellency）という．図 7.60 は撥水性物質と親水性物質の上に水滴を垂らした場合の模式図であるが，接触角（θ_c）が 150°以上のものを超撥水性，90°以上のものを撥水性，90°未満のものを親水性という．

吉田ほか（2000）による自然環境下での屋外実験によると，気温が -3℃以上の湿り雪では親水性の表面（接触角 65 度の塩ビフィルム），-3℃以下の乾雪では撥水性の表面（接触角 138 度のフッ素系フィルム）で着雪量が少なかった．親水性の表面は水となじみやすいため，気温が -3℃以上では着雪との界面に多くの水が存在し，この水のために雪が滑り落ちやすくなったと考えられる．一方，撥水性表面では雪氷の付着面積が小さくなるため着雪に効果があると考えられる（松下，2008）．なお，表面の性状を塗装などで変更する着氷雪対策では，塗装の耐候性や耐久性に課題が残されている．

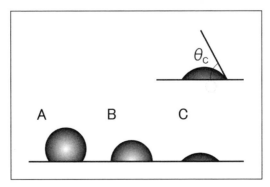

図 7.60 親水性の異なる物体表面上の水滴の変化
(A) 超撥水性 (150° < θ_c)，(B) 撥水性 (90° ≦ θ_c ≦ 150°)，(C) 親水性 (θ_c < 90°)．

図7.61 (a) 送電線への着雪（1976年3月21〜22日，北海道電力弟子屈幹線92号鉄塔付近），(b) 着雪のために倒壊した鉄塔（1972年12月1日）（若浜ほか，1978）

Vorobyev and Guo（2015）はプラチナ，チタン，真鍮の表面にレーザーパルス照射（6.5×10^{-14}s, 800nm, 1kHz）すると，これらの金属表面の光学的性質および濡れに関する性質が変わることを報告し，これらの金属表面に撥水性をもたせることが可能となった．この報告では実験結果とともに，このような機能性表面を使った種々の応用の可能（航空機の翼，送電線，エアコン用の送風パイプ，レーダー，通信用アンテナなどの着氷対策）も述べられている．

(2) 電線着雪

(a) 状況および筒雪の成長メカニズム

電線着雪（snow accretion on power transmission line）とは，気温が-0.5〜2℃程度の時，湿った降雪が送電線に付着する現象である．着雪が発達すると，直径が10cmから20cmの太い筒状の雪（筒雪）が形成され，自重により電線が垂れ下がる（電線垂下）．この状態で着雪が脱落すると電線が跳ね上がり（スリートジャンプという，英語ではsleet jump），送電線同士が接触してショートすることがある．電線垂下の状態で風が吹いてもショートする場合がある．長い区間に敷設された送電線ではギャロッピング振動（馬が走る時の蹄の動きに似ていることから命名．英語ではgalloping oscillations）と呼ばれる持続性の振動が発生する場合がある．これは風速や着雪量，送電線の剛性力などに依存するため，その発生は希であるが，一度発生すると送電線が接触してショートする場合がある（菊池ほか，2006）．これらの着雪が原因となって送電線が切断され，場合によっては送電鉄塔が倒壊することも起こる．

図7.61aは送電線の着雪，図7.61bは着雪と強風のために倒壊した送電鉄塔を示す．このような大規模な事故は，(b)で述べる「電線着雪の対策」のため日本では久しく起こっていなかったが，2005年12月22日に新潟県の広範囲な地域で大規模な停電が起きた．これは電線の碍子に海水と雪が混ざった濡れ雪が付着し，碍子で絶縁が保てなくなったこと，および強風によるギャロッピング振動により，電線同士が接触し，ショートしたために発生した．停電の復旧まで最長で31時間かかった．また，2012年11月27日には北海道登別市内で送電鉄塔の倒壊事故が起こった．この時には登別市内で3日間の停電となった（表7.11-4の事例）．

電線着雪は発生時の気象条件によって「強風型」と「弱風型」に分類することができる．図7.62に強風型と弱風型が起こる気象条件をまとめた．図7.62aは気温と風速との関係，図7.62bは降雪強度と風速との関係を示す．図7.62より，強風型は気温が0〜2℃，風速が10分間平均値で4〜5m/s

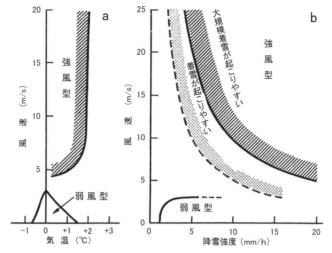

図 7.62　強風型と弱風型の電線着雪が起こる条件 (若浜, 1988)

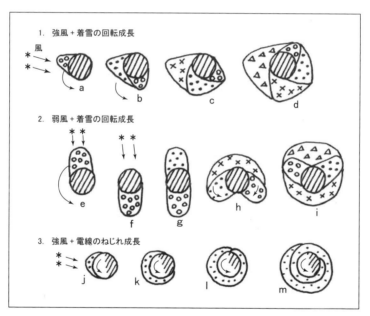

図 7.63　電線着雪の発達過程の模式図 (若浜, 1979を一部改変)

以上で, 水分を多く含む湿雪が数時間以上継続して降る時に起こる. 弱風型は気温が -0.5 ～ 1.5℃程度, 風速が 3m/s 以下で湿雪が強く降る時に起こる. 興味深いことは, 強風型と弱風型との間の条件では電線着雪はほぼ起こらないことである. これは後述するように, 電線着雪の発達メカニズムが原因である. つまり, 強風型は着雪が原因であるが, 弱風型は電線上への雪の堆積, すなわち冠雪が原因であり, それぞれの気象条件下で発生する. なお, 以前は強風型は低気圧型, 北海道型もしくはII型着雪と呼ばれており, 弱風型は季節風型, 北陸型もしくはI型着雪と呼ばれていた.

　電線着雪はその発達過程より,「着雪の回転成長型」と「電線のねじれ成長型」に分類することもできる. これらの発達過程を図 7.63 に模式的に示す. 着雪の回転成長型では着雪が電線表面ですべり, 他の面で着雪が成長することにより, 筒雪が発達する. 強風型の回転成長を図 7.63-1 に示すが, この場合, 雪は電線に対してほぼ水平に近い角度で衝突し, 図 7.63-1a のように着雪は風上に向かって

表7.12 電線着雪事故の例（若浜, 1979）

番号	発生年月日	地　域	最大風速 [m/s]	主な被害	着氷雪の型
①	1954/3/4	富山	16	断線多数	強風型
②	1962/12/3	北海道北部	13	〃	〃
③	1963/2/25	釧路地方	10	66kV用送電鉄塔18基倒壊	〃
④	1970/1/31	北海道南部	18	187kV用送電鉄塔1基倒壊	〃
⑤	1970/3/16	十勝, 釧路	25	66kV用送電鉄塔4基倒壊	〃
⑥	1972/1/15〜16	東北地方	15	154kV, 66kV用送電鉄塔10基倒壊	〃
⑦	1972/2/10	広島, 四国	―	断線	〃
⑧	1972/2/27	北海道南部	21	187kV, 66kV用送電鉄塔3基倒壊	〃
⑨	1972/12/1	北海道北部・東部	27	110kV用送電鉄塔60基倒壊	〃
⑩	1975/3/20〜21	十勝地方	2	断線	弱風型

硬く緻密に成長する．ある程度成長すると，図7.63-1bのように雪はすべって回転する．雪の含水率が小さいと付着力が小さいために電線から脱落することも多い．含水率が10〜15%になると付着力が大きくなり（水野・若浜, 1977），脱落しづらいので着雪が成長する（図7.63-1c, d）．

弱風型の回転成長を図7.63-2に示す．この場合，雪は電線の上に静かに積もる（図7.63-2e）．堆積した雪の量が増えると不安定になり，雪はすべって回転し，下側に移動する（図7.63-2f）．この時に，雪に含まれる水分が少ないと付着した雪は脱落するが，含水率が10%程度になると雪は脱落しない．さらに電線の上部には新たに雪が積もる（図7.63-2g）．冠雪は下側に移動し，新たな雪が上に堆積して，着雪は成長する（図7.63-2h, i）．ただし，気温が2℃よりも高くなると，雪が次第に濡れて水分を増し，含水率が30%以上になると雪同士の結合力が弱くなるので，着雪が脱落することが多くなる．回転成長型の着雪は表面が平滑なアルミ円筒やビニール被膜の円形断面の配電線もしくは通信線で起こることが多い．

一方，送電線の撚線（よりせん）では着雪が電線表面ですべりにくいため，一方向から着雪が起きて，それが風上側に成長すると，撚線自体が回転して着雪が下になり，さらに電線の上に雪が堆積して（図7.63-3k），電線がさらにねじれて着雪が成長する（図7.63-3l, m）．これが電線のねじれ成長型である．これは強風型，弱風型の両者で起こる（西原ほか, 2013）．

表7.12に1954年から1975年までの主な電線着雪事故とその時の気象条件をまとめ，図7.64では強風型と弱風型の事故の発生条件をまとめた．なお，五藤・黒岩（1975）は北海道における電線着雪の状況とその発達抑止，五藤（1976）はねじれ回転による電線着雪の発達過程のシミュレーションの計算法を報告している．

(b) 電線着雪の対策

電線着雪事故を防ぐためには，電線と送電鉄塔の強度を強くすること，電線への着雪の回転成長とねじれ成長を防ぐことが重要である．図7.65に着雪対策技術をまとめる．難着雪リング（着雪防止リングともいう）は電線の長さ方向で筒雪を分断し，電線上をすべる筒雪の動きを阻止して，落下させることが目的である．ひれ付き電線は着雪の回転を防ぐことが目的である．電線のねじれを防ぐためには，ねじれ防止ダンパーを付けたり，数本の電線をつなぐことで，電線が互いにねじれることを防ぐスペーサーを入れることなどが行われている．これらの着雪対策が施された結果，電線着雪による大事故の多くは未然に防止できるようになってきている．

(3) 道路標識，信号機への着雪

道路標識の着雪は電線着雪とは異なり，氷点下の水分を含まない乾雪でも起こる．竹内（1978）は

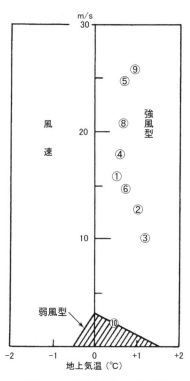

図7.64 着雪発生時の気象条件
(若浜, 1979)
番号は表7.12の番号に対応.

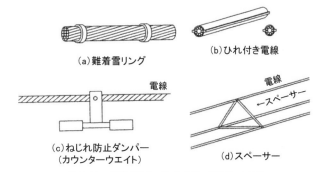

図7.65 電線着雪の防止方法 (若濱, 1995)

付着力が小さい乾雪の場合，5m/s以上の風速で標識板に雪が強く衝突することで付着すること明らかにした．水分を含む湿り雪の場合，電線着雪と同じく，雪に含まれる水の表面張力によって付着した．乾雪では強風時だけ付着するが，湿り雪では無風状態でも付着することがわかった．

道路標識の着雪対策としては，標識を鉛直から傾けて設置する方法（傾斜法）がある（図7.66）．これは，風向に正対する標識板には着雪するが，風と斜め方向に設置された標識板には着雪しない観察事例より，竹内（1978）が初めて報告した．標識板付近の風速を測定した風洞実験の結果を図7.67に示す．ここでは，標識板を風向に正対（a）および斜対（b）させた実験ではあるが，これを鉛直（a）および下向きに傾斜させたもの（b）と見ることができる．図7.67に示した風の流線（実線）と推定した雪片の軌跡（点線）より，標識板に近づくと風は流れを変えるが，降雪は慣性によって標識板に衝突して，風のよどみ点を中心に着雪することが示されている．標識板が鉛直の場合，標識板の中心から着雪が成長する（図7.67a）．一方，標識板を傾けると，風のよどみ点は標識の中心から上部へ移動する（図7.67b）．傾斜角が大きいほど着雪量は小さく，着雪場所もより上部に限られるようになっ

図7.66 着雪対策のため，傾けて設置された道路標識
(a) 正面から．(b) 横から（北海道内の道の駅「しらたき」において，2015年1月6日撮影）．

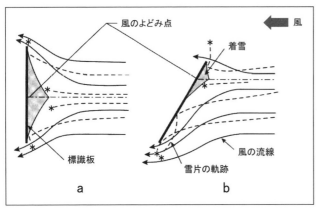

図 7.67　強風時の標識板の周りの風の流れ（実線）と雪の軌跡（点線）
(竹内, 1978)
標識が鉛直の時 (a) と傾けた時 (b).

図 7.68　上を手前に傾けて設置された信号機
（コイト電工社製車両用フラット型 1H303L）
北見市内において, 2014 年 12 月 26 日撮影.

た．標識の視認に関しては許容範囲になる場合が多く，有効な着雪対策である．このため，傾斜法は多くの積雪寒冷地の道路標識で採用されている．

図 7.68 は鉛直から傾けて設置された信号機（正式名称は，交通信号灯器）である．図 7.68 の LED 型信号機の場合，鉛直から 25 度傾けて設置することが標準施工である[12]．LED 型信号機は省電力，長寿命など，従来の電球を使用した信号機に比べ利点が多いが，着雪については若干の課題がある．LED 型信号機は従来の電球型に比べ発熱量が少ないため，厳しい着雪が起こった場合には信号機の視認性に問題が起きる場合もある．図 7.48 で道路の路肩を示す固定式視線誘導柱（矢羽根）を示したが，この矢羽根は運転者に見える面は平面ではなく，中央軸で縦方向に折れている．これは矢羽根の着雪対策であるが（竹内・野原, 1986），矢羽根の強度を増す利点もある．

着雪防止対策として，標識板を赤外線，面発熱体・電熱線で加熱する方法，水をはじく撥水性の塗料や物質でコーティングする方法，風の力でたたいて雪氷を落とす方法など，種々の方法が長年にわたって検討されてきた．加熱する方法の場合，中途半端な加熱では逆に着雪量が増える問題がある．さらに必要十分な加熱をする場合には経費がかかりすぎることも問題である．撥水性塗料の場合はすでに述べたように，長期間の耐久性に課題がある．これらの理由のため，上記の方法は現在でも実用化されていない．

(4) 橋梁への冠雪および着氷雪

物体の上に雪が積もることを冠雪という．トラス橋，アーチ橋など，橋の上部構造が路面上にあるタイプの橋（図 7.69a）では，橋の上部構造で冠雪が起こり，そこからの落雪のために通行車両に被害を与えることがある．このため，人力による除雪作業に加え，ヒーティング工法，構造面の対策が行われてきている（竹内, 1978）．

ヒーティング工法とは橋梁で冠雪や着氷雪が発生する場所にヒーターを取り付け，融雪させる方法である．最も確実な方法ではあるが，水が滴る地点につららが形成され，新たな危険を生む場合がある．また，加熱のための経費が冬季には定常的にかかる問題もある．

構造面での抜本的な対策は，積雪寒冷地では橋の上部構造を路面上につくらないことである．ただ

---

12) 信号機が傾いて設置されているのは傾斜法による着雪対策に加えて，強風対策と太陽光による視認性低下を軽減させるためである．

図 7.69　豊頃大橋（北海道中川郡豊頃町）の上部構造に取り付けられた格子フェンス
(2008 年 2 月 1 日，竹内政夫撮影)
(a) 上部構造の全景，(b) 上部構造中央の拡大.

し，橋の構造上，上部構造を路面上につくらなければならない場合もある．その時には図 7.69b に示すように，2 つのアーチを結ぶ支材に格子フェンスを取り付ける方法がある（千葉ほか，2003；竹内ほか，2005）．図 7.69b に橋梁部に取り付けた格子フェンスを示す．これは橋梁部への冠雪は許容するが，橋梁から雪が滑落しないようにすることを目的としており，除雪作業などのメンテナンスフリーを指向している．格子フェンスは室内および屋外実験にて効果を確認の後，図 7.69 に示すように豊頃大橋で施工された（竹内ほか，2005）．

　なお，冠雪する部分を撥水性の高い塗装などで処理する方法，部材そのものを滑雪性の高い材質（アルミ板，ステンレス板など）に変える方法なども検討されてきたが，撥水性塗料や滑雪性の高い材質の場合，前述のように表面の撥水性を長年にわたり維持することが難しく，解決には至らないことが多い．

　このように，積雪寒冷地において構造物を設計する際には，着氷雪対策を充分に検討しておく必要がある．東京スカイツリーでも着氷の落下が問題となったが，ヒーターを使って着氷を融かすことで対処している．なお，札幌市内の水穂大橋では橋の上部構造から雪氷塊が落下し，それが通行している自動車にぶつかることが問題になっている．

(5) 鉄道，船舶，航空機への着氷雪

(a) 鉄道

　1964（昭和 39）年，東海道新幹線が開業した．岐阜県関ヶ原町など，積雪地域を走行すると雪が車体下部に付着し，それが雪の塊となった．その後，積雪がない地域を走行している時に，雪の塊が落下して軌道内の砂利を跳ね上げ，車体下部の電気系統などを壊し，新幹線が急停車する事故が発生した．

　国鉄（当時，現在は JR 各社）は列車軌道内にスプリンクラーを設置し，雪が降ると散水して雪をぬらす方法をとった．濡れた雪は水の表面張力のため雪が舞い上がらず，問題を解決することができた（若浜，1988）．東北・上越新幹線では車両の着雪防止策として，車両下部を全体的に鋼板で覆う構造を採用し，各種機器には着氷雪防止のためのヒーターを取り付けた（藤井，2005）．

　2016 年 3 月に新青森から新函館北斗まで開業した北海道新幹線では，種々の降積雪対策が実施された．JR 北海道の報道発表資料によると，線路の降積雪対策として，(1) 路盤を高くして線路脇に雪を貯める貯雪式高架橋，(2) 高架下に雪を落としても支障がない場所では開床式高架橋，(3) 線路のポイント切り替えでの電気融雪器・ピット式ポイント，などが採用された．ピット式ポイントとは

ポイント下部に箱形の空間（ピット）を設け，雪をそこに落とし込む仕組みである．

　在来線と新幹線が同時に走行する三線区間でのポイント（三線式ポイント）では，さらにスノーシェルターが導入された．図 7.33 に道路用のものを示したが，このように線路全体を覆う．これは新幹線用としては初めての採用である．線路上の除雪を行なう除雪用車両も新たに導入された．なお，従来の雪対策で行われてきたスプリンクラーによる「散水消雪方式」は気温が低いと水が凍る恐れがあるため，新青森駅付近の一部のみで使用されている．

(b) 船舶

　船舶への着氷を船体着氷（ship icing）という．これは寒冷海域を航行する船舶に海水飛沫が付着して凍結する現象である．多量に着氷すると船の重心が高くなり，復元力を失って船が転覆してしまう．日本では 1960〜70 年の間に着氷が原因で沈没した漁船は 23 隻あり，360 名が亡くなっている（小野，2005）．

　船体着氷は船の喫水線の海面からの高さに依存するが，田畑（1969）によると総トン数が 450 トンの船（中型船）[13] では，気温が $-2°C$ 以下，対船風速が 6〜8m/s 以上で起こり始め，気温が $-6°C$ 以下，対船風速が 14m/s 以上になると激しく着氷することが報告されている．北半球では船体着氷はベーリング海，ニューファンドランド島沖の北大西洋，アイスランド近海，ノルウェー海，バレンツ海などとともに，日本近海の沿海州，オホーツク海，千島列島沿いの海域で発生している．

　着氷対策としては，着氷した氷をたたき割る「氷割り作業」が一般的であるが，激しい着氷は天候が大荒れの時に起こるので，危険で困難な作業となる．これ以外の方法としては，熱的方法，機械的方法，物理化学的方法がある．熱的方法とは，電熱線や機関冷却水の廃熱を利用して，温度上昇させるやり方であり，アンテナ，救命筏（いかだ），窓など重要な箇所に使われる場合がある．機械的な方法とは空気を送り込むエアバックで氷を割る方法，氷をたたき割るのを容易にするために表面を軟らかい材質に変える方法などである．物理化学的な方法とは撥水性の材料や塗料を船体に用いる方法である．なお，初期の船体着氷研究については小野（2006）に詳しい．

(c) 航空機

　航空機が上空で $0°C$ 以下の「冷たい雲」を通過する時，航空機の主翼や尾翼，ピトー管などで着氷が起こる場合がある．これは浮遊する雲粒（過冷却水滴）が付着することが原因である．着氷が進むと航空機の揚力と重力のバランスが崩れ，墜落の原因となる．このため，大型航空機には防氷システムと除氷システムが取り付けられている．防氷システムとは，着氷を防ぐためのシステムであり，加熱した空気を使うものと電熱ヒーターを使うものがある．除氷システムとは付着した氷を取り除くためのシステムであり，着氷する部分に予め取り付けた電熱マット，翼表面をわずかに機械的に振動させるタイプなどがある．プロピレングリコールやエチレングリコールを主成分とした航空機用着氷防除液（ADF, aircraft deicing fluid）も寒冷地を飛行する航空機では使用されている．このように航空機の機体にはさまざまな着氷対策が施されているため，最近は着氷が原因となる事故は滅多に起きない．

　なお，第二次世界大戦末期の昭和 18〜20 年に中谷宇吉郎博士（当時，北大教授）を中心とした研究グループは北海道のニセコアンヌプリ山頂に観測所を建設し，そこに九六式艦上戦闘機（通称，九六式）と零式艦上戦闘機（通称，ゼロ戦）の一部（主翼と胴体部のみ）を設置し，航空機への着氷実験を実施した．この実験は当時「戦時研究」として扱われていた．得られた科学的な成果（航空機

---

[13] 海上保安庁によると，大型船は総トン数が 3000 トン以上，中型船は 20 トン以上で 3000 トン未満，小型船は 20 トン未満．小型船は港内において陸揚げできる程度の船をいう．

の翼への着氷と防除（高野，1950 など），プロペラへの着氷と防除（黒岩，1951a，1951b），着氷の基礎的研究（小口，1951）など）は戦後に発表された．この実験の実施状況や実験に使用した航空機の経緯については東（1998），菊地ら（2006）が詳しい．この時に使用されたゼロ戦の右主翼は 1990 年 8 月にニセコアンヌプリ山頂の東側の沢で発見され，2004 年 6 月に北海道倶知安町の倶知安風土館のスタッフが回収し，現在同館で常設展示されている．

7.5 雪氷路面

「スパイクタイヤ粉じんの発生の防止に関する法律」が 1990 年 6 月 27 日に公布され，日本では積雪がない路面でスパイクタイヤを使うと 10 万円以下の罰金となる法律が施行されている．この罰則が適用開始となった 1992 年度から，北海道では自動車のスタッドレスタイヤ装着率がほぼ 100% となり，冬季道路ではいわゆる「つるつる路面」が発生するようになった．これは降雪後に圧雪された雪面が通行車両の影響を受けて表面に氷膜が形成されるためである．スパイクタイヤ規制以前には，スパイクタイヤのピンが圧雪路面を破壊することで氷膜が成長することを防いでいたと考えられている．

雪氷路面や吹雪など，雪や氷が関わった交通事故を「冬型交通事故」といい，北海道警察本部（2013）ではその原因を車のスリップ事故，視界不良（吹雪および地吹雪），わだち，その他に分類している．北海道内でのこれら事故の発生件数および全交通事故に対する冬型交通事故の割合を表 7.13a，これらの交通事故による死者数およびその割合を表 7.13b にまとめた．北海道内では 11 月から翌年 3 月まで 7000 件程度の交通事故が発生するが，この中で路面凍結や吹雪などの冬季現象が事故の直接または間接要因となった「冬型交通事故」は 1800 件程度起こっており，全体の 26% 程度であることがわかる．また，表 7.13b より冬型交通事故による死者数は 20 〜 30 人程度であり，この期間の全交通事故に対する 35% 程度であることもわかる．すなわち，冬型交通事故は他の事故に比べると，死者数の割合が高くなる特徴がある．死者の多くはスリップ事故が原因である．2012 年の北海道内での交通事故件数とそれによる死者数は 14973 件，200 人だったので，冬型交通事故は事故件数で 12%，死者で 14% を占める．

このような雪氷路面の状況を検知して，冬季交通の事故軽減を目的とする研究も進められている．渡邊ほか（2011）は可搬型マイクロ波放射計 MMRS2（三菱電機特機システム社製），赤外放射温度計（㈱堀場製作所製 IT-550L），目視観測を組み合わせると，乾燥路面，湿潤路面，凍結路面，圧雪路面が 95% 以上の確率で識別できることを示した．Alimasi et al.（2012）および高橋・アリマス（2013）は，LED 光を使った自作の測定装置と赤外放射温度計を用いると，雪氷路面は表 7.14 に示す 8 種類

表 7.13a　2011 年度と 2012 年度の冬季（11〜3 月）に北海道内で発生した全交通事故と冬型交通事故の件数および原因別の割合（カッコ内）（北海道警察本部，2013）

	2011 年度（11〜3 月）	2012 年度（11〜3 月）
全交通事故	7235 件	6756 件
冬型交通事故	1840 件（25.4%）	1834 件（27.1%）
スリップ	1627　（22.5　）	1632　（24.2　）
視界不良	179　（2.5　）	149　（2.2　）
わだち	30　（0.4　）	52　（0.8　）
その他	4　（0.1　）	1　（0.0　）

表 7.13b　2011 年度と 2012 年度の冬季（11〜3 月）に北海道内での交通事故による死者数と冬型交通事故による死者数および原因別の割合（カッコ内）（北海道警察本部，2013）

	2011 年度（11〜3 月）	2012 年度（11〜3 月）
全交通事故	69 人	77 人
冬型交通事故	24 人（34.8%）	28 人（36.4%）
スリップ	21　（30.4　）	27　（35.1　）
視界不良	3　（4.3　）	1　（1.3　）
わだち	0　（0.0　）	0　（0.0　）
その他	0　（0.0　）	0　（0.0　）

表7.14 8種類の雪氷路面の名称および特徴 (高橋・アリマス, 2013, 和訳を追加)

名　称	特　徴
1) 乾燥路面 dry surface	水分や雪，氷がない乾燥した路面．
2) 湿潤路面 wet surface	水分があり，濡れた路面．
3) 積雪路面 snow surface	柔らかい雪で覆われた路面（積雪の圧縮が進んでいない）．
4) シャーベット路面 sherbet surface	水を含んだシャーベット状の雪で覆われた路面．
5) 凍結路面 freezing surface	シャーベット状の雪や融解水が凍った後など，氷で覆われた路面．
6) 圧雪路面 compacted snow surface	車によって積雪が固く圧縮された路面．
7) 光沢圧雪路面 glossy compacted snow surface	光沢のある圧雪路面（白いアイスバーン）．
8) ブラックアイスバーン black ice surface	薄氷で覆われ，路面が透けて暗く見える路面．一見，凍結しないように見えて走行に危険．

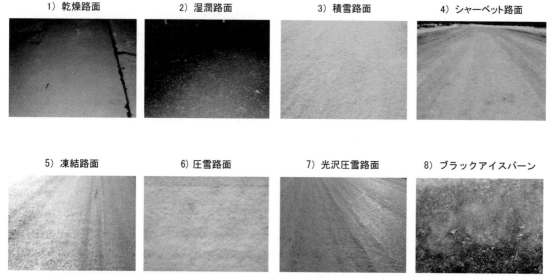

図7.70 8種類の雪氷路面 (Alimasi, 2013, 和訳を追加)

に分類できることを示した．それぞれの雪氷路面の状況を図7.70にまとめる．光沢圧雪路面とブラックアイスバーンがいわゆる「つるつる路面」に相当する．将来的にはこのような方法を用いて，道路管理者による交通巡視車両が路面状況を瞬時に判定し，インターネット経由でドライバーに路面情報を配信することが検討されている．

北海道開発局による石北峠道路情報システムでの路面分類は乾燥，湿潤，シャーベット，積雪，凍結の5種類になっているので，高橋・アリマス (2013) による分類では凍結をさらに4種類に細分したことになる．高橋・アリマス (2013) による雪氷路面分類（表7.13）と従来の雪氷路面分類（木下ほか，1969，1970；前野ほか，1987；秋田谷・山田，1994）との関係は，Alimasi (2013) に詳しい．

積雪寒冷地の橋梁では路面が冷えるため，とくに冬の初めに通常の路面よりも路面凍結が起こりやすく，冬季に橋梁を通行する時には注意が必要である．また，トンネルの出入り口付近は日陰になることが多く，特に春先は凍結していることが多いので注意が必要である．

なお，『雪氷』の57巻4号では雪氷路面，冬型交通事故，スタッドレスタイヤなどについての小特

図 7.68 積雪の沈降力のため，ぐにゃりと曲がったガードレール
2012 年 4 月 23 日に山形県北部の大蔵村にて阿部 修撮影（阿部，2015）．

集が掲載されている．ここでは高木（1995）は 1984 年から 1994 年までの北海道の冬季交通事故の変遷を報告し，スタッドレスタイヤの課題を説明している．青井（1995）は冬用タイヤの発達史，内山・金井（1995）は低温におけるゴムの摩擦，平田（1995）は凍結路面でのスタッドレスタイヤの諸性能を報告している．

7.6 積雪の沈降力

第 3 章で説明したように，積雪は自重で圧密沈降する．積雪は互いにつながっているので，積雪中に埋没した物体には圧密沈降により下向きの大きな力（沈降力）が与えられる．図 7.68 は積雪の沈降力のために曲がったガードレールである．

積雪の沈降力の被害は冬の間，積雪中で発生するので，春になって雪が融けてはじめてわかる．積雪地域では自宅で使っている物干し竿が春になると曲がっていて，使い物にならないということも起きる．小中学校のグラウンドには鉄棒が設置されているが，積雪の沈降力により鉄棒が曲がることがある．これを防ぐためは鉄棒の中央部を木棒などで支える工夫をするとよい（阿部，2015）．なお，山岳域の道路のガードレールが曲がっていた場合には，雪崩が原因である可能性もある．

晩秋の頃，積雪地域では庭木に冬囲いをする．多くの人はこの冬囲いは冬の寒さから庭木を守るためにしていると思っているようだが，これはむしろ積雪の沈降力による枝折れを防ぐためである．

確認問題

1. 三八豪雪とは何か．発生年，発生場所および主な被害を簡単に説明しなさい．
2. 6種類の雪崩の名称を「点」，「面」，「乾雪」，「湿雪」，「表層」，「全層」を用いて説明しなさい．
3. 雪崩被害を防ぐための4つの方法を説明しなさい．
4. 高橋の18度の法則とは何か．図を使って説明しなさい．
5. 雪粒子の運動で，転動，跳躍，浮遊とは何か．図を用いて説明しなさい．
6. 吹雪と地吹雪の違いを説明しなさい．
7. 高い地吹雪および低い地吹雪の違いおよびそれぞれの英語名称を述べよ．
8. 気温が $-2℃$ および $-10℃$ で高い地吹雪が連続的に発生する最低風速はいくらか．
9. 石狩川の河川敷で得られた風速と飽和吹雪量との関係を式で表しなさい．
10. 雪面上に物体を置いた時に，形成される吹きだまりの方向および形状を説明しなさい．
11. 道路の吹雪対策は大きく6つに分類できる．それを述べなさい．
12. 吹きだめ柵，吹き止め柵，吹き払い柵について，それぞれの構造や設置場所の違いを説明しなさい．
13. 南極の観測基地ではどのような吹きだまり対策がなされているかを説明しなさい．
14. 雪結晶と霜結晶の違いを説明しなさい．
15. 樹霜，樹氷，粗氷，雨氷の特徴をそれぞれ説明しなさい．
16. 電線着雪を発生時の気象条件ならびに発達過程により分類し，その特徴を説明しなさい．
17. 電線着雪を防ぐための方法を説明しなさい．
18. 道路標識の着雪を防ぐ方法で，現在最も多く使われている方法を説明しなさい．
19. 船体着氷が起こる気象条件を説明しなさい．
20. 雪氷路面は何種類に分類されているか．その特徴をそれぞれ説明しなさい．
21. 積雪地域では庭木に冬囲いをするがその主な目的を説明しなさい．
22. 新潟県十日町での雪まつりの開催の経緯を説明しなさい．
23. しばれフェスティバルとは何か．

コラム 28

2000 トンの雨

「2000 トンの雨」という山下達郎の歌がある．2000 トンの雨と聞くと大雨のような印象を受けるが，実際は何 mm の降水量に相当するかを概算で求めてみよう．

　計算するためには，雨が降る面積を決める必要がある．例えば，北見市の全域（1427.56 km²）で 2000 トンの雨が降った場合を計算しよう．単位換算をすると，$1.42756 \times 10^3 \text{km}^2 = 1.42756 \times 10^9 \text{m}^2$ となる．一方，水の密度を 1000 kg/m³ とすると，水 1 トンは 1m³ であり，2000 トンの雨は 2000m³ に相当する．雨が降る面積を S，雨の体積を V とすると，降水量 h は，以下の式で求まる．$h = V/S = 2000/(1.42756 \times 10^9) = 1.4 \times 10^{-6}$ m $= 1.4 \times 10^{-3}$ mm となり，降水量としてはまったく測定できないほど少ない量である．

　次に自分の住んでいる町内程度の比較的狭い地域を考えてみよう．ここでは 300m×300m のエリアを考えてみる．面積は 9×10^4 m² となる．ここに 2000 トンの雨が降ると，$h = 2000/(9 \times 10^4) = 0.022$ m $= 22$ mm となる．気象庁では 20～30mm/h の雨を「強い雨」と定義しているので，これが 1 時間で降れば大雨といえるであろう．

　それでは，日本全体の面積（37.8 万 km²）に降水を 1mm 降らすためには何トンの水が必要であろうか？日本の面積は 37.8×10^4 km² $= 3.78 \times 10^{11}$ m² なので，この面積で厚さ 1mm の水は 3.78×10^8 m³ となる．水 1 トンは 1m³ なので，これは 3.78×10^8 トン，すなわち 3.78 億トンとなる．例えば，「100 億トンの雨」が 1 時間で日本全体に降れば 26mm の降水になるので，日本全体で大雨となる．

　つまり，自分が住んでいる町内程度の面積に 2000 トンの雨が 1 時間で降れば大雨になるが，もう少し広い地域を考えれば 2000 トンの雨とは必ずしも大雨ではないのである．達郎さん，知っていましたか？

図 A28　高速道路に降る 2000 トン程度の雨
（著作者：gagilas, creative commons ID: 201308240700）

コラム 29
吹雪はどこへ行く？

　南極内陸のみずほ基地で越冬中，雪上車で基地から離れて観測に出かけたときのこと．基地を守る隊員からトランシーバーによる通信が入った．「もしもし，質問があります．毎日いつもこんなに地吹雪が吹いて，どうしてこの雪は無くならないのですか？」と聞かれ，答えに窮した．それは，みずほ基地にいると確かに自分でも実感する疑問であった．空を見上げると青空が一面に見えて天気がいいのに地上はいつも地吹雪．水平方向を見るといつも高さ数 10 m の吹雪の層が見えている．降雪直後なら理解できるが，10 日たっても，いや何日経っても一向に吹雪はおさまらない．そんなときの雪粒子を見るとジャガイモのようないびつな丸い形をしており，新雪の結晶形の面影はない．つまり一旦積もった雪が，また飛び出しているのである．南極大陸の 1000km もの大きなスケールでは，年中発生している斜面下降風が吹き出す内陸部では雪がどんどん運び出され，風が弱くなる沿岸部ではその雪が貯まるのである．みずほ基地では，その吹雪がいつも通過するため，1 m の幅を年間約 3,000 トンもの雪が通過する．これは 10 万トン級タンカー（幅 40m，喫水 10m，長さ 250m）が横いっせいに並んで年間に 1.2 回通り過ぎていく量と同じなのである．

　その後，北海道陸別町の農家の人に「先生，昨日の吹雪で 40cm もあったウチの畑の雪がなくなってしまったよ．どこに行ったのかね？」と聞かれた．「林とか山陰とか，とにかく風の弱くなるところに行ったのです」と今度はすぐに答えることができた．

図 A29　みずほ基地の年間地吹雪輸送量は 10 万トンのタンカーが通るのと同じ．

コラム 30

雪まつり

「雪まつり」とは，雪像を作り，冬の寒さを楽しむイベントである．札幌市で行われている「さっぽろ雪まつり」が有名である．このような雪まつりはどのような経緯で始まったのであろうか．ここではその経緯を説明する．

小樽市の北手宮尋常小学校（後の北手宮小学校）では1935（昭和10）年2月24日に雪まつりが開催されたことが知られている．これは第二代校長であった高山喜一郎氏の発案であり，記録に残る初めての雪まつりである．それ以降，同校では2016年まで毎年雪まつりが開催されてきた[14]．

この北手宮小学校での雪まつり，1898（明治31）年から札幌尋常中学校（後の札幌第一中学校，現在の札幌南高校）で開催されていた雪戦会などを発想の原点として1950（昭和25）年2月18日に札幌観光協会と札幌市が主催して始まったのが，さっぽろ雪まつりである（札幌市教育委員会，1988）．当時は雪捨て場であった大通西7丁目広場に市内3高校，2中学校の生徒による合計6基の雪像が作られ，雪像展やスクエアダンス，ドッグレースなどもあわせて実施され，5万人余りの人出となった．現在のさっぽろ雪まつりは，さっぽろ雪まつり実行委員会が主催しており，2016年には260万人の来場者があり，札幌市の冬の一大観光イベントに成長している．

このような戦後の「現代雪まつり」は十日町文化協会の主催で新潟県十日町で1950（昭和25）年2月4日に初めて開催された．高橋（1953）や十日町雪まつり実行委員会（1998）は十日町での雪まつりの始まりの経緯を以下のように説明している．

1947（昭和22）年10月，昭和天皇が新潟県を巡幸された際，高橋喜平氏を含む5名が雪国の生活について座談会形式で御進講申し上げた．雪国の実情を昭和天皇に知っていただくために，雪国のいろいろな問題をありのままに申し上げたところ，困った話や暗い話になりがちで，楽しい話が1つも出なかった．このため，話の最後に昭和天皇から「何か，雪国を明るくするような話はないか」という意味の御質問があった．このときには，雪国で行われているスキーなどについての説明があった．

しかしながら，当時，十日町文化協会の会長だった高橋喜平氏は，「雪国全般を明るくするためには，雪国の生活そのものがもっと恵まれ，快適でなければならない」と後に気がついた．このため，協会の会議の席上で「暗く陰鬱な雪国の生活を少しでも明るくするため，老いも若きも皆が冬の一日を戸外に出て雪を友として楽しむ祭りをやろう」と提案した．祭りの名称は，長野県下伊那郡阿南町新野の伊豆神社で実施している「雪祭」（雪を豊作の吉兆とみて田畑の実りを願う民俗行事）を参考にして，「雪まつり」と名付けた．「雪まつり」で「祭」をひらがな書きにしたのは，この民俗行事と区別するためであった．このような経緯で，1950（昭和25）年2月4日に十日町で雪まつりが開催された．以降，十日町市での雪まつりは十日町の冬の行事として定着し，2016年には約30万人の来場者があった．現在は十日町雪まつり実行委員会が主催している．

図 A30-1　十日町雪まつりの様子
（2012年雪上カーニバルステージ，写真は十日町雪まつり実行委員会提供）

図 A30-2　さっぽろ雪まつりの大雪像
（2007年大通会場に設置，写真は札幌市提供）

---

14) 北手宮小学校は2016年2月6日に最後の雪まつりを開催し，同年3月末に閉校した．ここには雪まつり資料館，雪まつり発祥の地の記念碑があるが，閉校のため現在は見学できない．

コラム 31

しばれフェスティバル

北海道足寄郡陸別町では毎年2月上旬の最もしばれが厳しい時期に「しばれフェスティバル」が開催される．陸別町の特徴は冬季の最低気温が −30℃以下にもなる冬のしばれ[15]であり，それを町の財産と考え，アピールする祭りとして陸別町商工会青年部の若者たちが考案した．2015年には開催回数が34回となった．

2月第1週の土曜日の午後6時，陸別町のしばれフェスティバル会場では巨大なキャンプファイヤー（命の火）が点火され，いろいろなイベント（歌謡ショー，漫才，よさこいソーランなど）が開かれ（図A31a），多くの屋台が出店する．午後8時30分になるとしばれ花火が打ち上げられ，フェスティバルは最高潮に達する（図A31b）．氷でつくられた直径3mの住宅（バルーンマンションという）で一夜を過ごす「人間耐寒テスト」も行われ，2014年には276名の参加者が −25.4℃に到達するしばれを体験した（図A31c）．日曜日午前には乗馬体験，ラリーカーとスノーモービルの乗車も無料でできる．

皆さんも次回のしばれフェスティバルに参加しませんか？しばれ君とつららちゃん（図A31d），銀河の森天文台（りくべつ宇宙地球科学館）の口径115cmの反射望遠鏡「りくり」，「旅先の我が家」浜田旅館が待っています．

図A31　しばれフェスティバル
(a) フェスティバルメーン会場，(b) しばれ花火，(c) バルーンマンション，
(d) しばれ君とつららちゃん．a, c, d は2014年2月1日撮影，b は陸別町提供．

[15) しばれとは北海道の方言で，冬の厳しい寒さを意味する．

第8章 宇宙雪氷

宇宙の分野でも氷は重要な役割を果たしている．例えば，地球に較べて木星以遠の惑星が非常に大きく，木星の衛星には氷でできているものが多い．ここでは，宇宙における氷を説明し，太陽系誕生における氷の役割や氷天体などを説明する．

8.1 暗黒星雲 −太陽系誕生のもと−

オリオン座の暗黒星雲やわし星雲の暗黒星雲（dark nebula，図8.1）の画像を見ると，まるで周囲の明るく光る星団の一部に黒く穴があいているように見える．これは星団の手前側にある塵が星団の星やガスからの光をさえぎっているために黒く見えているのである．この暗黒星雲をつくっている塵が太陽系をつくるもとになっている．

暗黒星雲の塵がどんな物質でできているかは，暗黒星雲を通過してくる赤外線スペクトルによって知ることができる．図8.2にその赤外線スペクトルを示す．全体の滑らかな曲線から減少した部分が塵の中の物質による吸収を表す．H_2O，CO_2，CO，silicate（ケイ酸塩鉱物）に相当する波長帯の吸収があるので，塵の正体はケイ酸塩鉱物（地球の岩石に見られる）と一酸化炭素や二酸化炭素を含んだ氷であることが予想できる．

ただし，暗黒星雲の温度は−263℃と非常に低くかつ圧力が極端に低いため，氷は第1章で説明した地球上で普通に見られるIhの六方晶系の氷とは異なり，水分子が不規則に乱れて配列した非晶質の氷（アモルファス氷，amorphous ice）となっている．アモルファス氷は，真空中での熱伝導率が非常に小さいことから，氷結晶の中にはクラックがネットワーク状に

図8.1 ハッブル宇宙望遠鏡が撮影したわし星雲（M16）中心部の暗黒星雲（NASA提供）

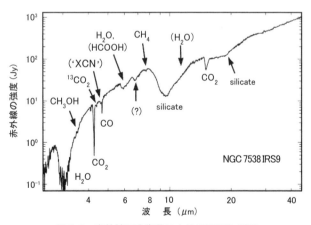

図8.2 赤外線天文衛星によるNGC7358 IRS9の赤外線吸収スペクトル（Whittet *et al.*, 1996）

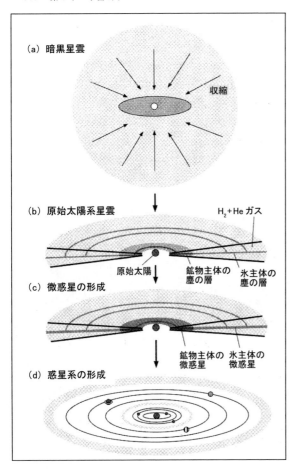

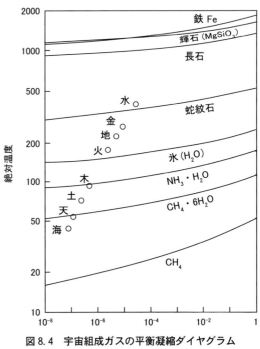

図 8.4 宇宙組成ガスの平衡凝縮ダイヤグラム
（Lewis，1974 を簡略化；香内，1997）

図 8.3 太陽系の形成過程（香内，1997）

入っていて，水分子のつながりが非常に少ない構造になっていると考えられる（香内，1994b）．このような非晶質の氷とケイ酸塩鉱物からなる塵が太陽系の元になった物質なのである．

8.2 太陽系の誕生

太陽系は暗黒星雲に見られる宇宙の塵から次のようなプロセスを経て形成されたと考えられている．
(1) 暗黒星雲の塵にムラがあれば互いの万有引力によって，より濃いところに次第に物質が集合し，収縮して，中心部ではぶつかりあって高温となる．遠くからやってきたものは，ぶつからずに中心部の回りを回転運動する．初期の頃の回転運動面は一様ではなくバラバラであるが，回転しているもの同士が引力で引きつけ合い，次第に優勢な 1 つの回転面にまとまり，円盤状の運動をする（図 8.3a）．
(2) 中心部では塵がさらに圧縮されて原始太陽が輝き出し，高温になった原始太陽の周囲では，固体の塵がすべて蒸発（気化）して気体のガスとなる．その後，原始太陽の温度が下がって，ガスも冷えてくると，ガスは再び固体となる（図 8.3b）．このとき，固体になりやすい成分から順番に固体化する．空気を冷却すると，水滴が凝結（液化）するのと同様である．

図 8.4 に温度と圧力の違いによってどのような固体ができるかを示す．初めに鉄（Fe）が現れ，次に輝石，長石などの鉱物ができ，ガスがさらに冷えるにつれて，それらの鉱物の一部が水蒸気と

反応して蛇紋岩（$Mg_6Si_4O_{10}(OH)_8$）と呼ばれる OH イオンを含んだ鉱物に変化する．さらに温度が下がって 150 K（ケルビン）以下になると氷（H_2O）が現れ，もっと温度が下がるとアンモニア（NH_3）やメタン（CH_4）を含んだ氷ができる．

図 8.4 には太陽系の各惑星の形成時の圧力と温度を白丸（○）で示した．水星・金星・地球・火星までの惑星は，鉄，輝石，長石，蛇紋岩などの鉱物が原料となった．一方，木星より外側の惑星では鉱物のほかに氷も原料となった（図 8.3b）．現在，地球で見られる水や氷の源は，地球誕生時ではなく，8.5 節で説明するように，隕石，彗星，原始太陽系円盤ガスであるとする説がある．

原始太陽から十分遠いところでは，ほとんど温度が上がらず，暗黒星雲にあった非晶質の氷を含む塵がそのまま残り，これが彗星の原料となった．

(3) 固体の塵は層状になり，互いの引力により無数のかたまりに集合する．かたまりの大きさは数 km から 10km であり，微惑星と呼ばれ，惑星のもとになった（図 8.3c）．

(4) 無数の微惑星は，原始太陽の周りを回りながら，次々と衝突して大きくなっていく．微惑星が大きく成長すると重力が大きくなり，加速度的にほかの微惑星を引きつけて合体し，同じ軌道上には 1 つの惑星だけが存在するようになる（図 8.3d）．

惑星の公転面がみなほぼ同じ面にあり，同じ向きに公転しているのは，もともと塵が円盤状に回転していたためであり，多くの惑星の自転の向き，衛星の回転の向きが同じなのも同様の理由である．

8.3 地球型惑星と木星型惑星

表 8.1 に太陽系惑星の諸元を表し，図 8.5 に横軸に各惑星の太陽からの平均距離，縦軸に周期，密度，地球に対する直径比を両対数グラフで示す．ケプラーの第 3 法則として知られるように周期と距離の値は一直線に並び，その傾きが 3/2 であることから，周期の 2 乗と距離の 3 乗が比例することがわかる．

水星，金星，地球，火星までの地球型惑星に対して，木星以遠の木星型惑星は直径が大きく，とくに木星は地球より約 11 倍大きい．密度は地球型惑星が 4～5 g/cm^3 であるのに，木星型惑星は 1 前後と小さく，とくに土星は 0.7 g/cm^3 と水より密度が小さい．

では，なぜ地球型惑星は小さく，木星型惑星は巨大になったのだろうか．それには氷の存在が大きな役割を果たしている．図 8.6 に太陽系惑星誕生前の円盤状塵の単位面積当たりの物質の量を示す．塵の量は，水星，金星，地球，火星と太陽から離れるにつれて小さくなるが，木星以降では急にジャンプして大きくなる．

それは，図 8.4 に示したように，火星までは塵の成分が鉄と鉱物であるが，木星以降は鉄，鉱物の

表 8.1 太陽系惑星の諸元

惑　　星	平均距離		公転周期	平均直径		平均密度	衛星の数**
	(10^6 km)	(天文単位)*	(年)	(km)	(地球との比)	(g/cm^3)	
水星（Mercury）	58	0.39	0.24	4,878	0.38	5.4	0
金星（Venus）	108	0.72	0.61	12,104	0.95	5.2	0
地球（Earth）	150	1.00	1.00	12,756	1.00	5.5	1
火星（Mars）	228	1.52	1.88	6,794	0.53	3.9	2
木製（Jupiter）	778	5.19	11.86	143,884	11.28	1.3	53
土星（Saturn）	1,427	9.51	29.46	120,536	9.45	0.7	53
天王星（Uranus）	2,870	19.13	84.02	51,118	4.01	1.2	27
海王星（Neptune）	4,497	29.98	164.77	50,530	3.96	1.7	13

* 1 天文単位（astronomical unit, AU）は太陽から地球までの平均距離に由来し，現在の定義では $1.495978707×10^{12}$m．
** 衛星の数とは「確定衛星数」で確定番号，衛星名が付いた衛星の数（2015 年 1 月現在）．

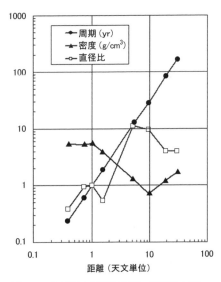

図8.5 各惑星の距離と周期，密度および地球に対する直径の比
グラフは横軸，縦軸とも対数で表す．

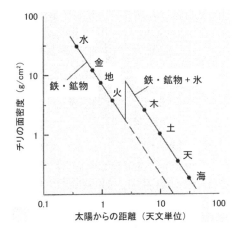

図8.6 原始太陽系星雲内の円盤状チリの層の面密度
（中澤・中川，1984；香内，1997）

図8.7 太陽系最大の惑星，木星
（NASA/JPL/USGS 提供）
公転周期 11.86 年，赤道面直径 142,984 km，質量 $1.899×10^{27}$ kg，密度 1.33 g/cm³，表面重力 23.12 m/s²，自転周期 9 時間 55.5 分．

ほかに火星までの量の約5倍の氷が加わるからである．さらに木星型惑星は軌道の長さが長いため，より多くの物質を集めることができた．

結果的に，木星（図8.7）は地球の14倍の質量の鉄や鉱物を集め，重力が非常に大きくなったため，水素やヘリウムのガスを引きつけることができるようになり，地球の質量の約300倍もの水素とヘリウムが集まった．平均密度〔g/cm³〕は地球が鉄や岩石の密度を反映して5.5なのに対し，木星は1.3と小さい．これは水素，ヘリウムという軽い物質を多く含んでいるためである．

木星と土星は，より多くの水素，ヘリウムのガスを集めているため，巨大ガス惑星であるが，天王星，海王星はガスは多くなく，内部に氷のマントルをもつため，巨大氷惑星（海王星型惑星）とも呼ばれる．

地球の重力では水素やヘリウムのガスを保持することができない．子どもの頃に遊んだヘリウムガスの風船は，間違って手を離すとどんどん上に行き，いずれ風船が破裂するかガスが抜け，ガス自体はさらに上に昇る．では，地球の上空には水素，ヘリウムが貯まっているかというと，そのような層があるわけではない．気圧が下がって宇宙空間に近くなると，水素やヘリウムのガスは軽いために活発に動き，その運動は地球の重力に打ち勝って宇宙に飛んで行ってしまう．子どもの頃に遊んだ風船ガスは今頃，遠く木星に行っているかもしれないのである．

なお，1930年に太陽系の第9惑星として発見された冥王星は，2006年8月24日にプラハで開催された国際天文学連合の総会で惑星の定義が見直されたことにより，惑星ではなくなった．その理由

は，(1) 他の8惑星の軌道がほぼ同一面で同心円であるのに対し，冥王星の軌道は，太陽への近日点44億 km，遠日点74億 km のひずんだ楕円を描き，その公転面が他の惑星公転面に対して約17度も傾いていること，(2) 直径が地球の約1/6と小さいこと，(3) 海王星の外側にはその後いくつも小惑星が発見され，他の惑星のように軌道上の物質を多く集めて大きくなっていないこと，が挙げられた．そのため，冥王星は他の惑星の生成過程と異なるとして，惑星とはせずに準惑星（dwarf planet）と定義された．

惑星の定義としては，(1) 太陽を周回する天体であること，(2) 自己重力が固体強度を上回って球形になっていること，(3)（重力で）自分の軌道の近傍の他天体を掃きちらしているもの（軌道上の物質を吸収してしまっているもの）があるが，冥王星は (3) の条件に合わず，火星と木星の間にある小惑星群は (2)，(3) の条件を満たしていないことになる．

雪氷用語としての「雪線」は，図 4.13 に示すように氷河研究においては氷河の積雪域と裸氷域の境界線として使われているが，宇宙雪氷学でも雪線（snow line）という用語があり，次のように別な意味で定義されている．

この節で説明したように，原始太陽系星雲において H_2O が水蒸気だけで存在する太陽に近い領域と水蒸気が凝結して氷として存在する太陽から遠い領域の境界を宇宙雪氷学での雪線という．その境界の位置は，原始太陽系星雲の温度とガスの密度に依存するが（密度が高いほど星雲の外側まで温かい），約 170K（-100℃）と推定されている．現在の太陽系の雪線は，太陽距離 2.7 天文単位に位置し，火星と木星の間の小惑星帯中に存在する．この雪線を境に内側では岩石惑星である地球型惑星（水星，金星，地球，火星），外側では氷惑星である木星型惑星（木星，土星，天王星，海王星）が存在する．

8.4 氷天体

木星以遠の惑星には氷が多く取り込まれ，その衛星にも氷主体のものが多く，彗星も氷でできているものがある．

8.4.1 ガリレオ衛星

木星には 53 個の衛星があるが，その内とくに大きな 4 つの衛星は，イタリアの天文学者ガリレオ・ガリレイ（Galileo Galilei；1564-1642）によって 1610 年に発見されたため，ガリレオ衛星（Galilean moons）と呼ばれる．内側から順にイオ（Io），エウロパ（Europa），ガニメデ（Ganymede），カリスト（Callisto）と命名されている（図 8.8）．

イオ　　　　エウロパ　　　　ガニメデ　　　　カリスト

図 8.8　木星の 4 大衛星：ガリレオ衛星（NASA 提供）

304　第8章　宇宙雪氷

図8.9　惑星探査機カッシーニによって
撮影されたタイタン（NASA 提供）
大気があるため輪郭がかすんで見える.

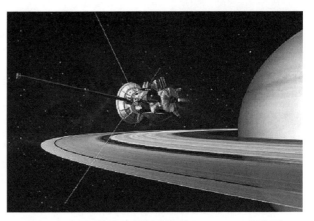

図8.10　土星に接近する惑星探査機カッシーニ（想像図）
（NASA 提供）

　イオは活発な火山活動を続けており，その表面は火山噴出物によって覆われ，氷はない．エウロパは H_2O 主体の薄い層である氷地殻で覆われており，表面はスムースでクレーターが少ない．液体の水が内部から噴出したり，氷の地殻が長時間かけて流動している．ガニメデは岩石マントルが厚い氷地殻で覆われており，クレーターが多い地域と少ない地域に明瞭に分かれている．カリストは表面が氷地殻でその下に氷と岩石が混合状態で存在していると考えられており，表面は一面クレーターに覆われ，長期間地質活動が不活発だったことを示す．

　これら4つの衛星は地球の変化過程を象徴しているようでもある．イオは火山活動が活発な地球誕生初期の状態，エウロパは氷や水の活動がある現在の地球に近い状態，ガニメデはさらに寒冷化した状態である．カリストは惑星内部のマントル活動がなくなった状態である．この場合，地震はなくなり，惑星内部からの熱が供給されないため低温になる．地球がこの段階になると酸素があったとしても地球上で人間が生きていくことが困難になるであろう．

8.4.2　タイタン，エンケラドゥス

　タイタン（Titan）は，1655年にオランダの天文学者・物理学者ホイヘンス（Christiaan Huygens；1629-1695）によって発見された土星最大の氷衛星である（図8.9）．直径は5152km，平均密度1.88g/cm^3．太陽系の衛星の中で唯一濃い大気（地球の1.5倍の大気圧）をもち，その主成分は窒素（97%）とメタン（2%）である．タイタンの地表には，液体のメタンからなる大小さまざまな湖が発見されており，地球を除いて太陽系で唯一，現在も地表に液体を保持している天体である．そのため，生命が存在する可能性が考えられている．

　2004年6月30日に土星軌道に投入されたカッシーニ探査機（アメリカの NASA と欧州宇宙機構 ESA が共同開発）は，7月1日からタイタンの撮影を開始した（図8.10）．レーダー測定，可視光と赤外線マッピング分光計による擬似カラー画像が撮影され，初めて分厚い大気の下の地形の画像が得られた．その結果，タイタンの地表にはほとんどクレーターがなく，レーダーに黒く映る海らしきものが発見された．

　2004年12月24日，カッシーニは小型探査機ホイヘンスをタイタンに向けて放出し，2005年1月14日，タイタンの大気を利用してパラシュート降下し，着陸した（図8.11）．ホイヘンスは降下中に

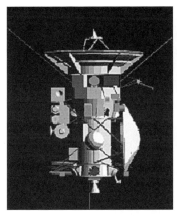

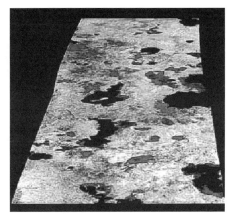

図 8.11　惑星探査機カッシーニ（左）と降下するホイヘンス（右）（想像図）（NASA 提供）

図 8.12　カッシーニにより撮影されたタイタン表面（NASA 提供）

写真撮影を行い，データを送信した．この画像には液体メタンによるものと思われる海や川，陸地・デルタ地形の河口が写っていた（図 8.12）．またホイヘンス降下中の大気の音が録音された．これは地球以外で初めて観測された風の音である．

ホイヘンスによる観測で得られたデータ（気温，気圧，大気中のメタン濃度など）を分析した結果，タイタン上空には非常に薄い雲が 2 層存在し，下層の雲からはメタンの霧雨が降っていることが明らかになった．

太陽系内の衛星で大気をもつものには木星の衛星イオや海王星の衛星トリトンなどがあるが，タイタンほどに厚い大気をもつものはない．また，タイタンには地球によく似た地形や大気現象があり，液体メタンの雨が降り，メタンおよびエタンの川や湖が存在すると考えられている．タイタンは人類が初めて見つけた生きている天体ともいえるのである．

さらに，2014 年 4 月 3 日，米航空宇宙局（NASA）は，カッシーニの観測によって土星の衛星エンケラドゥス（Enceladus）には，厚い氷の下に液体の水があり，大規模な地下海の存在の証拠が発見されたと報告した（Kerr, 2014）．地下の海の存在はエンケラドゥスが「太陽系で最も微生物が生息する可能性の高い場所」の 1 つであることを示唆している（Brown and Bell, 2014；Iess *et al.*, 2014）．

2010 年，探査機はやぶさが小惑星イトカワから採取試料を持ち帰った．その後を受けて 2014 年 12 月に，はやぶさ 2 が別の小惑星の探査に出発した．小惑星帯は火星と木星との間に位置し，惑星形成時の水が水蒸気か氷かの境目にあり，地球の水の起源がわかるかもしれないという．また，同時期の 2014 年 11 月，欧州宇宙機関の探査機ロゼッタが彗星に着陸機を降ろした．彗星には太陽系形成初期の氷を保持しているはずである．これら宇宙の氷から地球の水起源が調べられつつあるのは，わくわくする話である．

8.4.3　トリトン

1846 年にイギリスの天文学者ラッセル（William Lassell, 1799-1880）によって発見された海王星最大の氷衛星がトリトン（Triton）である．直径は 2706km，平均密度 2.06g/cm^3．トリトン表面には窒素，メタン，二酸化炭素などからなる氷が確認されている．トリトン表面にほとんど衝突クレーターが見られないのは，表面温度が約 −220℃と極低温下にもかかわらず，地表氷の流動によって再表面化が起こったためだと考えられている．海王星との潮汐加熱[1]による熱源が再表面化の原因だと考

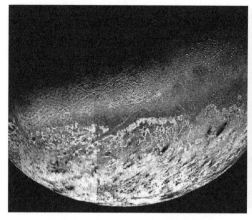

図 8.13 ボイジャー2号が撮影した
トリトンの氷火山噴火の画像（NASA 提供）
黒い筋は噴煙の影である.

図 8.14 ハレー彗星（NASA 提供）

えられている．トリトンでは地表面から窒素やメタンが噴出しており，1989 年に行われたボイジャー2 号によるトリトンの観測では，高さ 8km，長さ 140km の噴煙が撮影された（図 8.13）．トリトンの氷火山の熱源は，海王星との潮汐加熱の他に，太陽エネルギーも提案されている．

8.4.4　彗星

夜空に尾を引いて光る彗星（comet）には，太陽系が形成されたときの氷が残っていると考えられる．彗星は，氷（主に H_2O）と岩石の塵の混合物からなる多孔質の小天体であり，核，コマ[2]，尾から構成される．核は「汚れた雪玉」と称され，黒く見えることが多い．太陽に近づくと太陽熱の影響で，核の表面から氷が昇華すると同時に塵が放出され，大気状態となってコロナとして発光するコマが現れる．また塵が放出されて軌道上に残るダストテイルとイオン化したガスが太陽と反対側に飛ばされるイオンテイルの 2 つの尾を形成する．これらは角度が違うことが多い．

彗星は供給源によって，公転周期が異なっている．公転周期 200 年未満の短周期彗星はエッジワース・カイパーベルト天体（海王星以遠の 30〜100 天文単位に存在する小天体；Edgeworth-Kuiper Belt, EKB），200 年以上の長周期彗星はオールトの雲（数万天文単位の距離に球状に取り巻く小氷天体群；Oort cloud）が供給源と考えられている．彗星核は，太陽系形成初期の情報を保持していると考えられており，太陽系の起源を探る上で重要な天体である．そのため，2000 年以降，彗星探査機による観測が活発に行われ，スターダスト計画やディープ・インパクト計画によって成果が上げられている．

ハレー彗星は，イギリスの天文学者エドモンド・ハレー（Edmond Halley，1656-1742）が周期計算から出現年を予測した彗星として有名で，遠日点は海王星軌道の外側に達する周期約 76 年の楕円軌道をもち，典型的な短周期彗星である（図 8.14）．その探査が行われればエッジワース・カイパーベルト天体の特徴を知ることができる．

ハレー彗星が近年で最も太陽に近づく近日点を通過したのは 1986 年であった．この前後に各国の宇宙機関は次々と探査機を送り出した．最も成果を上げたのは欧州宇宙機構のジオットで，ハレー彗星のコマに突入して核へ近接遭遇し，ハレー彗星の核が汚れた雪玉状の組成をもち，核の形がひょ

---

1) 重力変化によって天体の形が変形するために発生する摩擦熱のこと．
2) コマ（英 coma）とは，彗星核の周囲を取り巻く星雲状のガスやダストにつけられた名称であり，ラテン語の coma（髪の毛の意味）に由来する．

うたん型であることもわかった．他にソ連とフランス合同のベガ1号，ベガ2号や，日本のさきがけ，すいせい，アメリカのICE（International Cometary Explorer）とパイオニア7号がハレー彗星を観測した．

彗星が太陽に近づくと，太陽熱で加熱されて，核の表面から氷が昇華するので，ハレー彗星のような周期彗星の明るさ（絶対等級）は徐々に暗くなることが知られている．この場合，核がどんどん小さくなり，核がなくなるのではないかとも思うが，アモルファス氷の熱伝導率はふつうの氷に比べて$1/10^5$と非常に小さい（香内，1994）．このため，核の昇温は表面付近に限られ，内部にまで熱が伝わりにくいため，彗星の核は急にはなくならないが，徐々に小さくなる．周期彗星の明るさ（絶対等級）も太陽への帰還ごとに徐々に暗くなる．

8.5 地球の水は貴重！

これまで述べてきたように地球が46億年前に生成したとき，木星型惑星とは違って氷は地球に取り込まれなかったはずであるが，現在の地球にはなぜ水があるのだろうか？

その問いに対して，次のような3つの可能性があるが，まだどの説も確かとはいえない（生駒・玄田，2007）．

(1) コンドライト隕石

隕石（meteorite）とは惑星間空間に存在する物質が地球に落下してきたもので，鉄（Fe）とケイ酸塩鉱物（silicate mineral）の含有比の違いにより，石質隕石，鉄隕石，石鉄隕石の3種に大きく分類される．石質隕石はケイ酸塩鉱物（かんらん石や輝石など，シリコンを含む岩石）を主要成分とする隕石であり，地球上で発見されている隕石の約86%を占める．石質隕石はコンドライト（chondrites）とエイコンドライト（achondrites）[3]にさらに分類される．コンドライトとはコンドリュール（chondrule）と呼ばれる直径0.01〜数mm程度の球状の粒子をもつ石質隕石であり，発見される石質隕石の約90%を占める．コンドリュールは45.6億年前に無重力の宇宙空間で形成されたと考えられており，惑星形成の初期の情報をもっていると考えられている．一方，エイコンドライトとはコンドリュールをもたない石質隕石であり，宇宙空間での衝突などの二次的な現象により生成されたと考えられている．この中で，炭素質コンドライトは炭素の含有比が高く，カーバイドや有機化合物を含むほか，蛇紋岩などの含水鉱物が多いために水分比が高く，熱変成がほとんどみられず，原始的な母天体に由来すると考えられている．

地球の海水起源の指標として，水素（Hydrogen）と重水素（Deuterium）の比（D/H）がよく用いられる．現在の地球の海のD/Hが1.56×10^{-4}であるのに対し，炭素質コンドライトのD/Hは$1.5 \pm 0.5 \times 10^{-4}$であり，両者はよく一致することから，地球の海水起源は炭素質コンドライトに含まれる水であると考える研究者は多い．ただし，炭素質コンドライトは本来，太陽からの距離が2.8天文単位付近の火星と木星の間で生成された物質であり，地球にやってくるには木星や火星からの重力による引力など，何らかの原因により楕円軌道となり，地球に到達する必要がある．

---

[3] achondriteのaは否定を意味するギリシャ語起源の接頭辞であり，a（〜がない）+ chondrite（コンドライト）なので，「コンドライトを含まない石質隕石」という意味になる．同じ用法としては，anarchy（アナーキー，無政府状態の）やanonymous（アノニマス，匿名の）などがある．前者はan + archy（支配，統治）であり，後者はan + onymous（名前をもつ）である．

(2) 彗星

彗星の主要成分はH_2O（約80%質量比）であることから，地球の有力な水起源になり得るかが検討された．しかし，3つの彗星（ハレー彗星，ヘールボップ彗星，百武彗星）の水素・重水素比D/Hの観測例では，地球の海水のD/Hよりいずれも約2倍高いことがわかっており，海水がすべて彗星から供給されたとは言いがたい．ただ，地表において水素ガスのみが放出されてD/Hが小さくなる過程も考えられ，3つの彗星の観測が代表的であるかどうかも明らかではない．

(3) 原始太陽系円盤ガス

太陽系の形成時に充満していたと考えられる原始太陽系円盤ガスも地球の水の

図8.15 太陽系第3惑星，地球（NASA提供）
公転周期（P）365.25636日，赤道面直径12,756 km，質量 5.9742×10^{24} kg，平均密度5.515 g/cm^3，自転周期23.9345時間．

供給源の1つである可能性がある．微惑星の衝突・合体によって原始惑星が大きくなると，水素とヘリウムを主体とする原始太陽系円盤ガスを重力的に捕獲し始める．原始惑星が月のサイズ程度になると，惑星の重力エネルギーが円盤ガスの熱エネルギーよりも大きくなって円盤ガスは大気として原子惑星に束縛される．

この時点で大気には水素とヘリウムしか含まれていないが，ここに酸素が供給されれば水が生成される．その酸素の供給源は，地表の岩石に含まれる酸化物から供給される．ただし，このためには地表が岩石の融点である約1500Kを超えている必要がある．つまり，地表がマグマの海になっている状態で酸素が水素と結びつくのである．

この説の難点は，原始太陽系円盤ガスの水素分子の水素・重水素比D/Hは，現在の地球の海のD/Hの1/5～1/7であることが観測からわかっていることである．その説明としては，地球に海が誕生した後の水蒸気の凝結と水素の散逸の過程において，重水素が濃縮され，46億年間で海水のD/H比は3倍から9倍高くなるという数値実験がある．そうだとすると，水の起源としては炭素質コンドライト起源よりも太陽系円盤ガス起源とするのが有力かもしれないが，まだ仮定には不確定な部分が多く，現時点では結論を出すことは難しい．

このように地球の水の起源はまだ明かではなく，その起源は1つではないかもしれない．しかし，我々の目の前には水が厳然と存在する．液体の水が存在し得る太陽からの距離は，現在の太陽光度では，0.95～1.37天文単位であり，太陽光度の時間変化などを考慮するとき，この46億年間で永続的な範囲はもっと狭くなり0.95～1.15天文単位であるとされている．つまり火星でも金星でもなく，地球（1天文単位）だけがまさにその狭い範囲に入るのである．

現在の地表の水の総量（1.6×10^{21} kg）は地球質量（5.97×10^{24} kg）のわずか0.027%でしかない．地表の氷（2.4×10^{19} kg）はもっと少なく，水の1.5%，地球質量の0.0004%しかない．このように少ない氷が，地球上ではさまざまな雪氷現象の主役であり，気候変化に大きな役割を果たしている（図8.15）．

宇宙における太陽系惑星の誕生過程を考えるとき，地球には奇跡的に液体の水が存在し，そこに生物が発生し，原始生物から高等生物となり，我々はその頂点に立つ人類として生まれた．そして文明が進歩した時代の，しかも氷期ではなく暖かい後氷期に人生を送っていることを考えると，我々は実に幸せなことであり，人生を大切にせねばと思うのである．

確認問題

1. 暗黒星雲とは何か．また，暗黒星雲は何からできているか．
2. 太陽系の形成過程を簡潔に説明しなさい．
3. 地球型惑星と木星型惑星の違いを説明しなさい．また，木星型惑星が巨大になった理由は何か．
4. 海王星型惑星とは何か．
5. 木星の4つの衛星を発見したのは誰か．また，4つの衛星の名前は何か．
6. 地球の誕生から将来の変化過程を木星の4つの衛星を例にして，説明しなさい．
7. 土星最大の衛星，タイタンの特徴を説明しなさい．
8. 海王星最大の衛星，トリトンの特徴を説明しなさい．
9. 彗星の構成材料は何か．
10. 地球の水はどのようにしてできたか．可能性がある3つの説を説明しなさい．

謝　辞

　本書を出版するにあたり，多くの方々の協力を得た．村井昭夫博士には数回にわたって本書全体を読んでいただき，わかりにくい点や読みづらい点を丁寧に指摘していただいた．尾関俊浩教授（北海道教育大学）には第3章，成瀬廉二博士（NPO法人氷河雪氷圏環境研究舎）には第4章1〜2節，武田一夫教授（帯広畜産大学）には第5章1〜5節，岩花　剛博士（アラスカ大学国際北極圏研究センター）には第5章6節，舘山一孝准教授（北見工業大学）には第6章，竹内政夫博士（NPO法人雪氷ネットワーク）には第7章3〜4節，香内　晃教授（北海道大学）には第8章をそれぞれ丁寧に見ていただき，執筆された論文等で出版した図・写真を提供していただいた．

　次の方々にはそれぞれの専門分野に関して本で修正すべき点を指摘していただいたき，さらに論文等で出版した図・写真を本書へ掲載することを許諾していただいた（敬称略）．東　信彦，阿部　修，荒川逸人，飯塚芳徳，石沢賢二，伊豆田久雄，榎本浩之，長田和雄，小澤　久，神田健三，小島賢治，佐渡公明，対馬勝年，原田康浩，樋口敬二，藤井理行，藤田秀二，前野紀一，松下拓樹，山下　晃，宮森保紀，山田知充．

　また，次の方々からは，専門分野に関して本書で修正するべき点を指摘していただいた（敬称略）．
　東　久美子，安藤昭芳，上之和人，大野　浩，川口貴之，齋藤冬樹，白川龍生，角　建志，竹井　巌，谷川朋範，中村　大，堀　雅浩，松澤　勝，吉川泰弘，これらの方々からのご指摘にもかかわらず，本書には誤りや不正確な記述があるかもしれない．これはもちろん著者の責任である．改訂時に修正したいと考えているので，読者からのご指摘をお願いしたい．

　次の方々からは論文等で出版した図・写真および未発表の図・写真などを提供していただいた（敬称略）．
　赤川　敏，秋田谷英次，飯田　肇，五十嵐　誠，石川正雄，石坂雅昭，石本敬志，今泉今右衛門，伊豫部　勉，江崎雄治，大日方一夫，金子和雄，金田安弘，川田邦夫，神山孝吉，菊地勝弘，小荒井　実，小林大二，斎藤佳彦，澤田壯一，庄子　仁，鈴木輝之，鈴木利孝，高橋庸哉，高橋雪人，武田康男，田沼武能，東海林明雄，直井和子，長岡大輔，成田英器，西村浩一，原田裕介，平松和彦，福田正己，藤田耕史，藤野丈志，古川義純，保科　優，堀内一穂，松本　経，南　尚嗣，本山秀明，松　等，山崎新太郎，山口久雄，横山悦郎，若濱五郎，若土正曉，和光　茂，渡邉興亜，Alimasi Nuerasimuguli．記して感謝します．

　次の学会，大学・研究機関，官公庁，団体，企業は関連する図・写真を本書へ掲載することを許諾していただいた。（公社）日本雪氷学会，（公社）日本雪氷学会北海道支部，（公社）日本雪氷学会凍土分科会，日本海洋学会，（一社）日本機械学会，（公社）日本気象学会，日本結晶成長学会，（公社）土木学会，（国立大学法人）北見工業大学，（国立大学法人）北海道大学理学部，（国立大学法人）北海道大学低温科学研究所，（大学共同利用機関法人）情報・システム研究機構　国立極地研究所，（国立研究開発法人）土木研究所　寒地土木研究所，（地方独立行政法人）北海道立総合研究機構　森林研究本部，（学校法人）自由学園，陸別町，気象庁，国土交通省北海道開発局，（一社）北海道開発技術センター，（公財）今右衛門古陶磁美術館，古河歴史博物館，蔵王温泉観光協会，十日町雪まつり実行委員会，（株）朝日新聞社，技報堂出版（株），共立出版（株），（株）講談社，高知県立文学館，（株）古今書院，（株）サイエンス社，（株）三恵社，（株）信山社サイテック，（株）渓水社，築地書館（株），東海大学出版部，（一財）中谷宇吉郎記念財団，（株）農文協プロダクション，北海道大学図書刊行会，丸善出版（株），森北出版（株），（有）雷鳥社，アイコーエンジニアリング（株），（株）清月，（株）精研，（株）日本ローパー，雪印メグミルク（株）．

　北見工業大学社会環境工学科雪氷科学研究室では本書の原稿を使って3年間にわたり講読ゼミを行なってきたが，その際にゼミ参加者からの指摘は改稿に大変役立った．ゼミに参加して頂いた皆さんに感謝いたします．

亀田貴雄
高橋修平

Acknowledgements to forein contributors and publishers

We would like to thank the following authors for permission to reuse the figures and tables in this book: Andy Aschwanden, Perry Bartelt, Jianli Chen, Peter Clark, Cécile Coléou, Dorthe Dahl-Jensen, Neville Fletcher, Robert Greenler, Michael Herron, Philippe Huybrechts, M. A. K. Khalil, Kenneth Libbrecht, Patricia Martinerie, Stephen Morris, Eric Osterberg, Jean-Robert Petit, Victor F. Petrenko, Albert Rango, Eric Rignot, E. Dendy Sloan, Walter Tape, James T. Teller, Peter Thejll, Steve G. Warren, Douglas Whittet, Robert W. Whitworth and Nicolas Zuanon.

We also acknowledge the following societies, organizations and publishers for permission to reuse the figures and tables in this book.

Takao Kameda and Shuhei Takahashi

American Association for the Advancement of Science:
Miller, S. L. (1969): Clathrate hydrate of air in Antarctic ice. *Science*, **165**(3892), 489–490, Fig. 1.
Dahl-Jensen, D., K. Mosegaard, N. Gundestrup, G.. D. Clow, S. J. Johnsen, A. W. Hansen and N. Balling (1998): Past temperatures directly from the Greenland Ice Sheet. *Science*, **282**(5387), 268–271, Fig. 1.

AIP publishing:
Hiramatsu, K. and M. Strum (2005): A simple, inexpensive chamber for growing snow crystals in the classroom. *The Physics Teacher*, **43**(6), 346–348, Fig. 1a.

American Meteorological Society:
Bailey, M.P. and J. Hallett (2009): A comprehensive habit diagram for atmospheric ice crystals: Confirmation from the laboratory, AIR II, and other field studies. *Journal of the Atmospheric Sciences*, **66**, 2888–2899, Fig. 5.
Motoyama, H. (1990): Simulation of seasonal snow cover based on air temperature and precipitation. *Journal of Applied Meteorology*, **29**, 1104–1110, Fig. 8.

American Physical Society:
Yokoyama, E. and T. Kuroda (1990): Pattern formation in growth of snow crystals occurring in the surface kinetic process and the diffusion process, *Physical Review*, A**41**, 2038–2049, Fig. 15a.

A2 Photonic Sensors:
Image in Homepage

Cambridge University Press:
Fletcher, N. H. (1970): *The chemical physics of ice*. Cambridge Monograph on Physics, Cambridge University Press, Cambridge, 271pp., Figs.9.1 and 9.4.
Naylor, J. (2002): *Out of the blue: A 24-hour skywatcher's guide*. 360pp., Fig. 7.3.
Whillans, I. M. (1983): *Ice movement. The climatic record in polar ice sheets*. edited by G. de.Q. Robin, Cambridge, Cambridge University Press, 70–77, Fig. 3.25.

Co-Action Publishing (http://www.tellusa.net/index.php/tellusa):
Dansgaard, W. (1953): The abundance of 18O in atmospheric water and water vapor. *Tellus*, **5**(4), 461–469, Fig. 3.
Johnsen, S. J., W. Dansgaard and J.W.C. White (1989): The origin of Arctic precipitation under present and glacial conditions. *Tellus*, **41**B, 452–468, Fig. 3.

Danish Meterological Institute:
Lassen, K. and P. Thejll (2005): Multi-decadal variation of the East Greenland sea-ice extent: AD1500-2000. *Scientific Report*, 05-02, Danish Meteorological Institute, Copenhagen, 13pp, Fig. 1.2

Elsevier B.V.:
Cold Regions Science and Technology
Bartelt, P. and M. Lehning (2002): A physical SNOWPACK model for the Swiss avalanche warning: Part I: numerical model. *Cold Regions Science and Technology*, **35**(3), 123–145, Fig. 2.
Earth and Planetary Science Letters
Merlivat, L., J. Ravoire, J. P. Vengraud, and C. Lorius (1973) : Tritium and Deuterium content of the snow in Groenland.

Earth and Planetary Science Letters, **19**(2), 235–240, Fig. 3.

Martinerie, P., D. Raynaud, D. M. Etheridge, J.-M. Barnola, D. Mazaudier (1992): Physical and climatic parameters which influence the air content in polar ice. *Earth and Planetary Science Letters*, **112**(1–4), 1–13, Fig. 1.

Geochimica et Cosmochimica Acta

Murozumi, M., T. J. Chow and C. Patterson (1969): Chemical concentration of pollutant lead aerosols, terrestrial dusts and sea salts in Greenland and Antarctic snow strata. *Geochimica et Cosmochimica Acta*, **33**(10), 1247–1294, Fig. 6.

Journal of Colloid and Interface Science

Ozawa, H. and S. Kinosita (1989): Segregated ice growth on a microporous filter. *Journal of Colloid and Interface Science*, **132**(1), 113–124, Fig. 2.

Polar Science

Igarashi, M., Y. Nakai, Y. Motizuki, K. Takahashi, H. Motoyama and K. Makishima (2011): Dating of the Dome Fuji shallow ice core based on a record of volcanic eruptions from AD 1260 to AD 2001. *Polar Science*, **5**(4), 411–420, Fig. 2.

Quaternary Geochronology

Horiuchi, K., T. Uchida, Y. Sakamoto, A. Ohta, H. Matsuzaki, Y. Shibata and H. Motoyama (2008): Ice core record of ^{10}Be over the past millennium from Dome Fuji, Antarctica: A new proxy record of past solar activity and a powerful tool for stratigraphic dating. *Quaternary Geochronology*, **3**, 253–261, Fig. 3.

Quaternary Science Reviews

Clark, P. U. and A. C. Mix (2002): Ice sheets and sea level of the Last Glacial Maximum. *Quaternary Science Reviews*, **21**(1 – 3), 1–7, Fig. 1.

Huybrechts, P. (2002): Sea-level changes at the LGM from ice-dynamic reconstructions of the Greenland and Antarctic ice sheets during the glacial cycles. *Quaternary Science Reviews*, **21**(1-3), 203–231, Figs.3 and 10.

Teller, J. T., D. W. Leverington and J. D. Mann (2002): Freshwater outbursts to the oceans from glacial Lake Agassiz and their role in climate change during the last deglaciation. *Quaternary Science Reviews*, **21**(8 – 9), 879–887, Fig. 1.

Individual books

Paterson, W. S. B. (1994): *The physics of glaciers*. 3rd edition, Pergamon Press, 480pp., Fig. 2.1.

International Association of Hydrological Sciences:

Price, W. I. J. (1961): The effect of the characteristics of snow fences on the quantity and shape of deposited snow. *IAHS publication* (*Red Book*), **54**, 89–98, Fig. 2.

International Glaciological Society:

Journal of Glaciology

Arakawa, K. (1955): The growth of ice crystals in water. *Journal of Glaciology*, **2**(17), 463–467, Fig.2 to F ig.9.

Aschwanden, A., E. Bueler, C. Khroulev and H. Blatter (2012): An enthalpy formulation for glaciers and ice sheets. *Journal of Glaciology*, **58**(209), 441–457, Fig. 1.

Frank, F. C. (1974): Early discovers XXXI Descartes' observations on the Amsterdam snowfalls of 4, 5, 6 and 9 February 1635. *Journal of Glaciology*, **13**(69), 535–539. one figure (only one figure is used in this paper and there is no figure number).

Hammer, C. U., H.B. Clausen, W. Dansgaard, N. Gundestrup, S.J. Johnsen and N. Reeh (1978): Dating of Greenland ice cores by flow model, isotopes, volcanic debris, and continental dust. *Journal of Glaciology*, **20**(82), 3–26, Fig. 4.

Hammer, C. U. (1980): Acidity of polar ice cores in relation to absolute dating, past volcanism, and radio echoes. *Journal of Glaciology*, **25**(93), 359–372, Fig. 1.

Herron, M. M. and Langway, C.C., Jr. (1980): Firn densification: An empirical model. *Journal of Glaciology*, **25**(93), 373–385, Fig. 3.

Higuchi, K. (1957): A new method for recording the grain-structure of ice. *Journal of Glaciology*, **3**(22), 131–132, Fig. 1.

Kameda, T., H. Motoyama, S. Fujita and S. Takahashi (2008): Temporal and spatial variability of surface mass balance at Dome Fuji, East Antarctica, by the stake method from 1995 to 2006. *Journal of Glaciology*, **54**(184), 107–116, Figs.2 and 4.

Kameda, T., Y. Harada and S. Takahashi (2014): Characteristics of white spots in saturated wet snow. *Journal of Glaciology*, **60**(224), 1075–1083, doi: 10.3189/2014JoG13J201, Fig. 4a.

Mellor, M. (1977): Engineering properties of snow. *Journal of Glaciology*, **19**(81), 15–66, Fig. 12.

Annals of Glaciology

Azuma, N., Y. Wang, K. Mori, H. Narita, T. Hondoh, H. Shoji and O. Watanabe (1999): Texture and fabrics in the Dome F (Antarctica) ice core. *Annals of Glaciology*, **29**, 163–168, Fig. 1.

Coléou, C., B. Lesaffre, J.-B. Brzoska, W. Ludwig and E. Boller (2001): Three-dimensional snow images by X-ray microtomography. *Annals of Glaciology*, **32**, 75–81, Fig. 5.

Kameda, T., M. Nakawo, S. Mae, O. Watanabe and R. Naruse (1990): Thinning of the ice sheet estimated from total gas content in Mizuho Plateau, Antarctica. *Annals of Glaciology,* **14**, 131–135, Fig. 5.

Kameda, T., H. Narita, H. Shoji, F. Nishio, Y. Fujii and O. Watanabe (1995): Melt features in ice cores from Site J, southern Greenland: some implications for summer climate since AD1550. *Annals of Glaciology*, **21**, 51–58, Figs. 2, 3 and 7.

Narita, H., N. Azuma, T. Hondoh, M. Fujii, M. Kawaguchi, S. Mae, H. Shoji, T. Kameda and O. Watanabe (1999): Characteristics of air bubbles and hydrate in the Dome Fuji ice core, Antarctica. *Annals of Glaciology*, **29**, 207–210, Fig. 6.

Takahashi S. (1985a): Characteristics of drifting snow at Mizuho Station, Antarctica. *Annals of Glaciology*, **6**, 71 – 75, Fig. 4.

Takahashi, S., Y. Ageta, Y. Fujii and O. Watanabe (1994): Surface mass balance in east Dronning Maud Land, Antarctica, observed by Japanese Antarctic Research Expedition. *Annals of Glaciology*, **20**, 242–248, Fig. 6.

Takahashi, S., T. Kosugi and H. Enomoto (2011). Sea-ice extent variation along the coast of Hokkaido, Japan: Earth's lowest-latitude occurrence of sea ice and its relation to changing climate. *Annals of Glaciology*, **52**(58), 165–168, Fig. 4.

Wakatsuchi, M. and S. Saito (1985): On brine drainage channels of young sea ice. *Annals of Glaciology*, **6**, 200–202, Fig. 2.

International Society of Offshore and Polar Engineers:

Enomoto, H., T. Kumano, N. Kimura, K. Tateyama, K. Shirasawa and S. Uratsuka (2003): Sea-ice motion in the Okhotsk Sea derived by microwave sensors. *The proceedings of the 13th International Offshore and Polar Engineering Conference*, Honolulu, May 25-30, 518–522, Fig. 3.

International Snow Science Workshop:

Abe, O., H. Sato, M. Chiba and S. Tanasawa (1998): The advanced digital snow sonde. *Proceedings of the 1998 International Snow Science Workshop*, Sunriver, Oregon, 300–304, Fig. 1.

IOP Publishing Ltd and Deutsche Physikalische Gesellschaft:

Chen, A. S.-H. and S.W. Morris (2013): On the origin and evolution of icicle ripples. *New Journal of Physics*, **15**, 103012 (18pp), doi:10.1088/1367-2630/15/10/103012, Fig. 1.

John Wiley & Sons, Inc.:

Geophysical Research Letters

Osterberg, E., P. Mayewski, K. Kreutz, D. Fisher, M. Handley, S. Sneed, C. Zdanowicz, J. Zheng, M. Demuth, M. Waskiewicz and J. Bourgeois (2008): Ice core record of rising lead pollution in the North Pacific atmosphere, *Geophysical Research Letters*, **35**, L05810, doi:10.1029/2007GL032680, Fig. 3.

Journal of Geophysical Research

Fujita, S., H. Maeno, S. Uratsuka, T. Furukawa, S. Mae, Y. Fujii and O. Watanabe (1999): Nature of radio echo layering in the Antarctic Ice Sheet detected by a two-frequency experiment. *Journal of Geophysical Research*, **104**, B6, 13013–13024, DOI: 10.1029/1999JB900034, Fig. 2.

Iizuka, Y., Y. Fujii, N. Hirasawa, T. Suzuki, H. Motoyama, T. Furukawa and T. Hondoh (2004): SO_4^{2-} minimum in summer snow layer at Dome Fuji, Antarctica, and the probable mechanism. *Journal of Geophysical Research*, **109**, D04307, doi:10.1029/2003JD004138, Fig. 1.

Kameda, T., K. Fujita, O. Sugita, N. Hirasawa and S. Takahashi (2009): Total solar eclipse over Antarctica on 23 November 2003 and its effects on the atmosphere and snow near the ice sheet surface at Dome Fuji. *Journal of Geophysical Research*, **114**, D18115, 1–10, doi:10.1029/2009JD011886, Figs. 1 to 4.

Kamiyama, K., Y. Ageta and Y. Fujii (1989): Atmospheric and depositional environments traced from unique chemical compositions of the snow over inland high plateau, Antarctica. *Journal of Geophysical Research*, **94**, D15, 18515–18519, Fig. 3.

Lake, R. A. and Lewis, E. L. (1970): Salt rejection by sea ice during growth. *Journal of Geophysical Research*, **75**(2), 587–597, Fig. 8.

Warren, S. G. and R. E. Brandt (2008): Optical constants of ice from the ultraviolet to microwave: a revised compilation. *Journal of Geophysical Research*, **113**, D14220, doi:10.1029/2007JD009744, Fig. 9.

Quarterly Journal of the Royal Meteorological Society

Bailey, M. and J. Hallett (2002) : Nucleation effects on the habit of vapour grown ice crystals from − 18 to − 42 ℃. *Quarterly Journal of the Royal Meteorological Society*, **128**(583), 1461–1483, Fig. 1.

Individual books

Khalil, M. A. K. and R. A. Rasmussen(1989): Temporal variations of trace gases in ice cores. *The Environmental record in glaciers and ice sheets*, edited by H. Oeshger and C.C. Langway, Jr., Dahlem Workshop Physical, Chemical, and Earth Sciences Research Report, **8**, John Wiley & Sons, 193 − 205, Fig. 1.

Langway, C. C., Jr., H. Oeschger and W. Dansgaard (1985): *Greenland ice core: Geophysics, Geochemistry, and the Environment*. Geophysical Monograph, **33**, AGU, Washington, D.C., 118pp, front photograph (no figure number).

Tape, W. (1994): *Atmospheric halos*. Antarctic Research Series, **64**, American Geophysical Union, Washington, D.C., 143pp, Figs.2-11(Display 2-3).

Tape, W. and J. Moilanen (2006): *Atmospheric halos and the search for angle x*. American Geophysical Union, Washington, D.C., 238pp, Figs.1.7 and 6.7.

Museum Tusculanum Press, University of Copenhagen:

Dansgaard, W., S. J. Johnsen, H. B. Clausen and N. Gundestrup (1973): Stable isotope glaciology. *Meddelelser om Grønland*, **197**(2), 53pp., Fig. 2.

NASA

Images in Homepage

Nature Publishing Group:

Nature

Dansgaard, W., J. W. C. White and S. J. Johnsen (1989): The abrupt termination of the Younger Dryas climate event. *Nature*, **339**, 532–534, Fig. 1.

Dansgaard, W., S. J. Johnsen, H. B. Clausen, D. Dahl-Jensen, N. S. Gundestrup, C. U. Hammer, C. S. Hvidberg, J. P. Steffensen, A. E. Sveinbjörnsdottir, J. Jouzel and G.. Bond (1993): Evidence for general instability of past climate from a 250-kyr ice-core record. *Nature*, **364**, 218–220, Fig. 1.

Hammer, C. U., H. B. Clausen and W. Dansgaard (1980): Greenland ice sheet evidence of post-glacial volcanism and its climatic impact. *Nature*, **288**, 230–235, Fig. 1.

Johnsen, S. J., W. Dansgaard and H. B. Clausen (1972): Oxygen isotope profiles through the Antarctic and Greenland ice sheets. *Nature*, **235**, 439–434, Fig. 5.

Petit, J. R., P. Duval and C. Lorius (1987): Long-term climatic changes indicated by crystal growth in polar ice. *Nature*, **326**, 62–64, Fig. 1.

Shoji, H. and Langway, C. C., Jr. (1982): Air hydrate inclusions in fresh ice core, *Nature*, **298**, 548–550, Fig. 1.

Nature Geoscience

Chen, J. L., C.R. Wilson, D. Blankenship and B. D. Tapley (2009): Accelerated Antarctic ice loss from satellite gravity measurements. *Nature Geoscience*, **2**, 859–862, Fig. 1.

Rignot, E., J. L.Mamber, M. R. van den Broeke, C. Davis, Y. Li, W.J.van de Berg and E.van Meijgaard (2008): Recent Antarctic ice mass loss from radar interferometery and regional climate modeling. *Nature Geoscience*, **1**, 106–110, Fig. 1.

NRC Research Press:

Penner, R. (1970): Thermal conductivity of frozen soil. *Canadian Journal of Earth Sciences*, **7**, 982–987, Fig. 6.

Oxford University Press:

Petrenko, V. F. and R. W. Whitworth (1999): *Physics of ice*. Oxford University Press, Oxford, 373pp, Figs.4.6, 11.2, 11.10, Tables 2.5 and 11.2.

Taylor & Francis:

Kobayashi, T. (1961): The growth of snow crystals at low supersaturations. *Philosophical Magazine*, **6**, 1363–1370, Fig. 6.

Rango, A., W.P. Wergin, E.F. Erebe (1996b): Snow crystal imaging using scanning electron microscopy: II.

Metamorphosed snow. *Hydrological Sciences Journal*, **41**(2), 235–250, Fig. 2.
Taylor & Francis Group LLC Books:
Sloan Jr., E. D. and C. Koh (2007): *Clathrate hydrates of natural gases*. 3rd edition, CRC Press, 752pp., Fig. 1.5.
The European Southern Observatory (ESO):
Whittet, D. C. B., W. A. Schutte, A. G. G. M. Tielens, A. C. A. Boogert, T. de Graauw, P. Ehrenfreund, P. A. Gerakines, F. P. Helmich, T. Prusti and E. F. van Dishoeck (1996): An ISO SWS view of interstellar ices: first results. *Astronomy and Astrophysics*, **315**, 357–360, Fig. 1.
The Royal Society:
Hallett, J. and B. J. Mason (1958): The influence of temperature and supersaturation on the habit of ice crystals grown from the vapour. *Proceedings of the Royal Society of London*, A**247**(1251), 258–261, Figs.10 and 13.
University of Alaska Press:
Davis, N. (2001): *Permafrost: A guide to frozen ground in transition*. University of Alaska Press, Fairbanks, 351pp, Figs.1.1, 4.2, 4.3A, 4.4, 4.16, 4.17, 4.18A, 4.24, 4.39 and 4.41.
US Army Engineer Research and Development Center:
Abele, G.. (1990): Snow roads and runways. *CRREL Monograph*, 90-3, 100pp., Fig. 8.
Weeks, W. F. and S. F. Ackley (1982): The growth, structure, and properties of sea ice, *CRREL Monograph*, **82-1**, U.S. Army Cold Regions Research and Engineering Laboratory, Hanover, N.H.. 129pp., Fig. 44.
World Glacier Monitoring Service:
World Glacier Monitoring Service (2008): *Global Glacier Changes: facts and figures*. edited by M. Zemp, I. Roer, A. Kääb, M. Hoelzle, F. Paul and W. Haeberli, UNEP, World Glacier Monitoring Service, Zurich, Switzerland, 88 pp., Fig. 5.1
Wikipedia
Images in Homepage

引 用 文 献

A

Abe, O., H. Sato, M. Chiba and S. Tanasawa（1998）：The advanced digital snow sonde. *Proceedings of the 1998 International Snow Science Workshop*, Sunriver, Oregon, 300-304.

Abe, O., R. Decker, B. Sensoy, T. Ikarashi, D. Ream and B. Tremper（1999）：Snow profile observations for avalanche forecasts using the new generation rammsonde, *Journal of the Japanese Society of Snow and Ice*（*Seppyo*）, **61**(5), 369-375.

阿部　修（2015）：雪原に生きるものたち　雪国からのメッセージ．農文協プロダクション，166pp．

Abele, G.（1990）：Snow roads and runways. *CRREL Monograph*, **90**-3, 100pp.

油川英明（2014）：ベントレーの"Snow Crystals"における雪結晶写真の二重掲載について．雪氷，**76**(2), 173-178.

Ackermann, M., J. Ahrens, X. Bai and 114 others（2006）：Optical properties of deep glacial ice at the South Pole. *Journal of Geophysical Research*, **111**, D13203, doi:10.1029/2005JD006687.

上田　豊（1983）：ネパール・ヒマラヤの夏期涵養型氷河における質量収支の特性 I．雪氷，**45**(2), 81-105.

上田　豊（2012）：未踏の南極ドームを探る－内陸雪原の13ヶ月－．成山堂書店，237pp．

Ahlmann, H. W.（1935）：Contribution to the physics of glaciers. *The Geographical Journal*, **86**(2), 97-113.

赤川　敏（2013）：凍土の融解過程における凍上現象．雪氷，**75**(5), 275-289.

赤澤　威（2012）：第1章 ホモ・ハビリタス 700 万年の歩み．人類大移動　アフリカからイースター島へ．印東道子編，7-32，朝日選書**886**，朝日新聞出版．

秋田谷英次（1978）：熱量計による積雪含水率計の試作．低温科学，**A36**, 103-111.

秋田谷英次，山田知充（1991）：第3章 積雪調査．雪氷調査法，日本雪氷学会北海道支部編，29-45.

秋田谷英次，山田知充（1994）：目視による道路雪氷の分類と活用．寒地技術論文・報告集，**10**, 89-92.

秋田谷英次，遠藤八十一（1998）：第1章 雪崩の発生機構，雪崩，気象研究ノート，**190**, 3-17.

秋田谷英次（2000）：第2章 雪崩の分類と発生機構．雪崩と吹雪（基礎雪氷学講座Ⅲ），古今書院，51-78.

秋田谷英次，成瀬廉二，尾関俊浩，福沢卓也（2000）：第2章 雪崩の発生メカニズム．決定版雪崩学，山と渓谷社，39-64.

Alduchov, O. A. and R. E. Eskridge（1996）：Improved Magnus form approximation of saturation vapor pressure. *Journal of Applied Meteorology*, **35**, 601-609.

Alimasi, N., S. Takahashi and H. Enomoto（2012）：Development of a mobile optical system to detect road-freezing conditions. *Bulletin of Glaciological Research*, **30**, 41-51.

Alimasi, N.（2013）：光学的センサーを用いた路面凍結検知システムの開発．北見工業大学学位論文，57pp．

Alley, R. B.（1992）：Flow-law hypotheses for ice-sheet modeling. *Journal of Glaciology*, **38**(129), 245-256.

安藤昭芳（2009）：津軽の七つの雪ってどんな雪？．青森地方気象台，**11**, 3-4.

安藤昭芳（2010）：津軽の七つの雪　その1．あおもりゆきだより（今号の話題②），青森地方気象台，**3**, 4pp．

安藤昭芳（2011）：津軽の雪じゃなかった津軽の七つの雪　その2．あおもりゆきだより（今号の話題②），青森地方気象台，**4**, 4pp．

安藤昭芳（2013）：「津軽の七つの雪」ってどんな雪．あおもりゆきだより（今号の話題），青森地方気象台，**7**, 5pp．

青井秀道（1995）：冬用タイヤの発達史．雪氷，**57**(4), 379-383.

Aoki, T., S. Matoba, S. Yamaguchi, T. Tanikiawa, M. Niwano, K. Kuchiki, K. Adachi, J. Uetake, H. Motoyama and M. Hori（2014）：Light-absorbing snow impurity concentrations measured on Northwest Greenland ice sheet in 2011 and 2012. *Bulletin of Glaciological Research*, **32**, 21-31.

青田正秋（1993）：白い海，凍る海　オホーツク海の不思議．東海大学出版会，62pp．

青田正秋（2013）：流氷の世界．気象ブックス**38**，成山堂書店，180pp．

Arakawa, H.（1954）：Fujiwhara on five centuries of freezing dates of Lake Suwa in the central Japan. *Archiv für Meteorologie, Geophysik und Bioklimatologie*, **B**, **6**(1-2), 152-166.

荒川秀俊（1954）：5世紀に亘る諏訪湖御神渡の研究．地学雑誌，**63**(4), 1-8.

荒川逸人，和泉　薫，河島克久，石井吉之（2010）：季節積雪の固有透過度と微細構造に関する諸因子との関係．雪氷，**72**(5), 311-321.

Arakawa, K. and K. Higuchi (1952): Studies on the freezing of water (I). *Journal of the Faculty of Science, Hokkaido University*, Ser. **2**, Physics, 201-208.

Arakawa, K. (1955): The growth of ice crystals in water. *Journal of Glaciology*, **2**(17), 463-467. 荒川　泓 (1991): 4℃の謎　水の本質を探る. 北海道大学図書刊行会, 248pp.

浅野浅春, 山下　晃, 中田勝夫 (1989): 多結晶雪の研究（第1報）－巨大人工多結晶雪について－. 大阪教育大学紀要, 第Ⅲ部門（自然科学）, **38**(1), 21-35.

Aschwanden, A., E. Bueler, C. Khroulev and H. Blatter (2012): An enthalpy formulation for glaciers and ice sheets. *Journal of Glaciology*, **58**(209), 441-457.

Azuma, N. and A. Higashi (1985): Formation process of ice fabrics pattern in ice sheets. *Annals of Glaciology*, **6**, 130-134.

Azuma, N., Y. Wang, K. Mori, H. Narita, T. Hondoh, H. Shoji and O. Watanabe (1999): Texture and fabrics in the Dome F (Antarctica) ice core. *Annals of Glaciology*, **29**, 163-168.

B

Bader, H. (1954): Sorge's law of densification of snow on high polar glaciers. *Journal of Glaciology*, **28**(15), 319-323.

Bader, H. (1964): Density of ice as a function of temperature and stress. *CRREL Special Report*, **64**, 6pp.

Bailey, M. and J. Hallett (2002): Nucleation effects on the habit of vapour grown ice crystals from -18 to -42 ℃. *Quarterly Journal of the Royal Meteorological Society*, **128**(583), 1461-1483.

Bailey, M.P. and J. Hallett (2009): A comprehensive habit diagram for atmospheric ice crystals: Confirmation from the laboratory, AIR Ⅱ, and other field studies. *Journal of the Atmospheric Sciences*, **66**, 2888-2899.

Bamber, J.L. and A.J. Payne (2004): *Mass balance of the cryosphere: observations and modeling of contemporary and future changes*. Cambridge University Press, Cambridge, 644pp.

Barnes, P., D. Tabor and J. C. F. Walker (1971): The friction and creep of polycrystalline ice. *Proceedings of the Royal Society of London*, **A324**, 127-155.

Barnes, W. H. (1929): The crystal structure of ice between 0 degrees C and -183 degrees C. *Proceedings of the Royal Society*, **A125**, 670-693.

Bartelt, P. and M. Lehning (2002): A physical SNOWPACK model for the Swiss avalanche warning: Part I: numerical model. *Cold Regions Science and Technology*, **35**(3), 123-145.

Bartholinus, E. (1661): *De figura nivis dissertation*. published by Typis M. Godicchii in Hafniae, 42pp (written in Latin).

Barry, R. and T.Y. Gan (2011): *The global cryosphere, past, present and future*. Cambridge University Press, Cambridge, 472pp.

Benedict, W. S., N. Gailar and E.K. Plyer (1956): Rotation-vibration spectra of deuterated water vapor. *Journal of Chemical Physics*, **24**, 1139-1165.

Benson, C.S. (1962): Stratigpraphic studies in the snow and firn of the Greenland ice sheet. *SIPRE Research Report*, **70**, 93pp. Appendices.

Bentely, W. A. (1918): Photographs of snow crsytals, and methods of reproduction. *Monthley Weather Review*, **46**(8), 359-360.

Bentley, W. A. and W. J. Humphreys (1931): *Snow crystals*. McGraw-Hill book Co., New York, 227pp.

Bernal, J. D. and R.H. Fowler (1933): A theory of water and ionic solution, with particular reference to hydrogen and hydroxyl ions. *Journal of Chemical Physics*, **1**, 515-548.

Beskow, G. (1947): *Soil freezing and frost heaving with special application to roads and railroads*. translated by Dr. J. O. Osterberg, The Technical Institute, Northwestern University, Evanston, Illinois, 145pp.

Bjerrum, N. (1951): Structure and properties of ice. *Kongelige Danske Videnskabernes Selskab Matematisk-fysiske Meddelelser*, **27**, 1-56.

Blanchard, D. C. (1970): Wilson Bentley, the snowflake man. *Weatherwise*, **23**(6), 260-269.

Blackford, J. R. (2007): Sintering and microstructure of ice: A review. *Journal of Physics, D: Applied Physics*, **40**, R355-R385.

Bond, G., W. Broecker, S. Johnsen, J. McManus, L. Labeyrie, J. Jouzel and G. Bonani (1993): Correlations between climatic records from North Atlantic sediments and Greenland ice. *Nature*, **365**, 143-147.

Bowden, F.P. and T.P. Hughes (1939): The mechanism of sliding on ice and snow. *Proceedings of Royal Society*ondon, 172, 280-298. *of*ondon, A172, 280-298. ondon, **A172**, 280-298.

Bragg, W. H. (1922): The crystal structure of ice. *Proceedings of the Physical Society of London*, **34**, 98-103.

Bridgman, P. W. (1912): Water, in the liquid and five solid forms, under pressure. *Proceedings of the American Academy of Arts and Sciences*, **47**, 441-558.

Bridgman, P. W. (1935): The pressure-volume-temperature relations of the liquid, and the phase diagram of heavy water. *Journal of Chemical Physics*, **3**, 597-605.

Bridgman, P. W. (1937): The phase diagram of water to 45,000kg/cm^2. *Journal of Chemical Physics*, **5**, 964-966.

Broecker, W. S. (1994): Massive iceberg discharge as triggers for global climate change. *Nature*, **372**, 421-424.

Broecker, W. S. (2010): *The great ocean conveyor: Discovering the trigger for adrupt climate change*. Princeton University Press, 154pp.（ブロッカー (2013)：気候変動はなぜ起こるのか．グレート・オーシャン・コンベイヤーの発見，川幡穂高，眞中卓也，大谷壮矢，伊佐治雄太訳，講談社，ブルーバックス，B1846，209pp.）

Brown, D. and B. Bell (2014): NASA Space assets detect ocean inside Saturn Moon. *NASA/JPL News and Features*, April 3, 2014.

Brun, E., E. Martin, V. Simon, C. Gendre and C. Coléou (1989): An energy and mass model of snow cover suitable for operational avalanche forecasting, *Journal of Glaciology*, **35**, 333-342.

Brun, E., P. David, M. Sudul, and G. Brunot (1992): A numerical model to simulate snow-cover stratigraphy for operational avalanche forecasting, *Journal of Glaciology*, **38**, 13-22.

Budd, W. F. (1966): Glaciological Studies in the region of Wilks, Eastern Antarctica, 1961. *ANARE Science Reports*, Series A, **88**, 1-149.

Budd, W. F., Dingle, R. and Radok, U. (1966): The Byrd snow drift project: outline and basic results. *Studies in Antarctic Meteorology. Antarctic Research Series*, **9**, edited by M. J. Rubin, American Geophysical Union, 71-134.

Budd, W. F. and U. Radok (1971): Glaciers and other large ice masses. *Reports on Progress in Physics*, **34**(1), 1-70.

Butkovich, T. R. (1957): Linear thermal expansion of ice. *SIPRE Research Report*, **40**, 10pp.

C

Caldwell, D. R. (1978): The maximum density points of pure and saline water. *Deep-Sea Research*, **25**(2), 175-181.

Cavalieri, D. J. (1994): A microwave technique for mapping thin ice. *Journal of Geophysical Research*, **C6**, 12561-12572.

Chang, A. T. C., J. L. Foster and D. K. Hall (1987): Nimbus-7 SMMR derived global snow cover parameters. *Annals of Glaciology*, **9**, 39-44.

Chen, A. S.-H. and S.W. Morris (2013): On the origin and evolution of icicle ripples. *New Journal of Physics*, **15**, 103012 (18pp), doi:10.1088/1367-2630/15/10/103012.

Chen, J. L., C.R. Wilson, D. Blankenship and B. D. Tapley (2009): Accelerated Antarctic ice loss from satellite gravity measurements. *Nature Geoscience*, **2**, 859-862.

千葉隆弘，竹内政夫，布施浩司，岳本秀人 (2003)：格子フェンスによる冠雪落下防止とその原理について．日本雪工学会誌，**19**(4)，33-34.

Clark, P. U. and A. C. Mix (2002): Ice sheets and sea level of the Last Glacial Maximum. *Quaternary Science Reviews*, **21**(1-3), 1-7.

Cogley, J.G., R. Hock, L. A. Rasmussen, A. A. Arendt, A. Bauder, R. J. Braithwaite, P. Jansson, G. Kaser, M. Möller, L. Nicholson and M. Zemp (2011): *Glossary of glacier mass balance and related terms*. IHP-VII Technical documents in Hydrology, 86, IACS Contribution No. 2, UNESCO-IHP, Paris, 114pp.

Colbeck, S., E. Akitaya, R. Armstrong, H. Gubler, J. Lafeuille, K. Lied, D. McClung and E. Morris (1990): *The international classification for seasonal snow on the ground*. The International Commission on Snow and Ice of the International Association of Hydrological Sciences, 23pp.

Cole, K. S. and R. H. Cole (1941): Dispersion and absorption in dielectrics. I. Alternating current characteristics. *Journal of Physical Chemistry*, **9**(4), 341-351.

Coléou, C., B. Lesaffre, J.-B. Brzoska, W. Ludwig and E. Boller (2001): Three-dimensional snow images by X-ray microtomography. *Annals of Glaciology*, **32**, 75-81.

Czudek, T. and J. Demek (1970): Thermokarst in Siberia and its influence on the development of lowland relief. *Quaternary Research*, **1**(1), 103-120.

D

Dahl-Jensen, D., K. Mosegaard, N. Gundestrup, G. D. Clow, S. J. Johnsen, A. W. Hansen and N. Balling (1998): Past temperatures directly from the Greenland Ice Sheet. *Science*, **282**(5387), 268-271.

Dansgaard, W. (1953): The abundance of ^{18}O in atmospheric water and water vapor. *Tellus*, **5**(4), 461-469.

Dansgaard, W. (1964): Stable isotopes in precipitation. *Tellus*, **16**, 436-468.
Dansgaard, W., S. J. Johnsen, H. B. Clausen and N. Gundestrup (1973): Stable isotope glaciology. *Meddelelser om Grønland*, **197**(2), 53pp.
Dansgaard, W., J. W. C. White and S. J. Johnsen (1989): The abrupt termination of the Younger Dryas climate event. *Nature*, 339, 532-534.
Dansgaard, W., S. J. Johnsen, H. B. Clausen, D. Dahl-Jensen, N. S. Gundestrup, C. U. Hammer, C. S. Hvidberg, J. P. Steffensen, A. E. Sveinbjörnsdottir, J. Jouzel and G. Bond (1993): Evidence for general instability of past climate from a 250-kyr ice-core record. *Nature*, **364**, 218-220.
Dansgaard, W. (2004): *Frozen annals, Greenland ice sheet research*. Edited and published by the Niels Bohr Institute, University of Copenhagen, Narayana Press, Odder, Denmark, 122pp.
Davis, N. (2001): *Permafrost: A guide to frozen ground in transition*. University of Alaska Press, Fairbanks, 351pp.
Dennison, D. M. (1921): The crystal structure of ice. *Physical Review*, **17**(1), 20-22.
Denoth, A. (1994): An electronic device for long-term snow wetness recording. *Annals of Glaciology*, **19**, 104-106.
De Vries D. A. (1963): Thermal properties of soil. *Physics of planet environment*, edited by W. R. Van Wijk, Amsterdam, North-Holland Publishing Company, 210-235.
Dillard, D. S. and K. D. Timberheads (1966): Low temperature thermal conductivity of solidified H_2O and D_2O. *Pure and Applied Cryogenics*, **4**, 35-44.
Dorsey, N. E. (1940): *Properties of ordinary water-substance in all its phases: water vapor, water, and all the ices*. Monograph series (American Chemical Society), **81**, Reinhold publishing corporation, New York, 673pp.
土質工学会 (1994): 第5章 人工凍結の利用と制御, 土の凍結 －その理論と実際－, (社) 土質工学会, 249-302.

E

Eisenberg, D. and W. Kauzmann (1969): *The structure and properties of water*. Oxford University Press, Oxford, 296pp. (カウズマン, アイゼンバーグ (1975): 水の構造と物性. 関 集三, 松尾隆祐訳, みすず書房, 302pp.)
遠藤浩司, 大西 豪, 関 光雄 (1998): 結晶雪観察を含めた複合化教材の開発. 寒地技術シンポジウム, **14**, 475-478.
遠藤八十一, 小南裕志, 山野井克己, 庭野昭二 (2002): 粘性圧縮モデルによる時間降雪深と新雪密度. 雪氷, **64**(1), 3-13.
Engelhardt, H. and B. Kamb (1981): Structure of ice IV, a metastable high-pressure phase. *The Journal of Chemical Physics*, **75**, 5887-5899.
Enomoto, H., T. Kumano, N. Kimura, K. Tateyama, K. Shirasawa and S. Uratsuka (2003): Sea-ice motion in the Okhotsk Sea derived by microwave sensors. *The proceedings of the 13th International Offshore and Polar Engineering Conference*, Honolulu, May 25-30, 518-522.
榎本浩之, 高橋修平, 渡邊 誠, 齋藤佳彦, 山本 徹 (2004): 2004年1月の道東地方の大雪 －北見市の積雪－. 北海道の雪氷, **23**, 75-77.

F

Falenty, A., T.C. Hansen and W.F. Kuhs (2014): Formation and properties of ice XVI obtained by emptying a type sII clathrate hydrate, *Nature*, **516**, 231-233.
Faraday, M. (1859): Note on regelation. *Proceedings of the Royal Society of London*, **10**, 440-450.
Fierz, C., R. L. Armstrong, Y. Durand, P. Etchevers, E. Greene, D. M. McClung, K. Nishimura, P. K. Satyawali and S. A. Sokratov (2009): *The International classification for seasonal snow on the ground*. IHP-VII Technical Documents in Hydrology, **83**, IACS Contribution 1, UNESCO-IHP, Paris, 80pp.
Flanner, M. G., C.S. Zender, J.T. Randerson and P. J. Rasch (2007): Present-day climate forcing and response from black carbon in snow. *Journal of Geophysical Research*, **112**, D11202, doi:10.1029/2006JD008003.
Fletcher, N. H. (1970): *The chemical physics of ice*. Cambridge Monograph on Physics, Cambridge University Press, Cambridge, 271pp. (フレッチャー (1974): 氷の化学物理. 前野紀一訳, 共立出版, 235pp.)
Flint, R. F. (1971): *Glacial and quaternary geology*. John Wiley and Sons Inc., 906pp.
Frank, F. C. (1974): Early discoverers XXXI. Descartes' observations on the Amsterdam snowfalls of 4, 5, 6 and 9 February 1635. *Journal of Glaciology*, **13**(69), 535-539.
Fretwell, P., H. D. Pritchard, D. G. Vaughan and 57 others (2013): Bedmap2: improved ice bed, surface and thickness datasets for Antarctica. *The Cryosphere*, **7**, 375–393.

Friis-Christensen E. and K. Lassen (1991): Length of the solar cycle: An indicator of solar activity closely related with climate. *Science*, **254**, 698-700.

Fucks, A. (1956): Preparation of plastic replicas and thin section of snow. *CRREL Technical Report*, **41**.

藤井俊茂 (2005): 鉄道雪氷害 (14.5節). 雪と氷の事典, (社) 日本雪氷学会監修, 朝倉書店, 545-555.

藤井理行, 樋口敬二 (1972): 富士山の永久凍土. 雪氷, **34**(4), 9-22.

Fujii, Y. and K. Kusunoki (1982): The role of sublimation and condensation in the formation of ice sheet surface at Mizuho Station, Antarctica. *Journal of Geophysical Research*, **87**, C6, 4293-4300.

藤井理行 (1982): 氷床掘削コアの解析に基づく過去の気候の復元. 第5章, 南極の科学, **4**, 古今書院, 164-183.

Fujii, Y. and O. Watanabe (1988): Microparticle concentration and electrical conductivity of a 700m ice core from Mizuho station, Antarctica. *Annals of Glaciology*, **10**, 38-42.

Fujii, Y., K. Kamiyama, T. Kawamura, T. Kameda, K. Izumi, K.Satow, H. Enomoto, T. Nakamura, J.O. Hagen, Y. Gjessing and O. Watanabe (1990): 6000-year climatic records in an ice core from the Høghetta ice dome in Northern Spitsbergen. *Annals of Glaciology*, **14**, 85-89.

藤井理行, 東 信彦, 田中洋一, 高橋昭好, 新堀邦夫, 中山芳樹, 本山秀明, 片桐一夫, 藤田秀二, 宮原盛厚, 亀田貴雄, 斎藤隆志, 斎藤 健, 庄子 仁, 白岩孝行, 成田英器, 神山孝吉, 古川晶雄, 前野英生, 榎本浩之, 成瀬廉二, 横山宏太郎, 本堂武夫, 上田 豊, 川田邦夫, 渡辺興亜 (1999): 南極ドームふじ観測拠点における氷床深層コア掘削. 南極資料, **43**(1), 162-210.

Fujii, Y., K. Kamiyama, H. Shoji, H. Narita, F. Nishio, T. Kameda and O. Watanabe (2001): 210-year ice core records of dust storms, volcanic eruptions and acidification at Site-J, Greenland. *Memoirs of National Institute of Polar Research, Special issue*, **54**, 209-220.

Fujii, Y., M. Kohno, S. Matoba, H. Motoyama and O. Watanabe (2003): A 320 k-year record of microparticles in the Dome Fuji, Antarctica ice core measured by laser-light scattering. *Global scale climate and environment study through polar ice core*, edited by H. Shoji and O. Watanabe, *Memoirs of National Institute of Polar Research, Special issue*, **57**, 46-62.

藤井理行, 本山秀明編著 (2011): アイスコア 地球環境のタイムカプセル. 極地研ライブラリー, 成山堂, 236pp.

藤野和夫, 堀口 薫, 新堀邦夫, 加藤喜久夫 (1982): 地下集塊氷の掘削とコア解析 I. 低温科学, **A41**, 143-149.

Fujita, K. and O. Abe (2006): Stable isotopes in daily precipitation at Dome Fuji, East Antarctica. *Geophysical Research Letters*, **33**, L18503, doi:10.1029/2006GL026936.

Fujita, S., M. Nakawo and S. Mae (1987): Orientation of the 700-m Mizuho core and its strain history. *Proceedings of the NIPR Symposium on Polar Meteorology and Glaciology*, **1**, 122-131.

Fujita, S., H. Maeno, S. Uratsuka, T. Furukawa, S. Mae, Y. Fujii and O. Watanabe (1999): Nature of radio echo layering in the Antarctic Ice Sheet detected by a two-frequency experiment. *Journal of Geophysical Research*, **104**, B6, 13013-13024, DOI: 10.1029/1999JB900034.

藤田秀二 (2008): 氷床探査レーダーの開発及び現地での運用状況. 南極資料 **52** (特集号), 238-250.

Fujiwara, K. and Y. Endo (1971): Preliminary report of glaciological studies. *Report of the Japanese Traverse Syowa-South Pole 1968-1969. JARE Scientific Reports, Spec. Issue*, **2**, 68-109.

福田明治, 本堂武夫 (1984): 氷の転位. 日本金属学会会報, **23**(6), 509-514.

福田正己, 木下誠一 (1974): 大雪山の永久凍土と気候環境. 第四紀研究, **12**, 192-202.

福田正己, 石崎武志 (1980): 平衡地表面温度による土壌凍結深推定モデル. 雪氷, **42**(2), 71-80.

福田正己 (1982): 第2章 土の凍結過程と凍上現象. 凍土の物理学, 森北出版, 29-59.

福田正己, 香内 晃, 高橋修平 (1997): 極地の科学. 地球環境センサーからの警告. 北海道大学図書刊行会, 179pp.

福井幸太郎 (2004): 立山での山岳永久凍土の形成維持機構. 雪氷, **66**(2), 187-195.

福井幸太郎, 飯田 肇 (2012): 飛騨山脈, 立山・剱山域の3つの多年性雪渓の氷厚と流動 −日本に現存する氷河の可能性について−. 雪氷, **74**(3), 213-222.

福井幸太郎, 飯田 肇 (2013):「飛騨山脈, 立山・剱山域の3つの多年性雪渓の氷厚と流動 −日本に現存する氷河の可能性について−」へのコメント (土屋, 2012) に対する回答. 雪氷, **75**(3), 147-149.

Fukuta, N. and T. Takahashi (1999): The growth of Atmospheric ice crystals: A summary of findings in vertical supercooled cloud tunnel studies. *Journal of the Atmospheric Sciences*, **56**, 1963-1979.

福富孝治, 楠 宏, 田畑忠司 (1950): 海氷の研究 (第6報): 海氷の厚さの増加について. 低温科学, A3, 171-185.

福沢卓也 (1990): 雪ルーペ 素早く正確な雪質判定のために. 雪氷, **52**(2), 123-125.

福澤義文，竹内政夫，石本敬志，野原他喜男（1982）：防雪柵の性能比較試験．第25回北海道開発局技術研究発表会論文集，210-215．

Furukawa, T., K. Kamiyama and H. Maeno (1996): Snow surface features along the traverse route from the coast to Dome Fuji Station, Queen Maud Land, Antarctica. *Proceedings of the NIPR Symposium on Polar Meteorology and Glaciology*, **10**, 13-24.

Furukawa, Y. (1982): Structure and formation mechanisms of snow polycrystals. *Journal of the Meteorological Society of Japan*, **60**(1), 535-547.

Furukawa, Y., M. Yamamoto and K. Kuroda (1987): Ellipsometoric study of the transition layer at the surface of an ice crystal. *Journal of Crystal Growth*, **82**, 665-677.

古川義純（2009）：氷の表面は融けている！－滑りやすさのメカニズム－，日本機械学会誌，**112**(1086)，402-405．

古川義純，横山悦郎，吉崎　泉，島岡太郎，曽根武彦，友部俊之（2012）：ISS「きぼう」における氷の結晶成長とパターン形成実験．日本結晶成長学会誌，**39**(2)，61-67．

G

Gallet, J.-C., F. Domine, C. S. Zender and G. Picard (2009): Measurement of the specific surface area of snow using infrared reflectance in an integrating sphere at 1310 and 1550nm. *The Cryosphere*, **3**, 167-182.

Garfield, D.E. and H.T. Ueda (1976): Resurvey of the "Byrd" Station, Antarctica, drill hole. *Journal of Glaciology*, **17**(75), 29-34.

Gilpin, R. R. (1979): A model of the "liquid-like" layer between ice and a substrate with application to wire regelation and particle migration. *Journal of Colloid and Interface Science*, **68**(2), 235-251.

Glaisher, J. (1855): On the severe weather at the beginning of the year 1855: And on snow and snow-crystals. *Report of the Council of the British Meteorological Society*, London, British Meteorological Society, 18pp.

Glen, J.W. (1955): The creep of polycrystalline ice. *Proceedings of the Royal Society of London*, **A228**(1175), 519-538.

Goff, J. A. and S. Gratch (1946): Low-temperature properties of water $-160°C$ to $212°F$. *Transactions of the American Society of Heating and Ventilation Engineers*, **52**, 95-129.

Gold, L. W. (1958): Some observations on the dependence of strain on stress in ice. *Canadian Journal of Physics*, **36**, 1265-1275.

Gold, L. W. (1977): Engineering properties of fresh water ice. *Journal of Glaciology*, **19**(81), 197-212.

Gold, T. (1987): Power from the earth. Everman Ltd., 208pp.（ゴールド，T.（1988）：地球深層ガス　新しいエネルギーの創生．脇田　宏監訳，(財)エネルギー総合工学研究所地球深層ガス研究会訳，日経サイエンス社，286pp.）

Goto, A., T. Hondoh and S. Mae (1990): The electron density distribution in ice Ih determined by single-crystal x-ray diffractometry. *Journal of Chemical Physics*, **92**(2), 1412-1417.

五藤員雄，黒岩大助（1975）：北海道における電線着雪とその発達抑止に関する研究．雪氷，**37**(4)，182-191．

五藤員雄（1976）：捻れ回転による難着雪電線の着雪発達過程のシミュレーション計算法．雪氷，**38**(3)，127-137．

Goto, K., T. Hondoh and A. Higashi (1986): Determination of diffusion coefficients of self-interstitials in ice with a new method of observing climb of dislocations by X-ray topography. *Japanese Journal of Applied Physics*, **25**, 351-357.

Goto-Azuma, K., S. Kohshima, T. Kameda, S. Takahashi, O. Watanabe, Y. Fujii and J. O. Hagen (1995): An ice-core chemistry record from Snøfjellafonna, northwestern Spitsbergen. *Annals of Glaciology*, **21**, 213-218.

Gow, A. (1971): Relaxation of ice in deep drill cores from Antarctica. *Journal of Geophysical Research*, **76**(11), 2533-2541.

Greenler, R. (1980): *Rainbows, halos, and glories*. Cambridge University Press, Cambridge, 195pp (Greenler, R.(1992)：太陽からの贈りもの　虹，ハロ，光輪，蜃気楼．小口　高，渡邉　堯訳，丸善出版，237pp.）

H

Haefeli, R. (1954): Measurement of the resistance to ramming and taking of ram profiles. *Snow and its metamorphism (Der schnee und seine metamorphose)*, SIPRE, Corps of Engineers, U.S. Army, Translation, **14**, 128-138.

Hallett, J. and B. J. Mason (1958): The influence of temperature and supersaturation on the habit of ice crystals grown from the vapour. *Proceedings of the Royal Society of London*, **A247**(1251), 258-261.

Hammer, C. U., H.B. Clausen, W. Dansgaard, N. Gundestrup, S.J. Johnsen and N. Reeh (1978): Dating of Greenland ice cores by flow model, isotopes, volcanic debris, and continental dust. *Journal of Glaciology*, **20**(82), 3-26.

Hammer, C. U. (1980): Acidity of polar ice cores in relation to absolute dating, past volcanism, and radio echoes. *Journal of Glaciology*, **25**(93), 359-372.

Hammer, C. U., H. B. Clausen and W. Dansgaard (1980): Greenland ice sheet evidence of post-glacial volcanism and its

climatic impact. *Nature*, **288**, 230-235.
Hammer, C. U. (2001): The Hans Tausen ice cap, glaciology and glacial geology. *Meddelelser om Grønland, Geoscience*, **39**, 163pp.
Hansen, J., and L. Nazarenko (2004), Soot climate forcing via snow and ice albedos. *Proceedings of the National Academy of Sciences of the United States of America*, **101**(2), 423-428.
Hansen, T. C., A. Falenty and W. F. Kuhs (2007): Modelling ice Ic of different origin and stacking-faulted hexagonal ice using neutron powder diffraction data. *Physics and Chemistry of Ice*, ed. W. Kuhs, Royal Society of Chemistry, Cambridge, 201-208.
原 圭一郎 (2003): 南極対流圏のエアロゾル. エアロゾル研究, **18**(3), 200-213.
原田康浩, 中沸 匠, 柿崎佑樹, 村井昭夫, 亀田貴雄 (2011): 低温域で生成される放射状雪結晶の特徴－結晶主軸の相互角度分布－. 雪氷研究大会 (2011・長岡) 講演要旨集, 31.
原田裕介, 土谷富士夫, 武田一夫, 宗岡寿美 (2009): 長期観測に基づく積雪下の土の凍結融解特性. 雪氷, **71**(4), 241-251.
Harrison, J. D. and W. A. Tiller (1963): Controlled freezing of water. *Ice and snow, properties, processes, and applications*, edited by W. D. Kingery, M.I.T. Press, Massachusetts, 215-225.
畠山久尚 (1940): 地上に於ける着氷現象に就いて. 日本雪氷協会月報, **2**(10), 147-152.
Heggli, M. E. Frei and M. Schneebeli (2009): Snow replica method for three-dimensional X-ray microtomographic imaging. *Journal of Glaciology*, **55**(192), 631-639.
Heinrich, H. (1988): Origin and consequences of cyclic ice rafting in the Northeast Atlantic Ocean during the past 130,000 years. *Quaternary Research*, **29**(2), 142-152.
Hellmann, G. (1893): *Scheneekrystalle, Beobachtungen und Studien*. Verlag von Rudolf Müchenberger, Berin, pp.66 + 8 plates (in German).
Hemley, R. J., A. P. Jephcoat, H. K. Mao, C. S. Zha, L. W. Finger and D. E. Cox (1987): Static compression of H_2O-ice to 128 GPa (1.28 Mbar). *Nature*, **330**, 737-740.
Henderson, K., A. Laube, H. W. Gäggeler, S. Oliver, T. Papina and M. Schwikowski (2006): Temporal variation of accumulation and temperature during the past two centuries from Belukha ice core, Siberian Altai. *Journal of Geophysical Research*, **111**, D03104, 1-11, doi:10.1029/2005JD005819.
Herron, M. M. and Langway, C.C., Jr. (1980): Firn densification: An empirical model. *Journal of Glaciology*, **25**(93), 373-385.
Herron, M. M., S.L. Herron and C.C. Langway, Jr. (1982): Climatic signal of ice melt features in southern Greenland. *Nature*, **293**(5831), 389-391.
Hibler, W. D. III and C. C. Langway, Jr. (1979): Ice core stratigraphy as a climatic indicator. *Polar Oceans*, Edited by M.J. Dunber, Arctic Institute of North America, Calgary, 589-601.
東 晃 (1981): 寒地工学基礎論. 古今書院, 247pp.
Higashi, A., M. Nakawo, H. Narita, Y. Fujii, F. Nishio and O. Watanabe (1988): Preliminary results of analyses of 700m ice cores retrieved at Mizuho Station, Antarctica. *Annals of Glaciology*, **10**, 52-56.
東 晃 (1997): 雪と氷の科学者 中谷宇吉郎. 北海道大学図書刊行会, 249pp.
Higuchi, K. (1957): A new method for recording the grain-structure of ice. *Journal of Glaciology*, **3**(22), 131-132.
Higuchi, K. and J. Muguruma (1958): Etching of ice crystals by the use of plastic replica film. *Journal of the Faculty of Science, Hokkaido University*, **7**, Geophysics, **1**(2), 81-91.
樋口敬二 (1959): 短い角柱と厚い角板の区別. 雪氷, **21**(6), 189.
樋口敬二 (1969): 多年性雪渓の地球科学的意味. 雪氷, **31**(3), 63-68.
Higuchi, K. and Y. Fujii (1970): Permafrost at the summit of Mount Fuji, Japan. *Nature*, **230**, 521.
樋口敬二 (1975): 寅彦・宇吉郎・フランク. 科学者寺田寅彦, NHKブックス, **225**, 141-150.
樋口敬二, 大畑哲夫, 渡辺興亜 (1979a): 剱沢圏谷, 多年性雪渓はまぐり雪の規模の変動. 雪氷, **41**(2), 77-84.
樋口敬二, 若浜五郎, 山田知充, 成瀬廉二, 佐藤清一, 阿部正二朗, 中俣三郎, 小岩清水, 松岡春樹, 伊藤文雄, 鷲坂修二, 渡辺興亜, 中島暢太郎, 井上治郎, 上田 豊 (1979b): 総合報告－日本における雪渓の地域的特性とその変動. 雪氷, **41**(3), 181-197.
樋口敬二 (1988): 中谷宇吉郎随筆集, 岩波文庫 (緑**124-1**), 386pp.
樋口敬二 (2006a): Interestingな研究とImportantな研究－氷の円盤結晶から新エネルギー・天然氷まで－. 雪氷, **68**(1), 51-54.
樋口敬二 (2006b): 結氷した湖の表面模様と結氷陶芸. 雪氷, **68**(1), i
樋口敬二 (2007):「側面結晶」と「交差角板」－雪の結晶分類表が二種類ある不思議―. 雪氷, **69**(3), 398-402.

樋口敬二，亀田貴雄（2010）：雪結晶をめぐる最近の話題．雪氷研究大会（2010・仙台）講演要旨集，20．
樋口敬二，亀田貴雄（2011）：雪結晶をめぐる最近の話題 －孫野・李による雪結晶分類の45年目の改訂－．雪氷研究大会（2011・長岡）講演要旨集，14-15．
樋口敬二（2014）：富士山の氷穴．日本の雪と氷100選，（公益社団法人）日本雪氷学会編（日本雪氷学会のホームページに掲載）．
Hiramatsu, K. and M. Strum (2005): A simple, inexpensive chamber for growing snow crystals in the classroom. *The Physics Teacher*, **43**(6), 346-348.
平田　靖（1995）：スタッドレスタイヤの材料特性．雪氷，**57**(4), 390-395.
Hirayama, K. (1986): Growth of ice cover in steep and small rivers. *Proceedings of the International Association of Hydraulic Research Ice Symposium 1986 in Iowa City*, Iowa, 451-464.
樋山邦治，飯田　肇（2007）：北アルプス「はまぐり雪雪渓」調査報告 1967～2006年の年々変動と涵養過程について．立山カルデラ研究紀要，**8**, 25-35.
Hobbs, P. V. and B. J. Mason (1964): Sintering and adhesion of ice. *Philosophical Magazine*, **9**, 181-197.
Hobbs, P. V. (1974): *Ice physics*. Oxford, Oxford University Press, reprinted in 2010, 837pp.
Hoekstra, P. (1966): Moisture movement in soils under temperature gradients with cold side temperature below freezing. *Water Resources Research*, **2**, 241-250.
北海道大学低温科学研究所編（2005）：H_2Oが拓く科学フロンティア　氷と水とクラスレートハイドレート．低温科学，**64**, 236pp.
北海道大学低温科学研究所編（2013）：氷の物理と化学の新展開．編集：佐﨑　元，内田　努，古川義純，低温科学，**71**, 192pp.
北海道警察本部（2013）：交通年鑑（平成24年度）．177pp.
北海道雪崩事故防止研究会編（2002）：決定版雪崩学．山と渓谷社，351pp.
Hondoh, T., K. Goto-Azuma and A. Higashi (1987): Self-interstitials in ice. *Journal de Physique*, **C1**(3), 183-187.
Hondoh, T. ed. (2000): *Physics of ice core records*. Hokkaido University Press, Sapporo, 459pp.
Hondoh, T. ed. (2009): *Physics of ice core records II*. 低温科学，**68**, 327pp.
Hondoh, T. (2015): Dislocation mechanism for transformation between cubic ice I_c and hexagonal ice I_h. *Philosophical Magazine*, **95**(32), 3590-3620.
Hooke, R. (1665): *Micrographia or some physiological descriptions of minute bodies*. reprinted in 2003, Dover Publications, Mineola, New York, 273pp.
堀口　薫（1982）:3.3節 不凍水．凍土の物理学，森北出版，83-92.
Horiuchi, K., T. Uchida, Y. Sakamoto, A. Ohta, H. Matsuzaki, Y. Shibata and H. Motoyama (2008): Ice core record of ^{10}Be over the past millennium from Dome Fuji, Antarctica: A new proxy record of past solar activity and a powerful tool for stratigraphic dating. *Quaternary Geochronology*, **3**, 253-261.
Hoshina, Y., K. Fujita, F. Nakazawa, Y. Iizuka, T. Miyake, M. Hirabayashi, T. Kuramoto, S. Fujita and H. Motoyama (2014): Effect of accumulation rate on water stable isotopes of near-surface snow in inland Antarctica. *Journal of Geophysical Research*, **119**, 274-283, doi: 10.1002/2013JD02077.
星野聖太，舘山一孝，牛尾収輝，田村岳史（2013）：衛星および現場データを用いた南極昭和基地周辺の海氷厚モニタリング，北海道の雪氷，**32**, 134-137.
Huybrechts, P. (2002): Sea-level changes at the LGM from ice-dynamic reconstructions of the Greenland and Antarctic ice sheets during the glacial cycles. *Quaternary Science Reviews*, **21**(1-3), 203-231.
Hyland, R. W. and A. Wexler (1983): Formulations for the thermodynamic properties of the saturated phase of H_2O from 173.15 K to 473.15 K. *ASHRAE Transactions*, **89**(2A), 500-519.

I

Iess, L., D. J. Stevenson, M. Parisi, D. Hemingway, R. A. Jacobson, J. I. Lunine, F. Nimmo, J. W. Armstrong, S. W. Asmar, M. Ducci and P. Tortora (2014): The gravity field and interior structure of Enceladus. *Science*, **344**(6179), 78-80.
Igarashi, M., Y. Nakai, Y. Motizuki, K. Takahashi, H. Motoyama and K. Makishima (2011): Dating of the Dome Fuji shallow ice core based on a record of volcanic eruptions from AD 1260 to AD 2001. *Polar Science*, **5**(4), 411-420.
Iizuka, Y., Y. Fujii, N. Hirasawa, T. Suzuki, H. Motoyama, T. Furukawa and T. Hondoh (2004): SO_4^{2-} minimum in summer snow layer at Dome Fuji, Antarctica, and the probable mechanism. *Journal of Geophysical Research*, **109**, D04307, doi:10.1029/2003JD004138.
Iizuka, Y., R. Uemura, H. Motoyama, T. Suzuki, T. Miyake, M. Hirabayashi and T. Hondoh (2012): Sulphate-climate

coupling over the past 300,000 years in inland Antarctica. *Nature*, **490**, 81-84.
池田　敦（2013a）：岩石氷河のかたち．雪氷，**75**(5)，315-324.
池田　敦（2013b）：岩石氷河の成因．雪氷，**75**(5)，325-342.
Ikeda-Fukuzawa, T., S. Horikawa, T. Hondoh and K. Kawamura（2002）: Molecular dynamic studies of molecular diffusion in ice Ih. *Journal of Chemical Physics*, **17**(8), 3886-3896.
生駒大洋，玄田英典（2007）：地球の海水の起源．地学雑誌，**116**(1)，196-210.
Inoue, J.（1989a）: Surface drag over the snow surface of the Antarctic Plateau: 1. Factors controlling surface drag over the katabatic wind region. *Journal of Geophysical Research*, **94**(D2), 2207-2217.
Inoue, J.（1989b）: Surface drag over the snow surface of the Antarctic Plateau: 2. Seasonal change of surface drag in the katabatic wind region. *Journal of Geophysical Research*, **94**(D2), 2219-2224.
Ishida, T. ed.（1978）: Glaciological studies in Mizuho Plateau, East Antarctica, 1969-1975. *Mem. Natl Inst. Polar Res.*, *Spec. Issue*, **7**, 274pp.
石川正幸，鈴木秀雄（1964）：北海道における1964～1965年冬の最大凍結深の分布．農林省林業試験場北海道支部年報，238-248.
Ishikawa, M., T. Takatsuka, T. Daibo and K. Shirasawa（2002）: Distribution of pack ice in the Okhotsk Sea off Hokkaido Observed using a Sea-ice radar network, December 2001- March 2002. 低温科学，資料篇，**61**，13-34.
石本敬志，竹内政夫，野原他喜男，福澤義文（1985）：切土区間の道路の防雪容量．寒地技術シンポジウム講演論文集，533-538.
石本敬志（2009）：吹雪計測．雪氷，**71**(2)，137-140.
石坂雅昭（2008a）：「しもざらめ雪地域」の気候条件の再検討による日本の積雪地域の質的特徴を表す新しい気候図．雪氷，**70**(1)，3-13.
石坂雅昭（2008b）：新メッシュ気候値に基づく雪質分布地図の作成と近年の日本の積雪地域の気候変化の解明．平成18年度～19年度科研費補助金（基盤研究（C））研究成果報告書，74pp.
石坂雅昭，藤野丈志，本吉弘岐，中井専人，中村一樹，椎名　徹，村本健一郎（2015）：2014年2月の南岸低気圧時の新潟県下における降雪粒子の特徴－関東甲信地方の雪崩の多発に関連して－．77(4)，285-302.
石崎武志（1994）：凍土中の不凍水膜厚さの温度依存性．雪氷，**56**(1)，3-9.
石沢賢二（2004）：昭和基地におけるスノウドリフト軽減のために実施した雪対策．南極資料，**58**(1)，52-70.
岩花　剛（2013a）：エドマ層研究に関する概説（その一）－研究史の概略および気候変動との関わり－．雪氷，**75**(5)，343-352.
岩花　剛（2013b）：エドマ層研究に関する概説（その二）－永久凍土から得られる古環境情報－．雪氷，**75**(5)，353-364.
岩田修二（2011）：氷河地形学．東京大学出版会，387pp.
和泉　薫（1995）：1990年12月4日の岩手県松尾村赤川における雪泥流災害．文部省科学研究費研究成果報告書（雪泥流の発生機構とその災害特性，代表者：小林俊一，課題番号05452374，34-40.
和泉　薫（2014）：2014年2月14-16日の関東甲信越地方を中心とした広域雪氷災害に関する調査研究．平成25-26年度科学研究費助成事業（科学研究費補助金）（特別研究推進費）研究成果報告書，180pp.
伊豆田久雄，譽田孝宏（2003）：土の凍結と地盤工学9，地盤凍結工法，土と基礎，**51**(11)，63-68.

J

Jacobs, S. S., H. H. Helmer, C. S. M. Doake, A. Jenkins and R. M. Frolich,（1992）: Melting of ice shelves and the mass balance of Antarctica, *Journal of Glaciology*, **38**(130), 375-387.
Jackson, K.A. and B. Chalmers（1958）:Freezing of liquids in porous media with special reference to frost heave in solids. *Journal of Applied Physics*, **29**(8), 1178-1181.
Jeffries, M. O, R. A. Shaw, K. Morris, A. L. Veazey and H. R. Krouse（1994）: Crystal structure, stable isotopes ($\delta^{18}O$), and development of sea ice in the Ross, Amundsen and Bellingshausen seas, Antarctica. *Journal of Geophysical Research*, **99**(C1), 985-995.
Jellinek, H. H. G. and R. Brill（1956）: Viscoelastic properties of ice. *Journal of Applied Physics*, **27**(10), 1198-1209.
地盤工学会（2013）：地盤改良の調査・設計と施工－戸建住宅から人工島まで－．6.6節 凍結工法，地盤工学・実務者シリーズ，丸善出版，**31**，160-168.
地盤工学会北海道支部（2009）：寒冷地地盤工学－凍上被害とその対策－．地盤の凍上対策に関する研究委員会，中西出版，261pp.
自由学園女子部自然科学グループ（2003）：復刻新版 霜柱の研究・布の保温の研究．自由学園学術叢書第一，自由学園出版局，115pp.

Johnsen, S. J., W. Dansgaard and H. B. Clausen (1972): Oxygen isotope profiles through the Antarctic and Greenland ice sheets. *Nature*, **235**, 439-434.

Johnsen, S. J., W. Dansgaard and J.W.C. White (1989): The origin of Arctic precipitation under present and glacial conditions. *Tellus*, **41B**, 452-468.

Johnston, G. H. (1981): *Permafrost: engineering design and construction*. John Wiley & Sons, 540pp.

Joly, J. (1887): The phenomena of skating and Prof. J. Thomson's thermodynamic relation. *The Scientific proceedings of Royal Dublin Society*, **5**(6), 453-454.

K

Kaifu, Y., M. Izuho and T. Goebel (2015): Modern human dispersal and behavior in Paleolithic Asia: Summary and discussion. *Emergence and diversity of modern human behavior in Paleolithic Asia*. Edited by Y. Kaifu, M. Izuho, T. Goebel, H. Sato and A. Ono, Texas A&M University, 535-566.

海部陽介 (2016)：日本人はどこから来たのか？ 文藝春秋，213pp.

Kamb, B. (1964): Ice II: A proton-ordered form of ice. *Acta Crystallographica*, **17**, 1437-1449.

Kamb, B., A. Prakash and C. Knobler (1967): Structure of ice V. *Acta Crystallographia*, **22**, 706-715.

Kamb, B., C. F. Raymond, W. D. Harrison, H. Engelhardt, K. A. Echelmeyer, N. Humphrey, M. M. Brugman and T. Pfeffer (1985): Glacier surge mechanism: 1982-1983 Surge of Variegated Glacier, Alaska. *Science*, **227**(4686), 469-479.

Kameda, T., M. Nakawo, S. Mae, O. Watanabe and R. Naruse (1990): Thinning of the ice sheet estimated from total gas content in Mizuho Plateau, Antarctica. *Annals of Glaciology*, **14**, 131-135.

Kameda, T., S. Takahashi, K. Goto-Azuma, S. Kohshima, O. Watanabe and J. O. Hagen (1993): First report of ice core analyses and borehole temperature on the highest icefield on western Spitsbergen in 1992. *Bulletin of Glacier Research*, **11**, 51-61.

Kameda, T. and R. Naruse (1994): Charcteristics of bubble volumes in firn-ice transition layers of ice cores from polar ice sheets. *Annals of Glaciology*, **20**, 95-100.

Kameda, T., H. Shoji, K. Kawada, O. Watanabe and H.B. Clausen (1994): An empirical relation between overburden pressure and firn density. *Annals of Glaciology*, **20**, 87-94.

Kameda, T., H. Narita, H. Shoji, F. Nishio, Y. Fujii and O. Watanabe (1995): Melt features in ice cores from Site J, southern Greenland: some implications for summer climate since AD1550. *Annals of Glaciology*, **21**, 51-58.

Kameda, T., N. Azuma, T. Furukawa, Y. Ageta and S. Takahashi (1997): Surface mass balance, sublimation and snow temperatures at Dome Fuji Station, Antarctica, in 1995. *Proceeding of the NIPR Symposium on Polar Meteorology and Glaciology*, **11**, 24-34.

Kameda, T., H. Yoshimi, N. Azuma and H. Motoyama (1999): Observation of "yukimarimo" on the snow surface of the inland plateau, Antarctic ice sheet. *Journal of Glaciology*, **45**, 150, 394-396.

Kameda, T., S. Takahashi, K. Hyakutake, N. Kikuchi and O. Watanabe (2005): Experimental results on the formation of hard compacted snow in Rikubetsu in northern Japan: a first step toward the construction of a compacted-snow runway on the Antarctic ice sheet. *Polar Meteorology and Glaciology*, **19**, 95-107.

亀田貴雄，大日方一夫，高橋 暁，谷口健治，杉田興正，藤田耕史，栗崎高士，中野 啓 (2005)：南極ドームふじ観測拠点における新掘削場の建設 －第44次ドームふじ越冬隊による作業－．南極資料，**49**(2), 207-243 (in Japanese with English abstract).

亀田貴雄 (2007)：雪まりもの発見と再会．雪氷，**69**(3), 403-407.

Kameda, T., H. Motoyama, S. Fujita and S. Takahashi (2008): Temporal and spatial variability of surface mass balance at Dome Fuji, East Antarctica, by the stake method from 1995 to 2006. *Journal of Glaciology*, **54**(184), 107-116.

亀田貴雄，本山秀明，藤田秀二，高橋修平 (2008)：南極ドームふじにおける1995年から2006年の表面質量収支の特徴，南極資料，**52**（特集号），151-158.

Kameda, T., K. Fujita, O. Sugita, N. Hirasawa and S. Takahashi (2009): Total solar eclipse over Antarctica on 23 November 2003 and its effects on the atmosphere and snow near the ice sheet surface at Dome Fuji. *Journal of Geophysical Research*, **114**, D18115, 1-10, doi:10.1029/2009JD011886.

亀田貴雄，舘山一孝，百武欣二，高橋修平，遠藤浩司，関 光雄 (2009)：学校教育における雪結晶生成実験 －北見工業大学の物理学実験での実施例－．雪氷，**71**(4), 263-272.

亀田貴雄 (2009)：南極氷床コア研究．雪氷研究の系譜．(社) 日本雪氷学会北海道支部，95-97.

Kameda, T., Y. Harada and S. Takahashi (2014): Characteristics of white spots in saturated wet snow. *Journal of Glaciology*, **60**(224), 1075-1083, doi: 10.3189/2014JoG13J201.

亀田貴雄，本山秀明（2014）：南極ドームふじの表面質量収支の特徴－1995年1月から2013年1月までの18年間の観測結果－．雪氷研究大会（2014・八戸）講演要旨集，57（B3-5）．

亀田貴雄（2015）：1989年に実施したグリーンランドSite-Jでの氷床掘削およびその後の科学的成果．雪氷，**77**(3)，247-249．

上石　勲，本吉弘岐，石坂雅昭，佐藤　威（2012）：2011年3月12日に発生した長野県北部地震による雪崩の発生状況と地震の影響．雪氷，**74**(2)，159-169．

Kamiyama, K., Y. Ageta and Y. Fujii (1989): Atmospheric and depositional environments traced from unique chemical compositions of the snow over inland high plateau, Antarctica. *Journal of Geophysical Research*, **94**, D15, 18515-18519.

寒地土木研究所（2011）：道路吹雪対策マニュアル（平成23年改訂版）．（独）土木研究所寒地土木研究所編，567pp.

神田健三（2005a）：宇吉郎直筆・英語版「雪は天から送られた手紙である」（その1），雪氷，**67**(1)，56-57．

神田健三（2005b）：宇吉郎直筆・英語版「雪は天から送られた手紙である」（その2），雪氷，**67**(2)，193-195．

金田安弘，遠藤八十一（2008）：降雪深の観測値に与える影響因子についての考察．寒地技術論文・報告集，**24**，407-410．

加納一郎（1929）：氷と雪，梓書房，東京，318pp.

Kapitsa, A.P., J. K. Ridley, G. de Q. Robin, M. J. Siegert and I. A. Zotikov (1996): A large deep freshwater lake beneath the ice of central East Antarctica. *Nature*, **381**, 674-686.

柏谷健二，山本淳之，大村　誠，福山　薫，安成哲三訳，ミランコビッチ著（1992）：気候変動の天文学理論と氷河時代．古今書院，518pp（Milankovitch, M., (1941): Kanon der Erdbestrahlung und seine Andwendung auf das Eiszeitenproblem. Königlich Serbische Akademie, Belgrad）．

Kasser, P. (1967): *Fluctuations of glaciers, 1959-1965: A contribution to the International Hydrological Decade.* International Association of Scientific Hydrology (IASH)，52pp.

川田邦夫（2009）：山岳地の吹雪・吹き溜まり・雪庇．雪氷，**71**(2)，131-136．

Kawamura, K., F. Parrenin, L. Lisiecki, R. Uemura, F. Vimeux, J.P. Severinghaus, M. A. Hutterli, T. Nakazawa, S. Aoki, J. Jouzel, M. E. Raymo, K. Matsumoto, H. Nakata, H. Motoyama, S. Fujita, K. Goto-Azuma, Y. Fujii and O. Watanabe (2007): Northern Hemisphere forcing of climatic cycles in Antarctica over the past 360,000 years. *Nature*, 448, 912-916.

Kawamura, T., K. I. Ohshima, T. Takizawa and S. Ushio (1997): Physical, structural, and isotopic characteristics and growth processes of fast sea ice in Lützow-Holm Bay, Antarctica. *Journal of Geophysical Research*, **102**(C2), 3345-3355.

Kawamura, T., T. Ozeki, H. Wakabayashi and M. Koarai (2009): Unusual lake ice phenomena observed in Lake Inawashiro, Japan: spray ice and ice balls. *Journal of Glaciology*, **55**(193)，939-942.

河村俊行（2010）：市民科学活動と研究者との橋渡し．雪氷，**72**(1)，49-52．

河島克久，遠藤　徹，竹内由香里（1996）：熱量方式による簡易積雪含水率計の試作．防災科学技術研究所研究報告，**57**，71-75．

Kawashima, K., T. Endo and Y. Tekeuchi (1998): A portable calorimeter for measuring liquid-water content of wet snow. *Annals of Glaciology*, **26**, 103-106.

計量研究所（1991）：1990年国際温度目盛（ITS-90）．計量研究所報告，**40**(4)，60-69．

Kepler, J. (1611): Strena, Seu De Nive Sexangula, reprinted in 1966 as *The six-cornered snowflake: A new year's gift* by Clarendon Press in Oxford (English translation by Colin Hardie).

Kerbrat, M., B. Pinzer, T. Huthwelker, H. W. Gäggeler, M. Ammann and M. Schneebeli (2008): Measuring the specific surface area of snow with X-ray tomography and gas adsorption: comparison and implications for surface smoothness. *Atmospheric Chemistry and Physics*, **8**, 1261-1275.

Kerr, R. A. (2014): Cassini plumbs the depths of the Enceladus Sea. *Science*, **344** (6179)，17.

Khalil, M. A. K. and R. A. Rasmussen (1989): Temporal variations of trace gases in ice cores. *The Environmental record in glaciers and ice sheets*, edited by H. Oeshger and C.C. Langway, Jr., Dahlem Workshop Physical, Chemical, and Earth Sciences Research Report, **8**, John Wiley & Sons, 193-205.

Kikuchi, K. (1969): Unknown and peculiar shapes of snow crystals observed at Syowa Station, Antarctica. *Journal of the Faculty of Science, Hokkaido University, Japan.* Ser. 7, **3**(3)，99-127.

菊地勝弘（1974）：天然雪，特異な雪，多結晶雪を中心として．気象研究ノート，**123**，767-811．

菊地勝弘（2001）：極域における雲物理学研究－「地の底　海の果」と「硝子の壁」－．天気，**10**，723-745．

菊地勝弘（2004）：「津軽には七つの雪が降る？」考．雪氷，**66**(2)，293-300．

菊地勝弘, 山下　晃, 亀田貴雄, 樋口敬二, 権田武彦, 藤野丈志, 雪結晶の新しい分類表を作る会メンバー（2010）: 中緯度と極域での観察に基づいた新しい雪結晶分類の提案. 雪氷研究大会（2010・仙台）講演要旨集, 14.
菊地勝弘, 神田健三, 山崎敏晴（2006）: ニセコ山頂着氷観測所の実験機の検証. 雪氷, **68**(5), 441-448.
菊地勝弘（2009）: 雪と雷の世界　雨冠の気象の科学－Ⅱ. 気象ブックス**28**, 成山堂書店, 197pp.
菊地勝弘, 亀田貴雄, 樋口敬二, 山下　晃, 雪結晶の新しい分類表を作る会メンバー（2011）: 中緯度と極域での観察に基づいた新しい雪結晶分類（グローバル分類）の提案（2）. 雪氷研究大会（2011・長岡）講演要旨集, 100.
菊地勝弘, 梶川正弘（2011）: 雪の結晶図鑑. 北海道新聞社, 190pp.
菊地勝弘, 亀田貴雄（2012）: 雪結晶分類小史, 天気, **59**(4), 261-265.
菊地勝弘, 亀田貴雄, 樋口敬二, 山下　晃, 雪結晶の新しい分類表を作る会メンバー（2012）: 中緯度と極域での観測に基づいた新しい雪結晶の分類－グローバル分類－. 雪氷, **74**(3), 223-241.
Kikuchi, K., T. Kameda, K. Higuchi, A. Yamashita and Working group members for new classification of snow crystals (2013): A global classification of snow crystals, ice crystals, and solid precipitation based on observations from middle latitudes to polar regions. *Atmospheric Research*, **132-133**, 460-472. doi.org/10.1016/ j.atmosres. 2013.06.006.
菊池武彦, 田中一成, 齋藤寿幸（2006）: 送電設備の着氷雪対策. 雪氷, **68**(5), 457-466.
Kikuchi, T. (1980): Studies on aerodynamic surface roughness associated with drifting snow. *Memoirs of the Faculty of Science, Kochi University*, **2**, Ser.B, 13-37.
Kikuchi, T., Y. Ageta, F. Okuhira and T. Shimamoto (1988): Climate and weather at the Advance Camp in East Queen Maud Land, Antarctica. *Bulletin of Glacier Research*, **6**, 17-25.
木下誠一, 若浜五郎（1959）: アニリン固定法による積雪の薄片. 低温科学, **A18**, 77-96.
木下誠一（1960）: 積雪の硬度Ⅰ. 低温科学, **A19**, 119-134.
木下誠一, 鈴木義男, 堀口　薫, 田沼邦雄, 青田昌秋（1967）: 紋別における凍土観測結果. 低温科学, **A25**, 229-232.
木下誠一, 秋田谷英次, 田沼邦雄（1969）: 道路上の雪氷調査Ⅰ. 低温科学, **A27**, 163-179.
木下誠一, 秋田谷英次, 田沼邦雄（1970）: 道路上の雪氷調査Ⅱ. 低温科学, **A28**, 311-323.
木下誠一, 鈴木義男, 堀口　薫, 福田正己, 井上正則, 武田一夫（1978a）: 苫小牧における凍上観測（昭和51～52年冬季）. 低温科学, **A35**, 307-319.
木下誠一, 福田正己, 矢作　裕（1978b）: 北海道における土の凍結深の分布. 自然災害科学資料解析研究, **5**, 10-15.
木下誠一（1980）: 永久凍土. 古今書院, 202pp.
気象庁（1993）: 地上気象観測指針. （財）日本気象協会, 東京, 167pp.
気象庁（1999）: 海氷用語とその解説. 海洋観測指針（第2部, 付録B）, 気象庁, 東京, 67-73.
気象庁（2002）: メッシュ気候値2000. CD-ROM.
気象庁（2006）: 海洋の健康診断表, 総合診断表, 第1版, 193pp.
北村泰一（1982）: 南極第一次越冬隊とカラフト犬. 教育社, 334pp.
北野　康（1984）: 地球環境の化学. 裳華房, 237pp.
キッテル, チャールズ（2005）: 固体物理学入門 第8版（上）, 宇野良清, 津屋　昇, 新関駒二郎, 森田　章訳, 丸善. 370pp.
橘井　潤（2014）: 新聞による「雪の造形美」写真の収集. 雪氷, **76**(1), 126-129.
Klebelsberg, R. von (1949): *Handbuch der Gletscherkunde und Glazialgeologie*, 2 vols., Viena, Springer, 403pp, 602pp.
小荒井　実（2006）: しぶき氷　猪苗代湖・不思議な氷の世界. 歴史春秋社, 会津若松市, 118pp.
Kobayashi, D. (1972): Studies of snow transport in low-level drifting snow. *Contributions from the Institute of Low Temperature Science*, **A24**, 58pp.
小林大二（2009）: 吹雪分科会発足にあたって. 雪氷, **71**(2), 141.
Kobayashi, S., (1985): Annual precipitation estimated by blowing snow observation at Mizuho Station, East Antarctica, 1980. *Mem. Natl Inst. Polar Res., Spec. Issue*, **39**, 117-122.
小林俊一, 和泉　薫, 長沢　武, 丸山雅隆, 上石　勲（1993）: 1990年2月11日の長野県栂池スキー場における雪泥流災害について. 新潟大学災害研報告, **15**, 47-53.
小林俊一, 和泉　薫（1998）: 雪泥流, 気象研究ノート, **190**, 83-90.
小林俊一, 前野紀一（2000）: 第4章　吹雪の構造と発生機構. 雪崩と吹雪（基礎雪氷学講座Ⅲ）, 古今書院, 121-173.
Kobayashi, T. (1957): Experimental researches on the snow crystal habit and growth by means of a diffusion cloud

chamber. *Journal of the Meteorological Society of Japan*, **75**[th] Anniversary volume, 38-44.

Kobayashi, T.（1960）: Experimental researches on the snow crystal habit and growth using a convection-mixing chamber. *Journal of the Meteorological Society of Japan*, **38**, 231-238.

Kobayashi, T.（1961）: The growth of snow crystals at low supersaturations. *Philosophical Magazine*, **6**, 1363-1370.

Kobayashi, T.（1965）: Vapor growth of ice crystal between -40 and -90℃. *Journal of the Meteorological Society of Japan*, **43**, 359-367.

小林禎作（1970）: 雪の結晶. 講談社, ブルーバックス, B-163, 304pp.

小林禎作（1975）: 雪に魅せられた人びと. 講談社, 160pp.

Kobayashi, T., Y. Furukawa, T. Takahashi and H. Uyeda（1976）: Cubic structure models at the junctions in polycrystalline snow crystals. *Journal of Crystal Growth*, **35**, 262-268.

小林禎作（1980）: 六花の美 雪の結晶成長とその形. サイエンス叢書, N-12, 249pp.

小林禎作（1982）: 雪華図説新考. 築地書館, 161pp.

小林禎作（1984）: 雪はなぜ六角か. ちくま少年図書館, **85**, 202pp.（小林禎作（2013）: 雪はなぜ六角形なのか. ちくま学芸文庫, 237pp. として再刊）

Koch, L.（1945）: The east Greenland ice. *Meddelelser om Grønland*, **130**(3), 374pp.

Koerner, R. M. and W. S. B. Paterson（1974）: Analysis of a core through the Meighen Ice Cap, Arctic Canada, and its paleoclimatic implications. *Quaternary Research*, **4**, 253-263.

Koerner, R. M.（1977）: Devon island ice cap: core stratigraphy and paleoclimate. *Science*, **196**(4285), 15-18.

Koerner, R. M.（1982）: Ice core evidence for extensive melting of the Greenland ice sheet in the last interglacial. *Science*, **244**, 964-968.

小島賢治（1955）: 積雪層の粘性圧縮Ⅰ, 低温科学, **A14**, 77-93.

小島賢治（1956）: 積雪層の粘性圧縮Ⅱ, 低温科学, **A15**, 117-135.

小島賢治（1957）: 積雪層の粘性圧縮Ⅲ, 低温科学, **A16**, 167-196.

Kojima, K.（1964）: Densification of snow in Antarctica. *Antarctic snow and ice studies*, Antarctic Research Series, edited by M. Mellor, **2**, 157-218.

小島賢治（1979）: 融雪機構と熱収支. 気象研究ノート, **136**, 1-38.

小島賢治（1991）: 雪尺・樹木等の周りの融雪凹みの成因について. 北海道の雪氷, **10**, 58-61.

小島賢治（1992）:「樹木の周りの積雪が窪み状に解けることについて教えて下さい」への解答（質問箱）. 雪氷, **54**(1), 75-76.

小島賢治（2004）: 積雪の圧密についての研究余話（その1）－圧密研究・事始めー, 雪氷, **66**(6), 693-696.

小島賢治（2005a）: 積雪の圧密についての研究余話（その2）－ゾルゲの法則ー, 雪氷, **67**(3), 251-255.

小島賢治（2005b）: 積雪の圧密についての研究余話（その3）－「積雪の圧縮粘性係数という用語は誤り」か？－, 雪氷, **67**(6), 539-542.

小島賢治（2006）: 雪は融けるのか, あるいは解けるのか？. 雪氷, **68**(3), 203-204.

小島秀康（2011）: 南極で隕石をさがす. 極地研ライブラリー, 成山堂書店, 191pp.

国土交通省（2011）: 豪雪地帯対策について. 国土交通省国土政策局, 62pp.

国立極地研究所（1982）: 南極の科学4, 氷と雪. 古今書院, 202pp.

国立極地研究所編（1985）: 南極の科学9, 資料編. 古今書院, 288pp.

国立極地研究所（1997）: Antarctica: East Queen Maud Land, Enderby Land, Glaciological Folio, Sheet 1 to Sheet 8.

小南裕志, 遠藤八十一, 庭野昭二, 潮田修一（1998）: 積雪の粘性圧縮理論による降雪深の推定. 雪氷, **60**(1), 13-23.

Kominami, Y., Y. Endo, S. Niwano and S. Ushioda（1998）: Viscous compression model for estimating the depth of new snow. *Annals of Glaciology*, **26**, 77-82.

小宮豊隆編（1963）: 寺田寅彦随筆集. 第1巻～5巻, 岩波文庫, 岩波書店.

Kondo, J. and T. Yamazaki（1990）: A prediction model for snowmelt, snow surface temperature and freezing depth using a heat balance method. *Journal of Applied Meteorology*, **29**(5), 375-384

近藤純正（1994）: 水環境の気象学－地表面の水収支・熱収支－. 朝倉書店, 350pp.

Kouchi, A.（1987）: Vapour pressure of amorphous H_2O ice and its astrophysical implications. *Nature*, **330**, 550-552.

Kouchi, A., J. M. Greenberg, T. Yamamoto and T. Mukai（1992a）: Extremely low thermal conductivity of amorphous ice: relevance to comet evolution. *Astrophysical Journal*. **388**. L73-L76.

Kouchi, A., J. M. Greenberg, T. Yamamoto, T. Mukai and Z. F. Xing（1992b）: A new measurement of thermal conductivity of amorphous ice:preservation of protosolar nebula matter in comets. *Physics and chemistry of ice*, edited by N. Maeno and T. Hondoh, Hokkaido University Press, Sapporo, 229-236.

Kouchi, A., T. Yamamoto, T. Kozasa, T. Kuroda and J. M. Greenberg (1994): Conditions for condensation and preservation of amorphous ice and crystallinity of astrophysical ices. *Astronomy and Astrophysics*, **290**, 1009-1018.

香内　晃 (1994a)：アモルファス氷星間塵の起源と進化. 雪氷, **56**(1), 63-70.

香内　晃 (1994b)：アモルファス氷の熱伝導率と彗星の熱史. 天文月報, **87**(1), 15-20.

香内　晃 (1997)：第12章 氷天体, 極地の科学, 北海道大学図書刊行会, 161-173.

Kovacs, A., A. J. Gow and R. M. Morey (1995): The in-situ dielectric constant of polar firn revisited. *Cold Regions Science and Technology*, **23**(3), 245-256.

小山慶太 (2012): 寺田寅彦. 中公新書2147, 中央公論新社, 259pp.

König, H. (1943): Eine kubische Eismodifikation. *Zeitschrift für Kristallogrphie*, **105**(4), 279-286.

久保義光 (1980)：氷工学序説. 氷工学刊行会, 213pp.

Kuczynski, G. C. (1949): Self-diffusion in sintering of metallic particles. *Transactions of American Institute of Mining and Metallurgical Engineers*, **185**, 169-178.

Kuhs, W. F. and M. S. Lehmann (1983): The structure of ice Ih by neutron diffraction. *The Journal of Physical Chemistry*, **87**, 4323-4313.

Kuhs, W. F., D. V. Bliss and J.L. Finney (1987): High-resolution neutron power diffraction study of ice Ic. *Journal de Physique*, **48**, Colloque C1, 631-636.

Kuhs, W. F., C. Sippel, A. Falenty and T. C. Hansen (2012): Extent and relevance of stacking disorder in "ice Ic", *Proceedings of the National Academy of Sciences of the United States of America*, **109**, 21259-21264.

栗山　弘 (1982)：56年豪雪における人的被害の特徴. 雪氷, **44**(2), 83-91.

Kuroda, T. and R. Lacmann (1982): Growth kinetics of ice from vapour phase and its growth forms. *Journal of Crystal Growth*, **56**(1), 189-205.

黒田登志雄 (1984)：結晶は生きている－その成長と形の変化のしくみ－. ライブラリ物理の世界, **3**, サイエンス社, 265pp.

Kuroda, T. (1985): Theoretical study of frost heaving-kinetic process at water layer between ice lens and soil particles. *Ground Freezing*, **1**, Edited by S. Kinosita and M. Fukuda, Balkema, Rotterdam, 39-45.

黒田登志雄, 横山悦郎 (1990)：雪の形態形成および氷の表面融解現象. 日本物理学会誌, **45**(8), 541-546.

黒岩大助 (1951a)：模型プロペラの着氷. 低温科学, **A6**, 1-10.

黒岩大助 (1951b)：プロペラの着氷. 低温科学, **A6**, 11-22.

黒岩大助 (1956)：着氷と着雪. 應用電氣研究所彙報, **8**(4), 153-174.

黒岩大助 (1960)：積雪のIce-Bondingにともなう弾性率, 内部摩擦の変化, ならびに氷の焼結機構に関する研究. 低温科学, **A19**, 1-36.

Kuroiwa, D. (1961): A study of ice sintering. *Tellus*, **13**, 252-259.

黒岩大助, 若浜五郎, 藤野和夫 (1969)：蔵王の樹氷調査報告. 低温科学, **A27**, 131-134.

黒岩大助 (1972)：スキーヤーのための雪の科学. 共立出版, 共立科学ブックス **15**, 174pp.

Kusunoki, K. and Y. Suzuki (1978): Ice-coring project at Mizuho Station, East Antarctica, 1970-1975. *Mem. Natl Inst. Polar Res., Spec. Issue*, **10**, 172pp.

Kusunoki, K. (1981): Japanese Polar Experiment (POLEX) in the Antarctic in 1978-1982. *Mem. Natl Inst. Polar Res., Spec. Issue*, **19**, 1-7.

L

Lachenbruch, A. H. (1962): Mechanics of thermal contraction cracks and ice-wedge polygons in permafrost. *Geological Society of America, Special Paper*, **70**, 69 pp.

Lake, R. A. and Lewis, E. L. (1970): Salt rejection by sea ice during growth. *Journal of Geophysical Research*, **75**(2), 587-597.

Langway, C. C., Jr. (1958): Ice fabrics and the universal stage. *SIPRE Technical Report*, **62**, 16pp.

Langway, C. C., Jr. (1967): Stratigpraphic analysis of a deep ice core from Greenland. *CRREL Research Report*, **77**, 130pp.

Langway, C. C., Jr. (1970): *Stratigpraphic analysis of a deep ice core from Greenland*. The Geological Society of America, special paper **125**, 186pp.

Langway, C. C., Jr., H. Oeschger and W. Dansgaard (1985): *Greenland ice core : Geophysics, Geochemistry, and the Environment*. Geophysical Monograph, **33**, AGU, Washington, D.C., 118pp.

LaPlaca, S. and B. Post (1960): Thermal expansion of ice. *Acta Crystallographica*, **13**, 503-505.

Lassen, K. and P. Thejll (2005): Multi-decadal variation of the East Greenland sea-ice extent: AD1500-2000. *Scientific Report*, 05-02, Danish Meteorological Institute, Copenhagen, 13pp.

Laudise, R. A. and R.L. Barns (1979): Are icicles single crystals? *Journal of Crystal Growth*, **46**(3), 379-386.

Legagneux, L., Carbanes, A. and Dominé, F., 2002: Measurement of the specific surface area of 176 snow samples using methane adsorption at 77 K. *Journal of Geophysical Research*, **107**(D17), 4335, doi:10.1029/2001JD001016.

Levanon, N., P. R. Julian and V. E. Suomi (1977): Antarctic topography from balloons. *Nature*, **268**, 514-515.

Levanon, N. (1982): Antarctic ice elevation maps from balloon altimetry. *Annals of Glaciology*, **3**, 184-188.

Lewis, J. S. (1974): The temperature gradient in the solar nebula. *Science*, **186**, 440-443.

Libbrecht, K. (2003): *The snowflake Winter's secret beauty*. Voyageur Press, Stillwater, 112pp.

Libbrecht, K. (2005): The physics of snow crystals. *Reports on Progress in Physics*, **68**, 855-895.

Libbrecht, K. (2006): *Ken Libbrecht's field guide to snowflakes*. Voyageur Press Inc., Stillwater, 112pp.（ケン・リブレクト（2008）：雪の結晶（Snowflakes）．矢野真千子訳，河出書房新社，111pp.）

Librecht, K. G. (2014): A dual diffusion chamber for observing ice crystal growth on c-axis ice needles. arXiv, 1405.1053.

Line, C.M.B. and R. W. Whitworth (1996): A high resolution neutron powder diffraction study of D_2O ice XI. *Journal of Chemical Physics*, **104**, 10008-10013.

Litvinenko, V. S., N.I. Vasiliev, V.Ya. Lipenkov, A.N. Dmitriev and A.V. Podoliak (2014): Special aspects of ice drilling and results of 5G hole drilling at Vostok station, Antarctica. *Annals of Glaciology*, **55**(68), 173-176.

Lobban, C., J. L. Finney and W. F. Kuhs (1998): The structure of a new phase of ice. *Nature*, **391**, 268-270.

Loerting, T. C. Salzman, I. Kohl, E. Meyer and A. Hallbrucker (2001): A second distinct structural "state" of high-density amorphous ice at 77 K and 1 bar. *Physical Chemistry Chemical Physics*, **3**(24), 5355-5357.

Loerting, T. and N. Giovambattista (2006): Amorphous ices: experiments and numerical simulations. Ltd . *Journal of Physics: Condensed Matter*, **18**(50), R919-R977.

Loerting, T., K. Winkel, M. Seidl, M. Bauer, C. Mitterdorfer, P. H. Handle, C. G. Salzmann, E. Mayer, J. L. Finney and D. T. Bowron (2011): How many amorphous ices are there? *Physical Chemistry Chemical Physics*, **13**(19), 8783-8794.

Loewe, F. (1970): Screen temperatures and 10m temperatures. *Journal of Glaciology*, **9**(56), 263-269.

Londono, D., W. F. Kuhs and J. L. Finney (1993): Neutron diffraction studies of ices III and IX on under-pressure and recovered samples. Journal of Chemical Physics, 98, 4878-4888.

Lonsdale, D. K. (1958): The structure of ice. *Proceedings of the Royal Society of London*, **A247**(1251), 424-434.

Lynch, D. K. and W. Livingston (1995): *Color and light in nature*. Cambridge University Press, Cambridge, 254pp.

Lythe, M. B., D. G. Vaughan and BEDMAP Consortium (2001): BEDMAP: A new ice thickness and subglacial topographic model of Antarctica. *Journal of Geophysical Research*, **106**, B6, 11335-11351.

M

Mae, S. (1975): Tyndal figures at grain boundary. *Nature*, **257**, 382-383.

前 晋爾（1975）：氷の結晶粒内および粒界内に形成されるチンダル像の形態．雪氷，**37**(3), 1-7.

Mae, S. (1976): The freezing of small tyndal figures in ice. *Journal of Glaciology*, **17**(75), 111-116.

Mae, S. and Naruse, R. (1978): Possible cause of ice sheet thinning in the Mizuho Plateau. *Nature*, **273**(5660), 291-292.

Mae, S. (1979): The basal sliding of a thinning ice sheet, Mizuho Plateau, East Antarctica. *Journal of Glaciology*, **24**(90), 53-61.

Maeno, N. and T. Ebinuma (1983): Pressure sintering of ice and its implication to the densification of snow at Polar glaciers and ice sheets. *The Journal of Physical Chemistry*, **87**, 4103-4110.

前野紀一，高橋庸哉（1984a）：つららの研究Ⅰ．低温科学，**A43**, 125-138.

前野紀一，高橋庸哉（1984b）：つららの研究Ⅱ．低温科学，**A43**, 139-147.

前野紀一，黒田登志雄（1986）：雪氷の構造と物性．基礎雪氷学講座Ⅰ，古今書院，209pp.

前野紀一，成田英器，西村浩一，成瀬廉二（1987）：道路雪氷の構造と新分類．低温科学，**A46**, 119-133.

Maeno, N., L. Makkonen, K. Nishimura, K. Kosugi and T. Takahashi (1994): Growth rates of icicles. *Journal of Glaciology*, **40**(135), 319-326.

前野紀一，遠藤八十一，秋田谷英次，小林俊一，竹内政夫（2000）：雪崩と吹雪，基礎雪氷学講座Ⅲ，古今書院，236pp.

前野紀一（2004）：氷の科学．新版，北海道大学図書刊行会，242pp.

前野紀一（2006）：氷の付着と摩擦．雪氷，**68**(5), 449-455.

Maeno, N. (2010): Curl mechanism of a curling stone on ice pebbles. *Bulletin of Glaciological Research*, **28**, 1-6.

前野紀一（2010）：カーリングと氷物性．雪氷，**72**(3), 181-189.
Magnus, O.（1555）: *Historia de Gentibus Septentrionalibus*. printed in Roma, 815pp.
オアラス・マグヌス（1991）：北方民族文化誌，上巻，谷口幸男訳，渓水社，645pp.
Magono, C. and C. W. Lee（1966）: Meteorological classification of natural snow crystals. *Journal of the Faculty of Science, Hokkaido University, Japan*, Ser. 7, **2**(4), 321-335.
Mann, G. W., Anderson, P. S. and Mobbs, S. D.（2000）: Profile measurements of blowing snow at Halley, Antarctica. *Journal of Geophysical Research*, **105**, D19, 24491-24508.
Martin, J. B. and M. Azarian（1998）: *Snowflake Bentley*. Caldecott Medal Book, 30pp（J. B. マーティン，M. アゼリアン（1999）：雪の写真家 ベントレー．千葉茂樹訳，BL 出版，32pp.）
Martinerie, P., D. Raynaud, D. M. Etheridge, J.-M. Barnola, D. Mazaudier（1992）: Physical and climatic parameters which influence the air content in polar ice. *Earth and Planetary Science Letters*, **112**(1-4), 1-3.
Martinet, J. F.（1782～89）: *Katechismus der Natuur*. Z. Boemel, Johannes Noman.
Mason, B. J.（1957）: *The physics of clouds*. Clarendon Press, Oxford, 481pp.
Mason, B. J.（1971）: *The physics of clouds*（Second Edition）．Clarendon Press, Oxford, 671pp.
増田耕一（2003）：4.2 節 気候変化の要因．第四紀学，町田 洋，大場忠道，小野 昭，山崎晴雄，河村善也，百原 新編著，朝倉書店，83-88.
Matsuda, M.（1979）: Determination of a-axis orientation of polycrystalline ice. *Journal of Glaciology*, **22**(86), 165-169.
松岡憲知（1998）：岩石氷河－氷河説と周氷河説－．地学雑誌，**107**(1), 1-24.
松岡憲知（2012）：周氷河地形プロセス研究最前線．地学雑誌，**121**(2), 269-305.
松沢 勝，竹内政夫（2002）：気象条件から視程を推定する手法の研究．雪氷，**64**(1), 77-85.
松澤 勝（2006）：吹雪時の視程推定手法とその活用に関する研究，寒地土木研究所報告，**126**, 93pp.
松澤 勝，金子 学，伊藤靖彦，上田真代，武知洋太（2010）：風速と吹雪量の経験式の適用に関する一考察．寒地技術論文・報告集，**26**, 45-48.
松澤 勝，金子 学（2012）：道路のおける吹雪対策の現状と課題．日本風工学会誌，**37**(1), 10-16.
松下拓樹，西尾文彦（2004）：着氷性降水の気候学的特徴と地域性について．雪氷，**66**(5), 541-552.
松下拓樹，西尾文彦（2006）：着雪を生ずる降水の気候学的特徴．雪氷，**68**(5), 421-432.
松下拓樹（2008）：道路案内標識の着雪・落雪対策について．寒地土木研究所月報，**658**, 45-48.
松本 良，奥田義久，青木 豊（1994）：メタンハイドレート，21 世紀の巨大な天然ガス資源，日本経済新聞社，253pp.
Max, M. D.（2000）: *Natural gas hydrate. In oceanic and permafrost environments*. Kluwer Academic Publishers, Dordrecht, 414pp.
Megaw, H. D.（1934）: Cell dimensions of ordinary and heavy ice. *Nature*, **134**, 900-901.
Mellor, M.（1966）: Light scattering and particle aggregation in snow storms. *Journal of Glaciology*, **6**, 237-248.
Mellor, M.（1977）: Engineering properties of snow. *Journal of Glaciology*, **19**(81), 15-66.
Merlivat, L., J. Ravoire, J. P. Vengraud, and C. Lorius（1973）: Tritium and Deuterium content of the snow in Groenland. *Earth and Planetary Science Letters*, **19**(2), 235-240.
Michel, B.（1971）: Winter regime of rivers and lakes. *CRREL Monograph*, III -B1a, 130pp.
三上岳彦，石黒直子（1998）：諏訪湖結氷記録からみた過去 550 年間の気候変動．気象研究ノート，**191**, 72-83.
Milankovitch, M.（1941）: Kanon der Erdbestrahlung und seine Andwendung auf das Eiszeitenproblem. Königlich Serbische Akademie, Belgrad.
Miller, S. L.（1969）: Clathrate hydrate of air in Antarctic ice. *Science*, **165**(3892), 489-490.
南 尚嗣，亀田貴雄（2000）：雨氷．雪氷，**62**(4), i-ii.
宮本 淳（2013）：X 線ラウエ法による氷結晶の方位解析．低温科学，**71**, 59-68.
水野悠紀子，若浜五郎（1977）：湿雪の付着強度．低温科学，A**35**, 133-145.
森本信男，砂川一郎，都城秋穂（1975）：鉱物学，岩波書店，640pp.
Moriwaki, K.（2000）: *Gazetteer of eastern Dronning Maud Land, Antarctica*, First edition, National Institute of Polar Research, 225pp.
Motoyama, H.（1990）: Simulation of seasonal snow cover based on air temperature and precipitation. *Journal of Applied Meteorology*, **29**, 1104-1110.
Motoyama, H., O. Watanabe, K. Goto-Azuma, M. Igarashi, M. Miyahara, T. Nagasaki, L. Karlöf and E. Isaksson（2001）: Activities of the Japanese Arctic Glaciological Expedition in 1999（JAGE1999）．*Environmental research in the Arctic 2000*, Edited by O. Watanabe and T. Yamanouchi, *Mem. Natl. Inst. Polar Res., Spec. Issue*, **54**, 253-260.
Motoyama, H.（2007）: The second deep ice coring project at Dome Fuji, Antarctica. *Scientific Drilling*, **5**, 41-43.

Müller, F. (1962): Zonation in the accumulation area of the glaciers of Axel Heiberg Island, N.W.T ., Canada. *Journal of Glaciology*, **4**(33), 302-310.

Mullins, W. W. and R. F. Sekerka (1964): Stability of a planar interface during solidification of a dilute binary alloy. *Journal of Applied Physics*, **35**(2), 444-451.

Mulvaney, R., E. W. Wolff and K. Oates (1988): Sulpheric acid at grain boundaries in Antarctic ice. *Nature*, **331**, 247-249.

村井昭夫, 亀田貴雄, 高橋修平, 皆見幸也 (2012): 対流型装置を用いた -4℃から -40℃での人工雪結晶の形態と生成条件－鏡面冷却式露点計による湿度測定に基づく結果－. 雪氷, **74**(1), 3-21.

村山雅美 (2000): KD60 型雪上車の生涯. 南極倶楽部会報, **5**, 43-47.

Murray, B. J. and A. K. Bertram (2006): Formation and stability of cubic ice in water droplets. *Physical Chemistry Chemical Physics*, **8**, 186-192.

Murozumi, M., T. J. Chow and C. Paerson (1969): Chemical concentration of pollutant lead aerosols, terrestrial dusts and sea salts in Greenland and Antarctic snow strata. *Geochimica et Cosmochimica Acta*, **33**(10), 1247-1294.

Müller, F. (1962): Zonation in the accumulation area of the glaciers of Axel Heiberg Island, N.W.T., Canada. *Journal of Glaciology*, **4**, 302-313.

N

永田 武 (1992): 南極観測事始め －白い大陸に科学の光を－. 光風社出版, 310pp.

中島敬史 (2005): 無機起源石油・天然ガスが日本を救う!? 地球深層ガス説の新展開. 石油・天然ガスレビュー, **39**(3), 13-24.

Nakamura, T. and S. J. Jones (1973): Mechanical properties of impure ice crystals. *Physics and Chemistry of Ice, Papers presented at the Symposium on the Physics and Chemistry of Ice, held in Ottawa, Canada, 14-18 August 1972*, edited by E.Whalley, S. J. Jones and L.W. Gold, Royal Society of Canada, Ottawa, 365-369.

中埜貴元, 酒井英男, 飯田 肇 (2010): 地中レーダによる立山内蔵助雪渓の体積と層厚変化量の推定. 雪氷, **72**(1), 23-34.

中田勝夫, 浅野浅春, 山下 晃 (1991): 多結晶雪の研究 (第 2 報) －巨大人工多結晶雪の形態学的分類－, 大阪教育大学紀要, 第Ⅲ部門, **39**(2), 139-151.

Nakawo, M. (1980): Density of columnar-grained ice made in a laboratory. *Building Research Note*, **168**, 8pp.

Nakawo, M., H. Ohmae, F. Nishio and T. Kameda (1990): Dating of Mizuho 700-m ice core from core ice fabric data. *Proceedings of the NIPR Symposium on Polar Meteorology and Glaciology*, **2**, 105-110.

中尾正義 (2001): 英語版「雪は天から送られた手紙である」. 雪氷, **63**(1), 75-77.

Nakaya, U. and T. Iizima (1934): Physical investigations on snow part I, Snow crystals observed in 1933 at Sapporo and some relations with meteorological conditions. *Journal of the Faculty of Science, Hokkaido Imperial University*, Ser. 2, **1**(5), 149-162.

Nakaya, U. and I. Sato (1935): On the artificial production of frost crystals, with reference to the mechanism of formation of snow crystals. *Journal of the Faculty of Science, Hokkaido Imperial University*, Ser. 2, **1**(7), 206-214 with 3 plates.

Nakaya, U. and Y. Sekido (1936): General classification of snow crystals and their frequency of occurrence. *Journal of the Faculty of Science, Hokkaido Imperial University*, Ser. 2, **1**(9), 243-264.

中谷宇吉郎, 佐藤磯之助, 關戸彌太郎 (1937): 雪の結晶の人工製作－予報. 応用物理, **6**(1), 20-24.

中谷宇吉郎 (1938): 雪. 岩波書店, 161pp.

中谷宇吉郎 (1940):「霜柱の研究」に就いて. 日本の科学, 創元社, 101-110.

中谷宇吉郎 (1947): 寺田寅彦の追憶. 甲文社. 319pp. (この本は, 中谷 (2014) として再刊された).

中谷宇吉郎 (1949): 雪の研究 －結晶の形態とその生成－. 岩波書店, 161pp. 付録, 17pp. 図版 319pp.

中谷宇吉郎, 花島政人 (1949): 霜の花. 甲文社, 本文 65pp, 解説 10pp.

Nakaya, U. (1954): *Snow crystals, natural and artificial*, Harvard University Press, 510pp.

Nakaya, U. and A. Matsumoto (1954): Simple experiment showing the existence of "liquid water" film on the ice surface. *Journal of Colloid Science*, **9**, 41-49.

Nakaya, U. (1956): Properties of single crystals of ice, revealed by internal melting. *SIPRE Research Paper*, **13**, 80pp.

中谷宇吉郎 (1958): 科学の方法. 岩波新書, 青版 **313**, 岩波書店, 212pp.

中谷宇吉郎 (2012): 着氷. 中谷宇吉郎雪の科学館友の会編, 石川県加賀市, 100pp.

中谷宇吉郎 (2014): 寺田寅彦 わが師の追想. 講談社学術文庫, **2265**, 333pp.

中澤 清, 中川義次 (1984): 惑星形成のシナリオ. 現代の太陽系科学 (上) 太陽系の起源と進化 (長谷川博一, 大林辰蔵編), 東京大学出版会, 48-81.

直井和子，樋口敬二（2011）：日本にも"雪まりも"があった．雪氷，**73**(4)，228-229.

直井和子，亀田貴雄，橘井潤，樋口敬二（2014）：身近に見られる積雪の造形美の生成条件の解明－北海道聞読者からの写真を用いた解析－．雪氷，**76**(5)，345-353.

成田英器（1969）：積雪の比表面積の測定 I．低温科学，**A27**，77-86.

Narita, H. and N. Maeno (1979): Growth rates of crystal grains in snow at Mizuho Station, Antarctica. *Antarctic Record*, **67**, 11-17.

Narita, H., N. Azuma, T. Hondoh, M. Fujii, M. Kawaguchi, S. Mae, H. Shoji, T. Kameda and O. Watanabe (1999): Characteristics of air bubbles and hydrate in the Dome Fuji ice core, Antarctica. *Annals of Glaciology*, **29**, 207-210.

Narten, A, H., M.D. Danford and H.A. Levy (1967): X-ray diffraction study of liquid water in the temperature range 4-200℃. *Discussions of the Faraday Society*, **43**, 97-107.

成瀬廉二，石本敬志，坂本雄三，高橋修平（1972）：大雪山系における多年性雪渓の分布および「雪壁雪渓」の消長について．低温科学，**A30**，115-128.

Naruse, R. (1979): Thinning of the ice sheet in Mizuho Plateau, East Antarctica. *Journal of Glaciology*, **24**(90), 45-52.

Naruse, R. (1987): Characteristics of ice flow of Soler Glacier, Patagonia. *Bulletin of Glacier Research* (*Glaciological Studies in Patagonia 1985-1986*), **4**, 79-85.

成瀬廉二（2007）：「雪は融けるのか，あるいは解けるのか？」へのコメント．雪氷，**69**(5)，632.

成瀬廉二（2013）：南極と氷河の旅．新風書房，239pp.

Naylor, J. (2002): *Out of the blue: A 24-hour skywatcher's guide*. Cambridge University Press, 360 pp.

Neftel, A., E. Moor, H. Oeschger and B. Stauffer (1985): Evidence from polar ice cores for the increase in atmospheric CO_2 in the past two centuries. *Nature*, **315**, 45-47.

根本昌宏，尾山とし子（2014）：暴風雪時の車内閉じ込め事象を想定した車内泊装備の検証．北海道の雪氷，**33**，145-148.

根本昌宏，尾山とし子，山本美紀（2015）：暴風雪被害から身を守る車内泊装備の実践的な評価．北海道の雪氷，**34**，55-58.

Nghiem, S.V., D. K. Hall, T. L. Mote, M. Tedesco, M. R. Albert, K. Keegan, C. A. Shuman, N. E. DiGirolamo, G. Neumann (2012): The extreme melt across the Greenland ice sheet in 2012. *Geophysical Reserach Letters*, **39**(20), L20502, doi:10.1029/2012GL053611.

日本建設機械化協会（1977）：新編防災工学ハンドブック．森北出版，527pp.

日本機械学会編（1992）：湿度・水分計測と環境のモニタ．技報堂出版，471pp.

日本工業規格（2001）：湿度－測定方法．**8806**，39pp.

日本雪氷学会（1970a）：積雪の分類名称．雪氷の研究，**4**，31-50.

日本雪氷学会（1970b）：なだれの分類名称．雪氷の研究，**4**，51-57.

日本雪氷学会（1998a）：日本雪氷学会積雪分類．雪氷，**60**(5)，419-436.

日本雪氷学会（1998b）：日本雪氷学会雪崩分類．雪氷，**60**(5)，437-444.

日本雪氷学会（2005）：雪と氷の事典．朝倉書店，760pp.

日本雪氷学会（2010）：積雪観測ガイドブック．朝倉書店，136pp.

日本雪氷学会（2014）：新版雪氷辞典．古今書院，307pp.

西原崇，杉本聡一郎，清水幹夫，本間宏也，石川智己，屋地康平，松宮央登，大原信，木原直人，麻生照雄，渡邉眞人，平口博丸（2013）：送電設備の雪害に関する研究－2007～2011年度成果－．総合報告 **N19**，電力中央研究所，130pp.

西堀栄三郎（1958）：南極越冬記．岩波新書，**F102**，岩波書店，270pp.

Nishimura, H. and N. Maeno (1983): Initial stage of densification of snow in Muzuho Plateau, Antarctica. *Mem. Natl Inst. Polar Res., Spec. Issue*, **29**, 149-158.

西村寛，前野紀一（1983）：南極の吹雪時の雪粒子粒径分布と高度分布．日本気象学会1983年春季大会講演予稿集，111.

西村浩一（1998a）：雪崩，気象研究ノート，**190**，193pp.

西村浩一（1998b）：2.1 雪崩の内部構造，気象研究ノート，**190**，21-36.

西村浩一，成田英器，尾関俊浩（2013）：片薄片写真を用いた積雪3次元構造の構築．雪氷，**75**(6)，441-447.

Nishimura, K. and Nemoto, M. (2005): Blowing snow at Mizuho station, Antarctica. *Philosophical Transactions of the Royal Society*, **A 363**(1832), 1647-1662.

Nishimura, K. and Ishimaru, T. (2012): Development of an automatic blowing-snow station. *Cold Regions Science and Technology*, **82**, 30-35.

Nishio, F., S. Mae, H. Ohmae, S. Takahashi, M. Nakawo and K. Kawada (1989): Dynamical behavior of the ice sheet in Mizuho Plateau, East Antarctica. *Proceedings of the NIPR Symposium on Polar Meteorology and Glaciology*, **2**, 97-104.

Nixon, J. F. (1991): Discrete ice lens theory for frost heave in soils. *Canadian Geotechnical Journal*, **28**, 843-859.

Nyberg, H., S. Alfredson, S. Hogmark and S. Jacobson (2013): The asymmetrical friction mechanism that puts the curl in the curling stone. *Wear*, **301**, 583-589.

O

Ogawa, N. and Y. Furukawa (2002): Surface instability of icicles. *Physical Review*, E, **66**(4), 041202, 1-11.

小口八郎 (1951): 着氷の気象条件について (着氷の物理的研究2). 低温科学, **A6**, 103-115.

Okamoto, S., K. Fujita, H. Narita, J. Uetake, N. Takeuchi, T. Miyake, F. Nakazawa, V. B Aisen, S. A. Nikitin and M. Nakawo (2011): Reevaluation of the reconstruction of summer temperature from melt features in Belukha ice cores, Siberian Altai. *Journal of Geophysical Research*, **116**, D02110, doi:10.1029/2010JD013977.

Oksanen, P. and J. Keinonen (1982): The mechanism of friction of ice. *Wear*, **78**, 315-324.

大森一彦編 (2000): 中谷宇吉郎参考文献目録. 中谷宇吉郎雪の科学館, 石川県加賀市, 79pp.

生賴孝博 (2004): 我が国に於ける人工凍土の利用研究. 雪氷, **66**(2), 259-268.

小野延雄 (2005): 船舶着氷害 (14.8節). 雪と氷の事典, (社) 日本雪氷学会監修, 朝倉書店, 568-573.

小野延雄 (2006): 船体着氷研究事始. 雪氷, **68**(5), 518-521.

Osada, K., H. Ohmae, F. Nishio, K. Higuchi and S. Kanamori (1989): Chemical composition of snow drift on Mizuho Plateau. *Proceedings of NIPR Symposium on Polar Meteorology and Glaciology*, **2**, 70-78.

Osterberg, E., P. Mayewski, K. Kreutz, D. Fisher, M. Handley, S. Sneed, C. Zdanowicz, J. Zheng, M. Demuth, M. Waskiewicz and J. Bourgeois (2008): Ice core record of rising lead pollution in the North Pacific atmosphere, *Geophysical Research Letters*, **35**, L05810, doi:10.1029/2007GL032680.

Ozawa, H. and S. Kinosita (1989): Segregated ice growth on a microporous filter. *Journal of Colloid and Interface Science*, **132**(1), 113-124.

Ozawa, H. (1997): Thermodynamics of frost heaving: A thermodynamic proposition for dynamic phenomena. *Physical Review*, E, **56**(3-A), 2811-2816.

Ozeki T., K. Kose, T. Haishi, S. Nakatsubo, K. Nishimura and A. Hachikubo (2003): Three-dimensional MR microscopy of snowpack structures. *Cold Regions Science and Technology*, **37**(3), 385-391.

P

Paterson, W. S. B. (1991): Why ice-age ice is sometimes "soft". *Cold Regions Science and Technology*, **20**, 75-98.

Paterson, W. S. B. (1994): *The physics of glaciers*. 3rd edition, Pergamon Press, 480pp.

Pauling, L. (1935): The structure and entropy of ice and other crystals with some randomness of atomic arrangement. *Journal of the American Chemical Society*, **57**, 2680-2684.

Pauling, L. (1960): *The nature of the chemical bond and the structure of molecules and crystals. An introduction of modern structural chemistry*. 3rd Ed., Cornell University Press, 644pp. (ポーリング (1962): 化学結合論, 小泉正夫訳, 共立出版, 566pp.)

Penner, R. (1970): Thermal conductivity of frozen soil. *Canadian Journal of Earth Sciences*, **7**, 982-987.

Perla, R. (1977): Slab avalanche measurements. *Canadian Geotechnical Journal*, **14**(2), 206-213.

Peterson, S. W. and H. A. Levy (1957): A single-crystal neutron diffraction study of heavy ice. *Acta Crystallographica*, **10**(1), 70-76.

Petit, J. R., P. Duval and C. Lorius (1987): Long-term climatic changes indicated by crystal growth in polar ice. *Nature*, **326**, 62-64.

Petrenko, V. F. and R. W. Whitworth (1999): *Physics of ice*. Oxford University Press, Oxford, 373pp.

Péwé, T. L. (1975): *Quaternary geology of Alaska. U.S. Geological Survey Professional Paper*, **935**, 145pp.

Pinglot, J. F., M. Pourchet, B. Lefauconnier, J. O. Hagen, R. Vaikmae, J. M. Punning, O. Watanabe, S. Takahashi, T. Kameda (1994): Natural and artificial radioactivity in the Svalbard glaciers. *Journal of Environmental Radioactivity*, **25**, 161-176.

Powell, H. M. (1948): The structure of molecular compounds. Part IV. Clathrate compounds. *Journal of Chemical Society*, 61-73.

Price, W. I. J. (1961): The effect of the characteristics of snow fences on the quantity and shape of deposited snow. *IAHS publication (Red Book)*, **54**, 89-98.

Pringle, H. (2011): The first Americans: Mounting evidence prompts researchers to reconsider the peopling of the new world. *Scientific American*, 11.（プリングル, H.（2011）：アジアから新大陸に渡った最初の人々．日経サイエンス，3月号）．

R

Radd, F. J. and D. H. Oertle (1973): Experimental pressure studies of frost heave mechanics and growth-fusion behavior of ice. *Second International Conference on Permafrost, North America Contribution*, Washington D. C., National Academy of Sciences, 377-384.

Ramage, J. M. and B. L. Isacks (2002): Determination of melt onset and refreeze timing on Southeast Alaskan Icefields using SSM/I diurnal amplitude variations. *Annals of Glaciology*, **34**, 391-398.

Rango, A., W.P. Wergin, E.F. Erebe (1996a): Snow crystal imaging using scanning electron microscopy: I. Precipitated snow. *Hydrological Sciences Journal*, **41**(2), 219-233.

Rango, A., W.P. Wergin, E.F. Erebe (1996b): Snow crystal imaging using scanning electron microscopy: Ⅱ. Metamorphosed snow. *Hydrological Sciences Journal*, **41**(2), 235-250.

Rango, A., W.P.Wergin, E.F. Erebe and E.G.Josberger (2000): Snow crystal imaging using scanning electron microscopy: Ⅲ. Glacier ice, snow and biota. *Hydrological Sciences Journal*, **45**(3), 357-375.

Raynaud, D. and B. Lebel (1979): Total gas content and surface elevation of polar ice sheets. *Nature*, **281**, 289-291.

Raynaud, D., V. Lipenkov, B. Lemieux-Dudon, P. Duval, M.-F. Loutre and N. Lhomme (2007): The local insolation signature of air content in Antarctic ice. A new step toward an absolute dating of ice records. *Earth and Planetary Science Letters*, **261**, 337-349.

Rignot, E., J. L.Mamber, M. R. van den Broeke, C. Davis, Y. Li, W.J.van de Berg and E.van Meijgaard (2008): Recent Antarctic ice mass loss from radar interferometery and regional climate modeling. *Nature Geoscience*, **1**, 106-110.

Rignot, E., I. Velicogna, M. R. van den Broeke, A. Monaghan and J. T. M. Lenaerts (2011): Acceleration of the contribution of the Greenland and Antarctic ice sheets to sea level rise. *Geophysical Research Letters*, **38**, L05503, doi: 10.1029/2011GL046583.

Robin, G. de Q., S. Evans and J. T. Bailey (1969): Interpretation of radio echo sounding in polar ice sheets. *Philosophical Transactions of the Royal Society of London*, **A265**, 437-505.

Robin, G. de Q. (1977): Ice cores and climatic change, *Philosophical Transactions of the Royal Society of London*, **B 280**, 143-168.

Robinson, D. A. (2000): Weekly Northern Hemisphere snow maps: 1966-1999. *12th Conference on Applied Climatology*, Ashville, NC, American Meteorological Society, 12-15.

Röttger, K., A. Endriss, J. Ihringer, S. Doyle and W. F. Kuhs (1994): Lattice constants and thermal expansion of H$_2$O and D$_2$O ice Ih between 10 and 265 K. *Acta Crystallographica*, **B50**, 644-648, doi:10.1107/ S0108768194004933.

Röttger, K., A. Endriss, J. Ihringer, S. Doyle and W. F. Kuhs (2012): Lattice constants and thermal expansion of H$_2$O and D$_2$O Ice Ih between 10 and 265 K. Addendum. *Acta Crystallographica*, **B68**, 91, doi:10.1107/ S0108768111046908.

S

犀川政稔（2006）：シモバシラによる霜柱形成におけるいくつかの新知見．東京学芸大学紀要自然科学系, **58**, 151-161.

佐渡公明（2006）：河川の水温と結氷．三恵社，名古屋市，136pp.

斎藤佳彦（2005）：積雪層構造数値モデルの作成と寒冷地の積雪層構造の推定．北見工業大学大学院工学研究科土木開発工学専攻修士論文，89pp.

齋藤佳彦，榎本浩之(2005)：AMeDASで計算可能な積雪層構造モデルの作成と積雪層構造の推定.北海道の雪氷, **24**, 78-81.

坂本弘志，森谷 優，髙井和紀，小畑芳弘（2001）：吹雪障害防止のための翼型防雪板を有する新型防雪さく研究開発．日本機械学会論文集（B編），**67**(653), 95-103.

坂本弘志，森谷 優，髙井和紀，小畑芳弘（2002）：吹雪障害防止のための円弧翼型誘導板を有する新型防雪さく研究開発．日本機械学会論文集（B編），**68**(673), 69-76.

坂本雄吉（1978）：電線への着氷雪とその予測．雪氷, **40**(2), 71-77.

Sakamoto, Y. (2000): Snow accretion on overhead wires. *Philosophical Transactions of the Royal Society of London*, 358(1776), 2941-2970.

Salzmann, C. G., P.G. Radaelli, A. Hallbrucker, E. Mayer and J. L. Finney (2006): The preparation and structure of hydrogen ordered phases of ice, *Science*, 311, 1758-1761.

Salzmann, C.G., P.G. Radaelli, E. Mayer and J. L. Finney (2009): Ice XV: a new thermodynamically stable phase of ice. *Physical Review Letters*, **103**, 105701.

佐藤研吾, 高橋修平, 谷藤 崇 (2003): 雪粒子の飛び出し風速と雪面状態の関係. 雪氷, **65**(3), 189-196.

Satoh, K. and S. Takahashi (2006): Threshold wind velocity for snow drifting as a function of terminal fall velocity of snow particles. *Bulletin of Glaciological Research*, **23**, 13-21.

Satyawali, P.K., M. Schneebeli, C. Pielmeier, T. Stucki, A.K. Singh (2009): Preliminary characterization of Alpine snow using SnowMicroPen. *Cold Regions Science and Technology*, **55**, 311-320.

Sato, N. and K. Kikuchi (1985): Formation mechanisms of snow crystals at low temperature. *Annals of Glaciology*, **6**, 232-234.

Satow, K. (1978): Distribution of 10m snow temperature in Mizuho Plateau. *Mem. Natl Inst. Polar Res., Spec. Issue*, **7**, 63-71.

札幌市教育委員会編 (1988): 雪まつり. さっぽろ文庫, **47**, 318pp.

佐﨑 元, サルバドール・ゼペダ, 中坪俊一, 古川義純 (2013): 氷結晶表面での単位ステップと疑似液体層の直接光学観察. 低温科学, **71**, 1-13.

Schaefer, V. J. (1950): A new method for studying the structure of glacier ice. *Journal of Glaciology*, **1**(8), 440-442.

Schaefer, V. J. (1951): Snow and its relationship to experimental meteorology. *Compendium of Meteorology*, edited by T. F. Malone, Waverly Press, Boston, 221-234.

Schneebeli, M. and J. B. Johnson (1998): A constant-speed penetrometer for high-resolution snow stratigraphy. *Annals of Glaciology*, **26**, 107-111.

Scholander, P. F., H. deVaries, W. Dansgaard, L. K. Coachman, D. C. Nutt and E. Hemmingsen (1962): Radiocarbon age and oxygen-18 content of Greenland icebergs. *Meddelelser om Grønland*, **165**(1), 25pp.

Schwander, J. and B. Stauffer (1984): Age difference between polar ice and the air trapped in its bubbles. *Nature*, **311** (5981), 2831-2838.

Schytt, V. (1958): The inner structure of the ice shelf at Maudheim as shown by ice drilling. *Norwegian-British-Swedish Antarctic Expedition, 1949-52, Scientific results*, **IV**, **C**, 115-148.

Seligman, G. (1936): *Snow structure and ski fields*. 3rd edition printed in 1979, International Glaciological Society, Cambridge, 555pp.

関戸弥太郎 (1980): はじめての人工雪（その1）. 雪氷, **42**(4), 251-262.

関戸弥太郎 (1981a): はじめての人工雪（その2）. 雪氷, **43**(1), 41-54.

関戸弥太郎 (1981b): はじめての人工雪（その3）. 雪氷, **43**(2), 115-122.

雪氷災害調査チーム編 (2015): 山岳雪崩大全. 山と渓谷社, 335pp.

Shaw, D. and B.J. Mason (1955): The growth of ice crystals from the vapour, *Philosophical Magazine*, **46**(374), 249-262.

Shegelski, M.R.A., R. Niebergall, M. A. Walton (1998): The motion of a curling rock. *Canadian Journal of Physics*, **74**(9-10), 663-670, doi:10.1139/p96-095

Shegelski, M. R. A., E. Lozowski (2016): Pivot-slide model of the motion of a curling rock. *Canadian Journal of Physics*, 94(12), 1305-1309, doi:10.1139/cjp-2016-0466.

Shepherd, A., D. Wingham and E. Rignot (2004): Warm ocean is eroding West Antarctic Ice Sheet. *Geophysical Research Letters*, **31**, L23402, doi:10.1029/2004GL021106.

Shilling J. E, M. A. Tolbert, O. B. Toon, E. J. Jensen, B. J. Murray and A. K. Bertram (2006): Measurements of the vapor pressure of cubic ice and their implications for atmospheric ice clouds. *Geophysical Research Letters*, 33, L17801, doi:10.1029/2006GL026671.

島田 亙 (2002): 偏光板で挟まれた氷薄片に色がつくメカニズム. 雪氷, **64**(3), 279-284.

清水 弘 (1958): Red paste 法による積雪の薄片. 低温科学, **A23**, 121-127.

清水 弘 (1960): 積雪の通気抵抗IV－積雪の通気度－. 低温科学, **A19**, 165-174.

Shimizu, H. (1963): "Long Prism" crystals observed in precipitation in Antarctica. *Journal of the Meteorological Society of Japan*, **41**, 305-307.

清水 弘 (1970): 積雪観測法. 雪氷の研究, **4**, 5-28.

Shimizu, H. (1970): Air permeability of depostied snow. *Contributions from the Institute of Low Temperature Science*, **A22**, 1-32.

下村忠一, 寺田秀樹, 藤沢和範, 中島久男 (1991): 積雪の脆弱化による雪崩発生予知手法. 土木技術資料, **33**, 34-39.

Shiraiwa, T., Y. D. Murav'yev, T. Kameda, F. Nishio, Y. Toyama, A. Takahashi, A. A. Ovsyannikov, A. Salamatin and K. Yamagata (2001): Characteristics of a crater glacier at Ushkovsky volcano, Kamchatka, Russia, as revealed by the physical properties of ice cores and borehole thermometry. *Journal of Glaciology*, **47**(158), 423-432.

白岩孝行（2011）：魚附林の地球環境学－親潮・オホーツク海を育むアムール川，地球研叢書，昭和堂，226pp.

Shoji, H. and Langway, C. C., Jr. (1982): Air hydrate inclusions in fresh ice core, *Nature*, **298**, 548-550.

Shoji, H. and O. Watanabe *ed*. (2003): Global scale climate and environment study through polar ice cores. *Mem. Natl Inst. Polar Res., Spec. Issue*, **57**, 192pp.

Shtarkman, Y.M., Z. A. Koçer, R. Edgar, R. S. Veerapaneni, T. D'Elia, P. F. Morris, S. O. Rogers (2013): Subglacial Lake Vostok (Antarctica) accretion ice contains a diverse set of aequences from quatic, marine and sediment-inhabiting bacteria and eukarya. *PLoS ONE*, **8**(7), e67221. doi:10.1371/journal.pone.0067221.

Shum, C.K., C.-y. Kuo and J.-y.Guo (2008): Role of Antarctic ice mass balance in present-day sea level rise. *Polar Science*, **2**, 149-161.

Siegert, M.J., J. C. Ellis-Evans, M. Tranter, C. Mayer, J.-R. Petit, A. Salamatin and J.C. Priscu (2001): Physical, chemical and biological processes in Lake Vostok and other Antarctic subglacial lakes. *Nature*, **414**, 603-609.

Simkin, T. and L. Siebert (1994): *Volcanoes of the World*. Geoscience Press Inc., Second edition, 349pp.

Sihvola, A. and M. Tiuri (1986): Snow fork for field determination of the density and wetness profiles of a snow pack. *IEEE Transactions on Geoscience and Remote Sensing*, GE-**24**(5), 717-721.

Sloan Jr., E. D. and C. Koh (2007): *Clathrate hydrates of natural gases*. 3rd edition, CRC Press, 752pp.

Smith, C.S. and L. Guttmann (1953): Measurement of internal boundaries in three-dimensional structure by random sectioning. *Journal of Metals*, **5**(1), 81-87.

Smithsonian Institution (1951): *Smithsonian meteorological tables*. edited by R.J. List, 6thedition, Washington, D.C., 527pp.

荘田幹夫（1953）：着雪の研究．雪氷の研究，**1**，50-72.

Sonntag, D. (1990): Important new values of the physical constants of 1986, vapour pressure formulations based on the ITS-90, and psychometer formulae. *Zeitschrift für Meteorologie*, **70**(5), 340-344.

Sonntag, D. (1994): Advancements in the field of hygrometry. *Meteorologische Zeitschrift*, **3**, 51-66.

Stefan, J. (1891): Über die Theorie Eisbilding, insbesondere über die Eisbilding in Polarmeere. *Annalen der Physik und Chemie*, **42**, 269-286.

St. John, A. (1918): The crystal structure of ice. *Proceedings of the National Academy of Sciences of the United States of America*. **4**, 193-197.

菅原宣義，斉藤昭弘，伊藤　進，近藤邦明（2000）：がいしの着氷雪に伴う絶縁低下と絶縁破壊．静電気学会誌，**24**(6)，303-308.

鈴木牧之（1936）：北越雪譜．京山人百樹刪定，岡田武松校訂，岩波文庫（黄**226-1**），岩波書店，348pp.

Suzuki, K. (1982): Chemical changes of snow cover by melting. *Japanese Journal of Limnology*, **43**(2), 102-112.

鈴木啓助（2012）：季節積雪地域の雪氷化学，低温科学，**70**，119-129.

鈴木輝之，朱　青，沢田正剛（1995）：自然地盤の凍上力に関する実験的研究．土木学会論文集，**523**/ Ⅲ -32，133-140.

Suzuki, T., Y. Iizuka, T. Furukawa, K. Matsuoka, K. Kamiyama and O. Watanabe (2001): Regional distribution of chemical tracers in snow cover along the route from S16 to Dome Fuji Station, East Dronning Maud Land, Antarctica. *Polar Meteorology and Glaciology*, **15**, 133-140.

Suzuki, Y. (1955): Observation of ice crystals formed on sea surface. *Journal of Oceanographical Society of Japan*, **11**(3), 197-126.

Suzuki, Y. and K. Shiraishi (1982): The drill system used by the 21st Japanese Antarctic Research Expedition and its later improvements. *Mem. Natl. Inst. Polar Res., Spec. Issue*, **24**, 259-273.

T

田畑忠司（1969）：船体着氷の研究Ⅲ　着氷と海象・気象条件について．低温科学，**A27**，339-349.

田畑忠司，青田昌秋，大井正行，石川正雄（1969）：レーダーによる流氷の動きの観測．低温科学，**A27**，295-315.

田畑忠司（1977）：第Ⅱ編海氷．海洋物理Ⅳ，海洋科学基礎講座第4巻，東海大学出版会，115-221.

田畑忠司（1978）：流氷．北海道新聞社，229pp.

Tabler, R. D. (1986): *Snow fence handbook* (Release 1.0). Tabler and Associates, Laramie, Wyoming. 169pp.

Tabler, R. D. (1994): *Design guidelines for control of blowing and drifting snow*. Strategic Highway Research Program, Publication SHRP-H-381, National Research Council, Washington, D.C., 364pp.

多田隆治（2013）：気候変動を理学する．古気候学が変える地球環境観．みすず書房，287pp.

高木秀貴（1995）：北海道における雪氷路面と交通事故．雪氷，**57**(4)，371-378.

Takagi, S. (1980): The adsorption force theory of frost heaving. *Cold Regions Science and Technology,* **3**(1), 57-81.
高井和紀, 小畑芳弘, 坂本弘志 (2009)：吹雪障害を防止する防雪柵. ながれ, **28**(6), 469-476.
高橋弘樹, 半貫敏夫, 鮎川 勝, 阿部 修 (2005)：昭和基地管理棟後流域建物周辺の吹きだまり観測と人工雪を用いた風洞模型実験. 南極資料, **49**(2), 145-181.
高橋 博, 中村 勉 (1986)：雪氷防災－明るい雪国を創るために－. 白亜書房, 478pp.
高橋喜平 (1953)：雪の祭典. 明玄書房, 230pp.
高橋喜平 (1960)：雪崩の被害. 雪氷, **22**(1), 7-9.
高橋喜平 (1979)：英泉の雪華美人図. 雪氷, **41**(3), 61-62.
高橋喜平 (1980a)：雪と氷の造形. 朝日新聞社, 119pp.
高橋喜平 (1980b)：日本の雪崩 雪崩学への道. 講談社, 176pp.
高橋喜平 (1989)：雪の文様 (収集と考証：高橋雪人). 北海道大学図書刊行会, 139pp.
高橋喜平 (2005)：八幡平の不思議 高橋喜平92歳・新種のアザミ発見. 岩手日報社, 127pp.
高橋修平 (1978)：融雪面の窪み模様に関する研究. 低温科学, **A37**, 1-45.
高橋修平, 佐藤篤司, 成瀬廉二 (1981)：大雪山「雪壁雪渓」の融雪に関する熱収支特性. 雪氷, **43**(3), 147-154.
Takahashi S., Ohmae H., Ishikawa M., Katushima T., Nishio F. (1984a): Observation of snow drift flux at Mizuho Station, East Antarctica, 1982. *Mem. Natl. Inst. Polar Res. Spec. Issue,* **34**, 113-121.
Takahashi S., Ohmae H., Ishikawa M., Katushima T., Nishio F. (1984b): Some characteristics of drifting snow at Mizuho Station, East Antarctica, 1982. *Mem. Natl. Inst. Polar Res. Spec. Issue,* **34**, 122-131.
Takahashi S. (1985a): Characteristics of drifting snow at Mizuho Station, Antarctica. *Annals of Glaciology,* **6**, 71-75.
Takahashi S. (1985b): Estimation of precipitation from drifting snow observations at Mizuho Station, Antarctica. *Mem. Natl. Inst. Polar Res. Spec. Issue,* **39**, 123-131.
高橋修平 (1986)：2枚の偏光板の間にはさんだ薄い氷はなぜ色がつくのでしょうか？(質問箱). 雪氷, **48**(3), 180.
Takahashi, S. (1988): A preliminary estimation of drifting snow convergence along a flow line of Shirase Glacier, East Antarctica. *Bulletin of Glacier Research,* **6**, 41-46.
Takahashi, S., Naruse, R., Nakawo, M. and Mae, S. (1988): A bare ice field in East Queen Maud Land, Antarctica, caused by horizontal divergence of drifting snow. *Annals of Glaciology,* **11**, 156-160.
Takahashi, S., T. Endoh, N. Azuma and S. Meshida (1992): Bare ice fields developed in the inland part of Antarctica. *Proceedings of the NIPR Symposium for Polar Meteorology and Glaciology,* **5**, 128-139.
Takahashi, S., Y. Ageta, Y. Fujii and O. Watanabe (1994): Surface mass balance in east Dronning Maud Land, Antarctica, observed by Japanese Antarctic Research Expedition. *Annals of Glaciology,* **20**, 242-248.
Takahashi, S. and T. Kameda (2007): Snow density for measuring surface mass balance using the stake method. *Journal of Glaciology,* **53**(183), 677-680.
高橋修平 (2008)：南極ドームふじにおける雪氷・気象観測 (1991-2007) －ドームふじ観測計画の成果－. 南極資料, **52**(特集号), 117-250.
Takahashi, S., K. Sugiura, T. Kameda, H. Enomoto, Y. Kononov and M. D. Ananicheva (2008): Outline of glaciological activities, in Suntar-Khayata Range, Eastern Siberia, from IGY to IPY. *Extend abstract of First International Symposium on the Arctic Research,* 301-304.
Takahashi, S., T. Kosugi and H. Enomoto (2011). Sea-ice extent variation along the coast of Hokkaido, Japan: Earth's lowest-latitude occurrence of sea ice and its relation to changing climate. *Annals of Glaciology,* **52**(58), 165-168.
高橋修平 (2013a)：雪氷学, 48pp. (北見工業大学社会環境工学科2年対象の講義で使用).
高橋修平 (2013b)：豪雪災害と地球環境変動. 平成25年度日本自然災害学会オープンフォーラム要旨集, 1-10.
高橋修平, アリマス・ヌアスムグリ (2013)：光学式路面凍結検知システムの開発. 日本雪工学会誌, **29**(2), 116-121.
高橋修平, 亀田貴雄, 白川龍生, 日下 稜 (2013)：大雪山系雪壁雪渓の観測 (1) －雪渓の変動と要因－. 雪氷研究大会 (2013・北見) 講演要旨集, 172.
Takahashi, T., C. Inoue, Y. Furukawa, T. Endoh and R. Naruse (1986): A vertical wind tunnel for snow process studies. *Journal of Atmospheric and Oceanic Technology,* **3**(1), 182-185.
Takahashi, T. and N. Fukuta (1988): Supercooled cloud tunnel studies on the growth of snow crystals between -4 and -20℃. *Journal of the Meteorological Society of Japan,* **66**(6), 841-855.
Takahashi, T. (2014): Influence of liquid water content and temperature on the form and growth of branched planar snow crystals in a cloud. *Journal of the Atmospheric Sciences,* **71**(11), 4127-4142.
高野玉吉 (1950)：風洞による着氷の研究Ⅱ 風洞による翼型への着氷の研究 (1). 低温科学, **A5**, 9-20.

高志　勤，益田　稔，山本英夫（1974）：土の凍結膨張率に及ぼす凍結速度，有効応力の影響に関する研究．雪氷，**36**(2)，49-68.

高志　勤，益田　稔，山本英夫（1976）：凍上に及ぼす未凍結土内の動水抵抗の影響（特に応力の小さい場合）．雪氷，**38**(1)，1-10.

高志　勤，生瀬孝博，山本英夫，岡本　純（1979）：凍結中の間隙水圧測定による上限凍上力の推定．雪氷，**41**(1)，277-287.

高志　勤，生瀬孝博，山本英夫，岡本　純（1981a）：土の最大凍上力に関する実験的研究．雪氷，**43**(4)，207-215.

高志　勤，生瀬孝博，山本英夫，岡本　純（1981b）：均質な粘土凍土の一軸圧縮強度に関する実験的研究．土木学会論文報告集，**315**，83-93.

高志　勤（1982）：第4章　凍上力と凍上機構．凍土の物理学，森北出版，93-131.

武田一夫（1987）：アイスレンズの形成条件に基づく凍上性判定の試み．雪氷，**49**(2)，75-96.

Takeda, K. and Y. Nakano（1990）: Quasi-steady problems in freezing soils: II. Experiment on the steady growth of an ice layer. *Cold Regions Science and Technology*, **18**, 225-247.

Takeda, K.（1992）: Experimental study on ice segregation during soil freezing. *Physics and Chemistry of Ice*, edited by N. Maeno and T. Hondoh, Sapporo, Hokkaido University Press, 370-378.

武田一夫，岡村昭彦（1999）：寒冷地におけるササの形成する熱環境．日本緑化工学会誌，**25**(2)，15-25.

武田一夫（2004）：土の凍結過程とその測定．雪氷，**66**(2)，269-272.

武田一夫（2005）：茎から氷を成長させる草本植物「シモバシラ」．雪氷，**67**(3)，i-ii.

Takeda, K., T. Suzuki and T. Yamada（2009）: Thermal, hydraulic and mechanical stabilities of slopes covered with Sasa nipponica. *Prediction and simulation methods for geohazard mitigation*, edited by F. Oka, A. Murakami and S. Kimoto, CRC Press, 51-57.

武田一夫（2013）：シソ科植物「シモバシラ」による氷晶析出機構への物理的アプローチ．雪氷，**75**(4)，183-197.

竹内政夫，福沢義文（1976）：吹雪時における光の減衰と視程．雪氷，**38**(4)，165-170.

竹内政夫（1978）：道路標識への着雪とその防止．雪氷，**40**(3)，117-127.

Takeuchi, M.（1980）: Vertical profile and horizontal increase of drift-snow transportation. *Journal of Glaciology*, **26**(94), 481-492.

竹内政夫（1981a）：ワイオミングの吹雪とその対策．北海道開発局技術研究発表会論文集，**24**，424-429.

竹内政夫（1981b）：雪女と雪蛇．土木学会誌，**66**(11)，12.

竹内政夫，石本敬志，野原他喜男，福沢義文（1984）：防災柵の研究．雪と道路，雪と道路研究会刊，**1**，96-100.

竹内政夫，野原他喜男（1986）：スノーポールの着雪防止．土木試験所月報，**400**，37-39.

竹内政夫，石本敬志，野原他喜男，福沢義文（1986）：降雪時の地吹雪の発生限界風速．昭和61年度日本雪氷学会秋季大会講演予稿集，252.

竹内政夫，松澤　勝（1991）：吹雪粒子の運動と垂直分布．雪氷，**53**(4)，309-315.

Takeuchi, M. Y. Fukuzawa and K. Ishimoto（1993）: Variation in moist visual range measured by vehicle-mounted sensor. *Transportation Research Record*, **11387**, 173-177.

竹内政夫（1996）：吹雪とその対策（1）－吹雪のしくみ－．雪氷，**58**(2)，161-168.

竹内政夫（1999）：吹雪とその対策（2）－吹雪と視程－．雪氷，**61**(4)，303-310.

竹内政夫（2000）：吹雪とその対策（3）－吹きだまりの発生機構と形－．雪氷，**62**(1)，41-48.

竹内政夫（2002）：吹雪とその対策（4）－吹雪災害の要因と構造－．雪氷，**64**(1)，97-105.

竹内政夫（2003）：吹雪とその対策（5）－防雪柵の技術史－．雪氷，**65**(3)，97-105.

竹内政夫，岳本秀人，植野英睦，淺野　豊（2005）：橋梁の落雪防止のための格子フェンス．日本雪工学会誌，**21**(4)，19-20

竹内政夫（2005）：着雪と冠雪（標識・橋梁）（14.6節）．雪と氷の事典，（社）日本雪氷学会監修，朝倉書店，556-560.

竹内由香里，納口恭明，河島克久，和泉　薫（2001）：デジタル式荷重計を利用した積雪の硬度測定．雪氷，**63**(5)，441-449.

Tamaki, J., S. Yanagi, Y. Aoki, A. Kubo, T. Kameda and A. M. M. Sharif Ullah（2012）: 3D reproduction of a snow crystal by stereolithography. *Journal of Advanced Mechanical Design, Systems and Manufacturing*, **6**(6), 923-935.

Tammann, G.（1900）: Ueber die Grenzen des festen Zustandes IV. *Annlen der Physik*, **4**(2), 1-31.

Tape, W.（1994）: *Atmospheric halos*. Antarctic Research Series, **64**, American Geophysical Union, Washington, D.C., 143pp.

Tape, W. and J. Moilanen（2006）: *Atmospheric halos and the search for angle x*. American Geophysical Union,

Washington, D.C., 238pp.

舘山一孝, 榎本浩之 (2011): 衛星リモートセンシングによるオホーツク海氷厚変動の監視. 土木学会論文集 **B3** (海洋開発), 特集号, 727-731.

Teller, J. T., D. W. Leverington and J. D. Mann (2002): Freshwater outbursts to the oceans from glacial Lake Agassiz and their role in climate change during the last deglaciation. *Quaternary Science Reviews*, **21**, 879-887.

Tice, A. R., J. L. Oliphant, Y. Nakano and T. F. Jenkins (1982): Relationship between the ice and unfrozen water phases in frozen soil as determined by pulsed nuclear magnetic resonance and physical desorption data. *CRREL Report*, **82--15**, 8pp.

東海林明雄 (1977): 湖氷 沈黙の氷原・ミクロとマクロの謎. 講談社, 103pp.

東海林明雄 (1979): 氷の融点に於ける粒界三叉交線での水脈の発達-湖氷の氷紋噴出孔生成機構に関する実験的研究-. 雪氷, **41**(2), 121-130.

東海林明雄 (1980): 日本最大の御神渡り. 科学朝日, **40**(12), 7-13.

東海林明雄 (1982): 氷の世界. 科学のアルバム, あかね書房, 54pp.

東海林明雄 (2014): 結氷した湖面などに形成される氷紋-放射状氷紋, 同心円氷紋, 懸濁氷紋の生成過程-. 雪氷, **76**(5), 355-363.

東奥年鑑 (1941): 気象の常識, 東奥日報社, 51-54.

凍土分科会 (2014): 凍土の知識-人工凍土壁の技術-. 雪氷, **76**(2), 179-192.

十日町雪まつり実行委員会 (1998): 十日町雪まつり50年 雪国の祭典 現代雪まつり発祥の地. 159pp.

豊田邦男, 辻野英幸, 外塚 信 (2003): 断熱材を用いた路面凍上抑制効果に関する検討. 地盤工学会北海道支部年次技術報告集, **43**, 329-332.

土屋 巌 (1974): 鳥海山の小氷河群の調査. 地理, **19**(2), 51-59.

土屋 巌 (1999): 日本の万年雪 -月山・鳥海山の雪氷現象1971〜1998に関連して-. 古今書院, 286pp.

対馬勝年 (1977): 単結晶氷の摩擦に関する研究Ⅰ 鋼球と氷の (0001) 面および (0110) 面の摩擦に及ぼす荷重, 速度, 温度の効果ならびに摩擦機構としての凝着説. 低温科学, **A35**, 1-22.

対馬勝年, 木内敏裕 (1998): 高速スケートリンクの開発. 雪氷, **60**(5), 349-356.

Tusima, K., M. Yuki, T. Kikuchi and S. Shimodaira (2000): Development of a high speed skating rink by the control of the crystallographic plane of ice. *Japanese Journal of Tribology*, **45**(1), 17-26.

対馬勝年, 結城匡啓, 木内敏裕, 下平昌兵 (2000): 氷結晶面コントロールによる高速スケートリンクの開発. トライボロジスト, **45**(1), 72-78.

対馬勝年 (2004): 中谷ダイヤグラムと拡散式人工雪生成法の問題. 天気, **51**(10), 43-48.

対馬勝年 (2005): 氷筍リンクとその後の展開. クリスタルレターズ, **30**, 134-137.

対馬勝年, 高橋修平 (2005): 氷の熱的性質. 雪と氷の事典, (社) 日本雪氷学会監修, 250-256.

対馬勝年 (2011): 復氷の機構をめぐる問題. 寒地技術論文・報告集, **27**, 251-256.

対馬勝年 (2011): カーリング・ストーンの曲がりの説明について. 雪氷, **73**(3), 165-171.

対馬勝年 (2012): 水膜流による復氷速度の抑制および水膜厚さとその粘性係数の測定. 雪氷, **74**(6), 385-392.

対馬勝年 (2016): 氷雪のトライポロジー. 日本接着学会誌, **52**(3), 83-90.

対馬勝年, 森 克徳 (2016): カーリング・ストーンのカール機構をめぐる論争. 寒地技術論文・報告集, **32**, 296-301.

土谷富士夫 (2001): 気象変動が土の凍結深さ及びその特性に及ぼす影響, 土の凍結と室内凍上試験方法に関するシンポジウム, 地盤工学会, 131-136.

土谷富士夫 (2004): ヒートパイプによる人工永久凍土低温貯蔵庫. 雪氷, **66**(2), 251-257.

Tutton, A. E. H. (1927): *The natural history of ice and snow illustrated from the Alps*. K. Paul, Trench, Trubner & Co. Ltd., London, 319pp.

Tyndall, J. (1858): On some physical properties of ice. *Philosophical Transactions of the Royal Society of London*, **148**, 211-229.

Tyndall, J. (1872): *The forms of water in clouds and rivers, ice and glaciers*. reprinted in 2011, Cambridge University Press, Library Collection, 206pp.

U

宇田道隆編著 (1975): 科学者 寺田寅彦. NHKブックス, **225**, 287pp.

Ueda, H. T. (2007): Byrd Station drilling 1966-69. *Annals of Glaciology*, **47**(1), 24-27.

植村 立 (2007): 水の安定同位体比による古気温推定の研究-極域氷床コアからの数千年スケールの気候変動の復元-, 第四紀研究, **46**(2), 147-164.

Uemura, R., V. Masson-Delmotte, J. Jouzel, A. Landais, H. Motoyama and B. Stenni (2012): Ranges of moisture-source temperature estimated from Antarctic ice cores stable isotope records over glacial-interglacial cycles. *Climate of the Past*, **8**, 1109-1125.

Ueno, K. (2003): Pattern formation in crystal growth under parabolic shear flow. *Physical Review*, E, **68**(2), 021603, 1-14.

上之和人 (2006): つららの表面上にできる波模様. ながれ, **25**(4), 381-389.

Ueno, K., M. Farzaneh, S. Yamaguchi and H. Tsuji (2010): Numerical and experimental verification of a theoretical model of ripple formation in ice growth under supercooled water film flow. *Fluid Dynamics Research*, **42**, 025508, 27pp, doi:10.1088/0169-5983/42/2/025508.

UNESCO (1981): Tenth report of the joint panel on oceanographic tables and standards. *UNESCO technical papers in marine science*, **36**, 25pp.

内山吉隆, 金井隆男 (1995): 低温におけるゴムの摩擦. 雪氷, **57**(4), 384-389.

牛尾収輝, 若林裕之, 西尾文彦 (2006): 過去50年間にわたる南極リュツォ・ホルム湾定着氷の変動. 雪氷, **68**(4), 299-305.

牛尾収輝 (2013): 南極・昭和基地付近でみられる海氷の特徴－積雪が氷を厚く成長させる－. 南極読本, 南極OB会編集委員会編, 成山堂書店, 50.

V

Vorobyev, A. Y. and C. Guo (2015): Multifunctional surfaces produced by femtosecond laser pulses. *Journal of Applied Physics*, **117**, 033103; doi: 10.1063/1.4905616.

Vuichard, D. and M. Zimmermann (1986): The langmoche flash-flood, Khumbu Himal, Nepal. *Mountain Research and Development*, **6**, 90-93.

Vuichard, D. and M. Zimmermann (1987): The 1985 catastrophic drainage of a moraine-dammed lake, Khumbu Himal, Nepal: Cause and consequences. *Mountain Research and Development*, **7**, 91-110.

W

Waddington, E. D. (1986): Wave ogives. *Journal of Glaciology*, **32**(112), 325-335.

若土正暁 (1977): 海水の凍結によって起こる塩対流に関する実験, 低温科学, **A35**, 249-258.

Wakatsuchi, M. (1984): Brine exclusion process from growing sea ice. *Contributions from the Institute of Low Temperature Science*, **A33**, 29-66.

Wakatsuchi, M. and S. Saito (1985): On brine drainage channels of young sea ice. *Annals of Glaciology*, **6**, 200-202.

Wakatsuchi, M. and T. Kawamura (1987): Formation process of brine drainage channel in sea ice. *Journal of Geophysical Research*, **92**(C7), 7195-7197.

若浜五郎 (1963): 積雪内に於ける融雪水の移動Ⅰ. 低温科学, **A21**, 45-74.

若浜五郎, 清水 弘, 秋田谷英次, 成田英器, 田沼邦雄, 山田知充, 成瀬廉二, 北原武道, 佐藤尚之, 石川信敬, 河村俊行 (1969): 大雪山の雪渓調査Ⅳ. 低温科学, **A27**, 181-194.

若浜五郎 (1978): 氷河の科学, NHKブックス **319**, 236pp.

若浜五郎, 小林俊一, 対馬勝年, 鈴木重尚, 矢野勝俊 (1978): 電線着雪の風洞実験－高風速下での着雪の成長－. 低温科学, **A36**, 169-180.

若浜五郎 (1979): 北海道の着雪着氷の資料解析, 自然災害資料解析, **6**, 1-9.

若浜五郎 (1988): 着雪. 雪と氷の話, 木下誠一編著, 技報堂出版, 207-215.

若濱五郎 (1995): 雪は天からの恵み 雪と氷の世界. 東海大学出版会, 157pp.

若濱五郎 (2006a): ミクロ積雪学・事始め (その1: 積雪の薄片), 雪氷, **68**(4), 336-342.

若濱五郎 (2006b): ミクロ積雪学・事始め (その2: 薄片の圧縮), 雪氷, **68**(6), 675-681.

Wallevik, J. and H. Sigursjónsson (1998): The Koch index. Formulation, corrections and extensions. *Vedurstofa Islands Report*, VI-G98035-UR28, Reykjavik, Iceland, 14pp.

Wang Yun and N. Azuma (1999): A new automatic ice-fabric analyzer which uses image-analysis techniques. *Annals of Glaciology*, **29**, 155-162.

Warren, S. G. (1982): Optical properties of snow. *Review of Geophysics*, **20**(1), 67-89.

Warren, S. G. (1984): Optical constants of ice from the ultraviolet to the microwave. *Applied Optics*, **23**(8), 1206-1225.

Warren, S. G. and R. E. Brandt (2008): Optical constants of ice from the ultraviolet to microwave: a revised compilation. *Journal of Geophysical Research*, **113**, D14220, doi:10.1029/2007JD009744.

Washburn, A. L. (1956): Classification of patterned ground and review of suggested origin. *Bulletin of Geological*

Society of America, **67**, 823-865.

Washburn, A. L. (1973): *Periglacial processes and environments*. Edward Arnold, London, 320pp.

Watanabe, K. and M. Flury (2008): Capillary bundle model of hydraulic conductivity for frozen soil. *Water Resources Research*, **44**, W12402, doi:10.1029/2008WR007012, 2008.

渡邊直樹，榎本浩之，舘山一孝，山本朗人，田中聖隆，高橋修平，岩本明子，佐々木亮介，ヌアスムグリ・アリマス（2011）：マイクロ波放射計を用いた路面状態の自動判別システムの開発．雪氷，**73**(4)，213-224.

渡辺興亜，大浦浩文（1968）：偏圧による氷結晶主軸の定方位性についての実験的研究 I. 低温科学，**A26**，1-28.

渡辺興亜（1969）：永久凍土の氷について．雪氷，**31**(3)，1-10.

Watanabe, O. and Y. Fujii (1988): Outlines of the Japanese Arctic Glaciological Expedition in 1987. *Bulletin of Glacier Research*, **6**, 47-50

Watanabe, O., Y. Fujii and K. Satow (1988): Depositional regime of the katabatic slope from Mizuho Plateau to the coast, East Antarctica. *Annals of Glaciology*, **10**, 188-192.

渡辺興亜（2002a）：中谷宇吉郎紀行集　アラスカの氷河．岩波文庫（緑 **124-3**），岩波書店，370pp.

渡邉興亜（2002b）：わが国の南極雪氷研究の歴史と今後の課題．雪氷，**64**(4)，329-339.

渡邉興亜，上田　豊，藤井理行，横山宏太郎，高橋修平，庄子　仁，古川晶雄（2002）：南極大陸の氷を掘る！極地選書，**2**，国立極地研究所，248pp.

Watanabe, O., J. Jouzel, S. Johnsen, F. Parrenin, S. Shoji and N. Yoshida (2003a): Homogeneous climate variability across East Antarctica over the past three glacial cycles. *Nature*, **422**, 509-512.

Watanabe, O., K. Kamiyama, H. Motoyama, Y. Fujii, M. Igarashi, T. Furukawa, K. Goto-Azuma, T. Saito, S. Kanamori, N. Kanamori, N. Yoshida and R. Uemura (2003b): General tendencies of stable isotopes and major chemical constituents of the Dome Fuji deep ice core. *Mem. Natl Inst. Polar Res., Spec. Issue*, **57**, 1-24.

渡邊崇史，松澤　勝，小中隆範，金子　学（2015）：新型路側設置型防雪柵の開発について －現地観測による防雪機能調査－．北海道の雪氷，**34**，111-114.

Weeks, W. F. and S. F. Ackley (1982): The growth, structure, and properties of sea ice, *CRREL Monograph*, **82-1**, U.S. Army Cold Regions Research and Engineering Laboratory, Hanover, N.H., 129pp.

Whillans, I. M. (1983): Ice movement. *The climatic record in polar ice sheets*. edited by G. de.Q. Robin, Cambridge, Cambridge University Press, 70-77.

Whittet, D. C. B., W. A. Schutte, A. G. G. M. Tielens, A. C. A. Boogert, T. de Graauw, P. Ehrenfreund, P. A. Gerakines, F. P. Helmich, T. Prusti and E. F. van Dishoeck (1996): An ISO SWS view of interstellar ices: first results. *Astronomy and Astrophysics*, **315**, 357-360.

Williams, P. J. (1964): Unfrozen water content of frozen soils and soil moisture suction. Géotechnique, **14**(3), 231-246.

Wilson, J. T. (1961): *IGY, The year of the new moons*. Alfred A. Knopf, Inc., New York, 350pp.

Wolff, E.W., H. Fischer, F. Fundel, U. Ruth, B. Twarloh, G. C. Littot, R. Mulvaney, R. Röthlisberger, M. de Angelis, C. F. Boutron, M. Hansson, U. Jonsell, M. A. Hutterli, F. Lambert, P. Kaufmann, B. Stauffer, T. F. Stocker, J. P. Steffensen, M. Bigler, M. L. Siggaard-Andersen, R. Udisti, S. Becagli, E. Castellano, M. Severi, D. Wagenbach, C. Barbante, P. Gabrielli and V. Gaspari (2006): Southern Ocean sea-ice extent, productivity and iron flux over the past eight glacial cycles. *Nature*, **440**, 491-496, doi:10.1038/nature04614.

World Glacier Monitoring Service (2008): *Global Glacier Changes: facts and figures*. edited by M. Zemp, I. Roer, A. Kääb, M. Hoelzle, F. Paul and W. Haeberli, UNEP, World Glacier Monitoring Service, Zurich, Switzerland, 88 pp. Online available from: http://www.grid.unep.ch/glaciers/

World Glacier Monitoring Service (2012): *Fluctuations of glaciers 2005-2010*, edited by M. Zemp, H. Frey, I. Gärtner-Roer, S. U. Nussbaumer, M. Hoelzle, F. Paul and W. Haeberli Volume X, ICSU(WDS)/IUGG(IACS)/ UNEP/UNESCO/WMO, World Glacier Monitoring Service, Zurich, Switzerland: 336 pp.: doi:10.5904/wgms-fog-2012-11

World Glacier Monitoring Service (2013): *Glacier mass balance bulletin*, edited by M. Zemp, S. U. Nussbaumer, K. Naegeli, I. Gärtner-Roer, F. Paul, M. Hoelzle and W. Haeberli, 12, ICSU(WDS)/IUGG(IACS)/UNEP/UNESCO/WMO, World Glacier Monitoring Service, Zurich, Switzerland, 106 pp.: doi:10.5904/wgms-fog-2013-11.

WGMS (2015): *Global Glacier Change Bulletin*. 1 (2012-2013). edited by M. Zemp, I. Gärtner-Roer, S.U. Nussbaumer, F. Hüsler, H. Machguth, N. Mölg, F. Paul, and M. Hoelzle, ICSU(WDS)/IUGG(IACS)/ UNEP/UNESCO/WMO, World Glacier Monitoring Service, Zurich, Switzerland, 230pp., publication based on database version: doi:10.5904/wgms-fog-2015-11.

Y

矢作　裕（1976）：凍結深計及び相対凍上について．北海道教育大学釧路分校紀要「釧路論集」，**8**，67-78.

矢作　裕（2004）：M君と「霜柱の研究」．雪氷，**66**(2)，291-292.

Yamada, T., F. Okuhira, K. Yokoyama and O. Watanabe (1978): Distribution of accumulation measured by the snow stake method in Mizuho Plateau. *Memoirs of National Institute of Polar Research, Special Issue*, **7**, 125-139.

Yamada, T. (1998): *Glacier lake and its outburst flood in the Nepal Himalaya*. Data Center for Glacier Research, Japanese Society of Snow and Ice, Monograph, **1**, 96pp（ISSN 1344-1205）.

山田知充（2000）：ネパールの氷河決壊洪水．雪氷，**62**(2)，137-147.

山田　毅，伊東靖彦，松澤　勝，加治屋安彦，今野智和，杉本幸隆（2008）：高盛土に対応した新型防雪柵の開発とその視程障害緩和効果について．日本雪工学会誌，**24**(4)，260-266.

山地健次，黒岩大助（1956）：0°～-100°の範囲における氷の粘弾性 I，低温科学，**A15**，171-183.

山本勝弘，飯田　肇，髙原浩志，吉田　稔，長谷川　浩（1986）：インパルスレーダによる内蔵助雪渓の内部構造の調査．雪氷，**48**(1)，1-9.

Yamamoto, K. and M. Yoshida (1987): Impulse radar sounding of fossil ice within the Kuranosuke perennial snow patch, central Japan. *Journal of Glaciology*, **9**, 218-220.

Yamanouchi, T., N. Hirasawa, M. Hayashi, S. Takahashi and S. Kaneto (2003): Meteorological characteristics of Antarctic inland station, Dome Fuji. *Global scale climate and environment study through polar deep ice cores*, edited by H. Shoji and O. Watanabe, *Mem. Natl Inst. Polar Res., Spec. Issue*, **57**, 94-104.

Yamasaki, S., H. Nagata, and T. Kawaguchi (2014): Long-traveling landslides in deep snow conditions induced by the 2011 Nagano Prefecture earthquake, Japan. *Landslides*, **11**, 605-613. DOI 10.1007/s10346-013-0419-z.

山下　晃（1974）：大型低温箱を使った氷晶の研究．気象研究ノート，**123**，49-94.

山下　晃（1979）：自由落下中に成長する人工雪の結晶－凍結微水滴からの成長－．日本結晶成長学会誌，**6**(3-4)，41-51.

山下　晃（2011）：科学映画「雪の結晶（1951）」が記録していた人工雪結晶の画像解析 I．天気，**58**(10)，847-853.

山下彰司，小林正隆，宮　昭彦，平山健一（1993）：北海道における河川の結氷特性と結氷下の水理特性について．開発土木研究所月報，**480**，59-74.

山下彰司（1998）：3.1 寒冷地河川の結氷特性．積雪寒冷地の水文・水資源，水文・水資源学会編集出版委員会編，信山社サイテック，73-78.

山崎　剛，櫻岡　崇，中村　亘，近藤純正（1991）：積雪の変成過程について：I モデル．雪氷，**53**(2)，115-123.

山崎　剛（1998）：厳寒地に適用可能な積雪多層熱収支モデル．雪氷，**60**(2)，131-141.

柳　敏，久保明彦，亀田貴雄，田牧純一（2012）：レプリカを用いた雪結晶表面凹凸の3次元形状測定．雪氷研究大会（2012・福山）講演要旨集，B1-4, 13.

柳　敏，久保明彦，亀田貴雄，田牧純一，A.M.M. Sharif Ullah（2015）：樹脂包埋法による雪結晶レプリカ作製およびそれを用いた雪結晶の表面構造計測とその精度．雪氷，**77**(1)，75-89.

安成哲三，柏谷健二編（1992）：地球環境変動とミランコビッチサイクル．古今書院，174pp.

依田恒之（2004）：第43次南極地域観測隊建築部門報告（含ドームふじ観測拠点の屋根レベル測量結果）．南極資料，**48**(3)，191-203.

Yokoyama, E. and T. Kuroda (1990): Pattern formation in growth of snow crystals occurring in the surface kinetic process and the diffusion process, *Physical Review*, **A41**, 2038-2049.

横山悦郎，古川義純（2013）：多面体結晶の形態安定性の観点からみた氷円盤結晶の成長不安定．*International Journal of Microgravity Science Application*, **30**(1), 19-23.

Yoshida, M., K. Yamamoto, K. Higuchi, H. Iida, T. Ohta and T. Nakamura (1990): First discovery of fossil ice of 1000-1700 year B.P. in Japan. *Journal of Glaciology*, **36**(123), 258-259.

吉田光則，吉田昌充，金野克美（2000）：着雪防止技術に関する研究（第3報）－滑雪と材料表面特性について－．北海道工業試験所報告，**299**，13-17.

吉田順五（1959）：積雪の物理学（1）．雪氷，**21**(4)，123-130.

吉田順五（1969）：積雪災害の基礎的研究．北海道大学低温科学研究所編，67pp.

吉田順五（1971）：雪の科学，NHKブックス，**136**，300pp.

Z

ツェンケビッチ，チェスラフ，マリーナ・ツェンケビッチ（1978）：北極に挑んだ男たち．徳力真太郎訳，原書房，309pp.

索　引

ア行

アースハンモック　213
アイスアルジ　235
アイスウェッジ　209
アイスジャム　241
アイスドーム　126
アイスレーダー　165
アイスレンズ　195, **198**
アガシー湖　171
秋田谷式含水率計　93
亜極地氷河　119
アシッドショック　106
圧密　92
アニリン薄片　89
アモルファス氷　28, 299
アラス　214
アルベド　102
暗黒星雲　299
イオン欠陥　9
イオン分極　15
一軸圧縮強さ（凍土）　205
1年氷　225
溢流氷河　117
隕石　307
ウィルソン・ベントレー　44, **75**
ウォルフ極小期　163
渦巻き雪ひも　113
宇宙雪氷　299
雨氷　280
上積氷（海氷）　226
上積氷帯（氷河）　122
雲粒　58
エアハイドレート　30, **31**, 153
永久凍土　208
エイコンドライト　307
エッジワース・カイパーベルト天体　306
エッチピット　6
エドマ　215
沿岸流氷レーダー　228
エンダービーランド計画　130
遠藤式含水率計　93
円盤氷　8

カ行

応力緩和　12
大型構造物（吹雪対策）　271
オージャイブ　123
オールト極小期　163
オホーツク海　228
御神渡り　243
温暖氷河　119

カール氷河　118
海王星型惑星　302
皆既日食（南極での）　180
骸晶　85
海底永久凍土帯　208
海氷　221
海氷域面積(北極域および南極域)　236
海氷域面積（オホーツク海）　230
海氷厚分布（オホーツク海）　231
海氷分布（アイスランド周辺の長期変動）　238
海氷密接度　235
海洋性氷床　129
改良型吹き払い柵　276
過去の大気成分の復元　156
火山灰層の検知（氷床コア）　150
ガスハイドレート　29
河川凍結マップ（北海道内の河川）　242
河氷　241
ガラス質氷　29
カリスト　303
ガリレオ衛星　303
含水率（積雪）　93
岩石氷河　122
冠雪　288
乾雪帯　122
乾燥断熱減率　57
環天頂アーク　68
間氷期　145
含有空気量　156
涵養域　122
疑似液体層　24
季節凍土　208

亀甲模様　121
基底面（氷結晶）　3
輝度温度　235
木下式硬度計　**94**, 99
気泡　5
ギャロッピング振動　284
キャンプセンチュリーコア　141
吸収係数　21
強風型（電線着雪）　284
極地氷河　119
巨大気泡氷（湖氷）　244
巨大氷惑星　302
空隙率　93
空孔　9
クラスレート・ハイドレート　29
内蔵助雪渓　120
グリースアイス　225
グリーンランド氷床　134
クレーター氷河　119
グローバル分類（雪結晶の分類）　59
傾斜法（道路標識の着雪対策）　287
結晶主軸（氷結晶）　3
結晶主軸方位分布　**152**
結晶粒界（氷結晶）　5
結氷条件図（北海道内の河川）　242
原位置凍結（凍土）　196
圏谷氷河　118
原始太陽系円盤ガス　308
幻日　68
顕熱輸送量（熱収支）　103
広域積雪分布　109
五九豪雪　251
格子間分子　9
格子欠陥　8
格子定数（氷結晶）　4
豪雪　249
構造土　213
五六豪雪　250
氷Ih～氷XVI　27
氷の規則　4
氷の屈折率　21

氷の結晶構造　**2**, 150
氷の光学的性質　21
氷の潜熱　17, 96
氷の線膨張率　18
氷の電気的性質　14
氷の統計モデル　4
氷の熱的性質　17
氷の熱伝導率　18
氷の比熱　17, 96
氷の飽和水蒸気圧　19
氷の摩擦　36
氷の力学的性質　11
コール・コールの円弧則　16
こしまり雪　85
こしもざらめ雪　85
御前沢雪渓　120
固体降水の実用分類　59
固体電気伝導度（ECM）150
固体微粒子　164
コッホ指数　239
固定式視線誘導柱（吹雪対策）277
小林ダイヤグラム　52
湖氷　241
コリオリの力（海氷への影響）232
コンクリート状凍土　196
コンクリートの凍害　195
コンドライト　307

サ 行

サーモカルスト　214
彩雲　74
最終氷期最盛期　126
最小偏角　71
最大凍結深　189
最大凍上力　202
最大密度温度（海水）223
再凍結氷　149
ざらめ雪　85
山岳永久凍土帯　208
三叉粒界　5
三次クリープ　13
三ノ窓雪渓　119
三八豪雪　249
山腹氷河　117
散乱係数　21
紫外線硬化性樹脂　57
軸比　68
視線誘導施設（吹雪対策）277

湿潤断熱減率　57
湿雪帯　122
質量収支（氷河）123, 129
視程障害（吹雪による）262
しばれフェスティバル　298
地盤凍結工法　194, **217**
しぶき氷　244
地吹雪　259
しまり雪　85
しもざらめ雪　85
霜柱　197, 198, **219**
シモバシラ（植物）201
霜柱状凍結　196
霜降り状凍結　196
弱風型（電線着雪）284
射出率　102
遮水工法（凍上対策）207
斜面下降風　173
集塊氷　216
主虹　72
樹霜　279
樹氷　280
シュペーラー極小期　163
昇華凝結過程　87
焼結　25
焼結・圧密過程　87
上限凍上力　201
消散係数　21
蒸発ピット　6
消耗域　122
白糸氷　244
シルト　189
新型防雪柵　277
人工衛星による広域積雪観測　109
人工雪誕生の地　77
親水性（着氷）283
新生氷　226
新雪　85
浸透帯（氷河の領域区分）122
彗星　306, 308
水素原子の無秩序分布　4
鈴木牧之　49, 83
ステファソンの式　225
スノーポール（吹雪対策）277
スプーンカット　121
スラッシュ　241, **255**
スラッシュ雪崩　255
スリートジャンプ　284
積算寒度 F_{20}（帯広）192

析出氷　189
積雪シミュレーション　107
積雪深　99
積雪水量　99
積雪の圧密　92
積雪の化学主成分　158
積雪の乾き密度　93
積雪の含水率　93, 99
積雪の空隙率　93
積雪の構造　88
積雪の硬度　94, 99
積雪の国際分類　85
積雪の固有透過度（通気度）95
積雪の再配分（吹雪による）176
積雪の3次元構造　90
積雪の造形美　113
積雪の層構造　98
積雪の組織　88
積雪の断面観測　97
積雪のぬれ密度　93
積雪の熱的性質　96
積雪の熱伝導率　96
積雪の比熱　96
積雪の比表面積　91
積雪の物理的性質　88
積雪の分類　86
積雪の変態過程　87
積雪の密度　**93**, 99
積雪のモデル計算　107
積雪の雪質分布　88
積雪の粒径　91, 98
積雪分布　99
積層欠陥　10
石油パイプライン（アラスカ）220
雪華図説　49
雪華模様　83
雪渓　119
雪上滑走型岩石なだれ　254
雪線　**123**, 303
雪中伝導熱　104
雪泥　241
雪泥流　241, **255**
雪庇　255
雪氷災害　249
雪氷路面分類　292
遷移クリープ（氷結晶）13
全含水量比（人工雪生成実験）51
線欠陥　9

潜熱輸送量 103
全吹雪輸送量 261
造形美（湖氷） 243
送電鉄塔の倒壊事故 284
疎水性（着氷） 283
粗氷 280
ソフィスキー氷河 117
ソレール氷河 124

タ 行

ターフハンモック 213
大気光学現象 68
対日点 72
タイタン 304
ダイヤモンドダスト 71
太陽系の誕生 300
太陽柱 68
太陽の光環 72
高い地吹雪 259
高志の式 197
高橋の18度の法則 256
高橋の24度の法則 256
多形な氷 26
多結晶氷 5
谷氷河 117
多年氷 225
単結晶氷 5
団子氷（湖氷） 244
短冊状氷（海氷の結晶構造） 226
短時間変動（吹雪時の視程）
 264
ダンスガード-オシュガー・サイクル 145
断熱工法（凍上対策） 207
地殻熱流量 100
置換工法（凍上対策） 207
地球型惑星 301
着雪 281
着雪対策（橋梁） 288
着雪対策（航空機） 290
着雪対策（信号機） 288
着雪対策（船舶） 290
着雪対策（鉄道） 289
着雪対策（電線） 286
着雪対策（道路標識） 287
着氷 278
着氷雪災害 283
中空氷柱（海氷下に形成） 227
柱面（氷結晶） 3
超音波積雪深計 101

跳躍運動（吹雪粒子） 259
直流電気伝導度 14
沈降力（積雪） 293
チンダル像 7
通気度 95
津軽には七つの雪が降る 79
月暈 68
筒雪（電線着雪） 284
つらら 38
定常クリープ 13
定着氷（海氷） 221
デジタルスノーゾンデ 94
デノース式含水率計 93
寺田寅彦 76
転位 9
点欠陥 8
電子分極 15
電線着雪 284
転動 258
土井利位 **49**, 83
同位体分別 140
凍結指数 189
凍結膨張率（応力，凍結速度との関係） 196
凍結膨張力 201
凍上 194
凍上速度（荷重との関係） 196
凍上対策 207
凍上力 201
透水係数（凍土） 207
凍土 189
凍土の物性 203
凍土壁 218
道路構造（吹雪対策） 270
道路防雪林（吹雪対策） 272
ドームC 138
ドームふじ基地 138
ドームふじ氷床深層掘削計画
 130, **178**
十勝坊主 213
特別豪雪地帯 249
土壌安定処理工法（凍上対策）
 207
トリチウム濃度 147, **162**
トリトン 305
土粒子 198

ナ 行

内部摩擦（氷結晶） 12
中谷宇吉郎 50, **76**

中谷ダイヤグラム 51
雪崩 252
南極横断山脈 128
南極氷床 128
二酸化炭素濃度 145
西南極氷床 128
日積算寒度 189
日射量 102
日本雪氷学会積雪分類 85
日本南極地域観測隊 131
ニラス 225
ヌナタク 134
熱伝導度（凍土） 206
熱腐食像 6
粘性係数 12
粘弾性物質 11
粘土 189

ハ 行

バーガースベクトル 10
バード基地 138
配位数 3
配向欠陥 9
配向分極 15
ハイドレート 29
ハイドロリックジャンプ 173
刃状転移 10
蓮葉氷 **225**, 241
撥水性（着氷雪） 283
発生条件（雪崩） 255
発令基準（雪崩注意報） 258
バナール・ファウラー則 4
はまぐり雪 119
パルサ 213
ハロ 68
板状軟氷 225
斑点ぬれ雪 115
ハンモック 213
ヒートパイプ 220
ビェルム欠陥 9
非海塩性硫酸濃度 159
日暈 68
東クィーンモーランド雪氷研究計画 130
光硬化性樹脂 57
低い地吹雪 259
飛翔型防雪柵 277
飛雪空間密度 261
飛雪流量 174,261
比表面積 91

比誘電率　15
氷河　117
氷河湖決壊洪水　169
氷河サージ　125
氷河擦痕　126
氷河底部でのすべり　124
氷河の定義　121
氷河の末端変動　125
氷河の流動速度　123
氷期　145
氷丘（海氷）　221
氷穴　183
氷原　126
氷厚係数（海氷）　225
氷山　238
標準平均海水（SMOW, Standard Mean Ocean Water）　140
氷床　126
氷晶（海水中）　224
氷晶（大気中）　58
氷上軌道列車実験（満州）　245
氷床掘削　135
氷床コアの化学微量成分　161
氷晶析出　189, **195**
氷床内部の温度分布　148
氷床の内部構造観測　165
氷床表面質量収支　132
氷床モデル計算　167
氷楔　209
氷泥　241
氷帽　126
氷紋　243
ピンゴ　209
ファンデルワールス半径　1
フィルンの圧密氷化　153
フィルンの密度分布　153
風雪　260
吹き上げ防止柵　275
吹きだまり　267
吹きだまり対策（南極の観測基地の）　268
吹きだめ柵　272
吹き止め柵　274
吹き払い柵　275
副虹　72
複素屈折率　21
複素誘電率　15
復氷　39
不純物　5
付帯施設（吹雪対策）　271

物体表面の性質（着雪氷に対する）　283
不凍水（凍土中）　204
吹雪　258
吹雪研究（南極）　173
吹雪対策（道路）　270
吹雪発生の臨界風速　261
吹雪量　261
浮遊（飛雪粒子）　258
冬型交通事故　291
ブライン　226
ブラインチャンネル　226
ブラックカーボン　164
ブリザード　268
プリズム面（氷結晶）　3
浮力法（氷の密度測定）　11
不連続永久凍土帯　208
フローズンフリンジ　198
フロストフラワー　244
プロトン半導体　15
フンベルト・ベールの法則　21
平衡線　122
平成18年豪雪　251
平坦氷（海氷）　221
放射性同位体　162
放射率　102
防雪柵（吹雪対策）　272
泡雪崩　254
暴風雪　260
暴風雪災害（北海道内）　265
飽和吹雪量　262
北越雪譜　49
ボストーク基地　138
ぼたん雪　59
ポリゴン　121
ポリニア　228
ホワイトアウト　262

マ 行
マイクロ波による積雪の観測　109
マウンダー極小期　164
窓霜　279
ミー散乱　24
水分子　1
みずほ基地　138
みずほ高原での雪氷学的研究　131
密度（海水）　223
密度（淡水）　**223**

密度（氷）　10
密度（水）　11
未凍土　198
ミラー指数　3, **34**
ミランコビッチ　148
霧氷　278
無氷回廊　127
メチレンブルー土壌凍結深計　193
メール・ド・グラス　117
面欠陥　10
猛吹雪　260
木星型惑星　301

ヤ 行
野地坊主　213
矢羽根（吹雪対策）　277
ヤング率（氷結晶）　12
融雪　101
融雪窪み　106
融雪面の窪み模様　121
誘電率　15
雪板　101
雪壁雪渓　104, **119**
雪結晶の新しい分類表を作る会　81
雪結晶の一般分類　58
雪結晶の気象学分類　59
雪結晶のグローバル分類　**81**
雪ごおり　226
雪質　98
雪質の新国際分類　87
雪尺　101
雪尺観測（南極）　132
雪代　241
雪ゾンデ　94
雪だま　113
雪俵　113
雪融けショック　106
雪の文様　83
雪ひも　113
雪まくり　113
雪まつり　297
雪まりも　182
雪ルーペ　98
ゆきわ模様　83
ユニバーサルステージ　151
ヨコロウプ　169

ラ 行

らせん転位　10
ラムゾンデ　94
ランバート氷河　128
立方晶　28
粒状氷（海氷）　226
粒度ゲージ　98
流氷　221
流氷期間（網走）　232
流氷勢力　247
リュツォ・ホルム湾（沿岸定着氷）　238
レイリー散乱　23
連続永久凍土帯　208
ロス棚氷　128
路線計画（吹雪対策）　270
路側設置型防雪柵　277
六方晶系　2

A～Z

AAR　123
a 軸　3
b 軸　3
CLIMAP　126
CROCUS　108
CRREL　187
c 軸　3
DMS（ジメチルサルファイド）　159
D-O サイクル　145
Dye3 コア　144
d 値　144
ECM　150
ELA　123
GISP　136
Glacier lake outburst flood（GLOF）　169
GPR　165
GRACE　129
GRIP コア　144
Ice fabric analyzer　151
IceCube　91
IGY　185
IPY　185
Japanese Antarctic Research Expedition（JARE）　131
Japanese Arctic Glaciological Expedition（JAGE）　137
LGM（Last Glacial Maximum）　**126**, 148
Milcent コア　143
NEEM　137
NGRIP　137
non sea salt　159
SIPRE　187
Site 2　136
Site-J　149
SnowMicroPen　95
SNOWPACK　108
Sorge の法則　155
Summit　137
VEI（Volcanic Explosivity Index）　160
WGMS（World Glacier Monitoring Service）　126
X 線マイクロトモグラフィー　90
4 要素モデル　11
10m 雪温　133
22 度ハロ　68
46 度ハロ　71

[著者略歴]

亀田貴雄（かめだ　たかお）

（第1章から第6章 6.3.1，第6章 6.4～第7章，コラム1～15，17～26，28，30，31）

1963年，群馬県桐生市生まれ．北海道大学工学部応用物理学科卒．北海道大学大学院理学研究科博士後期課程地球物理学専攻単位取得退学．北見工業大学教授．博士（理学）．専門は雪氷学．趣味は夏山登山，風景写真撮影，尺八．

高橋修平（たかはし　しゅうへい）

（第6章 6.3.2～6.3.3，第8章，コラム16，27，29）

1948年，岩手県宮古市生まれ．北海道大学理学部地球物理学科卒．北海道大学大学院理学研究科博士後期課程地球物理学専攻修了．北海道立オホーツク流氷科学センター長，北見工業大学名誉教授．理学博士．専門は雪氷学，地球物理学．趣味は山スキーと登山．

書　名	雪氷学
コード	ISBN978-4-7722-4194-6 C3044
発行日	2017年8月10日　初版第1刷発行
	2018年6月14日　初版第2刷発行
著　者	亀田貴雄・高橋修平
	Copyright ©2017　Takao Kameda and Shuhei Takahashi
発行者	株式会社古今書院　橋本寿資
印刷所	株式会社理想社
製本所	渡邉製本株式会社
発行所	古今書院
	〒101-0062　東京都千代田区神田駿河台2-10
電　話	03-3291-2757
ＦＡＸ	03-3233-0303
ＵＲＬ	http://www.kokon.co.jp/
	検印省略・Printed in Japan

KOKON-SHOIN　　　http://www.kokon.co.jp/

◆新版 雪氷辞典

公益社団法人日本雪氷学会編　A5判 315頁　定価本体 3500 円＋税

1990 年刊の『雪氷辞典』を 24 年ぶりに改訂。新しい技術や調査方法による新知見を盛り込み、内容は前著 50%増、巻末付録も充実。
総項目数：1594 語。付録：氷の物性／水の状態図／雪結晶の分類／積雪分類／雪氷路面の分類／雪崩の分類／氷河の分類と記載／主な氷床深層コア／WMO の海氷用語分類／積雪寒冷特別地域／豪雪地帯・特別豪雪地帯指定地域／積雪分布図／凍結深値／略語一覧／英和項目対照表

100万人のフィールドワーカーシリーズ

自然科学から人類学まで、ハードなフィールド調査の体験とそこから得られた示唆を、テーマごとの特集にまとめたシリーズ（全 15 巻・既刊は 10 冊）。以下の巻に、雪氷学の話題を掲載。他分野との共演で、調査研究の相違点もよくわかるシリーズ。

●1 巻　　フィールドに入る　　　　　　　　　　　定価本体 2600 円＋税

　5 章：のこのこと犬そりにのって（的場澄人）、6 章：これからの南極ﾌｨｰﾙﾄﾞﾜｰｸ（澤柿教伸）　他

●6 巻　　マスメディアとフィールドワーカー　　　定価本体 3400 円＋税

　1 章：マスメディアに追い込まれつつフィールドワークする—立山連峰の氷河研究（福井幸太郎）他

●11 巻　　衣食住からの発見　　　　　　　　　　　定価本体 2600 円＋税

　5 章：南極におけるフィールドワークの生活技術（菅沼悠介）、コラム：極食（阿部幹雄）他

●12 巻　　女も男もフィールドへ　　　　　　　　　定価本体 3200 円＋税

　2 章：雪氷女子の誕生（永塚尚子）、子持ちのﾌｨｰﾙﾄﾞﾜｰｶｰと子育てするﾌｨｰﾙﾄﾞﾜｰｶｰ（三谷曜子）他

●15 巻　　フィールド映像術　　　　　　　　　　　定価本体 2800 円＋税

　3 章：北極海撮影の意義（藤田良治）、5 章：南極湖沼に生息する謎の植物（田邊優貴子）　他